U0226792

甘肃省信息科学与技术人才培养基地资助

Shujuku
数据库原理与设计
yuanliyusheji

陈晓云　徐玉生　编著

图书在版编目(CIP)数据

数据库原理与设计/陈晓云,徐玉生编著.—兰州:兰州大学出版社,2009.2

ISBN 978-7-311-03188-6

Ⅰ.数... Ⅱ.①陈...②徐... Ⅲ.数据库系统—高等学校—教材 Ⅳ.TP311.13

中国版本图书馆 CIP 数据核字(2009)第 013528 号

策划编辑 陈红升
责任编辑 郝可伟 陈红升
封面设计 张芳芳

书　　名 数据库原理与设计
编　　著 陈晓云 徐玉生
出版发行 兰州大学出版社 (地址:兰州市天水南路 222 号 730000)
电　　话 0931-8912613(总编办公室) 0931-8617156(营销中心)
　　　　 0931-8914298(读者服务部)
网　　址 http://www.onbook.com.cn
电子信箱 press@onbook.com.cn
印　　刷 兰州德辉印刷有限责任公司
开　　本 787×1092 1/16
印　　张 21
字　　数 523 千字
版　　次 2009 年 2 月第 1 版
印　　次 2009 年 2 月第 1 次印刷
书　　号 ISBN 978-7-311-03188-6
定　　价 32.00 元

(图书若有破损、缺页、掉页可随时与本社联系)

前　言

数据库是计算机科学的一个最重要、最活跃的分支,从20世纪60年代出现的基于文件系统的第一个商用数据库管理系统以来,已经经历了大约50年的发展历程。数十年发展取得的知识和技术的结晶都凝聚在数据库管理系统(DBMS)软件之中。DBMS是实现数据冗余度最低、满足独立于软硬件实现技术、基于开放标准、具备广泛接口的强大的数据管理工具,DBMS是最复杂的软件系统之一。数据库技术根据数据模型的发展经历了三个重要阶段:第一代的网状、层次数据库系统;第二代的关系数据库系统;第三代的以面向对象模型为主要特征的数据库系统。关系代数、范式理论奠定了关系数据库基础,结构化查询语言(SQL)标准进一步推动了数据库技术的发展。随着DBMS和计算机网络技术的不断发展与成熟,数据库已经成为先进信息技术的重要组成部分,成为现代计算机信息系统和计算机应用系统的基础和核心。

鉴于数据库技术的重要性及其应用领域的广阔性,国内外高等学校理、工科的大多数计算机科学相关专业都系统地开设了数据库方面的课程。本书是参照国内外多所大学的本科数据库课程教学大纲编写的一本教材。

全书共分为十二章,内容涵盖了数据库基本理论、基础知识、数据建模、存储结构、事务、结构化查询语言、数据库设计、数据库优化、数据库安全以及数据库技术的最新发展等,较系统地介绍了数据库及相关知识。

第一章数据库系统概述,讲述了数据库相关的基本知识。第二章实体联系模型,涉及了实体联系模型与扩展实体联系模型的基本概念、实体联系模型的设计、以及实体联系模型向关系模式的转化。第三章关系数据库,主要内容为关系模型、关系代数、关系演算三个方面,是关系数据库的理论基础。第四章结构化查询语言,介绍了SQL的数据定义、数据查询、数据操作功能、嵌入式SQL、动态SQL以及特殊的空值处理问题。第五章关系模型规范化,主要内容包括函数依赖、多值依赖、范式和模式分解。第六章数据库设计,探讨了数据库设计、应用系统设计、业务规则处理,以及数据库设计工具简介。第七章存储结构,重点内容为多种索引结构及实现方法:顺序索引、B树索引、哈希索引、位图索引,以及在数据库管理系统中索引的管理。第八章存储过程与触发器,重点介绍DBMS的常见后台编程机制,包括存储过程、触发器、函数等。第九章事务,围绕事务的基本概念、事务的特性、事务的操作、事务的并发执行等问题详细介绍了冲突、事务的可串行化、基于锁的并发控制、基于图的协议、基于时间戳的协议等。第十章查询处理与查询优化,首先分析了查询的处理代价,在此基础上,探讨了查询的优化方法。第十一章安全性,主要内容为计算机系统安全性评测标准、数据库安全访问控制机制及实现技术、数据库备份与恢复技术、数据完整性约束等。第十二章数据库新技术,主要介绍数据自动化管理、分布式数据管理、事务性复制的应用、数据库应用系统的架构、XML技术与数据库、数据抽取转换与加载工具、数据仓库技术、联机分析处理、数据挖掘等。

本书有配套的电子版实习指导书,分为十二个相对独立的实践环节,要求学生独立完成，其内容既强调了学生对数据库对象的管理与访问知识的掌握，又强调引导学生自学。为了加强对学生实践能力的培养，仅对实习目标、实习内容、实习项目规模做出详细要求，而实习题目由学生自选，实践项目、数据库对象、样例数据由学生自行设计、收集，尽量减少验证性实验内容。

本书内容丰富，教学过程中可以根据学生和专业情况适当调整。例如，如果强调理论教学，则第二、三、四、五、九、十等章节作为重点，反之，则可以适当减少理论教学课时，增加其他章节的教学时间。建议课堂讲授至少安排54学时、上机实习36学时。建议的教学与实习内容及课时分配如下表所示，仅供参考。

课堂讲授		教学实习	
讲授内容	课时分布	实习内容	课时分布
数据库系统概述	3	DBMS 安装、配置与初步使用	6
实体联系模型	3	创建与管理数据库对象	9
关系数据库	6	数据库对象访问	6
结构化查询语言	6	数据库性能测试	3
关系模型规范化	6	数据库访问控制与数据备份	6
数据库设计	3	数据库复制与自动管理	3
存储结构	6	数据库编程接口	3
存储过程与触发器	3		
事务	6		
查询处理与查询优化	6		
安全性	3		
数据库新技术	3		
总课时	54		36

本书可以作为高等学校计算机科学及相关专业的教学用书或教学参考书，也可以作为从事计算机软件开发的工程技术人员、数据库管理员的参考书、培训教材、自学用书等。

在学习本课程之前，建议先修"数据结构"、"程序设计语言(C、C++、Java等)"、"操作系统"等课程，以便更好地掌握本书原理部分的内容。

本书由陈晓云教授主编并编写大纲。参加编写工作的主要人员有：陈晓云、徐玉生、王雪、李龙杰等。参加本书编写、校对、案例代码验证、实验指导书编写的教师和研究生还有：苏伟、燕昊、程一帆、牛国鹏、穆进超、刘慧玲、吴本昌、祁小丽、兰聪花、马强、陈毅、岳敏、何艳珊、陈鹏飞、张鑫、姚毓凯、刘国华、苏有丽等。本书的编写得到了兰州大学教务处和兰州大学信息科学与工程学院的支持，在此一并表示感谢。由于编者学识浅陋，时间仓促，尽管我们做了最大努力，书中难免有不妥或错误之处，恳请读者批评指正。

编　者

2009年1月

目　录

第1章 数据库系统概述

人类社会步入信息时代的今天，信息资源已成为最重要和最宝贵的资源之一，信息资源的开发利用是信息化的重要内容，建立一个能够满足各级部门信息处理要求的、行之有效的信息系统成为一个组织生存和发展的重要条件。数据库技术是数据管理的最新技术，是信息资源开发利用的关键技术之一，是计算机学科中的一个重要分支。1968 年世界上第一个 IMS(Information Management System)系统诞生以来，数据库技术得到了迅猛发展，其应用已渗透到工农业生产、商业、金融、行政、科学研究、工程技术和国防军事等领域的各个部门，伴随着因特网的出现，其遍布社会的各个角落。

本章主要介绍数据库技术的常用术语和基本概念，力求对数据库建立一个粗浅的、轮廓性的认识。

1.1 数据库技术的基本概念

1.1.1 数据和信息

在信息化的社会里，信息以惊人的速度增长，如何有效地组织和利用它们成为急需解决的问题。而信息和数据是分不开的，它们既有联系又有区别。

信息在数据处理领域可以被理解为关于现实世界事物存在方式或运动状态的反映。信息有许多重要特征：信息来源于物质和能量；信息是可以感知的；信息是可以存储的；信息是可以加工、传递和再生的。这些特征构成了信息的最重要的自然属性。同时，信息又是社会上各行各业不可缺少的重要资源，这是信息的社会属性。

为了记载信息，人们使用各种符号和它们的组合来表示信息，这些符号及其组合就是数据。数据是数据库中存储的基本对象。它的表现形式是多样的，除了数值形式外，还包括文字、图形、图像、声音等，都称为数据。

所以数据可以被定义为：描述事物的符号。描述事物的符号可以是数字，也可以是文字、图形、图像、声音和语言等，即数据有多种表现形式，它们都可以经过数字化后存入计算机系统。

为了了解世界，交流信息，人们需要描述这些事物。在日常生活中直接用自然语言(如汉语)描述。例如可以这样来描述某校一位学生的基本情况：张山，年龄 20 岁，男，甘肃人，2007 年入学。在计算机中，为了存储和处理这些信息，就要抽取出对这些事物感兴趣的特征组成一个记录来描述，所以在计算机中常常这样来描述：(张山，20，男，甘肃，2007)，这样的一条记录就是数据。对于这条记录，不能了解其语义的人则无法理解其含义。例如，20 是一个数据，可以是该学生的年龄，也可以是某门课的成绩，还可以是某个班的人数，可见，数据的形式还不能完全表达其内容,需要通过语义解释。数据的解释是指对数据含义的说明,数据的含义称为语义,数据与其语义是不可分的。

信息和数据的关系可以归纳为:数据是信息的载体;信息是数据的内涵,是对数据语义的解释。数据表示了信息,而信息只有通过数据形式表示出来才能被人们理解和接受。尽管两者在概念上不尽相同,但通常使用时并不严格区分它们。

1.1.2 数据库

数据库(Database,简称为 DB),可以直观地理解为存放数据的仓库,只不过这个仓库是在计算机的大容量存储器上,如硬盘就是一类最常见的计算机大容量存储设备,而且数据必须按照一定的格式存放。可以将数据库简单地归纳为:数据库是按一定结构组织并长期存储在计算机内的、可共享的大量数据的有机集合。

1.1.3 数据库管理系统

了解了数据和数据库的概念,下一个问题就是如何科学地组织和存储数据,如何高效地存取和维护数据。数据库管理系统(Database Management System,简称为 DBMS)便是完成这一任务的系统软件,它是数据库和用户之间的一个接口,其主要作用是在数据库建立、运行和维护时对数据库进行统一管理和控制。可以从以下几个方面来理解 DBMS:

(1)从操作系统角度看,DBMS 是操作系统的使用者,它建立在操作系统的基础之上,需要操作系统提供底层服务,如创建、撤销进程,读写磁盘文件,管理处理机和管理内存等。

(2)从数据库角度看,DBMS 是管理者,是数据库系统的核心,是为数据库的管理、运行、控制和维护而配置的系统软件,负责对数据库进行统一的管理和控制。

(3)从用户角度看,DBMS 是工具或桥梁,是位于操作系统与用户之间的一层数据管理软件。用户发出的或应用程序中的各种操作数据库的命令,都要通过 DBMS 来执行。

DBMS 的主要功能包括以下几个方面:

(1)数据定义功能

DBMS 提供数据定义语言(Data Definition Language,简称 DDL),用户使用该语言可以方便地对数据库中的数据对象进行定义。

(2)数据操作功能

DBMS 还提供数据操作语言(Data Manipulation Language,简称 DML),用户可以使用 DML 操作数据实现对数据库的基本操作,如查询、插入、删除和修改等。

(3)数据库的运行管理功能

数据库在建立、运用和维护时由数据库管理系统统一管理、统一控制,以保证数据的安全性、完整性、多用户对数据的并发使用及发生故障后的系统恢复。

(4)数据库的建立和维护功能

包括数据库初始数据的输入、转换功能,数据库的转储、恢复功能,数据库的重组织功能和性能监视、分析功能等,这些功能通常是由 DBMS 提供的一些实用程序完成的。

数据库管理系统是数据库系统的一个重要组成部分,常用的 DBMS 有:Oracle、SQL Server、Informix、Sybase、FoxPro、Access 等。

1.1.4 数据库系统

数据库系统(Database System,简称 DBS)是一个复杂的系统,它是在计算机系统中引入数据库后的系统。数据库系统是存储介质、处理对象和管理系统的集合,一般由数据库、数据库管理系统(及其开发工具)、软件系统、硬件系统、数据库管理员和用户构成。它们之间的关系如图 1-1 所示。有时人们也把数据库系统广义地定义为"数据库 + 数据库管理系统 + 数据管理 + 应用程序 + 用户"。数据库系统具有以下特点:信息完整和功能通用、程序与数据独立、数据抽象、支持数据的不同视图、控制数据冗余、支持数据共享、限制非授权的存取、提供多种用户界面、表示数据之间的复杂联系、完整性约束、数据恢复等。

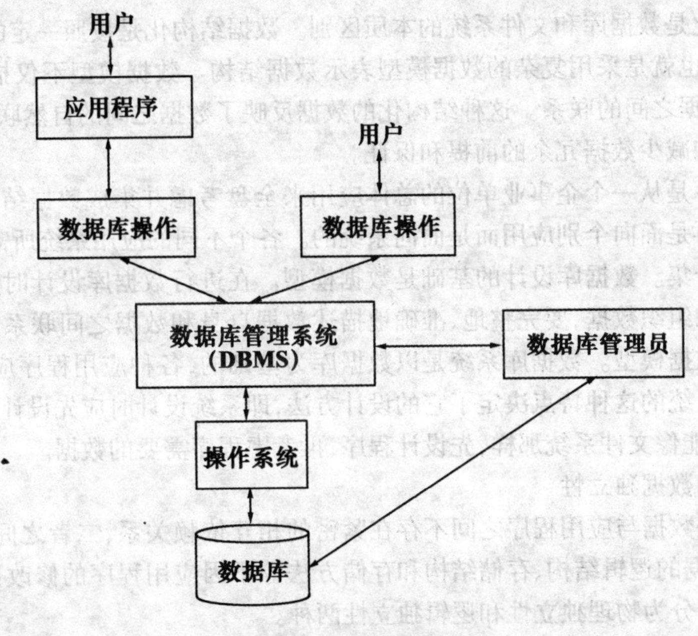

图 1-1 数据库系统

1.1.5 数据库技术

数据库技术是研究数据库的结构、存储、设计、管理和使用的一门软件学科。数据库技术是在操作系统的文件系统基础上发展起来的,而且 DBMS 本身要在操作系统支持下才能工作。数据库与数据结构的联系也很密切,数据库技术不仅要用到数据结构中链、表、树、图等知识,而且还丰富了数据结构的研究内容。程序是使用数据库系统最基本的方式,因为系统中大量的应用程序都是用高级语言加上数据库的操作语言编写的。集合论、数理逻辑是关系数据库的理论基础,很多概念、术语、思想都直接用到关系数据库中。因此,数据库技术是一门综合性很强的学科。

1.1.6 数据管理技术的发展

数据库管理技术经历了手工管理、文件管理和数据库技术三个发展阶段。数据库的出现改变了传统的信息管理模式,扩大了信息管理的规模,提高了信息的利用能力,缩短了信息传播的过程,实现了世界信息一体化的目标。如今,数据库技术仍在快速发展,其应用仍在深入。

按照数据模型，数据库技术的发展也经历了三个阶段：网状模型与层次模型、关系模型、面向对象模型。这四种模型中，由于关系模型有着坚实的理论基础（离散数学）、成熟的 DBMS 产品而广受应用，当前已建立的绝大多数数据库系统都是基于关系模型的，本书主要讲述关系模型。

1.2 数据库管理系统的特点

1. 数据结构化

数据结构化是数据库和文件系统的本质区别。数据结构化是按照一定的数据模型来组织和存放数据，也就是采用复杂的数据模型表示数据结构。数据模型不仅描述数据本身的特点，还描述数据之间的联系。这种结构化的数据反映了数据之间的自然联系，是实现对数据的集中控制和减少数据冗余的前提和保证。

由于数据库是从一个企事业单位的总体应用来全盘考虑并集成数据结构的，所以数据库中的数据不再是面向个别应用而是面向系统的。各个不同的应用系统所需的数据只是整体模型的一个子集。数据库设计的基础是数据模型。在进行数据库设计时，要站在全局需要的角度抽象和组织数据，要完整地、准确地描述数据自身和数据之间联系的情况，建立适合总体需要的数据模型。数据库系统是以数据库为基础的，各种应用程序应建立在数据库之上。数据库系统的这种特点决定了它的设计方法，即系统设计时应先设计数据库，再设计功能程序，而不能像文件系统那样，先设计程序，再考虑程序需要的数据。

2. 有较高的数据独立性

独立性就是数据与应用程序之间不存在紧密的相互依赖关系，二者之间是一种松散的耦合，也就是数据的逻辑结构、存储结构和存储方法等不因应用程序的修改而修改，反之亦然。数据独立性分为物理独立性和逻辑独立性两种。

(1) 物理独立性是指数据的物理结构（或存储结构）的改变，如物理存储设备的更换、物理存储位置的变更、存取方法的改变等，不影响数据库的逻辑结构，不会引起应用程序的修改。

(2) 逻辑独立性是指数据库总体逻辑结构的改变，如修改数据的定义、增加新的数据项及数据类型、改变数据间的联系等等，无需修改原来的应用程序。

总之，数据独立性就是数据与应用程序之间的互不依赖性。一个具有数据独立性的系统称为以数据为中心的系统或面向数据的系统。显然，数据库系统是以数据为中心的系统。

3. 数据冗余度小、数据共享度高

数据冗余度小是指存储在数据库中的重复数据少。在非数据库系统中，每个应用程序有它自己的数据文件，从而造成存储数据的大量重复。由于在数据库系统方式下，数据不再是面向某个应用，而是面向整个系统，这就使得数据库中的数据冗余度小，从而避免了由于数据大量冗余带来的数据冲突问题，也避免了由此产生的数据维护麻烦和数据统计错误问题，节约了存储空间。

数据库系统通过数据模型和数据控制机制提高数据的共享性。数据共享度高会提高数据的利用率，使得数据更有价值，能够更容易、更方便地使用。数据高度共享使得数据库具有以下几个方面的优点：

(1)系统现有用户或程序可以共享数据库中的数据；

(2)当系统需要扩充时，再开发的新用户或新程序还可以共享原有的数据资源；

(3)多用户或多程序可以在同一时刻共同使用同一数据。

4. 避免了数据的不一致性

当本应相同的数据项在不同的应用中出现不同的数据值时，便出现了数据的不一致性。数据库在理论上可以避免数据冗余，因而也可以避免数据的不一致性。即使存在某些冗余，数据库系统也提供对数据的各种控制和检查，保证在更新数据时更新所有的副本，从而保证数据的一致性。

5. 完善的数据控制功能

(1)并发控制

避免并发程序之间相互干扰，防止数据库被破坏，避免给用户提供不正确的数据，数据库系统对多用户的并发操作加以控制和协调，也就是避免当多个用户的并发进程同时存取、修改数据库时，可能会发生相互干扰而得到错误的结果或使数据库的完整性遭到破坏。

(2)实施安全性保护

数据的安全性主要指数据保密，防止数据被非法使用、越权使用。只有数据库管理员(Database Administrator, DBA)拥有完全的操作权限，DBA 可以规定各用户的合理权限。数据库系统保证对数据的存取方法是唯一的。每当用户企图存取敏感数据时，数据库系统就进行安全性检查。在数据库中，对数据进行各种类型的操作(检索、修改、删除等)，数据库系统都可以实施不同的安全检查。

(3)保证数据的完整性

数据的完整性也就是数据的正确性、有效性和相容性，数据的不一致性是失去完整性的例子。数据冗余可能引起数据的不完整性、不一致性，但没有数据冗余，同样可能出现不正确的数据而使数据库失去数据完整性。例如，在一个数值型数据中出现了字母、特殊符号，或一个人的年龄小于 0 等，都是失去完整性的例子，与是否存在数据冗余无关。数据库系统的集中控制可以避免这些情况的出现，通过由 DBA 定义的完整性检查，对每一次更新操作实施完整性检查，保证数据的完整性。

(4)发现故障与恢复

数据库在运行过程中很难保证不受破坏，硬件或软件的故障及用户操作的失误，都可能使数据库遭到不同程度的破坏。数据库系统有一套及时发现故障，并迅速地把数据库恢复到故障以前正确状态的措施，如转储、日志、检查点等方法。

6. 事务

当现实世界中的事件发生改变时，在联机 DBMS 中，这些改变是通过一段叫做事务(Transaction)的程序来实时完成的。所以，事务是用户定义的一个数据库序列，这些操作要么全做要么全不做，是一个不可分割的工作单位。它与程序是有区别的，一个程序可以包含多个事务。

事务处理系统(Transaction Processing System, TPS)包括一个或多个存储企业状态的数据库、用以操作企业的管理事务软件，以及组成应用代码的事务本身。一般地，最简单的事务处理系统只有一个 DBMS，这个 DBMS 包含了处理事务的软件。更复杂一些的系统会包含多个 DBMS。

事务处理系统要求:(1)可用性高(High Availability);(2)可靠性高(High Reliability);(3)吞吐量大(High Throughput);(4)响应时间短(Low Response Time);(5)安全性高(High Security)。

1.3 数据库的三级模式结构

考察数据库系统的结构,可以选择多种不同的层次或不同的角度。从数据库管理系统的角度看,数据库系统通常采用三级模式结构。

1.3.1 数据库管理系统中数据的抽象级别

1. 概念模式

在数据模型中有“型”(Type)和“值”(Value)的概念。型是指对某一类数据的结构和属性的说明,值是型的一个具体赋值。例如:学生记录定义为(学号,姓名,性别,年龄,籍贯)这样的记录型,而(200701,张三,男,20,甘肃)则是该记录型的一个记录值。

概念模式也称为模式(Schema)或逻辑模式(Logical Schema),这是对数据库的数据的整体逻辑结构和特征的描述。它使用 DDL 进行定义。定义的内容包括数据库的记录型、数据型、数据项的型、记录间的联系等,以及数据的安全性定义(保密方式、保密级别和数据使用权)、数据应满足的完整性条件和数据寻址方式的说明。模式的一个具体值称为模式的一个实例(Instance),同一个模式可以有很多实例。模式是相对稳定的,而实例反映数据库某一时刻的状态,所以是相对变动的。

概念模式是数据库系统模式结构的中间层,既不涉及数据的物理存储细节和硬件环境,也与具体的应用程序、与所使用的应用开发工具及高级程序设计语言无关。

大多数数据模型都有用图表显示数据库模式的某些约定。使用图表显示的模式也被称为模式图。图 1-2 就是一个数据库的模式图,这个图显示的是每个记录类型的结构,而不是每个记录的具体值。

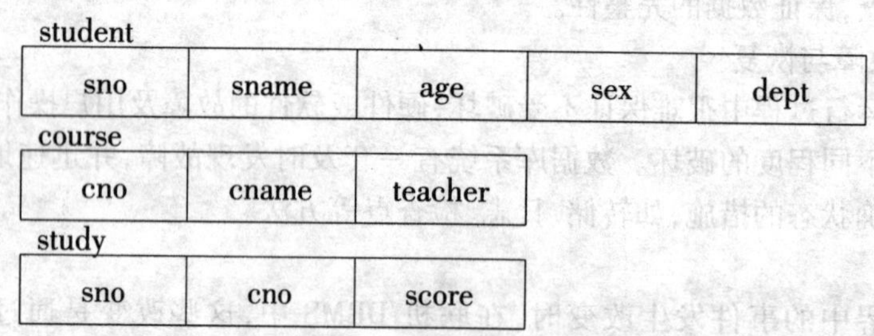

图 1-2 数据库模式图

2. 物理模式

物理模式也称为内模式(Internal Schema)或存储模式(Access Schema),内模式是数据库在物理存储方面的描述,是数据在数据库内部的表示方式,一个数据库只有一个内模式。它定义所有的内部记录类型、索引和文件的组织方式,以及数据控制方面的细节,例如,记录的存储方式是顺序存储还是链接存储;索引按照什么方式组织,是按照 B^+ 树索引,还是哈希索引;数据是否压缩存储,是否加密;数据的存储记录结构有何规定等。

3. 外模式

外模式(External Schema)也称为子模式(Subschema)或用户模式(User Schema),是用户与数据库系统的接口,它是数据库用户能够看见和使用的局部数据的逻辑结构和特征的描述,是数据库用户的数据视图,是与某一应用有关的数据的逻辑表示,是用户用到的那部分数据的描述。外模式由若干个外部记录类型组成,用户使用数据操作语言 DML 对数据库进行操作,实际上是对外模式的外部记录进行操作。

总之,按照外模式的描述提供给用户,按照内模式的描述存储在磁盘上,而概念模式提供了连接这两级模式的相对稳定的中间点,并使得两级的任意一级的改变都不受另一级的牵制。

1.3.2 两层映像及数据独立性

数据库系统的三级模式是对数据的三个抽象级别,把数据的具体组织留给 DBMS 管理,使用户能够逻辑地、抽象地处理数据,而不必关心数据在计算机中的具体表示方式与存储方式。为了能够在内部实现这三个抽象层次的联系和转换,数据库管理系统在这三个模式之间提供了两层映像,图 1-3 所示。

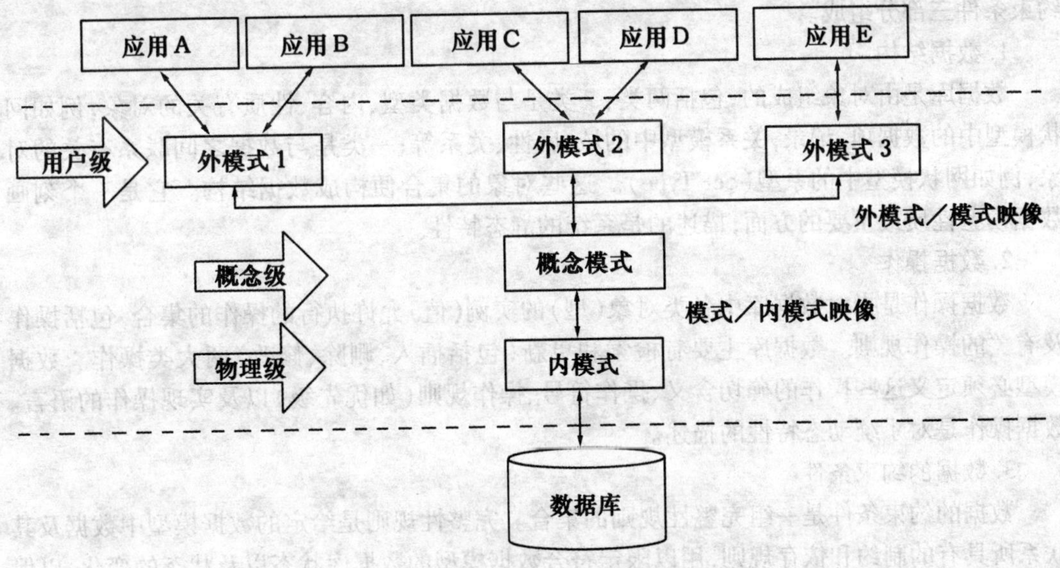

图 1-3 三级模式结构与两层映射

1. 外模式/模式映像

外模式/模式之间的映像,定义并保证了外模式与数据模式之间的关系。外模式/模式的映像定义通常在模式变化时,DBA 可以通过修改映像的方法使外模式不变;由于应用程序是根据外模式进行设计的,只要外模式不改变,应用程序就不需要修改。显然,数据库系统中的外模式与模式之间的映像不仅建立了用户数据库与逻辑数据库之间的对应关系,使得用户能够按子模式进行程序设计,同时也保证了数据的逻辑独立性。

2. 模式/内模式映像

模式/内模式之间的映像,定义并保证了数据的逻辑模式与内模式之间的对应关系。这说明数据的记录、数据项在计算机内部是如何组织和表示的。当数据库的存储结构改变时,

DBA 可以通过修改模式/内模式之间的映像使数据模式不变化。由于用户或程序是按数据的逻辑模式使用数据的,所以只要数据模式不变,用户仍可以按原来的方式使用数据,程序也不需要修改。模式/内模式的映像技术不仅使用户或程序能够按数据的逻辑结构使用数据,还提供了内模式变化而程序不变的方法,从而保证了数据的物理独立性。

1.4 数据模型

数据模型是一种表示数据及其联系的模型,是对现实世界数据特征与联系的抽象反映。通俗地讲,数据模型就是现实世界的模拟,数据模型是数据库系统的核心和基础。现有的数据库系统均是基于某种数据模型的。现在使用最多的是关系模型:以表的集合来表示数据和数据之间的联系。其他模型还包括:层次模型、网状模型、面向对象模型等。

1.4.1 数据模型的组成要素

一般来讲,数据模型是严格定义的一组概念的集合。这些概念精确地描述了系统的静态特性、动态特性和完整性约束条件。因此,数据模型通常由数据结构、数据操作和数据的约束条件三部分组成。

1. 数据结构

数据库是由对象组成的,包括两类:一类是与数据类型、内容、性质有关的对象,例如网状模型中的数据项、记录,关系模型中的域、属性、关系等;一类是与数据之间联系有关的对象,例如网状模型中的系型(Set Type)。这些对象的集合便构成数据结构。它是一个刻画数据模型性质最重要的方面,描述的是系统的静态特性。

2. 数据操作

数据操作是指对数据库中各类对象(型)的实例(值)允许执行的操作的集合,包括操作及有关的操作规则。数据库主要有检索和更新(包括插入、删除、修改)两大类操作。数据模型必须定义这些操作的确切含义、操作符号、操作规则(如优先级)以及实现操作的语言。数据操作是对系统动态特性的描述。

3. 数据的约束条件

数据的约束条件是一组完整性规则的集合。完整性规则是给定的数据模型中数据及其联系所具有的制约和依存规则,用以限定符合数据模型的数据库状态以及状态的变化,以保证数据的正确、有效、相容。数据模型应该反映和规定本数据模型必须遵守的基本的完整性约束条件。例如,在关系模型中,任何关系必须满足实体完整性和参照完整性两个条件。

此外,数据模型还应该提供定义完整性约束条件的机制,以反映具体应用所涉及的数据必须遵守的特定的语义约束条件。例如,在学校的数据库中规定大学生入学年龄不得超过30岁等。

1.4.2 关系模型

关系模型(Relational Model)用二维表表示数据和数据之间的联系。每个表有多个列,每列有唯一的列名。

关系模型是基于记录模型的一种。基于记录模型的名称的由来是它用一些固定格式的记录来描述数据库结构。每张表包含某种特定类型的记录,每个记录类型定义了固定数目的字段(或属性)。表格的列对应于记录类型的属性。

关系数据模型是使用最广泛的数据类型。当今大量的数据库系统都是基于这种关系模型的。

1.4.3 层次模型与网状模型

层次模型、网状模型是20世纪70年代至80年代初期广泛流行的逻辑数据模型。层次模型和网状模型统称为非关系模型。关系模型的数据库系统在20世纪70年代开始出现,之后发展迅速,并逐步取代了非关系模型数据系统的统治地位。

1. 层次模型

层次模型是数据库系统中最早出现的数据模型,层次数据库系统采用层次模型作为数据的组织方式。层次数据库系统的典型代表是IBM公司的IMS(Information Management System)数据库管理系统。层次模型用树形结构来表示各类实体以及实体间的联系。

2. 网状模型

用有向图结构来组织数据的数据模型称为网状模型。这种有向图结构也称为网状结构。网状数据库系统采用网状模型作为数据的组织方式。网状数据模型的典型代表是DBTG系统,是20世纪70年代数据系统语言研究会下属的数据库任务组DBTG(DataBase Task Group)提出的一个系统方案。DBTG系统虽然不是实际的软件系统,但是它提出的基本概念、方法和技术具有普遍意义。它对于网状数据库系统的研制和发展产生了重大的影响。后来不少的系统都采用DBTG模型或者简化的DBTG模型。

1.4.4 面向对象数据模型

由于关系模型比层次模型、网状模型简单灵活,因此,在数据处理领域中,关系数据库的使用已相当普遍。但是,现实世界存在着许多含有复杂数据结构(例如CAD数据、图形数据等)的应用领域,它们需要更高级的数据库技术表达这类信息。面向对象的概念最早出现在程序设计语言中,随后迅速渗透到计算机领域的每一个分支,现已使用在数据库技术中。面向对象数据库是面向对象技术与数据库技术相结合的产物,以满足一些新的应用需要,例如面向对象的程序设计环境(CASE)、计算机辅助设计与制造(CAD/CAM)、地理信息系统(GIS)、多媒体应用、基于Web的电子商务以及其他非商用领域中的应用。面向对象数据库系统支持的数据模型称为面向对象数据模型,它包括以下几个方面:

1. 对象(Object)

面向对象模型中最基本的概念是对象和类。对象是现实世界中实体的模型化。一切概念上的实体都可以称作对象,如一个数字、一个人、一本书等。对象是由一组数据结构和在这组数据结构上的操作的程序代码封装起来的基本单位。对象之间的接口由一组消息定义。

2. 对象标识OID(Object Identifier)

面向对象数据库中的每个对象都有一个唯一、不变的标识,称为对象标识。对象通常与实际领域的实体对应。在现实世界中,实体中的属性值可能随着时间的推移会发生改变,但是每个实体的标识始终保持不变。相应地,对象的部分属性、对象的方法会随着时间的推移发生变化,但对象标识不会改变。

3. 封装

封装是对象的外部接口与内部实现之间实行隔离的一种抽象,外部与对象的通信只能通过消息,这是面向对象模型的主要特征之一。封装的意义在于将对象的实现与对象的应用互相隔离,从而允许对操作的实现算法和数据结构进行修改,而不影响接口,不必修改使用它们的应用,这有利于提高数据独立性。由于封装,对用户而言这些实现是不可见的,这就隐藏了在实现中使用的数据结构与程序代码等细节。

4. 类和类层次

在面向对象数据库中相似对象的集合称为类。每一个对象称为它所在类的一个实例。一个类中的所有对象共享一个定义,它们的区别仅在于属性的取值不同。

面向对象数据库模式是类的集合,一组类可以形成一个类层次。一个面向对象数据库模式可能有多个类层次。在一个类层次中,一个类继承其所有超类的全部属性、方法和消息。

如在一个学校数据库中,可以定义一个类"人"。人的属性、方法和消息的集合是教职员工和学生的公共属性、公共方法和公共消息的集合。教职员工类和学生类定义为人的子类。教职员工类只包含教职员工的特殊属性、特殊方法和特殊消息的集合。学生类也只包含学生的特殊属性、特殊方法和特殊消息的集合。

5. 继承

在面向对象数据模型中常用的有两种继承——单继承与多继承。若一个子类只能继承一个父类的特性,这种继承称为单继承;若一个子类能继承多个父类的特性,这种继承称为多继承。例如,在学校中实际上还有"在职研究生",他们既是老师又是学生,在职研究生继承了教职员工和学生两个父类的所有属性、方法和消息。

继承性有两个优点:第一,它是建模的有力工具,提供了对现实世界简明而精确的描述;第二,它提供了信息重用机制。

面向对象数据模型比网络、层次、关系数据模型具有更加丰富的表达能力,但正因为面向对象模型的丰富表达能力,模型相对复杂,实现起来较困难。

1.5 数据库系统的组成

数据库系统可以看做是由数据库、数据库管理系统、数据管理、应用程序和用户组成的。

1.5.1 数据库

数据库是依照某种数据模型组织起来并存放在存储器中的数据集合,1.1.2 节介绍了数据库的概念。

1.5.2 数据库管理系统

数据库管理系统是位于用户与操作系统之间的一层数据管理软件,用户对数据库数据的任何操作,包括数据定义、数据查询、数据维护、数据库运行控制等都是在 DBMS 管理下进行的,应用程序只有通过 DBMS 才能和数据库打交道。1.1.3 节对 DBMS 进行了介绍。

1.5.3 数据管理

数据管理是数据库技术的核心，1.1.6 节介绍了数据管理技术的发展，第 12 章将介绍数据自动化管理和分布式数据管理的概念实现。

1.5.4 应用程序

应用程序是指为了完成某项或某几项特定任务而被开发运行于操作系统之上的计算机程序。应用程序(Application)运行在用户模式，它可以和用户进行交互，具有可视的用户界面。

DBMS 中存储了大量的数据信息，其目的是为用户提供数据信息服务，而数据库应用程序正是与 DBMS 进行通信，并访问 DBMS 中的数据，它是 DBMS 实现其对外提供数据信息服务这一目的的唯一途径。简单地说，数据库应用程序是一个允许用户插入、修改、删除并报告数据库中的数据的计算机程序。数据库应用程序在传统上是由程序员用一种或多种通用或专用的程序设计语言编写的，但是近年来出现了多种面向用户的数据库应用程序开发工具，这些工具可以简化使用 DBMS 的过程，并且不需要专门编程。

1.5.5 用户

数据库系统从建设到运行、维护，期间涉及大量的人员，大致可以分为三大类：开发人员、管理人员与应用人员。

1. 数据库管理员

使用 DBMS 的一个主要原因是可以对数据和访问这些数据的程序进行集中控制。对系统进行集中控制的人称为数据库管理员(DBA)。DBA 必须熟悉企业全部数据的性质和用途，并对用户的需求有充分的了解；DBA 必须兼有系统分析员和运筹学专家的品质和知识，对系统的性能非常熟悉。

DBA 是控制数据整体结构的一类人员，负责 DBS 的正常运行。DBA 可以是一个人，在大型系统中也可以是由几个人组成的小组，DBA 进一步还可以分为：系统管理员、数据库管理员、安全管理员、网络管理员、配置管理员、备份管理员等。DBA 承担创建、监控和维护整个数据库结构的责任。

DBA 的主要职责有：

(1)模式定义。DBA 根据需求创建数据库的概念模式。

(2)存储结构和存取方法的定义，即定义内模式。

(3)模式和物理组织的修改。根据需求或用户的要求修改数据库的概念模式和内模式。

(4)数据访问授权。根据需求授权给不同的用户以不同的方式使用数据库。授权信息保存在一个特殊的系统结构中，一旦系统中有访问数据的要求，数据库系统就去查阅这些信息。

(5)完整性约束的说明。根据需求编写完整性规则，以监督数据库的运行。

(6)日常维护。数据库管理员的日常维护活动有：定期备份数据库，或者在磁带上或者在远程服务器上，以防止像洪水一样的灾难发生时数据丢失；确保正常运行时所需的空余磁盘空间,并且在需要时升级磁盘空间;监视数据库的运行,并确保数据库的性能不因一些用户提交了花费时间较多的任务而下降很多。需要说明的是,DBA 一般需要参与数据库系统的设计、规划。

2. 开发类人员

(1)系统分析师

我们知道,在软件开发过程中,需求分析是软件工程中的一个重要的环节,所以一个系统的需求规约对一个系统的设计是至关重要的。而需求规约就需要系统分析师(System Analyst)和客户一起开发。系统分析师必须对应用所要实现的企业业务规则以及实现中所涉及的数据库和事务处理技术有深刻的理解。只有如此,设计出来的应用程序才能满足用户的需求。而且系统分析师开发的说明书将用于数据库模式和访问数据库的事务的设计。

(2)数据库设计师

一个系统所用的数据库就包含对现实世界应用当前状态的描述信息。这个结构必须支持事务对数据库的访问,并且保证这些访问能够及时完成。数据库设计师(Database Designer)就是对数据库的结构进行设计。

(3)应用程序员

一个系统最终的目的是满足用户需求,而且要与现实符合,应用程序员(Application Designer)必须保证事务能保持数据库状态和现实世界应用的一致性,还要负责实现系统中的图形用户界面和各个事务。应用程序员必须与数据库设计师一起合作保证系统遵守那些支配企业运转的规则。

(4)项目经理

众所周知,"千军易得,一将难求",就是因为"将"所起的作用是别人不可取代的。项目经理(Project Manager)素质的高低对项目的成功与否起着重要的作用。项目经理的主要工作是:准备进度和预算、为成员分配任务、监视项目的日常运转等。

3. 应用类人员

(1)简单用户

简单用户(User)是缺少经验的用户,他们通过调用预先写好的应用程序与系统进行交互,即通过使用应用程序来间接地使用数据库。例如,一位学生想通过互联网查看他的成绩。这个学生会访问一个用来输入他的学号等信息的窗口。位于网络服务器上的一个应用程序就用该学生输入的信息取出该学生的成绩,并将这个信息反馈给该学生。

此类用户的典型用户界面是窗口,用户只须填写窗口的相应项就可以了,通常通过图形用户界面启动一个事务,通过应用程序的用户接口使用数据库。

(2)高级用户

高级用户比较熟悉数据库管理系统的各种功能,不通过编写程序来与系统交互,而是用数据库语言访问数据库。

(3)专业用户

专业用户是编写专门的、不适合于传统数据处理模式的数据库应用的富有经验的用户,能够基于数据库管理系统的 API 编制自己的应用程序。这样的应用程序包括:计算机辅助设计系统,知识库和专家系统,存储复杂结构数据的系统,以及环境建模系统等。

习题

1. 简述数据与信息之间的关系。
2. 解释数据库、数据库管理系统和数据库系统的概念。
3. 介绍数据库管理系统的特点。
4. 解释数据库系统的三级模式结构和二级映像。
5. 什么是数据模型？数据模型的组成是怎样的？
6. 数据库系统由哪几部分组成？
7. 数据库中的用户分为哪几类？

第2章　实体联系模型

实体联系模型(Entity – Relationship Model,简记为 E – R 模型)是 Peter P. S. Chen 于 1976 年在题为"The Entity – Relationship Model: Toward a Unified View of Data"的论文中提出的。Peter P. S. Chen 认为现实世界是由实体和实体之间的联系构成的。E – R 模型是数据库设计人员进行数据库设计的有力工具,也是数据库设计人员和用户之间进行交流的有效方式。E – R 模型包括三个基本元素:实体、联系和属性,E – R 模型主要利用这三个元素来描述一个客观世界的内容。

2.1　数据库设计的步骤

数据库设计指的是根据应用需求,对于一个给定的应用环境设计有效的数据库模式,建立数据库及其应用系统,使之能够有效地存储数据,满足各种用户的应用要求的过程。

按照规范设计的方法,考虑数据库及其应用系统开发全过程,一般将数据库设计过程分为以下六个阶段:

(1)需求分析阶段

准确了解与分析用户需求是整个设计过程的基础,也是最困难、最耗费时间的一步。

(2)概念结构设计阶段

将需求分析得到的用户需求抽象为信息结构即概念模型的过程就是概念结构设计。概念结构设计是整个数据库设计的关键,通过对用户需求进行综合、归纳与抽象,建立概念模型。概念模型是对信息世界的建模,所以概念模型应该能够方便、准确地表示出信息世界中的常用概念。概念模型的表示方法很多,但 E – R 模型是最为著名的一种方法,该方法用 E – R 图描述现实世界的概念模型,是抽象和描述现实世界的有力工具。

(3)逻辑结构设计阶段

逻辑结构设计的任务是把概念结构设计阶段得到的基本 E – R 模型转化为与被选用的 DBMS 产品支持的数据模型相符合的逻辑结构,并对其进行优化。

(4)数据库物理设计阶段

该阶段的任务是为逻辑数据模型选取一个最适合应用环境的物理结构,包括存储结构和存取方法。

(5)数据库实施阶段

运用 DBMS 提供的数据定义语言、工具及宿主语言,根据逻辑设计和物理设计的结果,建立数据库,编制与调试应用程序,组织数据入库,并进行试运行。

(6)数据库运行和维护阶段

数据库应用系统经过试运行后即可投入正式运行。在数据库系统运行过程中要对其不断地进行评价与性能调整。

实体联系模型是对现实世界的一种抽象,它抽取了客观事物中人们所关心的信息,忽略了非本质的细节,并对这些信息进行了精确的描述。E－R 图所表示的概念模型与具体的 DBMS 所支持的数据模型相独立,是各种数据模型的共同基础,是在数据库设计中被广泛用作数据建模的工具。

2.2 实体、属性和实体集

E－R 模型的三个基本元素是:实体、联系和属性,E－R 模型主要利用这三个元素来反映现实世界中的事物及其相互联系。本节及下一节分别介绍这三个元素及相关概念。

2.2.1 实体

可以区别的、客观存在的事物称为实体。一个具体的人、公司、事件、活动等都是实体的例子。实体可以是具体的,也可以是抽象的。每个实体有一组性质,其中一部分性质的取值可以唯一标识实体。

2.2.2 实体集

同一类实体的集合称为实体集。例如,一个连锁书店的所有图书就是一个实体集。银行的所有账户也是一个实体集。组成实体集的各实体称为实体集的外延。因此,所有图书是图书实体集的外延。

2.2.3 属性

实体所具有的某一特性称为属性(Attribute)。一个实体可以由一组属性来刻画,属性是实体集中每个成员具有的描述性性质。如图书实体可以有 ISBN 号、书名、图书类别、作者、价格等属性。

E－R 模型中的属性可按照以下的属性类型进行划分。

1. 简单(Simple)属性和复合(Composite)属性

简单属性是不可再分的属性,如 ISBN 号,书名,价格等。复合属性则可以划分为更小的属性。如书店的地址可以设计为包括街道名和门牌号的复合属性。若用户希望在某些时候访问整个属性,而另一些时候访问属性的某一成分,那么在设计模式中使用复合属性是一个很好的选择。复合属性还可以把相关属性聚集起来,使模型更清晰。

2. 单值(Single-valued)属性和多值(Multi-valued)属性

每一个特定的实体在该属性上只有单独一个值,这样的属性叫做单值属性。如一本书的定价、书名等都是单值属性。然而某些情况下对于某个特定实体而言,一个属性可能对应一组值。假设图书实体有作者属性,每本书可以有一个、两个或多个作者,因此图书实体集中不同的实体在作者属性上有不同数目的值,这样的属性称为多值属性。在某些需要下,可对多值属性的取值数目进行上下界限制,如可以将一本书的作者数目限制在三个以内。

3. 派生(Derived)属性

这类属性的值可以从其他相关属性或实体派生出来。如连锁书店的打折卡有卡号、折扣率、发卡日期、有效期、失效日期等属性。其中,属性“失效日期”就可以通过发卡日期和有效期推导出来。这个失效日期就是派生属性。派生属性的值不被存储,只存储定义或依赖关系,在需要时可以被计算出来。

4. NULL 属性

当实体在某个属性上没有值时使用 NULL(空值)。

NULL 可以表示"不可用",即该实体的这个属性值不存在。如英美人的姓名通常由三部分组成:first name,middle name 和 family name,如果某人没有 middle name,那么在 middle name 属性上可以使用 NULL 值表示这个属性上的值不存在。

NULL 也可表示"值未知",这意味着该属性值存在,但目前没有获得该信息。如出版社(出版社名,地址,电话号码),我们知道出版社一定有其具体的地址,但是如果目前不确定该出版社的确切地址(或不可知),则设属性地址的值为 NULL。

2.2.4 域

实体的每个属性都有一个取值范围,称为该属性的域(Domain)。例如,书名属性的域是一定长度的字符串的集合,性别的域为{男,女},月份的域为 1 到 12 的整数。

抽象地说,属性将实体集中的每个实体同属性的域的一个值联系起来。实体属性的一组特定值确定了一个特定的实体。实体的属性值是数据库中存储的主要数据。

2.2.5 实体型

实体名及描述它的各属性名的组合称为实体型(Entity Type),实体型用来描述实体集的信息结构,可以刻画出全部同类实体的共同特征和性质。

例如,图书(ISBN 号,书名,书的类型,价格,作者)就是一个实体型。对于图书实体集,其实体型可以通过 ISBN 号、书名等属性加以描述,而图书实体集中的不同图书实体,是可以根据其 ISBN 号的不同加以区分的。例如,ISBN 号为 978 - 7 - 04 - 018314 - 5 的图书《科学哲学思想的流变》是一个实体,显然不同于 ISBN 号为 978 - 7 - 302 - 05695 - 1 的《多媒体技术》这个实体。

2.2.6 键

实体集中的实体必须能够相互区分,一个实体的属性值必须可以唯一标识该实体。

键(Key,又称码)是实体集中唯一标识一个实体的属性或属性集。不存在两个实体在构成键的所有属性上的值都相同,可以有部分相同。在实际使用中,键又可以分为超键、候选键和主键。

超键(Super Key,又称超码)是一个或多个属性的集合,这些属性的组合可以在实体集中唯一标识一个实体。例如,图书实体集的 ISBN 号属性足以将不同的图书实体区分开来,因此 ISBN 号是一个超键。根据超键的定义,任何超键的超集也都是超键。例如,ISBN 号和书名的组合也是图书实体集的一个超键。而图书的书名不能作为超键,因为有的书可能同名。因此,超键中可能包含一些多余的属性。

候选键(Candidate Key,又称候选码)是不包含多余属性的超键,候选键的任意真子集都不能成为超键。

主键(Primary Key,又称主码)是被数据库设计者选中的,用来在同一实体集中区分不同实体的候选键。

超键、候选键、主键都是实体集的性质而不是单个实体的性质。实体集中的任意两个实体都不允许在键属性上有相同的值。主键应该选择那些从不或极少变化的属性,并确保其唯一性。例如,书名不能作为图书实体集的主键,因为重名的书有很多,而每本书的 ISBN 号是唯一的,应该作为主键。出版社实体集中,出版社的地址就不应该作为主键的一部分,因为它很可能变化。

2.3 联系和联系集

现实世界中,事物不是相互独立的,实体之间的相互联系是客观存在的。例如,某出版社出版某本图书是“图书”和“出版社”两个实体之间的联系,使用会员卡在某书店购买某本图书是“图书”、“书店”、“会员卡(顾客)”三个实体之间的联系。

2.3.1 基本概念

联系(Relationship):表示一个或多个实体之间的关联关系。

联系集(Relationship Set):同一类联系的集合构成联系集。规范地说,联系集是 $n(n \geqslant 2)$ 个实体集上的数学关系,这些实体集不必互异。如果 $E_1, E_2, \cdots, E_n$ 为 n 个实体集,那么联系集 R 是 $\{(e_1, e_2, \cdots, e_n) \mid e_i \in E_i, i = (1,2,\cdots,n)\}$ 的一个子集,而 $(e_1, e_2, \cdots, e_n)$ 是一个联系。例如,实体集图书、书店、打折卡之间的销售联系就构成了一个联系集合。

联系也会有属性,用于描述联系的特征,如实体书店和实体图书之间的销售关系可以有自己的属性,如销售图书的时间和销售图书的数目等。

联系类型(Relationship Type):是对联系集中联系的定义,描述了联系集的信息结构,通常包括联系的类型名、联系的属性等。

角色(Role):实体在联系中的作用称为实体的角色。由于一个实体可能涉及多个联系,在每个联系中扮演的角色也会不同。如实体“职工”,在医疗保健联系中扮演病人的角色,在存款联系中扮演客户的角色,在企业管理联系中扮演经理的角色。由于参与一个联系的实体集通常是互异的,角色是隐含的并且常常不被声明。但是,当联系的含义需要解释时,角色是很有用的。例如当参与联系集的实体集并非互异时,则有必要用显式的角色名来定义一个实体参与联系实例的方式。

2.3.2 联系涉及的一些概念

为了合理地设计联系,需要了解联系的元数、连通词和基数三个概念。

1. 联系的元数

一个联系涉及的实体集的个数,称为该联系的元数或度数(Degree)。通常,同一个实体集内部实体之间的联系称为一元联系(这种联系中有必要用显式的角色名来定义一个实体参与联系的方式);两个不同实体集之间的联系称为二元联系;n 个不同实体之间的联系称为 n 元联系。

2. 联系的连通词

联系涉及的实体之间的对应方式,称为联系的连通词。所谓对应方式,是指实体集 E_1 中的一个实体与实体集 E_2 中至多一个还是多个实体有联系。二元联系的连通词有三种：1 : 1、1 : N、M : N。

(1) 一对一联系(1 : 1)

如果对于实体集 A 中的每个实体，实体集 B 中至多有一个实体与之联系，反之亦然，则称实体集 A 和实体集 B 之间的联系是"一对一联系"，记为"1 : 1"。

(2) 一对多联系(1 : N)

对于实体集 A 中的每一个实体，实体集 B 中有 $n(n \geqslant 0)$ 个实体与之联系，反之，对于实体集 B 中的每一个实体，实体集 A 中至多有一个实体与之联系，则称实体集 A 与实体集 B 之间的联系是"一对多联系"，记为"1 : N"。

(3) 多对多联系(M : N)

如果对于实体集 A 中的每一个实体，实体集 B 中有 N 个实体(N ≥ 0) 与之联系，反之，对于实体集 B 中的每一个实体，实体集 A 中也有 M 个实体(M ≥ 0) 与之联系，则称实体集 A 与实体集 B 之间的联系是"多对多联系"，记为"M : N"。

例 2.1 班级和班长之间的联系是 1 : 1 联系。如图 2 - 1 所示。

例 2.2 出版社与图书之间的联系是 1 : N 联系，一个出版社出版若干本图书，而一本图书只能由一个出版社出版。如图 2 - 2 所示。

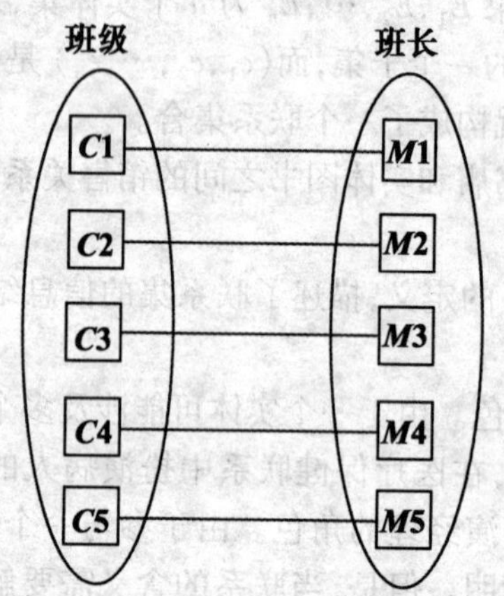

图 2 - 1 班级和班长之间的 1 : 1 联系

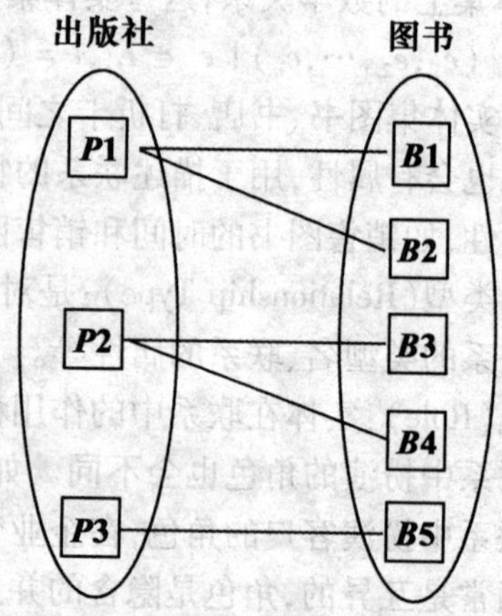

图 2 - 2 出版社和图书之间的 1 : N 联系

例 2.3 连锁书店系统中，书店与图书之间的联系是 M : N 联系，一种图书可以在多个书店销售，而一个书店可以销售多种图书。如图 2 - 3 所示。

例 2.4 工厂的零件之间存在着一元联系，一种零件可由许多种零件组成，而另一种零件也可以是其他零件的子零件。因此，零件实体集内部的组合联系是多对多的(M : N)。如图 2 - 4 所示。

例 2.5 连锁书店系统中，图书、书店和打折卡之间存在三元联系。一种图书可以在多个书店按照不同的折扣率销售，一个书店可以按不同的折扣率销售多种图书，一张一定折扣率的打折卡可以在多个书店购买多种图书。因此，这三个实体集之间的销售联系是多对多的(M : N : P)。如图 2 - 5 所示。

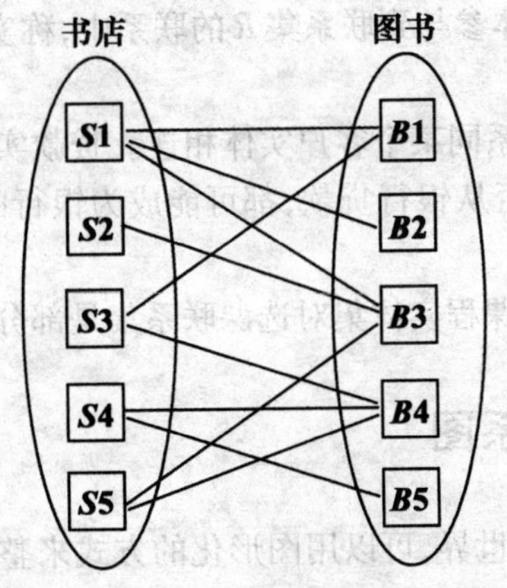

图 2－3　书店和图书之间的 $M:N$ 联系

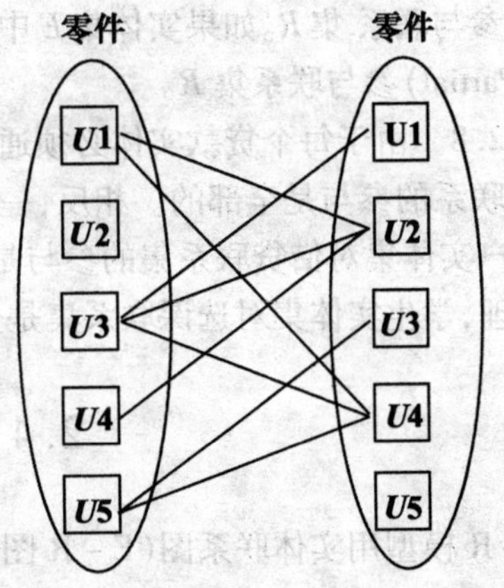

图 2－4　零件之间的 $M:N$ 组合联系

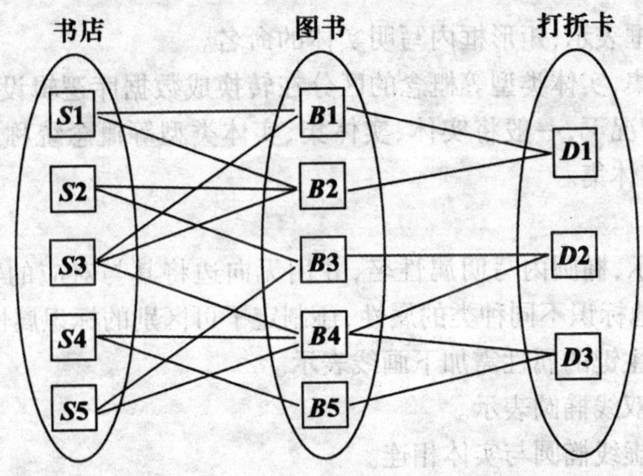

图 2－5　书店、图书和打折卡三个实体之间的多对多联系

3. 实体的基数

连通词是对实体之间联系方式的描述,但是这种情况比较简单。对实体间联系更为详细的描述,可用基数表示。

有两个实体集 $E1$ 和 $E2$,$E1$ 中每一个实体与 $E2$ 中有联系实体的数目的最小值 l 和最大值 h,称为 $E1$ 的基数,用 $l..h$ 形式表示。最小值 l 为 1 表明 $E1$ 中每个实体都要与 $E2$ 中的实体有联系,最小值 l 为 0 表明 $E1$ 中可以有实体不与 $E2$ 中的实体有联系,最大值 h 为 1 表示 $E1$ 中的一个实体只能与 $E2$ 中的一个实体有联系,最大值 h 为 * 表示 $E1$ 中的一个实体可以与 $E2$ 中的任意多个实体有联系。

例 2.6　教务处规定本科生每学期至少选修一门课程,最多选修八门课程;每门课程至多有 50 人选修,最少可以没有人选修。于是,在本科生实体集和课程实体集的选课联系中,本科生实体集的基数是 1..8,课程实体集的基数是 0..50。

例 2.7　某银行规定其客户可以没有或有多于一笔的贷款,对客户贷款的最大笔数没有限制,而每笔贷款必须严格属于一个银行的客户。于是,客户实体集的基数为 0..*,贷款实体集的基数为 1..1。

4. 参与约束

如果实体集 E 中的每个实体都参与到联系集 R 的至少一个联系中,称实体集 E 全部

(Total)参与联系 集 R。如果实体集 E 中只有部分实体参与到联系集 R 的联系中，称实体集 E 部分 (Partial)参与联系集 R。

例 2.8 由于每个贷款实体必须通过“借贷”联系同某个客户实体相连。贷款实体集对“借贷”联系的参与是全部的。相反，一个人不论是否从银行贷款，都可能成为银行的客户，因而客户实体集对借贷联系集的参与是部分的。

同理，学生实体集对选课联系集是全部参与，而课程实体集对选课联系集是部分参与。

2.4 实体联系图

E－R 模型用实体联系图(E－R 图)来描述现实世界，可以用图形化的方式来整体表示数据库的逻辑结构。E－R 图提供了实体集、属性和联系的表示方法。

1. 实体集

实体集：用矩形框表示，矩形框内写明实体的命名。

由于实体、实体集、实体类型等概念的区分在转换成数据库逻辑设计时才需要考虑，因此在不引起混淆的情况下，一般将实体、实体集、实体类型等概念统称为实体。E－R 模型中的实体往往是指实体集。

2. 属性

属性：用椭圆表示，椭圆内写明属性名，并用无向边将其与对应的实体集联系起来。E－R 图中，为了清楚地标识不同种类的属性，还制定了可区别的标识属性的 E－R 符号。

(1)作为实体集主键的属性需加下画线表示。

(2)多值属性用双线椭圆表示。

(3)导出属性用虚线椭圆与实体相连。

例 2.9 书店实体集有书店编号、书店名、书店地址、所在城市、所在省份等属性，主键为书店编号。其中书店地址是一个复合属性，可分解为街道名和门牌号码两个子属性，用一种属性的层次结构表示。用 E－R 图表示如图 2－6 所示。

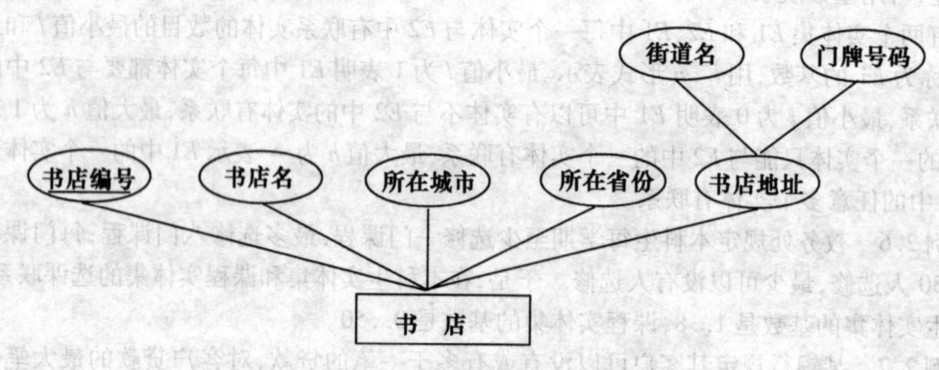

图 2－6 书店实体及属性

例 2.10 图书实体集有 ISBN 号、书名、书的类型、价格、作者等属性，ISBN 号是该实体集的主键，作者为多值属性。用 E－R 图表示如图 2－7 所示。

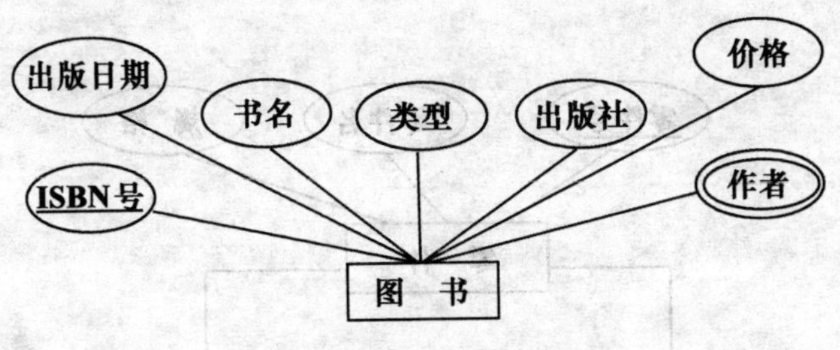

图 2－7 图书实体及属性

例 2.11 打折卡实体集具有打折卡编号、折扣率、持卡人姓名、发卡日期、有效期等属性，失效日期为导出属性。用 E－R 图表示如图 2－8 所示。

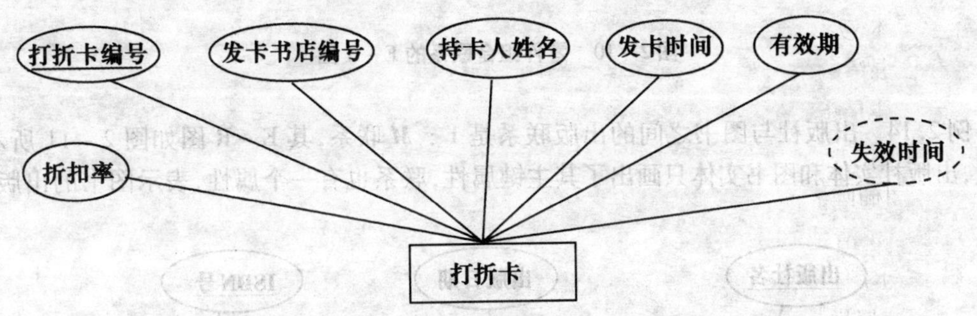

图 2－8 打折卡实体及属性

3. 联系集

联系集：用菱形表示，菱形内写明联系集的命名，并用无向边分别与相关实体连接起来，同时在无向边旁标明联系的连通词或基数。

如果一个联系拥有属性，则这些属性也要用无向边与该联系连接起来。

例 2.12 一个班级的学生排名情况用 E－R 图表示如图 2－9 所示。对于每一个学生，名次在他前面的只有一个人，名次在他后面的也只有一个人。

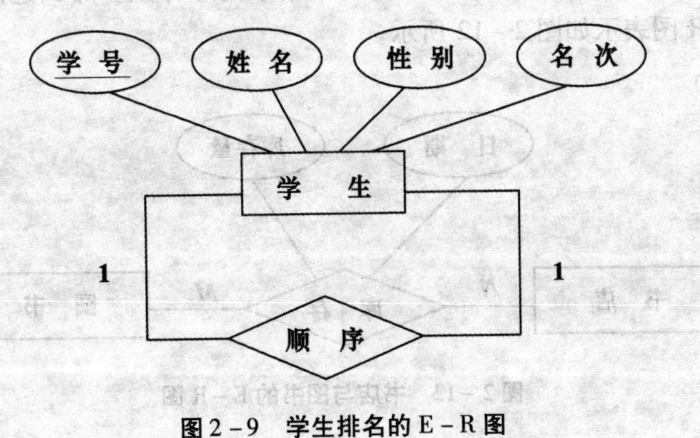

图 2－9 学生排名的 E－R 图

例 2.13 零件的组合联系是零件实体集内部的一个一元联系，零件实体具有零件编号等属性。E－R 图表示如图 2－10 所示。这里，联系也有一个属性，表示组合联系中零件的数量。

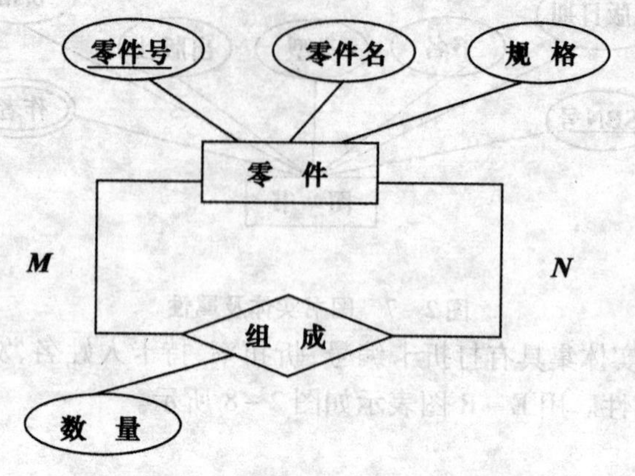

图 2－10 零件组合联系的 E－R 图

例 2.14 出版社与图书之间的出版联系是 1 : *M* 联系，其 E－R 图如图 2－11 所示。这里，出版社实体和图书实体只画出了其主键属性，联系也有一个属性，表示图书的出版日期。

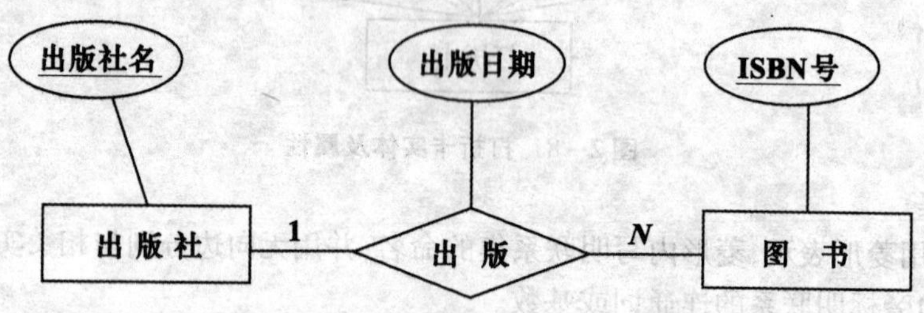

图 2－11 出版社与图书的 E－R 图

例 2.15 连锁书店实例中，图书、书店两个实体之间存在库存的联系，并用日期和数量来描述库存的属性，表示某个时间某个书店的某本书的库存量。那么这两个实体及它们之间的联系的 E－R 图表示如图 2－12 所示。

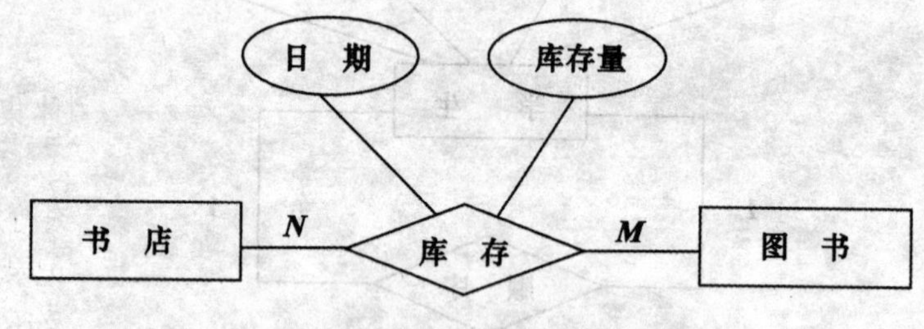

图 2－12 书店与图书的 E－R 图

例 2.16　连锁书店中,书店、图书、打折卡之间存在着销售联系,其 E－R 图如图 2－13 所示。

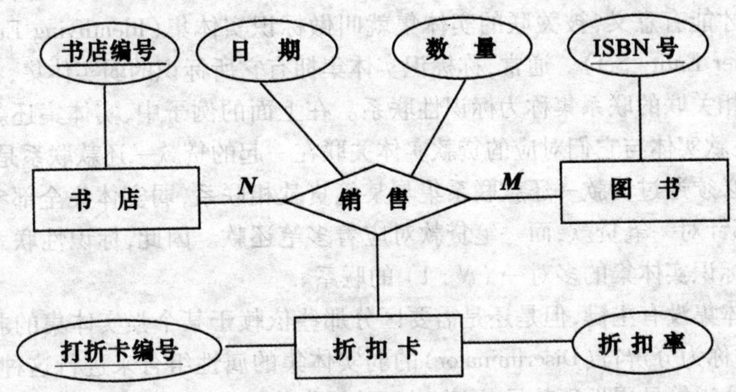

图 2－13　书店、图书与打折卡的 E－R 图

E－R 图中,角色的表示是通过在菱形与矩形的连线上进行标注实现的。

例 2.17　图 2－14 给出了实体集职员和联系集管理之间的角色。

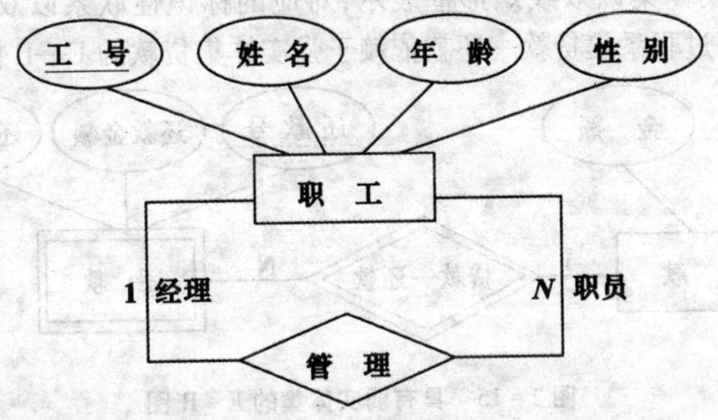

图 2－14　具有角色指示符的 E－R 图

2.5　扩展的实体联系图

E－R 模型是对现实世界的一种抽象,它主要由实体、联系和属性组成,使用这些成分可以建立起适用于许多应用环境的 E－R 模型。但是,为了满足更新的应用需求和表达更多的语义,需要扩展基本 E－R 模型的概念。

2.5.1　弱实体集

一个实体集的属性可能不足以形成主键,这样的实体集叫做弱实体集(Weak Entity Set)。与此相对,有主键的实体集就称为强实体集(Strong Entity Set)。

例如,银行业务中有贷款实体集和还款实体集。贷款实体集记载了银行发放的每笔贷款,一笔贷款用唯一的贷款号来标识,需要记录所贷金额。银行同时还要记录每笔贷款的逐次还款情况,还款实体集就用来记载这些信息,包括还款号、还款金额以及还款日期。还款号是以 1 开始的连续数字,记录分期还款的次数。虽然各个还款实体各不相同,但不同贷款对应的还款实体可能具有相同的还款号、还款金额及还款日期,因此,还款实体集的属性不足以形成主键，是一个弱实体集。

由此可见，弱实体集对于另一些实体集具有很强的依赖关系，因此弱实体集必须与另一个实体集关联才能有意义，被关联的实体集就叫做标识实体集（Identifying Entity Set）或属主实体集（Owner Entity Set）。通常，称标识实体集拥有它所标识的弱实体集，将弱实体集与其标识实体集相关联的联系集称为标识性联系。在上面的例子中，实体集还款的标识实体集是贷款，将还款实体与它们对应的贷款实体关联在一起的贷款—还款联系是标识性联系。

每笔还款必须通过贷款—还款联系集与某笔贷款相联系，弱实体集全部参与联系。并且，每笔还款都针对一笔贷款，而一笔贷款对应着多笔还款。因此，标识性联系只能是一个从弱实体集到标识实体集的多对一（$N:1$）的联系。

虽然弱实体集没有主键，但是还是需要区分那些依赖于某个强实体集的弱实体集中的实体，于是使用称为分辨符（Discriminator）的弱实体集的属性组合来进行这种区分。例如，还款实体集的分辨符是属性还款号，因为对于某笔贷款而言，还款号唯一标识了为该笔贷款所付的一笔款项。分辨符也称为部分键。弱实体集的主键由它的分辨符和标识实体集主键共同构成。例如，还款实体集的主键是（贷款号，还款号）。

E－R 图中，弱实体集以双线矩形框表示，对应的标识性联系以双线菱形框表示。例如，弱实体集还款通过联系集贷款—还款依赖于强实体集贷款的 E—R 图如图 2－15 所示。

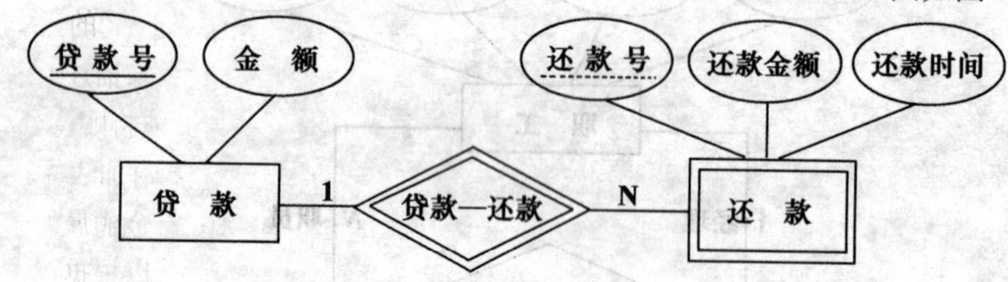

图 2－15　具有弱实体集的 E－R 图

图 2－15 中弱实体集的分辨符也由下画线标明，但是用虚线而不是实线。

在数据库设计过程中，有时会将弱实体集转化为它所属的强实体集的一个多值复合属性。例如，上面的例子中，可以将还款作为贷款实体的一个多值的复合属性，它的属性值为 0 个或多个还款号，而还款号又可以分解为还款金额和还款日期两部分。

那么，什么时候使用弱实体集，什么时候使用复合属性呢？一般情况下，如果弱实体集只参与标识性联系而且属性不多，建模时将其表示为一个复合属性更为恰当。相反地，如果弱实体集还参与到标识性联系以外的联系中，或者属性较多时，建模时一般应将其表示为弱实体集。

例 2.18　药品行业中，每种药品有其统一的药品名，而同种药品可以由不同的制药厂生产，其价格和规格等指标可以有所不同，一个制药厂生产不同的药品。因此，药品管理系统中，药品的存在是以制药厂的存在为前提的。于是可以创建弱实体集药品，其存在依赖于制药厂，其主键是（制药厂名，药品名），分辨符为药品名。其 E－R 图如图 2－16 所示。

既然通过为弱实体加上合适的属性，就可转变为强实体，那么为什么还要使用弱实体？原因如下：

（1）避免数据冗余，以及由此带来的数据的不一致性；

（2）弱实体反映了一个实体对其他实体依赖的逻辑结构；

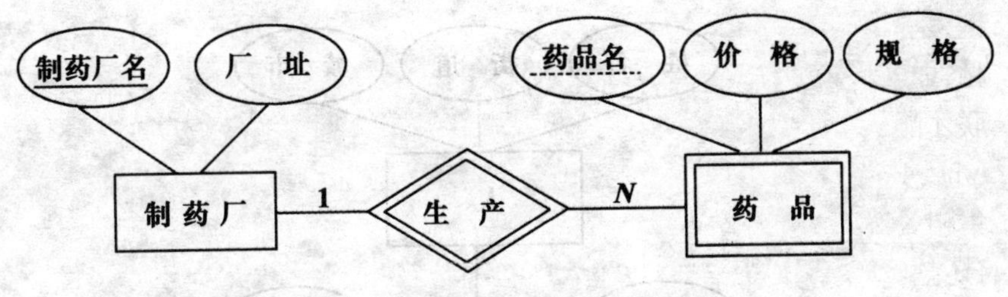

图 2－16 弱实体集药品

(3)弱实体可以随它们的强实体的删除而自动删除；

(4)弱实体可以物理地随它们的强实体存储。

2.5.2 特化和概化

1. 特化(Specialization)

实体集中有时候包含一些子集,子集中的实体在某些方面区别于实体集中的其他实体,或具有一些不被全体实体共享的特性,因此可以根据这些差异特性对实体集进行分组。在实体集内部进行分组的过程称为特化。

考虑实体集“人”,它具有名字、所在街道、所在城市等属性。而在银行业务中,将人分为了两类:顾客和员工。每一类人又可以使用实体集人的所有属性加上他们的附加属性来描述。例如,顾客实体进一步用顾客编号来描述,而员工实体用员工编号来描述。

银行的账户实体使用属性账户编号和余额来描述。由于业务需要,须将账户分为两类:储蓄账户和信用卡账户。这样,储蓄账户拥有账户的所有属性并有一个附加表示该储蓄账户享有的利率的属性。信用卡账户则使用账户的所有属性和附加的透支金额属性来描述。

可以反复使用特化过程来逐步精确化设计模式。如员工实体集又可以根据工作岗位的不同划分为高级职员、出纳和秘书。每类员工都可以使用员工实体集的属性加上各自的附加属性来描述。

实体集可根据多个可区分的特征来进行特化。并且一个实体可以属于多个特化实体集。

在 E－R 图中,特化用标记为 ISA 的三角形来表示。标记 ISA 表示“is a”。如,一个员工“is a”人,一个顾客同样“is a”人。ISA 关系表示了高层实体(如人)和低层实体(如顾客)之间的超类—子类关系。如图 2－17 所示。

2. 概化(Generalization)

对初始实体集特化产生一系列不同层次的实体子集,这是一个自顶向下的过程,这个过程将实体间的区别明显地表示出来。设计过程还可以是自底向上的,将一些具有许多共同特性的实体集合并为一个更高级别的实体集。

例如顾客实体集和员工实体集,都具有姓名、街道、城市这些属性,这是它们之间存在的共性。实体间的这种共性可以通过概化来表达,概化是一个高层实体集与若干个低层实体集之间的包含关系。顾客和员工实体集就是低层实体集,可以将它们概化为一个高层实体集——人。高层实体集与低层实体集又分别称为超类和子类。

特化和概化是个简单的互逆过程,它们在 E－R 图中的表示是相同的。这两种设计过程的区别仅在于它们的出发点和目标不同,特化强调同一实体集内不同实体之间的差异,概

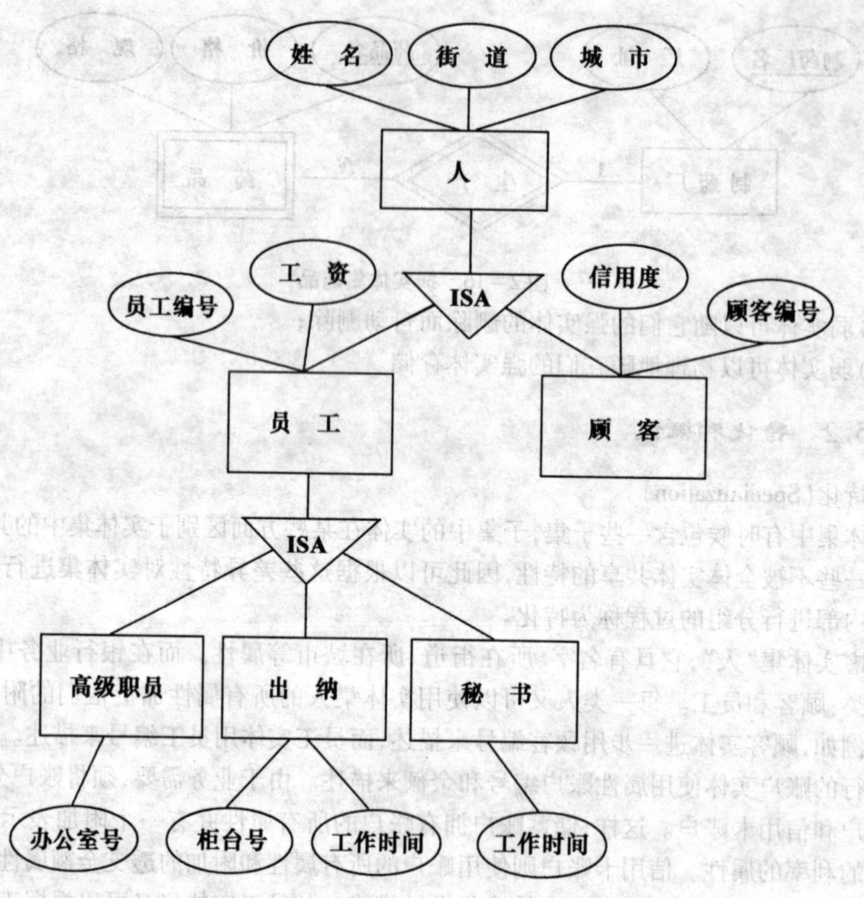

图 2-17 特化和概化

化强调不同实体集之间的相似性。在数据库设计过程中应配合使用这两种过程。

3. 特化/概化的约束设计

为了更加精确地进行数据库建模,数据库设计者必须对特定的特化/概化进行相应的约束设计。一般包括以下三种:

(1)成员资格(Membership):涉及判定哪些实体能成为给定实体集的成员。分为以下两种:

①条件定义的(Condition-Defined):在条件定义的低层实体集中,成员资格的确定基于该实体是否满足一个显式的条件或谓词。

假设高层实体集"账户"具有属性"账户类别",所有实体都根据这一属性进行评估。满足条件账户类别 ="储蓄账户"的实体被归入储蓄账户,而满足账户类别 ="信用卡账户"的实体就归入信用卡账户实体集。

一般来说,系统可以自动检查条件定义的约束。

②用户定义的(User-Defined):由数据库用户来指定一个实体归入哪个低层实体集。

如一个出纳被人事管理部门分配到某个柜台工作。通常这种分配通过执行一个将实体加入到某个低层实体集的操作来实现。

(2)不相交约束(Disjointness Constraint):判断一个实体是否可以同时属于多个不同低层实体集。一般有以下两种情况:

①不相交的(Disjoint):不相交约束要求一个实体至多属于一个低层实体集。例如,一个账户只能是储蓄账户或信用卡账户,但不能两者都是。

②有重叠的(Overlapping):在这种特化/概化中,同一实体可以同时属于同一特化的多个低层实体集。例如,将银行的员工和客户实体集概化为高层实体集人时,一个人可能既是员工又同时是一个客户。

(3)完备性约束(Completeness Constraint):确定高层实体集中的一个实体是否必须属于该特化/概化的至少一个低层实体集。该类型约束包括以下两种:

①全部的(Total):每个高层实体必须属于一个低层实体集,如账户必须属于储蓄账户或信用卡账户的一种。

②部分的(Partial):允许一些高层实体不属于任何低层实体集。如处于试用期内的员工可能不固定地分配到某个岗位,因此他可能不属于任何低层工作实体集。

完备性约束和不相交约束是相互独立的,我们可以看出,对储蓄账户实体集和信用卡账户实体集的特化/概化是全部的、不相交的。因此,对于约束的模式,可以是这两类约束之间的任意组合。

由于对特化/概化运用了某些约束,使得在插入和删除实体时,产生了一些新的要求。例如当完备性约束是"全部的"时候,向高层实体集中插入一个新实体必须同时将它插入至少一个低层实体集中。而在条件定义的约束中,符合条件的高层实体必须被插入到对应的低层实体集中,而将其从高层实体集中删除时,也必须同时从相应的低层实体集中删掉。

4. 属性继承(Attribute Inheritance)

特化和概化过程产生的高层实体集和低层实体集的一个重要特性是属性继承,它指的是高层实体集的属性被低层实体集自动继承,而低层实体集特有的性质仅适用于某个特定的低层实体集。如实体集"顾客"继承了实体集"人"的所有属性(姓名,街道,城市),而属性"顾客编号"只适用于"顾客"实体集自己。

同时,低层实体集还自动地参与其高层实体集参与的联系集。例如实体集"员工"的子类——高级职员、出纳、秘书都自动地参与了其超类参与的联系集"工作"。同时,这些实体集都自动参与到任何实体集"人"参与的联系集中。

在实体集的层次结构中,实体集可以分为单继承和多继承两种。

(1)单继承:实体集作为低层实体集只参与到一个 ISA 联系中,如图 2－17 所示。

(2)多继承:低层实体集可以参与到多个 ISA 联系中。例如,博士在学校中有学生的身份,但同时算在职工作,这样,博士实体集就参与到与研究生实体集和教工实体集的两个 ISA 联系中。如图 2－18 所示。博士会继承研究生和教工的所有属性,如果实体集"研究生"与"教工"有相同名称的属性,如"姓名",则在"博士"中用"研究生.姓名"、"教工.姓名"区别开来。

2.5.3 聚集

1. 问题的提出

E－R 模型用联系集来表示实体集之间的联系,却不能表示联系集与实体集之间、联系集与联系集之间的联系,这正是 E－R 模型的一个局限性。

下面考虑这样一个问题:在银行中,需要建立起各支行的员工所在的岗位由哪位经理负

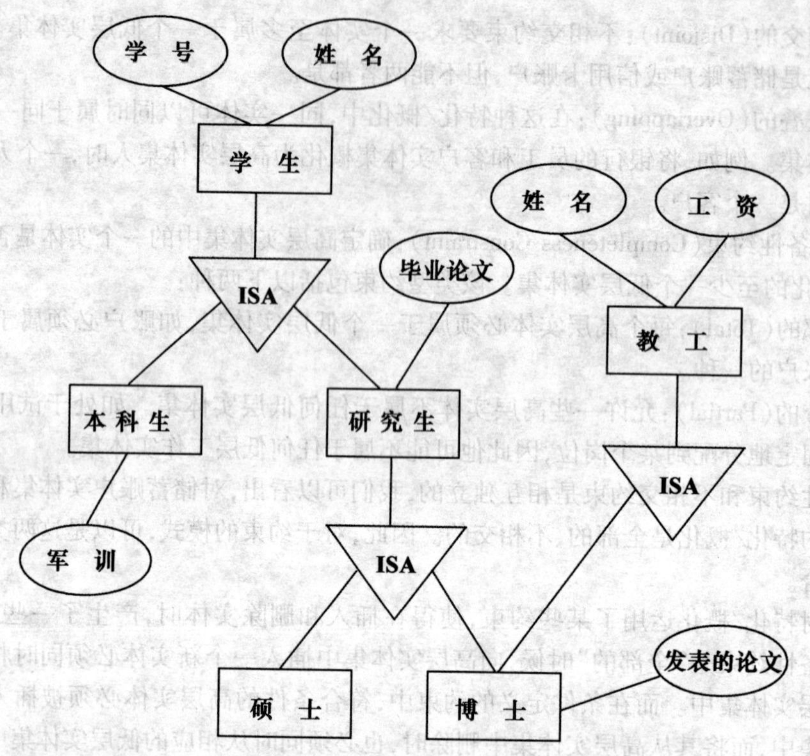

图2－18 属性的多继承

责这样的联系。这实际上是联系集工作与实体集经理之间的联系，但是由于表示成联系集与实体集之间的联系，必须建立员工、支行、岗位和经理这四个实体集之间的一个四元联系才能符合要求，否则无法表示出具有（支行，岗位）的员工由哪个经理负责。上述问题对应的E－R图如图2－19所示。

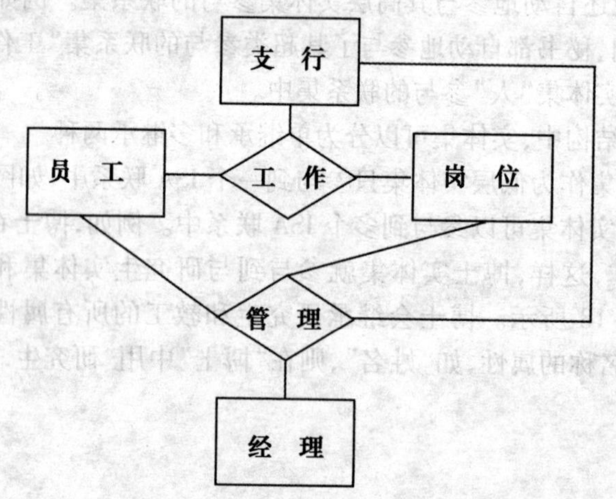

图2－19 具有冗余联系的E－R图

可以看出，四元联系“管理”实际上是冗余的，它重复记录了联系集“工作”中记录的（员工，支行，岗位）组合的信息。但是如果将“工作”和“管理”这两个联系集合并到一起也是不合理的，因为可能有一些（员工，支行，岗位）的组合并没有经理。

由此可见，E－R 模型虽然优点很多，但是对现实世界某些方面的描述还是有些力不从心。因此，经过对传统 E－R 模型的扩展，形成了聚集的概念。聚集是解决此类问题的最好方法。

2. 聚集的概念

聚集(Aggregation)是一种抽象，通过这种抽象，联系集被作为高层实体集看待。

例如，将联系集“工作”视为一个高层实体集“工作”。这样，通过建立实体集“工作”和“经理”之间的一个二元联系就可以解决例子中的需求并且消除了冗余。如图 2－20 所示。

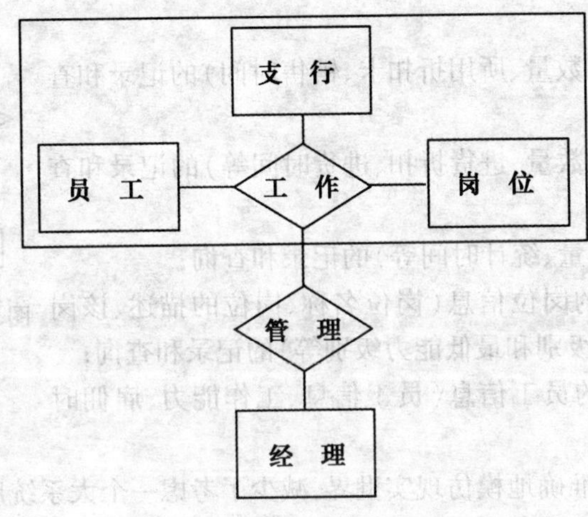

图 2－20　包含聚集的 E－R 图

2.6　数据库 E－R 模型的设计

2.1 节中介绍了数据库设计的基本步骤，将需求分析得到的用户需求抽象为概念模型的过程就是概念结构设计，它是整个数据库设计的关键。而描述概念模型的有力工具就是 E－R 模型，它使数据库概念模型设计具有了很大的灵活性。

利用 E－R 图方法进行数据库的概念设计，可以分为三步进行：

第一步：设计局部 E－R 模型；

第二步：将各局部 E－R 模型综合成全局 E－R 模型；

第三步：对全局 E－R 模型进行优化，得到最终的概念模型。

2.6.1　设计局部 E－R 模型

一个数据库应用系统通常需要为不同的用户提供不同的服务，各个用户对系统的需求也不相同。因此，在进行数据库概念设计时，应对各种需求分而治之，即先分别考虑各个用户的需求，形成局部的概念模型(又称为局部 E－R 模型)，然后再将它们综合为一个全局的结构。图 2－21 描述了局部 E－R 模型设计的步骤。

1. 划分局部结构

划分局部结构是设计各局部 E－R 模型的第一步。划分的方式有两种：一种是根据系统的当前用户进行划分。例如，对于一个连锁书店集团的综合数据库，用户有企业决策部门、销售部门、采购部门、图书管理部门等，各部门对信息的内容和处理要求不同，因此应该为他们分别设计各自的局部 E－R 模型。另一种是按用户要求将数据库提供的服务归纳成几类，使每一类应用访问的数据显著地不同于其他类，然后为每一类设计一个局部 E－R 模型。例如，连锁书店的数据库可以按照提供的服务分为以下几类：

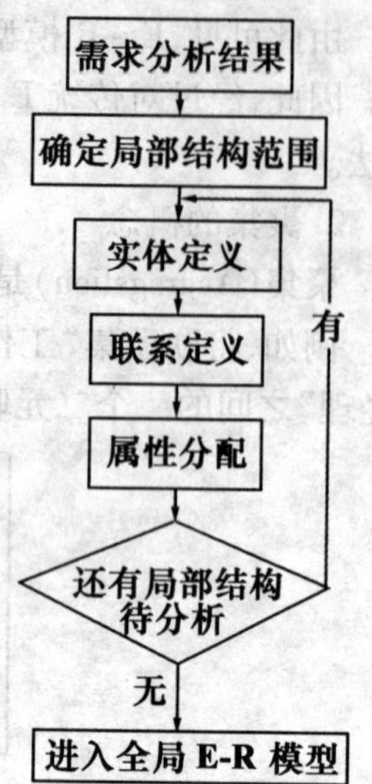

图 2－21　局部 E－R 模型的设计步骤

(1)图书信息(如作者、出版社、价格等)的记录和查询；

(2)书店信息(如书店地址、电话等)的记录和查询；

(3)打折卡信息(如折扣率、发卡书店、有效期等)的记录和查询；

(4)销售详情(销售数量、所用折扣卡、销售时间)的记录和查询；

(5)进货情况(进货数量、进货折扣、进货时间等)的记录和查询；

(6)库存信息(库存量、统计时间等)的记录和查询；

(7)连锁书店提供的岗位信息(岗位名称、岗位的描述、该岗位需要人员的最高能力级别和最低能力级别等)的记录和查询；

(8)连锁书店雇佣的员工信息(员工信息、工作能力、雇佣时间等)的记录和查询。

这样的划分可以更准确地模仿现实世界，减少了考虑一个大系统所带来的复杂性。

划分局部结构范围时要考虑以下因素：

(1)结构的划分要自然并易于理解；

(2)各个结构之间的界限要清晰，尽量减少相互影响；

(3)局部结构的大小要适度。太小会造成局部结构过多，设计过程繁琐，综合时困难较大；太大则容易造成内部结构复杂，不便分析。

2. 逐一设计分 E－R 图

划分好局部结构以后，就要对每个局部结构逐一设计分 E－R 图，亦称局部 E－R 图。

从上面的设计步骤可以看出，这一阶段的工作主要包括定义各个局部应用中的实体、实体的属性、实体的键以及确定实体间的联系及其类型。

(1)实体定义

实体定义的任务就是从信息需求和局部结构的定义出发，确定每个实体类型的属性和键。

事实上，实体、属性和联系之间其实并没有清晰的界限，下面先来讨论一下设计过程中的一些基本问题。

①使用实体集还是使用属性

假设图书实体集具有属性"出版社名"、"出版社地址"、"出版社电话"等属性(如图 2－22 所示)，那么显然出版社可以作为一个单独的实体，它具有属性出版社名和地址、电话等，如图 2－23 所示。在这样的观点下，上面的图书实体集就必须重新定义如下：

图书(ISBN 号，书名，……)

出版社(出版社名，地址，电话，……)

联系集——出版，表示图书和出版社之间的联系。

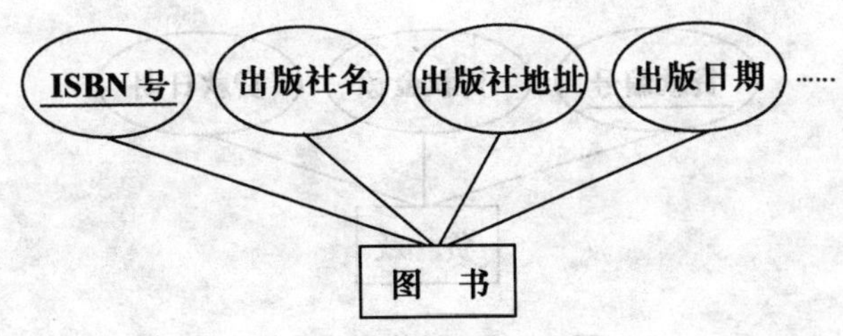

图 2－22 出版社作为属性

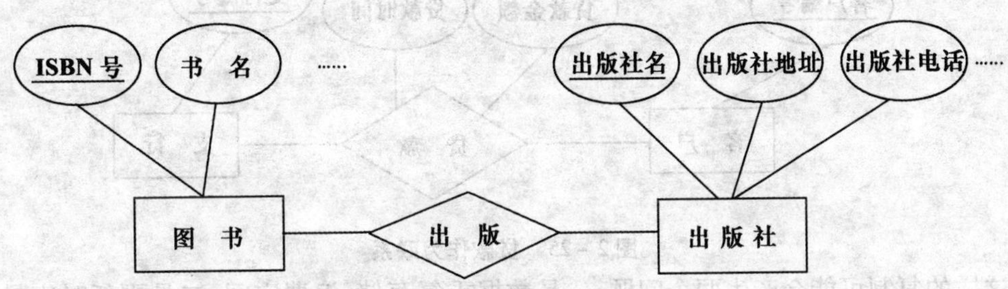

图 2－23 出版社作为一个实体集

图书这两种定义的区别是什么呢？这两者的主要区别在于把出版社作为一个实体来建模，这样便于保存关于出版社的更多额外信息，如它的地址、电话、负责人、资质等。因此，把出版社作为一个实体比将它作为一个属性更为通用和方便。而将ISBN号作为一个实体就不具有说服力，因此将它作为图书实体的一个属性。

那么，究竟什么应该作为实体？什么应该作为属性呢？这个问题并没有确切的答案，这主要依赖被建模应用的结构和用户处理需求等。但是最好按照人们的习惯划分并注意避免冗余，在一个局部结构中，对一个对象只取一种抽象形式，不要重复。

②实体属性和主键的确定

实体确定以后，它的属性也随之确定，并应该为每个实体命名并确定其主键。命名反映了实体的语义信息，应该保证其在每个局部结构中的唯一性。

(2)联系定义

E－R模型的联系用于刻画实体之间的关联。得到定义好的实体之后，就应该依据需求分析的结果，考察局部结构中实体间的关联关系。

下面还是先讨论一些联系设计过程中的常见问题。

①使用实体集还是使用联系集

一个对象最好表示为实体集还是联系集并不是十分清楚的。银行业务实例中，贷款是作为实体来建模的(如图2－24所示)，假设将“贷款”作为实体集“支行”和实体集“客户”之间的联系来建模，这一联系集具有属性“贷款金额”、“贷款日期”等属性，如图2－25所示。每笔贷款都通过客户和支行之间的一个联系来描述。如果这种联系是1∶1的，那么这种建模选择是满足设计需求的。但是，这样的设计不能方便地表示多个客户共同拥有同一笔贷款的情况。我们必须为多个共同拥有同一笔贷款的客户分别定义一个联系。于是不得不在每个这样的联系中复制描述性属性“贷款金额”、“贷款日期”等，并且这些属性具有相同的值。

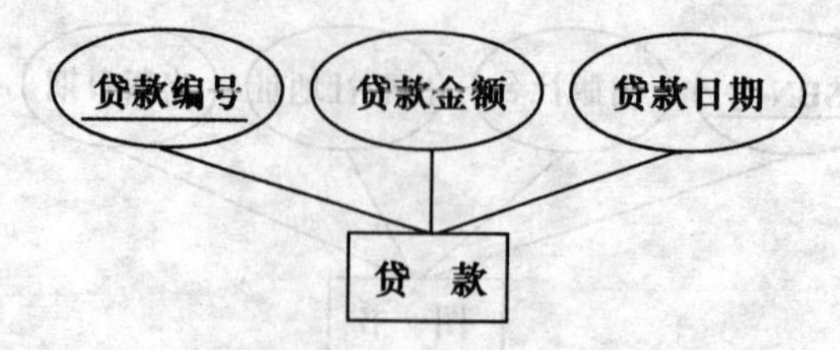

图 2－24　贷款作为实体

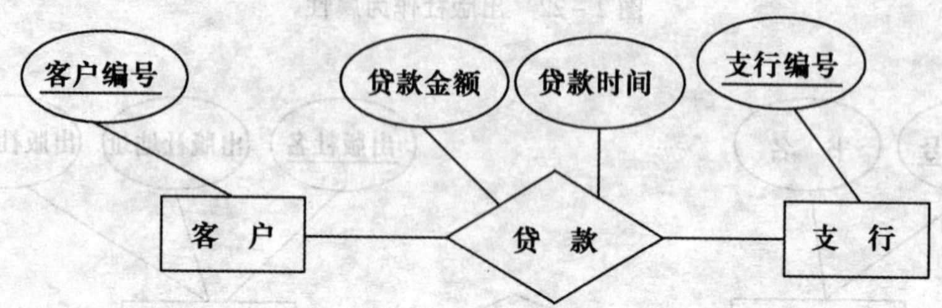

图 2－25　贷款作为联系

这样的复制可能会产生两个问题：一是数据重复存储，浪费空间；二是更新时容易产生数据不一致，即两个联系中应该具有相同值的属性却具有了不同的值。为了避免产生这样的问题，应该将这种联系作为实体来建模。在确定实体集还是联系集时可以采用的一个原则是，在描述发生在实体间的行为时多采用联系集。

②二元联系与多元联系

数据库中的联系通常都是二元的，一些非二元的联系实际上可以用二元联系更好地表示。例如，一个三元关系——父母，将一个孩子与他的父母相关联。可以用两个二元联系即父亲、母亲来代替这个三元联系。假设不知道孩子的父亲而要记录其母亲的信息，这种情况下，三元联系中必定要出现一个 NULL 值，所以，在这里使用两个二元联系更好。

在确定联系类型时，应注意防止出现冗余的联系（即可以从其他联系中推导出的联系），如果存在，要尽可能地消除这些冗余联系。如图 2－26 所示的例子中，教师和学生之间的"授课"联系可以从选修联系和任教联系中推导出来，它是个冗余的联系。

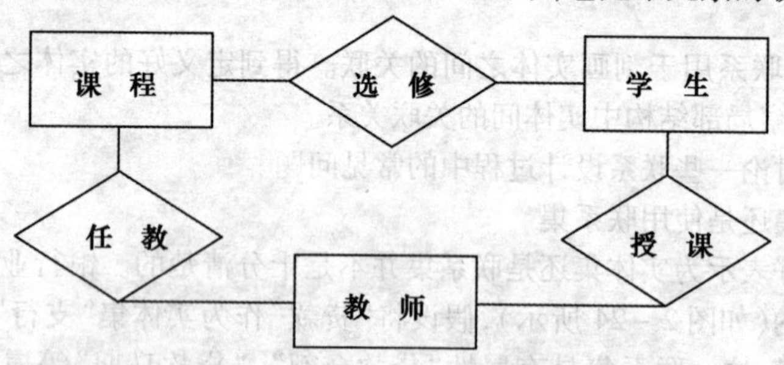

图 2－26　冗余联系的例子

③联系的命名

联系确定以后也要命名。命名应该反映联系的语义，通常采用某个动词命名，如"销售"、"进货"等。

（3）属性分配

实体和联系确定以后，局部结构中其他的语义信息大部分可以用属性去描述。这一步的工作主要是确定属性并把属性分配到有关的实体和联系中去。

确定属性的原则如下：

①属性应该是不可再分解的语义单位；

②实体与属性之间的关系只能是1∶N的；

③不同实体类型的属性之间应无直接关联关系。

一般在分配属性时，遵循以下的原则：

①为了防止数据库冗余和对完整性约束的破坏，当多个实体类型用到同一属性时，一般把属性分配给那些使用频率较高的实体类型，或分配给实体值较少的实体类型。

②有些属性不宜归属于任一实体类型，只说明实体之间联系的特性，应将其作为联系的属性。

2.6.2 设计全局E－R模型

设计好所有局部的E－R模型后，就要把它们综合成一个单一的全局E－R模型。全局E－R模型要支持所有局部E－R模型，合理地表示一个完整的、一致的数据库概念结构。图2－27表示了设计全局E－R模型的步骤。

1.确定公共实体类型

为了给局部E－R模型提供开始合并的基础，首先要确定各个局部结构中的公共实体类型。在这一步中，仅抽取同名实体类型和具有相同键的实体类型作为公共实体类型的候选。

2.局部E－R模型的合并

合并的顺序有时会影响处理效率和结果，一般按照以下的原则进行合并：

(1)首先进行两两合并；

(2)先合并有联系的局部结构；

(3)合并从公共实体类型开始；

(4)最后加入独立的局部结构。

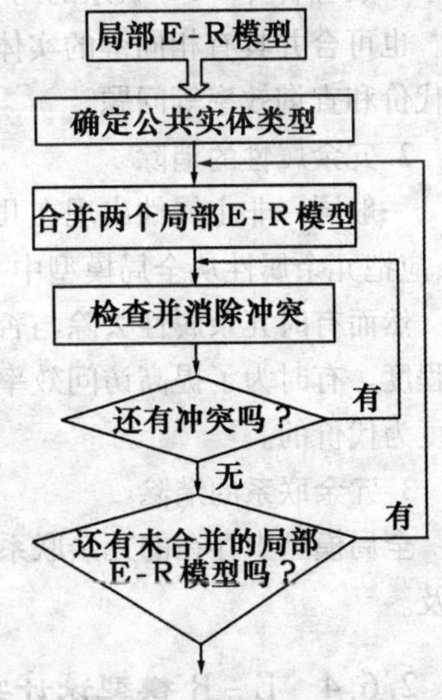

图2－27 设计全局E－R模型的基本步骤

3.消除冲突

各个局部结构面向的问题不同，而且通常由不同的设计人员所设计。因此，各个局部E－R模型之间必定会存在许多不一致的地方，这就是冲突。通常将冲突分为三类：

(1)属性冲突：即属性值的类型、取值范围、取值集合或取值单位不同。例如折扣卡编号，有的用整数，有的用字符型。质量单位有的用千克，有的却以克为单位。

(2)结构冲突：同一对象在不同应用中的不同抽象。例如，同一实体在不同局部结构中属性的个数或次序不同，实体之间的联系在不同的局部E－R图中呈现不同的类型等。

(3)命名冲突：包括属性名、实体名、联系名之间存在的同名异义或异名同义的冲突。

属性冲突和命名冲突通常采取讨论、协商等行政手段解决。

由此看出，合并局部E－R模型时并不能简单地将各个模型合并到一起，而是必须着力消除各个局部结构存在的不一致，以形成一个能为全系统中所有用户共同理解和接受的统一的概念模型。

2.6.3 全局 E－R 模型的优化

为了提高数据库系统的效率，应该在得到全局 E－R 模型后进一步依据处理需求对其进行优化。一个优化了的 E－R 模型应满足以下要求：

(1)准确全面地反映用户功能需求；

(2)实体类型的个数尽可能少；

(3)实体类型所含属性的个数尽可能少；

(4)实体类型间无冗余联系。

但是以上的要求并不是绝对的，应根据具体情况而定。通常，可以遵循以下几个全局 E－R 模型的优化原则：

1. 实体类型的合并

这里是指相关实体类型的合并，为了后面数据库实现过程中减少连接开销，提高处理速率，应尽可能合并相关实体以减少实体数量。

一般应合并 1 : 1 联系的两个实体类型。

也可合并具有相同键的实体类型，但有时要考虑因合并而产生的大量空值所引起的存储代价和查询效率等问题。

2. 冗余属性的消除

一般同一非主属性出现在几个实体类型中，或者一个属性值可以从其他属性的值导出时，应把冗余属性从全局模型中去掉。

然而有时冗余属性去除与否，也取决于它对存储空间、查询效率和维护代价等方面的影响程度。有时为了提高访问效率，可以保留冗余属性，这当然是以浪费存储空间和加大维护难度为代价的。

3. 冗余联系的消除

全局模型中存在的冗余联系通常可以利用函数依赖的概念消除，这将在后面的学习中涉及。

2.6.4 E－R 模型设计实例

下面，更详细地看一下连锁书店系统数据库设计需求，对前面的例子建立一个综合的数据库 E－R 模型。

1. 数据需求

(1)连锁书店集团旗下有多个书店，每个书店有唯一的编号标识。集团统一管理各书店的销售、进货、库存等情况。

(2)图书统一由 ISBN 号标识并记录价格、作者等相关信息以供查询。

(3)书店的会员拥有打折卡，通过打折卡号标识，购书时可享受相应的折扣。

(4)由于和书相关联的有出版社信息，所以在该数据库中同时包含出版社信息。

(5)出版社提供不同的工作岗位，对每个岗位有最大和最小工作能力的限制，该岗位的雇员必须满足能力需求。多个出版社可以提供相同的岗位。

2. 局部 E－R 模型设计

根据以上的数据需求，将整个系统划分为以下几个部分：

(1)销售子模块：记录图书的销售情况，包括每本图书的销售时间、销售书店、享受的折扣等信息。其局部 E－R 图如图 2－28 所示。

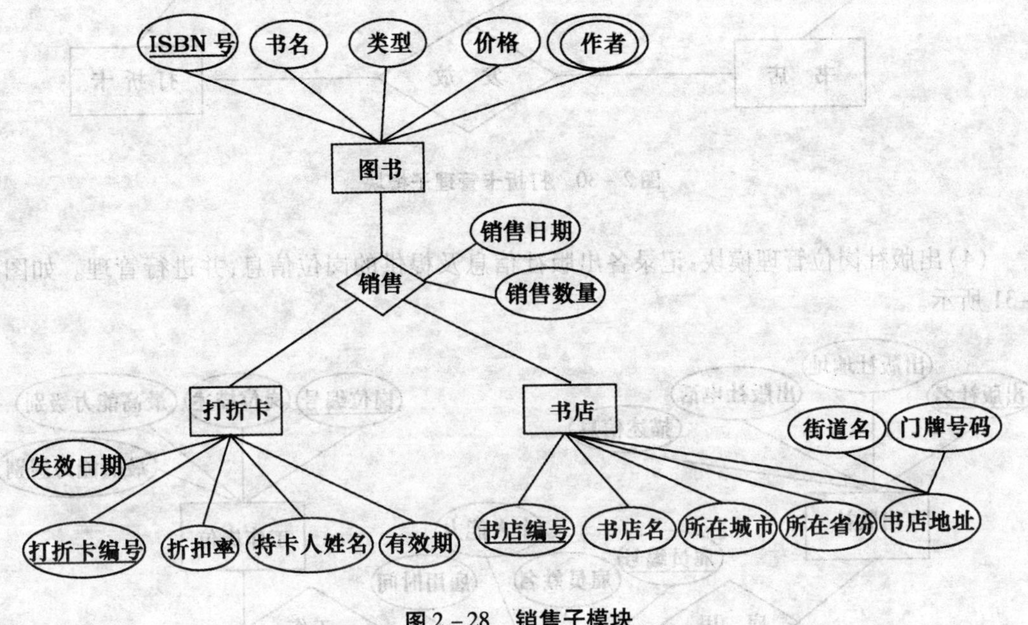

图 2－28 销售子模块

(2)进货及库存子模块：记录书店的进货情况及库存情况。其局部 E－R 图如图 2－29 所示。

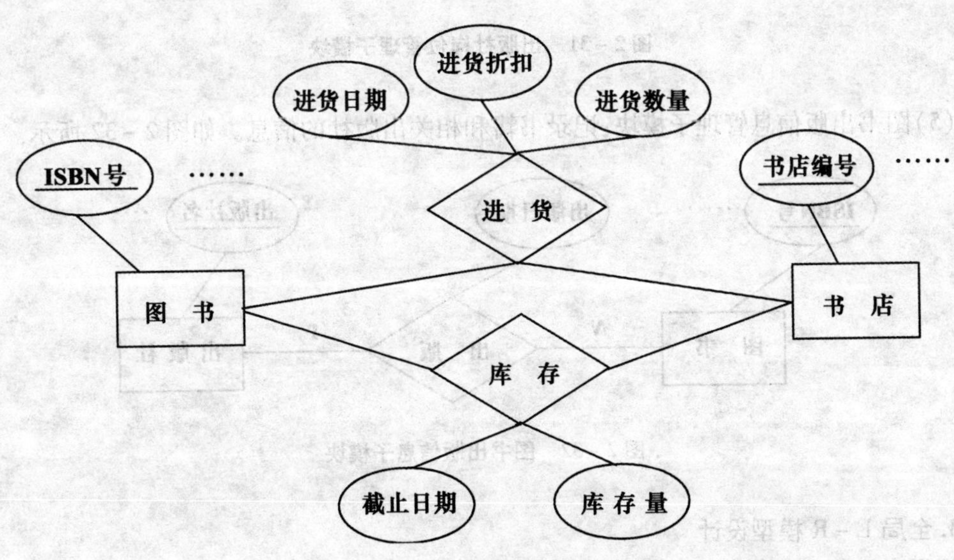

图 2－29 进货及库存子模块

(3)折扣卡管理子模块:记录书店对各种打折卡的发放情况。如图 2-30 所示。

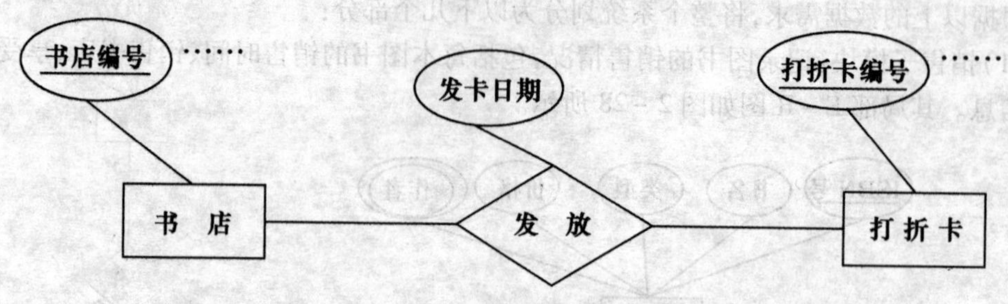

图 2-30 打折卡管理子模块

(4)出版社岗位管理模块:记录各出版社信息及提供的岗位信息,并进行管理。如图 2-31 所示。

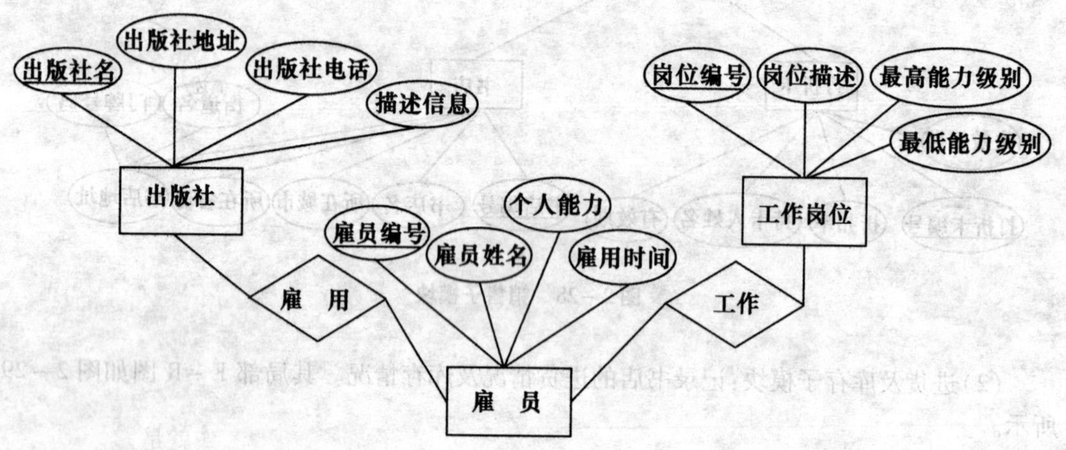

图 2-31 出版社岗位管理子模块

(5)图书出版信息管理子模块:记录书籍和相关出版社的信息。如图 2-32 所示。

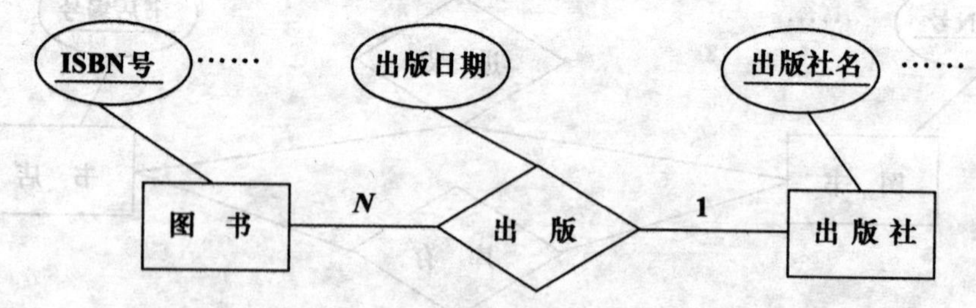

图 2-32 图书出版信息子模块

3. 全局 E-R 模型设计

根据全局 E-R 模型设计步骤,将以上各个局部 E-R 模型合并为一个全局 E-R 模型并进行优化得到最终的连锁书店综合管理系统的 E-R 模型。如图 2-33 所示。

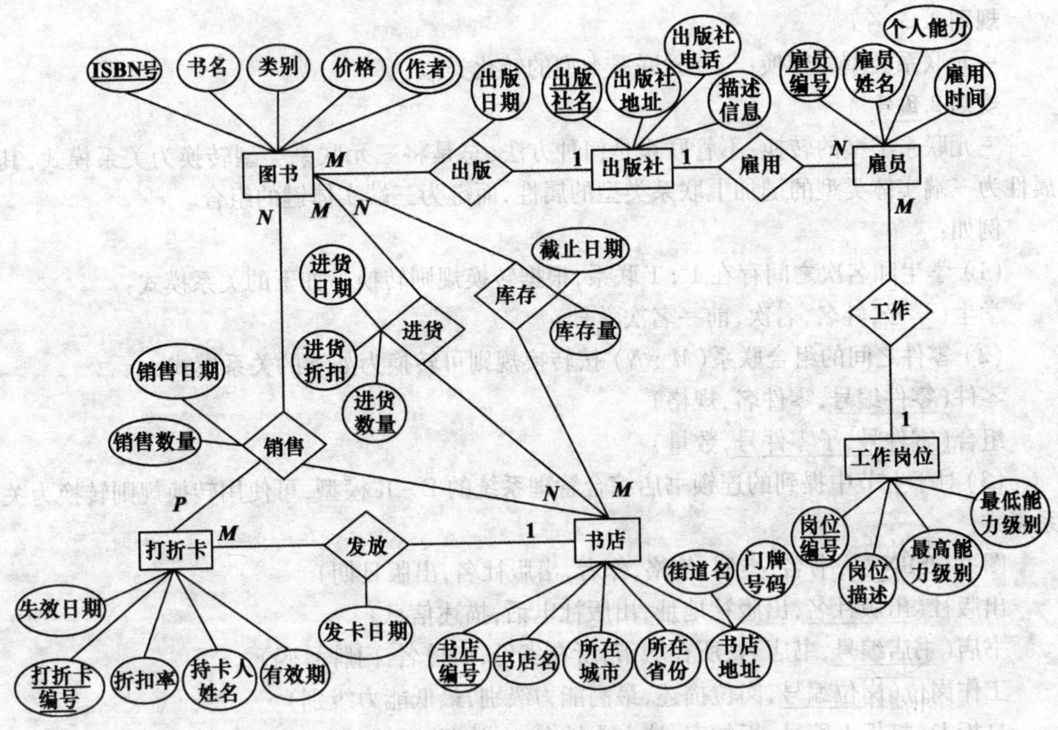

图 2－33　连锁书店综合管理系统的 E－R 图

2.7　E－R 模型向关系模式的转化

概念设计阶段完成以后，就得到了数据库的 E－R 模型。接下来的工作就是把 E－R 模型转化为相应的关系模式，完成逻辑结构的设计。

E－R 图中的主要成分是实体类型和联系类型，转换规则就是如何把实体类型、联系类型转换为关系模式。

规则 1

实体类型的转换：每个实体都需要转换成一个关系模式，并将实体的属性转换为关系的属性，实体的键即为关系模式的键。

规则 2

联系类型的转换：需根据不同情况做出处理。

规则 2.1

二元联系类型的转换：

(1) 若实体间联系是 1 : 1，可以在两个实体类型转换成的两个关系模式中任意一个关系模式的属性中加入另一个关系模式的键和联系类型的属性。

(2) 若实体间联系是 1 : N，则在 N 端实体类型转换成的关系模式中加入 1 端实体类型的键和联系类型的属性。

(3) 若实体间联系是 M : N，则将联系类型也转换成关系模式，其属性为两端实体类型的键加上联系类型的属性，而键为两端实体键的组合。

规则 2.2

一元联系类型的转换:与二元联系类型的转化类似。

规则 2.3

三元联系类型的转换:不管联系是何种方法,总是将三元联系类型转换为关系模式,其属性为三端实体类型的键加上联系类型的属性,而键为三端实体键的组合。

例如:

(1) 学生和名次之间存在 1 : 1 联系,根据转换规则转换为如下的关系模式:

学生(学号,姓名,名次,前一名次学号)

(2) 零件之间的组合联系(M : N) 按转换规则可转换为如下的关系模式:

零件(零件编号,零件名,规格)

组合(零件号,子零件号,数量)

(3)对于上节中提到的连锁书店综合管理系统的 E-R 模型,可使用转换规则转换为关系模式:

图书(ISBN 号,书名,类型,价格,作者,出版社名,出版日期)

出版社(出版社名,出版社地址,出版社电话,描述信息)

书店(书店编号,书店名,所在城市,所在省份,街道名,门牌号码)

工作岗位(岗位编号,岗位描述,最高能力级别,最低能力级别)

打折卡(打折卡编号,折扣率,持卡人姓名,有效期,失效日期)

销售(ISBN 号,书店编号,打折卡号,销售日期,销售数量)

雇用(雇员编号,出版社名,岗位编号,雇员姓名,个人能力,雇用时间)

习　题

1. 数据库设计过程包括哪几个主要阶段?

2. 解释主键、候选键和超键这些术语之间的区别。

3. 解释概念模型的作用。

4. 解释实体、实体型、实体集。

5. 什么是 E-R 图? 构成 E-R 图的基本要素是什么?

6. 解释弱实体集和强实体集之间的区别。

7. 给出聚集概念的定义。举出聚集概念的两个应用实例。

8. 设计一个图书馆数据库。读者信息包括:读者号、姓名、性别、地址、年龄、单位。图书基本信息包括:ISBN 号、书名、作者、出版社。对每本被借阅的书保存有:借出日期和应还日期。要求:

(1)给出该图书馆数据库的 E-R 图。

(2)将 E-R 图转换为对应的关系模式。

9. 为银行企业数据库设计一个 E-R 图。银行企业的主要特点包括:

(1)银行有多个支行。每个支行位于某个城市,由唯一的名字标识。银行监控每个支行的资产。

(2)银行的客户通过其 customer_id 值来标识。银行存储每个客户的姓名及其居住的街道和城市。客户可以有账户,并且可以贷款。客户可能同某个银行员工发生联系,该员工作为此客户的贷款负责人。

(3)银行员工通过其 employee_id 值来标识。银行的管理机构存储每个员工的姓名、电话号码、工资和其经理的 employee_id 号码。银行还需要知道员工开始工作的日期，由此日期可以推知员工的雇用期。

(4)银行提供两类账户——信用卡账户和储蓄存款账户。一个客户可以有两个或两个以上的账户。每个账户被赋予唯一的账户号 account_number。银行记录每个账户的余额以及每个账户拥有者访问该账户的最近日期。另外，每个储蓄存款账户有其利率，而每个信用卡账户有其透支额。

(5)每笔贷款由某个支行发放。一笔贷款用一个唯一的贷款号标识。银行需要知道每笔贷款所贷金额以及逐次还款情况。虽然贷款的还款号并不能唯一地标识银行所有贷款中的某个特定的还款，但可以唯一地标识对某贷款的所还款项。对每次的还款需要记载其日期和金额。

10. 设有一家百货商店，已知信息有：

(1)每个职工的数据包括：职工号、姓名、地址和他所在的商品部。

(2)每一商品部的数据包括：商品部编号、经理和它经销的商品。

(3)每种经销的商品数据包括：商品编号、商品名、生产厂家、价格、型号(厂家定的)和内部商品代号(商店定的)。

(4)关于每个生产厂家的数据有：厂名、地址、向商店提供的商品价格。

设计该百货商店数据库的概念模型，再将概念模型转换为关系模式。

11. 现有一个局部应用，包括两个实体："出版社"和"作者"，这两个实体是多对多的联系，请设计适当的属性，画出 E－R 图，再将其转换为关系模式(包括关系名、属性名、码和完整性约束条件)。

12. 某地区举行篮球比赛，需要开发一个比赛信息管理系统来记录比赛的相关信息。其具体需求如下：

(1)登记参赛球队的信息。记录球队的名称、代表地区、成立时间等信息。系统记录球队的每个队员的姓名、年龄、身高、体重等信息。每个球队有一个教练负责管理球队，一个教练仅负责一个球队。系统记录教练的姓名、年龄等信息。

(2)安排球队的训练信息。比赛组织者为球队提供了若干个场地，供球队进行适应性训练。系统记录现有的场地信息包括：场地名称、场地规模、位置等信息。系统可为每个球队安排不同的训练场地，并记录训练场地安排的信息。训练场地安排的信息包括：球队名称、场地名称和训练时间。

(3)安排比赛。该赛事聘请有专职裁判，每场比赛只安排一个裁判。系统记录裁判的姓名、年龄、级别等信息。系统按照一定的规则，首先分组，然后根据球队、场地和裁判情况，安排比赛(每场比赛的对阵双方分别称为甲队和乙队)。比赛安排信息包括：参赛球队、比赛时间、裁判、比分、场地名称等信息。

(4)所有球员、教练和裁判可能出现重名情况。

根据需求阶段收集的信息，设计完整的 E－R 图，并将其转化为关系模式(包括关系名、属性名、码和完整性约束条件)。

第3章 关系数据库

关系数据库是建立在关系模型基础上的数据库。1970年,IBM圣约瑟研究实验室的高级研究员E. F. Codd在Communications of ACM上发表了《大型共享数据库数据的关系模型》一文,首次明确而清晰地为数据库系统提出了一种崭新的模型,即关系模型。"关系"(Relation)是数学中的一个基本概念,由集合中的任意元素所组成的若干有序偶对表示,用以反映客观事物间的一定关系。

由于关系模型既简单又有坚实的数学基础,所以一经提出,立即引起学术界和产业界的广泛重视,从理论与实践两方面对数据库技术产生了强烈的冲击。在关系模型提出之后,以前的基于层次模型和网状模型的数据库产品很快走向衰败以至消亡,一大批商品化关系数据库系统很快被开发出来并迅速占领了市场。

3.1 关系模型

3.1.1 关系模型概述

关系模型是一种用二维表表示实体集,用主键标识实体、外键表示实体间联系的数据模型。这里,二维表称为关系(Relation)。图3-1是一个图书出版社的关系,关系名是*Publishers*,它的每一行对应一个出版社的信息,每一列表示出版社的一个属性。

pub_id	*pub_name*	*city*	*state*	*country*
0736	New Moon Books	Boston	MA	USA
0877	Binnet & Hardley	Washington	DC	USA
1389	Algodata Infosystems	Berkeley	CA	USA
1622	Five Lakes Publishing	Chicago	IL	USA
1756	Ramona Publishers	DallAS	TX	USA
9901	GGG&G	M chen		Germany
9952	Scootney Books	New York	NY	USA
9999	Lucerne PublishINg	Paris		France

图3-1 关系Publishers

在图3-1中,二维表的列标题称为属性(Attribute),每个属性都有一个取值范围,称为属性的值域(Domain),表格中每个单元格的内容称为属性值(Value)。在一个关系中属性名不能重复。图3-1中的*pub_id*、*pub_name*、*city*、*state*和*country*都是属性,0736、New Moon Books、Boston、MA和USA是属性值。

二维表中的每一行称为一个元组(Tuple)或记录(Record)。一个元组在一个属性域上的取值称为该元组在此属性上的分量(Component)。一个元组对应概念模型中的一个实体。元组的集合称为关系(Relation)或实例(Instance)。图 3-1 的第一个元组可表示为:

(0736,New Moon Books,Boston,MA,USA)

关系是元组的集合,而不是元组的列表,所以关系中元组出现的顺序是任意的。

关系名和其属性集合的组合,称为关系的模式(Schema)。图 3-1 的关系模式可描述为:

Publishers(pub_id,pub_name,city,state,country)

实际上,关系模式中的属性是集合,属性之间没有先后顺序,然而,为了方便描述关系,通常为属性赋予一个顺序。

关系中属性的个数称为元数(Arity),元组的个数称为基数(Cardinality)。有时也称关系为表(Table),元组为行(Row),属性为列(Column)。

3.1.2 关系数据结构

在关系模型中,无论是实体还是实体之间的联系均由单一的数据结构即关系(二维表)来表示。前一节已经非形式化地介绍了关系模型及有关的基本概念。关系模型是建立在集合代数的基础上的,本节从集合论角度给出关系数据结构的形式化定义。

1. 域(Domain)

域是一组具有相同数据类型的值的集合。

例如,整数的集合是一个域,实数的集合是一个域,长度大于 10 个字节的字符串集合也是一个域。

2. 笛卡尔积(Cartesian Product)

给定一组域 $D_1, D_2, \cdots, D_n$(其中可以有相同的域),定义 $D_1, D_2, \cdots, D_n$ 的笛卡尔积为:

$$D_1 \times D_2 \times \cdots \times D_n = \{(d_1, d_2, \cdots, d_n) \mid d_i \in D_i, i = 1,2,\cdots,n\}$$

其中每一个元素$(d_1, d_2, \cdots, d_n)$叫做一个 n 元组,简称元组,元素中的每一个值 d_i 叫做一个分量(Component)。一个元组是组成该元组的各分量的有序集合,而不仅仅是各分量的集合。

若 $D_i(i = 1,2,\cdots,n)$ 为有限集,其基数为 $m_i(i = 1,2,\cdots,n)$ 则 $D_1 \times D_2 \times \cdots \times D_n$ 的基数 M 为:$M = m_1 \times m_2 \times \cdots \times m_n = \prod_{i=1}^{n} m_i$

笛卡尔积可表示为一个二维表,表中的每一行对应一个元组,表中的每一列对应一个域。

例 3.1 设有三个域:D_1 = 导演 = {张艺谋,冯小刚},D_2 = 演员 = {巩俐,葛优},D_3 = 电影 = {红高粱,没完没了}。则 D_1、D_2、D_3 的笛卡尔积为:

$D_1 \times D_2 \times D_3$ = {(张艺谋,巩俐,红高粱),(张艺谋,巩俐,没完没了),
(张艺谋,葛优,红高粱),(张艺谋,葛优,没完没了),
(冯小刚,巩俐,红高粱),(冯小刚,巩俐,没完没了),
(冯小刚,葛优,红高粱),(冯小刚,葛优,没完没了)}

其中(张艺谋,巩俐,红高粱)、(张艺谋,巩俐,没完没了) 等都是元组。张艺谋、巩俐、红高粱等都是分量。

该笛卡尔积的基数为 $2\times2\times2=8$，也就是说，$D_1\times D_2\times D_3$ 一共有8个元组。这8个元组可形成一张二维表，如图3-2所示。

导 演	演 员	电 影
张艺谋	巩俐	红高粱
张艺谋	巩俐	没完没了
张艺谋	葛优	红高粱
张艺谋	葛优	没完没了
冯小刚	巩俐	红高粱
冯小刚	巩俐	没完没了
冯小刚	葛优	红高粱
冯小刚	葛优	没完没了

图3-2 D_1、D_2、D_3 的笛卡尔积

3. 关系（Relation）

笛卡尔积 $D_1\times D_2\times\cdots\times D_n$ 的任意一个子集叫做在域 $D_1, D_2,\cdots, D_n$ 上的一个 n 元关系，简称关系，表示为：

$R(D_1,D_2,\cdots,D_n)$，R 为关系的名字

关系中的每个元素是关系中的元组，通常用 t 表示。

关系是笛卡尔积的有限子集，所以关系也是一个二维表，表的每行对应一个元组，表的每列对应一个域。由于域可以相同，为了加以区分，必须对每列起一个名字，称为属性（Attribute）。一个属性的取值范围 D_i（$i=1,2,\cdots,n$）称为该属性的域（Domain）。

可以在图3-2的笛卡尔积中取出一个子集来构造一个关系。事实上，导演、演员和电影的笛卡尔积中的许多元组是无实际意义的，从中取出有实际意义的元组来构造关系。该关系的名字为*Movies*，属性名就取域名，则这个关系可以表示为：*Movies*（导演，演员，电影）。

图3-3是一张包含两个元组的*Movies*关系。根据定义，关系可以是一个无限集合。无限关系在数据库系统中是无意义的。因此，限定关系数据模型中的关系必须是有限集合。在关系数据模型中，关系可以有三种类型：基本表、查询表和视图表。基本表是实际存在的表，它是实际存储数据的逻辑表示。查询表是查询结果对应的表。视图表是由基本表或其他视图表导出的表，是虚表，只有定义，实际不对应存储的数据。

导 演	演 员	电 影
张艺谋	巩俐	红高粱
冯小刚	葛优	红高粱

图3-3 关 系 *Movies*

4. 关系模式（Relation Schema）

在前面关系模式的自然语言定义中已经介绍过，一个关系的关系模式是该关系的关系名及其全部属性名的集合，一般表示为关系名（属性名1，属性名2，…，属性名 n）。关系模式和关系是型与值的联系。关系模式指出了一个关系的结构；而关系则是由满足关系模式

结构的元组构成的集合。关系模式是稳定的、静态的,而关系则是随时间变化的、动态的。通常在不引起混淆的情况下,两者都可称为关系。

5. 关系数据库(Relation Database)

在关系模型中,实体以及实体间的联系都是用关系来表示的。例如出版社实体、图书实体、出版社与图书之间的一对多联系都可以分别用一个关系来表示。在一个给定的应用领域中,所有实体及实体之间联系的关系的集合构成一个关系数据库。

关系数据库也有型和值之分。关系数据库的型也称为关系数据库模式,是对关系数据库的描述,它包括若干域的定义以及在这些域上定义的若干关系模式。关系数据库的值是这些关系模式在某一时刻对应的关系的集合,通常就称为关系数据库。

3.1.3 键

在关系数据库中,对每个指定的关系经常需要根据某些属性的值来唯一地操作一个元组,也就是要通过某个或某几个属性来唯一地标识一个元组,把这样的属性或属性组称为指定关系的键(Key)。

1. 超键(Super Key)

在一个关系中若通过一个属性集合的取值就能唯一确定每一个元组,即该关系中所有元组在这个属性集合上的分量是不同的,则称该属性集合为该关系的超键。超键定义并没有对属性集合的数目进行限定,只要求该集合具有唯一的标识性就可以了。超键有时也称"超码"。

图 3-1 的关系 *Publishers* 中属性集合(*pub_id*,*pub_name*)和属性集合(*pub_id*,*pub_name*,*city*)都能唯一地确定该关系中的元组,因此这两个属性集合都是超键,整个关系模式的属性当然也是超键。

2. 候选键(Candidate Key)

如果某一集合是超键,但去掉其中任意属性后就不再是超键,则称该属性集合为候选键。候选键不但要求属性集合具有唯一的标识性还要求属性集合的元素数目最少。显然候选键是最小的超键。候选键有时也称"候选码"。

图 3-1 的关系 *Publishers* 中 *pub_id* 是候选键。

3. 主键(Primary Key)

通常数据库设计者会选择一个候选键用来在同一关系中区分不同的元组。这个被选用的候选键称为主键,有时也称为"主码"。对任一个关系而言,它的主键必定为候选键和超键。主键只要选定就通常不变。因此一个关系的主键只有一个,而候选键、超键可能有很多个。

在关系模式中,通常给主键字段加上下画线,以示区分。如图 3-1 的关系 *Publishers* 中可以选择 *pub_id* 作为主键。关系模式可表示为:

Publishers(<u>*pub_id*</u>,*pub_name*,*city*,*state*,*country*)

4. 主属性(Main attribute)

包含在任何一个候选键之中的属性称为主属性,不包含在任何一个候选键之中的属性称为非主属性。关系 *Publishers* 中的主属性是 *pub_id*,非主属性是 *pub_name*、*city*、*state*、*country*。

5. 外键(Foreign key)

如果关系模式 R1 的属性 K 是另一关系模式 R2 的主键,则称 K 是 R1 参照 R2 的外键,有时也称"外码"。例如,有如下两个关系模式:

员工关系 *Employee*(<u>*emp_id*</u>,*fname*,*lname*,*job_id*,*job_lvl*,*pub_id*,*hire_date*)

出版社关系 *Publisher*(<u>*pub_id*</u>,*pub_name*,*city*,*state*,*country*)

员工关系 *Employee* 中的属性 *pub_id* 是 *Employee* 参照 *Publisher* 的外键。*pub_id* 将两个独立的关系联系在了一起。

3.1.4 关系完整性约束

为了维护数据库中数据与现实世界的一致性,关系数据库的数据与更新操作必须遵循下列三类完整性规则:实体完整性、参照完整性和用户自定义完整性。前两类完整性反映了数据库平台对关系运行时的约束条件,后一类完整性反映了用户对关系运行时的约束条件。

1. 实体完整性规则

这条规则要求关系中元组在组成主键的属性上不能有空值。如果出现空值,那么主键值就起不了唯一标识元组的作用。

例如,在图 3-1 的关系 Publishers 中,pub_id 是主键属性,则 pub_id 的属性值不能为空。如果一个关系的主键属性是组合属性,则其中的每一属性值都不能为空。

2. 参照完整性规则

如果属性集 K 是关系模式 R 的主键,K 也是另一个关系模式 S 的外键,那么在 S 中 K 的取值只允许两种可能:空值或者 R 中的某个主键值。

这里,关系模式 R 的关系称为"参照关系",关系模式 S 的关系称为"依赖关系"。

例如,关系模式 R 定义为 *Student*(<u>*S#*</u>, *SName*,*Sex*,*Birthday*,*D#*),关系模式 S 定义为 *Department*(<u>*D#*</u>,*DName*,*Address*,*Telephone*),属性 *D#*(系号)在 S 中是主键,在 R 中是外键,根据参照完整性规则,R 中 *D#* 的值要么等于 S 中已定义的值,要么为空。

关系的参照完整性实质上反映了主键属性与外键属性之间的引用规则,定义时主键属性和外键属性可以取不同的名字,但定义域必须相同。另外,外键值是否允许为空,应视具体问题而定。

有时,在同一个关系模式中,不同属性之间也满足参照完整性规则。

例如,有课程关系模式 *C*(*C#*,*CName*,*PC#*),其属性分别表示课程号、课程名、先修课的课程号。如果规定,每门课程的直接先修课只有一门,那么模式 C 的主键是 *C#*,外键是*PC#*。每门课程的直接先修课必须在关系 C 中出现。

3. 用户定义完整性规则

在建立关系模式时,实体完整性和参照完整性可能还不能满足用户的需求,用户可以根据具体的情况自定义一些约束条件,这就是用户自定义完整性。用户自定义完整性是对某一具体关系数据库的约束条件,反映某一具体应用所涉及的数据必须满足的语义要求。例如,学生的年龄定义为两位整数,范围还是太大,需要把年龄限制在 15~30 之间(包括 15 和 30),可以使用如下语句:

CHECK(AGE BETWEEN 15 AND 30)

3.2 关系代数

关系代数是关系数据库的一种以集合理论为基础的数据操作语言，1972 年由 E. F. Codd 首先提出。关系数据库的数据操作语言主要包括查询操作、更新操作、定义操作和控制操作等。其中，查询语言包括关系代数语言和关系演算语言。关系代数语言以集合为基础，过程性较弱。关系演算语言以谓词演算为基础，过程性较强。

关系代数语言通过对关系的运算来表达查询，它的运算对象是关系，运算结果也是关系。关系代数语言简称关系代数，其操作可分为两类：

(1) 传统的集合操作：并、差、交、笛卡尔积。

(2) 扩充的关系操作：投影、选择、连接、自然连接和除法。

关系的操作必须遵循关系运算的优先级，关系的操作中包括逻辑运算符(¬，∧，∨)，算术比较符(>，≥，=，<，≤，≠)和括号"()"。运算时括号优先。其次是算术比较运算，在同一表达式中，按照从左到右的顺序进行运算。最后是逻辑运算，遵循逻辑运算的优先级，依次是逻辑非(¬)、逻辑与(∧)、逻辑或(∨)。

3.2.1 选择和投影

选择和投影是关系代数中最常用的两个基本运算。选择运算是根据给定条件对关系进行水平切分，从中选取符合条件的元组；投影运算是对关系进行垂直切分，从中选取某些列，并可以重新安排列的顺序。选择和投影都是一元运算。

1. 选择运算(Selection)

选择运算用来从关系 R 生成一个新关系，新关系的元组必须满足某个涉及 R 中属性的条件 F，这个操作表示为：$\sigma_F(R)$。新关系和原关系 R 有着相同的模式。

定义 3.1 已知关系 R，从 R 中选取满足条件 F 为真的元组组成新的关系，记为：

$\sigma_F(R) = \{t \mid t \in R \wedge F(t) = \text{true}\}$

这里，t 是元组变量，F 是由运算对象和运算符组成的条件表达式，F 中的运算对象可以是常数(用引号括起来)、元组分量(属性名或属性的序号)。运算符可以是算术比较运算符(>，≥，=，<，≤，≠)、逻辑运算符(¬，∧，∨)。

选择运算的特征是对一个关系的"行"进行运算，其作用是在关系中挑选部分元组组成新的关系。

例如，$\sigma_{2>'3'}(R)$ 表示从 R 中挑选第 2 个分量值大于 3 的元组所构成的关系。在书写时，常量用引号括起来，而属性序号或属性名不使用引号，以示区别。

例 3.2 对图 3-1 的关系 *Publishers*，查找所有 *country* 为 USA 的出版社的元组，可表示为：$\sigma_{country='USA'}(Publishers)$。

结果如图 3-4 所示。

pub_id	*pub_name*	*city*	*state*	*country*
0736	New Moon Books	Boston	MA	USA
0877	Binnet & Hardley	Washington	DC	USA
1389	Algodata Infosystems	Berkeley	CA	USA
1622	Five Lakes Publishing	Chicago	IL	USA
1756	Ramona Publishers	DallAS	TX	USA
9952	Scootney Books	New York	NY	USA

图 3－4　$\sigma_{country='USA'}$(*Publishers*) 的结果

2. 投影运算(Projection)

投影运算用来从关系 R 生成一个新关系,这个新关系只包含原关系 R 的部分列。

定义 3.2　已知 n 元关系 $R(A_1,A_2,\cdots,A_n)$,R 在其分量 $A_{i1},A_{i2},\cdots,A_{ik}(k \leqslant n,i_1,i_2,\cdots,i_k$ 为 1 到 n 间的整数) 上的投影记为:

$\pi_{A_{i1},A_{i2},\cdots,A_{ik}}(R) = \{t[A_{i1},A_{i2},\cdots,A_{ik}] \mid t \in R\}$,$t$ 是元组变量。

投影运算的对象是一个关系,在“列”上运算,同时自动删除重复元组。其作用是在一个关系中选取某些列组成一个新关系。投影运算是从列的角度进行的运算,π 的下标可以是属性序号,也可以是用属性名。

例如,$\pi_{3,1}(R)$ 表示从关系 $R(A,B,C)$ 中取第 1、3 列组成新的关系(记为 T),T 的第 1 列为 R 的第 3 列,T 的第 2 列为 R 的第 1 列。这里 $\pi_{3,1}(R)$ 也可以表示为 $\pi_{C,A}(R)$。

例 3.3　对图 3－1 的关系 *Publishers*,查找所有出版社的 *pub_name*、*city*、*country* 的信息,可表示为:$\pi_{pub\_name,city,country}(Publishers)$。

结果如图 3－5 所示。

pub_name	*city*	*country*
New Moon Books	Boston	USA
Binnet & Hardley	Washington	USA
Algodata Infosystems	Berkeley	USA
Five Lakes Publishing	Chicago	USA
Ramona Publishers	DallAS	USA
GGG&G	M chen	Germany
Scootney Books	New York	USA
Lucerne PublishIng	Paris	France

图 3－5　$\pi_{pub\_name,city,country}$(*Publishers*) 的结果

事实上,对关系执行关系代数操作后的结果仍然是一个关系,因此关系代数操作可以组合形成关系代数表达式。

例 3.4　对图 3－1 的关系 *Publishers*,查找所有 *country* 为 USA 的出版社的 *pub_name*、*city*、*state* 信息,可表示为:$\pi_{pub\_name,city,country}(\sigma_{country='USA'}(Publishers))$。

它查找的过程是:首先,对关系 *Publishers* 执行选择运算,选择满足 *country* ＝‘USA’的元组组成新的关系;然后,在新关系的属性 *pub_name*、*city*、*state* 上执行投影操作,生成最后的结果。结果如图 3－6 所示。本例的查找还可以表示为:$\sigma_{country='USA'}(\pi_{pub\_name,city,state}(Publishers))$。

这一运算的过程是:首先,在关系 *Publishers* 的属性 *pub_name*、*city*、*state* 上执行投影操

作，生成新的关系；然后，对新关系执行选择运算，选择满足 country ＝'USA' 的元组组成最后的结果。

pub_name	city	state
New Moon Books	Boston	MA
Binnet & Hardley	Washington	DC
Algodata Infosystems	Berkeley	CA
Five Lakes Publishing	Chicago	IL
Ramona Publishers	DallAS	TX
Scootney Books	New York	NY

图 3－6　$\pi_{pub\_name,city,state}(\sigma_{country='USA'}(Publishers))$

3.2.2　集合操作

传统的集合运算是二元运算，包括并、交、差、笛卡尔积四种运算。

1. 并运算（Union）

定义 3.3　设关系 R 和 S 具有相同的关系模式，R 和 S 的并是由属于 R 或属于 S 的元组构成的一个新的关系，记为：

$R \cup S = \{t \mid t \in R \vee t \in S\}$，其中，$t$ 是元组变量，R 和 S 的元数相同。

并运算在两个模式相同的关系上进行，结果关系由参与运算的两个关系的元组组成，相同的元组只出现一次。

例 3.5　已知关系 R 和 S 如图 3－7(a)、3－7(b) 所示，$R \cup S$ 的结果如图 3－8(a)。注意，元组（$a1$，$b1$，$c1$）、（$a2$，$b2$，$c2$）在关系 R 和 S 中都有出现，但在关系 $R \cup S$ 中只能出现一次。

A	B	C
a1	b1	c1
a2	b2	c2
a3	b3	c3

（a）关 系 R

A	B	C
a1	b1	c1
a2	b2	c2
a4	b4	c4

（b）关系 S

图 3－7　关系 R 和 S

2. 交运算（Intersection）

定义 3.4　设关系 R 和 S 具有相同的关系模式，R 和 S 的交是由属于 R 且属于 S 的元组构成的一个新的关系，记为：

$R \cap S = \{t \mid t \in R \wedge t \in S\}$，其中，$t$ 是元组变量，R 和 S 的元数相同。

交运算在两个模式相同的关系上进行，结果关系由参与运算的两个关系的相同元组组成。

例 3.6　已知关系 R 和 S 如图 3－7(a)、3－7(b) 所示，$R \cap S$ 的结果如图 3－8(b)。这里，只有元组（a1，b1，c1）和（a2，b2，c2）既在关 系 R 中出现也在关系 S 中出现，所以 $R \cap S$ 中只包括（$a1$，$b1$，$c1$）和（$a2$，$b2$，$c2$）两个元组。

3. 差运算（Difference）

定义 3.5　设关系 R 和 S 具有相同的关系模式，R 和 S 的差是由属于 R 但不属于 S 的元组构成的一个新的关系，记为：

$R - S = \{t \mid t \in R \wedge t \notin S\}$ 其中，t 是元组变量，R 和 S 的元数相同。

差运算在两个模式相同的关系上进行，结果关系由在第一个关系中出现但在第二个关系中不出现的元组组成。

例 3.7 已知关系 R 和 S 如图 3－7(a)、3－7(b) 所示，$R - S$ 的结果如图 3－8(c)。在关系 $R - S$ 的三个元组中，元组($a1$, $b1$, $c1$) 和($a2$, $b2$, $c2$) 既在关系 R 中出现也在关系 S 出现，所以 $R - S$ 中只包括一个元组($a3$, $b3$, $c3$)。

A	*B*	*C*
*a*1	*b*1	*c*1
*a*2	*b*2	*c*2
*a*3	*b*3	*c*3
*a*4	*b*4	*c*4

(*a*)$R \cup S$

A	*B*	*C*
*a*1	*b*1	*c*1
*a*2	*b*2	*c*2

(*b*)$R \cap S$

A	*B*	*C*
*a*3	*b*3	*c*3

(*c*)$R - S$

图 3－8　关系 R、S 并、交、差的结果

4. 笛卡尔积(Cartesian Product)

定义 3.6 设关系 R 和 S 的元数分别为 r 和 s，元组个数分别为 m 和 n，R 和 S 的笛卡尔积是由 $m \times n$ 个 $(r + s)$ 元的元组组成的新关系，记为：

$R \times S = \{t \mid t = \langle t^r, t^s \rangle \wedge t^r \in R \wedge t^s \in S\}$

其中，t 是元组变量，$R \times S$ 的每个元组的前 r 个分量来自于 R，后 s 个分量来自于 S。

笛卡尔积运算可在任意两个关系上进行，作用是将两个关系无条件地连接成一个新关系。

例3.8 已知关系 R 和 S 如图 3－9(a)、3－9(b) 所示，$R \times S$ 的结果如图 3－9(c)。由于关系 R 和 S 都有属性 C，因此在 $R \times S$ 中分别用 $R.C$ 和 $S.C$ 表示。

A	*B*	*C*
*a*1	*b*1	*c*1
*a*2	*b*2	*c*2
*a*3	*b*3	*c*3

(*a*) 关系 R

C	*D*
*c*1	*d*1
*c*2	*d*2

(*b*) 关系 S

A	*B*	*R. C*	*S. C*	*D*
*a*1	*b*1	*c*1	*c*1	*d*1
*a*1	*b*1	*c*1	*c*2	*d*2
*a*2	*b*2	*c*2	*c*1	*d*1
*a*2	*b*2	*c*2	*c*2	*d*2
*a*3	*b*3	*c*3	*c*1	*d*1
*a*3	*b*3	*c*3	*c*2	*d*2

(*c*)$R \times S$

图 3－9　关系 R、S 和笛卡尔积的结果

3.2.3 连接

连接(Join)运算用来从两个关系的笛卡尔积中选取属性之间满足一定条件的元组组成新的关系。连接运算有两种:θ连接和F连接(θ是算术比较符,F是公式),θ连接是F连接的特殊情况。

1. θ连接

关系的θ连接运算是在两个关系中挑选满足θ条件的元组组成新的关系。

定义3.7 设有关系R和S,R与S的θ连接组成一个满足θ条件的新关系,记为:

$$R \underset{i\theta j}{\infty} S = \{t \mid t = \langle t^r, t^s \rangle \wedge t^r \in R \wedge t^s \in S \wedge t_i^r \theta t_j^s\}$$

其中,θ是比较运算符(>,≥,=,<,≤,≠),表达式$i\theta j$表示R的第i个属性与S的第j个属性满足θ条件。t_i^r、t_j^s分别表示元组t^r的第i个分量、元组t^s的第j个分量,$t_i^r \theta t_j^s$表示这两个分量满足θ条件。

从定义可以看出,θ连接运算由笛卡尔积和选择运算组合而成。设关系R的元数为r,那么θ连接运算的定义等价于:

$$R \underset{i\theta j}{\infty} S = \sigma_{i\theta(r+j)} R \times S$$

表示θ连接运算是在关系R和S的笛卡尔积中挑选第i个分量和第(r+j)分量满足θ条件的元组。

θ连接运算在任意两个关系上进行,作用是将两个关系按照一定的条件连接成一个新关系。

如果θ是等号(=),该连接运算称为等值连接。

例3.9 已知关系R和S如图3-10(a)、3-10(b)所示,$R \underset{2>1}{\infty} S$、$R \underset{3=1}{\infty} S$的结果分别如图3-10(c)、3-10(d)所示。由于关系R和S都有属性C,因此在$R \underset{2>1}{\infty} S$、$R \underset{3=1}{\infty} S$中分别用R.C和S.C表示。

A	B	C
1	2	3
4	5	6
7	8	9

(a)关系R

A	B	R.C	S.C	D
4	5	6	3	4
7	8	9	3	4
7	8	9	6	7

(c) $R \underset{2>1j}{\infty} S$

C	D
3	4
6	7

(b)关系S

A	B	R.C	S.C	D
1	2	3	3	4
4	5	6	6	7

(d) $R \underset{3=1}{\infty} S$

图3-10 关系R、S和θ连接运算的结果

2. F连接

关系的F连接运算是在两个关系中挑选满足公式F的元组组成新的关系。

定义3.8 设有关系R和S,R与S的F连接组成一个满足公式F的新关系,记为:

$R\underset{F}{\infty}S = \{t \mid t = \langle t^r, t^s \rangle \wedge t^r \in R \wedge t^s \in S \wedge F(t) = \text{true}\}$ 这里，F 是形如 $F_1 \wedge F_2 \wedge \cdots \wedge F_n$ 的公式，$F_k(k = 1, 2, \cdots, n)$ 是形为 $i\theta j$ 的表达式，i 和 j 分别表示 R 的第 i 个属性与 S 的第 j 个属性。当 $n = 1$ 时，F 连接就是 θ 连接。

与 θ 连接一样，F 连接运算也由笛卡尔积和选择运算组合而成。设关系 R 的元数为 r，那么 F 连接运算的定义等价于：

$R\underset{F}{\infty}S = \sigma_G(R \times S)$

这里，F 是形如 $F_1 \wedge F_2 \wedge \cdots \wedge F_n$ 的公式，G 是形如 $G_1 \wedge G_2 \wedge \cdots \wedge G_n$ 的公式，若 $F_k = i\theta j$，则 $G_k = i\theta(r+j)(k = 1, 2, \cdots, n)$。$i\theta(r+j)$ 表示关系 R 和 S 的笛卡尔积的第 i 个分量和第 $(r+j)$ 分量满足 θ 条件。

F 连接运算在任意两个关系上进行，作用是将两个关系按照给定的公式 F 连接成一个新关系。

例 3.10 已知关系 R 和 S 如图 3-10(a)、3-10(b) 所示，R 和 S 的 F 连接运算 $R\underset{1=2\wedge 2>1}{\infty}S$ 的结果 如图 3-11 (a)所示。

A	B	R. C	S. C	D
4	5	6	3	4
7	8	9	6	7

(a) $R\underset{1=2\wedge 2>1}{\infty}S$

A	B	C	D
1	2	3	4
4	5	6	7

(b) $R\infty S$

图 3-11 关系 R、S 的 F 连接运算和自然连接运算的结果

3.2.4 自然连接

自然连接(Natural Join)是一种特殊的连接运算，它要求参与运算的两个关系具有公共属性，并且在公共属性上进行等值连接。

定义 3.9 设关系 R 和 S 有公共属性 $A_1, A_2, \cdots, A_k$，R 和 S 的自然连接表示为 $R \triangleright\triangleleft S$，计算过程如下：

(1) 计算 R 和 S 的笛卡尔积 $R \times S$；

(2) 对 $R \times S$ 执行选择运算，新关系记为 T，$T = \sigma_{R.A_1 = S.A_1 \wedge \cdots \wedge R.A_k = S.A_k}(R \times S)$；

(3) 对 T 进行投影运算，去掉列 $S.A_1, S.A_2, \cdots, S.A_k$。

因此，自然连接运算可表示为：

$R \infty S = \pi_{A_{i1}, A_{i2}, \cdots, A_{im}}(\sigma_{R.A_1 = S.A_1 \wedge \cdots \wedge R.A_k = S.A_k}(R \times S))$

其中，$A_{i1}, A_{i2}, \cdots, A_{im}$ 为 R 和 S 的全部属性，但是公共属性只出现一次。

例 3.11 已知关系 R 和 S 如 图 3-10(a)、3-10(b)所示，R 和 S 的自然连接运算 $R\infty S$ 的 结果如图 3-11(b)所示。

3.2.5 除

定义 3.10 设有关系 R 和 S，X 为 R 的属性集，Y 为 S 的属性集，$Y \subseteq X$。R 除以 S 的结果是一个在属性集 $X-Y$ 上的新关系，表示为 $R \div S$。计算过程如下：

(1) 计算 R 在属性集 $X-Y$ 上的投影，$T = \pi_{X-Y}(R)$；

(2) 计算 $T \times S$ 中不存在于 R 中的元组，$U = (T \times S) - R$；

(3) 计算 U 在属性集 $X - Y$ 上的投影，$V = \pi_{X-Y}(U)$；

(4) 得到 R 除以 S 的结果，$R \div S = T - V$。

因此，除运算可表示为：

$R \div S = \pi_{X-Y}(R) - \pi_{X-Y}((\pi_{X-Y}(R) \times S) - R)$

根据定义可知，除运算要对被除关系进行水平切分和垂直切分。首先将被除关系 R 的属性集分成两部分 Y(与除关系相同的属性集)和 $X - Y$，其次在 R 中按照 $X - Y$ 进行分组，然后查找包括除关系中全部 Y 值的元组，最后将这些元组在属性集 $X - Y$ 上进行投影。

例 3.12　已知关系 R、$S1$ 和 $S2$ 如图 3－12(a)、3－12(b)和 3－12(c)所示，$R \div S1$、$R \div S2$ 的结果分 别如图 3－12(d)和 3－12(e)所示。

A	B	C	D
a1	b1	c2	d1
a1	b2	c3	d2
a1	b2	c1	d1
a2	b3	c4	d4
a3	b2	c1	d5
a3	b1	c2	d5
a4	b2	c1	d7

(a) 关系 R

B	C
b2	c1

(b) 关系 S1

B	C
b1	c2
b2	c1

(c) 关系 S2

A	D
a1	d1
a3	d5
a4	d7

(d) $R \div S1$

A	D
a1	d1
a3	d5

(e) $R \div S2$

图 3－12　关系 R、S1 和 S2 及 除法运算的结果

例 3.13　已知选课关 系 R、课程关系 S 如图 3－13(a)、3－13(b)所 示，$R \div S$ 表示选修了 S 中全部课程的学生名单。

学号	姓名	课程
06601	陈鹏飞	数据结构
06601	陈鹏飞	操作系统
06601	陈鹏飞	专业外语
06602	岳敏	数据结构
06602	岳敏	操作系统
06603	陈仪	专业外语
06603	陈仪	数据结构

(a)选课关系 R

课程名
数据结构
操作系统

(b)课程关系 S

学号	姓名
06601	陈鹏飞
06602	岳敏

(c) $R \div S$

图 3－13　关系 R、S 及除法运算的结果

3.2.6　关系代数运算实例

例 3.14　图 3－14 是教学活动数据库中的三个关系，使用关系代数运算完成下面的查询。

(1)查询年龄大于21的男学生学号和姓名。

$\pi_{sno,sname}(\sigma_{age>'21' \wedge sex='男'}(student))$

查询结果是:(06604,刘国华,22,男)

(2)查询选修了C603号课程的学生的姓名。

$\pi_{sname}(\sigma_{cno='C603'}(student \infty study))$

本查询涉及两个关系 *student* 和 *study*,因此先对两个关系进行自然连接,然后再进行选择和投影操作。本查询还可以写成 $\pi_{sname}(student \infty study(\sigma_{cno='C603'}(study)))$,表示先对关系 *study* 进行选择运算,然后再与 *student* 进行自然连接,最后再进行投影。

查询结果是:(陈鹏飞)、(何艳珊)和(苏有丽)

(3)查询"陈仪"同学不学课程的课程号。

$\pi_{cno}(course) - \pi_{cno}(\sigma_{sname='陈仪'}(student \infty study))$

本查询使用差运算,先找出全部课程的课程号,再找出"陈仪"同学选修课程的课程号,然后执行两个关系的差运算。

查询结果是:(C603)

(4)查询至少选修两门课程的学生学号。

$\pi_1(\sigma_{1=4 \wedge 2 \neq 5}(student \times study))$

本查询涉及两个关系 *study* 的笛卡尔积,选择条件 1 = 4 表示同一个学生,2 ≠ 5 表示两门课不相同。

查询结果是:(06601)、(06603)、(06604)、(06605)和(06606)

sno	sname	age	sex
06601	陈鹏飞	20	男
06602	岳敏	21	女
06603	陈仪	20	男
06604	刘国华	22	男
06605	何艳珊	21	女
06606	苏有丽	20	女

(a)学生关系 *student*

cno	cname	teacher
C601	C语言	程建军
C602	数据结构	蒙应杰
C603	操作系统	刘莉
C604	专业外语	刘莉

(b)课程关系 *course*

sno	cno	score
06601	C601	90
06601	C602	90
06601	C603	85
06601	C604	87
06602	C601	90
06603	C601	75
06603	C602	70
06603	C604	56
06604	C601	90
06604	C604	85
06605	C603	95
06605	C604	80
06606	C601	90
06606	C603	82

(c)选课关系 *study*

图3-14 教学活动数据库

(5)查询选修了全部课程的学生的学号。

$\pi_{sno}(\pi_{sno,cno}(study) \div \pi_{cno}(course))$

本查询需要使用除运算，$\pi_{sno,cno}(study)$ 表示学生选课情况，$\pi_{cno}(course)$ 表示全部课程，$\pi_{sno,cno}(study) \div \pi_{cno}(course)$ 的结果是选修了全部课程的学生的学号形成的关系。

查询结果是：(06601)

(6) 查询选修“刘莉”老师所授全部课程的学生的学号和课程号。

$\pi_{sno,cno}(study) \div \pi_{cno}(\sigma_{teacher='刘莉'}(course))$

本查询需要使用除运算，$\pi_{sno,cno}(study)$ 表示学生选课情况，$\pi_{cno}(\sigma_{teacher='刘莉'}(course))$ 表示“刘莉”老师所授全部课程，$\pi_{sno,cno}(study) \div \pi_{cno}(\sigma_{teacher='刘莉'}(course))$ 的结果是选修了“刘莉”老师所授全部课程的学生的学号形成的关系。

查询结果是：(06601) 和(06605)

3.3 关系演算

关系演算是利用谓词演算来表达关系操作的一种方法。按谓词变量的不同，关系演算又分为两种：一种是元组关系演算(Tuple Relational Calculus)，以元组为变量，简称元组演算；另一种是域关系演算(Domain Relational Calculus)，以域为变量，简称域演算。

3.3.1 元组关系演算

在元组关系演算中，元组关系演算表达式简称为元组表达式，其一般形式为 $\{t \mid P(t)\}$。其中，t 是元组变量，表示一个元数固定的元组；P 是公式，在数理逻辑中也称为谓词，它由原子公式和运算符组成，也就是计算机语言中的条件表达式。$\{t \mid P(t)\}$ 表示满足公式 P 的所有元组 t 的集合。

1. 元组关系演算中公式的表示法

在元组表达式中，公式由原子公式组成，原子公式(Atoms)有下列三种形式：

(1)$R(t)$：R 是关系名，t 是元组变量，$R(t)$ 表示 t 是 R 的元组。

(2)$t[i]\theta s[j]$：t 和 s 是元组变量，θ 是比较运算符，$t[i]\theta s[j]$ 表示元组 t 的第 i 个分量与元组 s 的第 j 个分量之间满足 θ 关系。例如，$t[2] > s[3]$ 表示元组 t 的第 2 个分量必须大于元组 s 的第 3 个分量。

(3)$t[i]\theta c$ 或 $c\theta t[i]$：t 是元组变量，c 是一个常量，该原子公式表示元组 t 的第 i 个分量与常量 c 之间满足 θ 关系。例如，$t[2] > 4$ 表示元组 t 的第 2 个分量必须大于 4。

在定义关系演算操作时，要用到“自由”(Free)和“约束”(Bound)变量概念。若在元组表达式中，元组变量前有存在量词符号 $\exists$ 或全称量词符号 $\forall$，该变量称为约束元组变量，否则称为自由元组变量。

定义 3.11 元组关系演算公式(Formulas)的递归定义如下：

(1)每个原子公式都是一个公式。

(2) 如果 P_1 和 P_2 是公式，那么 $\neg P_1$、$P_1 \vee P_2$、$P_1 \wedge P_2$ 和 $P_1 \Rightarrow P_2$ 也都是公式。

(3) 如果 P_1 是公式，那么 $\exists t(P_1)$ 和 $\forall t(P_1)$ 都是公式。

(4) 公式中各种运算符的优先级从高到低依次为：θ，$\exists$ 和 $\forall$，$\neg$，$\wedge$ 和 $\vee$，$\Rightarrow$。在公式外

还可以加括号，以改变上述优先顺序。

(5) 公式只能由上述四种形式构成，除此之外构成的都不是公式。

2. 元组关系演算的查询举例

例 3.15 已知关系 R 和 S 如图 3-15(a)、3-15(b)所示，下面 4 个元组关系演算表达式的值分别如图 3-15(c)、3-15(d)、3-15(e)和 3-15(f)所示。

$R_1 = \{t \mid R(t) \wedge t[1] = b \wedge t[2] \geq 5\}$

$R_2 = \{t \mid (\exists u)(R(t) \wedge S(u) \wedge t[2] \geq u[2])\}$

$R_3 = (t \mid (\forall u)(R(t) \wedge S(u) \wedge t[2] < u[2])\}$

$R_4 = \{t \mid (\exists u)(\exists v)(R(u) \wedge S(v) \wedge u[2] = v[2] \wedge t[1] = u[1] \wedge t[2] = u[3] \wedge t[3] = v[1])\}$

A	B	C
b	6	e
d	5	h
g	8	f
b	4	a

(a)关系 R

C	D
e	7
h	5
a	8

(b)关系 S

A	B	C
b	6	e

(c)关系 R_1

A	B	C
b	6	e
g	8	f

(d)关系 R_2

A	B	C
b	4	a

(e)关系 R_3

A	$R.C$	$S.C$
d	h	h
g	f	a

(f)关系 R_4

图 3-15 元组关系演算示例

例 3.16 已知教学活动数据库中的三个关系：

学生关系 *student(sno, sname, age, sex, dept)*

课程关系 *course(cno, cname, teacher)*

选课关系 *study(sno, cno, score)*

使用元组关系演算完成下面的查询。

(1) 查询“计算机”系所有女学生的学生信息。

$\{t \mid (student(t) \wedge t[4] =$ ‘女’ $\wedge\ dept =$ ‘计算机’$)\}$

(2) 查询年龄大于 21 的男学生的学号和姓名。

$\{t \mid (\exists u)(student(u) \wedge u[3] >$ ‘21’ $\wedge\ u[4] =$ ‘男’ $\wedge\ t[1] = u[1] \wedge t[2] = u[2])\}$

(3) 检索选修了 C603 号课程的学生的姓名。

$\{t \mid (\exists u)(\exists v)(student(u) \wedge study(v) \wedge u[1] = v[1] \wedge v[2] =$ ‘C603’ $\wedge\ t[1] = u[2])\}$

(4) 检索至少选修两门课程的学生的学号。

$\{t \mid (\exists u)(\exists v)(study(u) \land study(v) \land u[1] = v[1] \land v[2] \neq v[2] \land t[1] = u[1])\}$

3.3.2 域关系演算

在域关系演算中,域关系演算的谓词变量是域变量。域关系演算表达式简称为域表达式,其一般形式为$\{t_1, t_2, \cdots, t_k \mid P(t_1, t_2, \cdots, t_k)\}$。其中$t_1, t_2, \cdots, t_k$分别是域变量,$P$是域演算公式。$\{t_1, t_2, \cdots, t_k \mid P(t_1, t_2, \cdots, t_k)\}$表示所有使$P$为真的那些由$t_1, t_2, \cdots, t_k$组成的元组的集合。

域关系演算和元组关系演算类似,不同之处是用域变量代替元组变量的每一个分量,域变量的变化范围是某个值域。

1. 域关系演算的形式表示

域关系演算公式由原子公式和运算符组成,原子公式有三种形式:

(1)$R(t_1,t_2,\cdots,t_k)$:是一个k元关系,t_i为域变量或常量,$R(t_1,t_2,\cdots,t_k)$表示由属性$t_1, t_2, \cdots, t_k$组成的关系。

(2)$t_i\theta s_j$:t_i、s_j为域变量,θ为算术比较运算符,$t_i\theta s_j$表示t_i、s_j满足比较条件θ。

(3)$t_i\theta c$或$c\theta t_i$:t_i为域变量,c为常量,θ为算术比较运算符,公式表示t_i和c满足比较条件θ。

域关系演算公式中也可使用$\land$、$\lor$、$\neg$和$\Rightarrow$等逻辑运算符、$\exists(x)$和$\forall(x)$,但变量x是域变量,不是元组变量。

自由域变量、约束域变量等概念和元组演算中一样。

定义 3.12 域关系演算公式(Formulas)的递归定义如下:

(1)每个原子公式都是一个公式。

(2) 如果P_1和P_2是公式,那么$\neg P_1$、$P_1 \lor P_2$、$P_1 \land P_2$和$P_1 \Rightarrow P_2$也都是公式。

(3) 如果P_1是公式,那么$\exists t_i(P_1)$和$\forall t_i(P_1)$也都是公式。

(4) 公式中各种运算符的优先级从高到低依次为:θ,$\exists$和$\forall$,$\neg$,$\land$和$\lor$,$\Rightarrow$。在公式外还可以加括号,以改变上述优先顺序。

(5) 公式只能由上述四种形式构成,除此之外构成的都不是公式。

2. 域关系演算的查询举例

例 3.17 使用域关系演算表达式表示例 3.15 中的R_1、R_2、R_3和R_4。

$R_1 = \{t_1t_2t_3 \mid R(t_1t_2t_3) \land t_1 = b \land t_2 \geq 5\}$

$R_2 = \{t_1t_2t_3 \mid (\exists u_1)(\exists u_2)(\exists u_3)(R(t_1t_2t_3) \land S(u_1u_2u_3) \land t_2 \geq u_2)\}$

$R_3 = \{t_1t_2t_3 \mid (\forall u_1)(\forall u_2)(\forall u_3)(R(t_1t_2t_3) \land S(u_1u_2u_3) \land t_2 < u_2)\}$

$R_4 = \{t_1t_2t_3 \mid (\exists u_2)(R(t_1t_2t_3) \land S(t_3u_2))\}$

例 3.18 使用域关系演算完成例 3.16 中的查询。

(1) 查询“计算机”系所有女学生的学生信息。

$\{t_1t_2t_3t_4t_5 \mid (student(t_1t_2t_3t_4t_5) \land t_4 =$‘女’$t \land 5 =$‘计算机’$)\}$

(2) 查询年龄大于 21 的男学生的学号和姓名。

$\{t_1t_2 \mid (\exists u_1)(\exists u_2)(\exists u_3)(\exists u_4)(student(u_1u_2u_3u_4) \land u_3 >$‘21’$\land u_4 =$‘男’$\land t_1$

$= u_1 \wedge t_2 = u_2)\}$

可化简为:$\{t_1t_2 \mid (\exists u_3)(student(t_1t_2t_3\text{‘男’}) \wedge u_3 \wedge \text{‘21’})\}$

(3) 检索选修了 C603 号课程的学生的姓名。

$\{t \mid (\exists u_1)(\exists u_3)(\exists u_4)(\exists v_3)(student(u_1u_3u_4) \wedge study(u_3\text{‘C603’}v_3))\}$

(4) 检索至少选修两门课程的学生的学号。

$\{t \mid (\exists u_2)(\exists u_3)(\exists v_2)(\exists v_3)(student(u_2u_3) \wedge study(v_2v_3) \wedge u_2 \neq v_2)\}$

习　题

1. 关系模型由哪几部分组成？常用的关系操作有哪些？

2. 描述以下术语：域，笛卡尔积，关系，元组，属性，候选键。

3. 笛卡尔积、等值连接、自然连接三者之间有什么区别？

4. 为什么关系中的元组没有先后顺序，且不允许有重复元组？

5. 设有关系 $R(A,B,C)$ 和关系 $S(A,B,C)$，如图 3－16 所示，计算 $R \cup S$, $R - S$, $R \cap S$, $R \times S$, $\pi_{C,A}(R)$, $\sigma_{B=\text{‘}b\text{’} \wedge C=\text{‘}c\text{’}}(R)$, $R \underset{1=3}{\rhd\lhd} S$, $R \rhd\lhd S$。

6. 在教学活动数据库中有如下三个关系：

学生关系 student(sno, sname, age, sex)

课程关系 course(cno, cname, teacher)

选课关系 study(sno, cno, score)

用关系代数实现以下查询：

(1) 查找选修“数据库原理与设计”这门课程学生的姓名和成绩。

(2) 查找年龄大于 22 岁的女学生姓名。

(3) 查找“英语”成绩大于 80 分的学生学号。

(4) 查找“李丽”的“数据库原理与设计”课程的成绩。

(5) 查找没有选“张高峰”课的学生姓名。

(6) 检索全部学生都选修的课程的课程号与课程名。

A	B	C
a	b	c
d	a	c
c	b	d
d	c	d

关系 R

A	B	C
b	g	a
d	c	d

关系 S

图 3－16　关系 R 和 S

7. 设有关系 $R(A,B,C)$ 和关系 $S(A,B,C)$，如图 3－17 所示，对如下元组演算表达式，求出它们的值。

元组演算表达式如下：

$R_1 = \{t \mid \neg R(t) \wedge S(t)\}$

$R_2 = \{t \mid (\exists u(R(u) \wedge S(t) \wedge t[3] > u[1])\}$

$R_3 = \{t \mid (\forall u(R(u) \wedge S(t) \wedge t[3] > u[2])\}$

(1) 求出 R_1、R_2、R_3。

(2) 写出对应的域演算表达式。

A	B	C
5	8	7
6	3	4
2	6	9
1	7	3

关系 R

A	B	C
5	7	9
2	6	9
6	2	1
7	4	6

关系 S

图 3－17　关系 R 和 S

第4章 结构化查询语言

结构化查询语言(Structured Query Language)一般简记为SQL,读作"sequel"。SQL是关系型数据库管理系统的标准语言。SQL的主要功能就是同各种数据库建立联系,进行沟通。SQL语句可以用来执行各种各样的操作,例如更新数据库中的数据,从数据库中提取数据等。目前,绝大多数流行的关系型数据库管理系统,如DB2,Oracle, Microsoft SQL Server, Access和MySQL等都采用了SQL标准。虽然很多数据库都对SQL语句进行了再开发和扩展,但是基本的SQL语句仍然可以用来完成几乎所有的数据库操作。

SQL是高级的非过程化编程语言,允许用户在高层数据结构上工作。它不要求用户指定对数据的存放方法,也不需要用户了解具体的数据存放方式,所以具有完全不同底层结构的不同数据库系统可以使用相同的SQL作为数据输入与管理的接口。它以记录集合作为操作对象,所有SQL语句接受集合作为输入,返回集合作为输出,因此具有极大的灵活性和强大的功能。在多数情况下,在其他语言中需要一大段程序才能实现的一件工作在SQL语言中只需要一个SQL语句就可以完成,这也意味着用SQL可以实现非常复杂的功能。

4.1 结构化查询语言概述

4.1.1 结构化查询语言的出现

结构化查询语言产生于20世纪70年代,最初被称为SQUARE,是IBM San Jose实验室为其研制的关系数据库系统System R配置的查询语言。由于SQL结构化查询功能强大而又简单易用,受到计算机业界的广泛欢迎,随后被不断地修改和扩充,最终发展成为关系数据库的标准语言。

4.1.2 结构化查询语言的历史

1986年10月,美国国家标准局(ANSI)采用SQL作为关系数据库管理系统的标准语言(ANSI X3.135—1986),后为国际标准化组织(ISO)采纳为国际标准。这两个标准现在称为SQL—86。ANSI在1989年10月又颁布了增强完整性特征的SQL—89标准。随后,ISO对标准进行了大量的修改和扩充,在1992年8月发布了标准化文件ISO/IEC9075:1992《数据库语言SQL》,即SQL-92标准,也就是人们通常所说的SQL2。1999年ISO发布了标准化文件ISO/IEC9075,即SQL99标准,通常称为SQL3。

4.1.3 结构化查询语言的构成

结构化查询语言可以分为以下几个方面：

(1)数据定义语言(The Data Definition Language, DDL)：用于定义数据库对象，包括定义表、视图、索引等。

(2)数据操作语言(The Data Manipulation Language, DML)：用于对数据库中的数据进行查询以及插入、删除、修改等操作。

(3)嵌入式和动态 SQL：嵌入式 SQL 使程序员可以在高级程序设计语言中直接加入 SQL 语句，动态 SQL 使程序员可以在程序运行过程中构建查询。

(4)事务管理：用来定义事务的开始、提交、回滚以及检查点等。

(5)安全性管理：用来对用户进行权限管理，控制用户对数据对象的访问。

(6)触发器和高级完整性约束：用来保障数据库中数据的正确性。

(7)客户服务器执行和远程数据库存取：控制一个用户的应用程序连接到一个 SQL 数据库服务器，或者通过网络来访问数据库中的数据。

(8)高级特性：SQL—99 标准还包含了面向对象特性、递归查询、决策支持查询等特性。

4.2 数据定义

4.2.1 SQL 中的 DDL

SQL 中的 DDL 是用来创建、修改、删除数据库中的对象的语句，SQL—92 标准中的 DDL 语句包括表、模式、域和视图等对象的创建和修改，还提供了授权和权限回收语句，但是没有包括索引，而现在基本上所有的商业 DBMS 都提供了索引的创建和删除的语句。所以，在本节的讨论中不仅包括表和视图的创建、删除和修改，还包括对索引的定义和删除。

基本表是数据库中用来存放数据的单位，由行和列构成，通常简称表。定义表的时候，不仅需要定义表的名字，还需要定义表是由哪些列所构成的，同时还要指出构成表的这些列的数据类型，因为数据库中要根据这些列的数据类型来决定存储这些列所需要的空间。

索引是建立在表之上的一种可选择的结构，通过索引能够更快地存取表中的数据。索引可以创建在表中的一列或者多列上，也可以在一个列的集合上创建多个索引，只要这些列的排列方式不同。所以定义索引的时候需要指出索引的类型，索引建立在哪些列上，这些列的排列方式，以及这些列中数据的排列顺序。视图本质上是一个存储的查询，也可以把它看做一个虚拟的表。

视图中不包含数据，因此也不占用存储数据的空间。打开一个视图，就执行这个视图所定义的查询，从数据库的表中取出数据。所以定义视图必须指定视图的名称以及视图所对应的查询。视图作为查询存储在数据字典中。

4.2.2 SQL 中基本表的定义

SQL 中使用 CREATE TABLE 语句来定义表(关系)，其一般格式如下：

CREATE TABLE <表名>(<列名><数据类型>[列级完整性约束条件]

[,<列名><数据类型>[列级完整性约束条件]]……
[,<表级完整性约束条件>]);

数据类型说明:

不同的系统中具体的数据类型也不一样,但是大体上有以下几种数据类型:

(1)数字类型:表明此种类型用来存放数值,分为整数和小数两种类型,其中小数又可根据在计算机中的表示方式分为定点数和浮点数两种。

(2)字符类型:表明此种类型用来存放字符或字符串,又可根据字符的编码方式分为Unicode 字符和非 Unicode 字符。

(3)二进制数据:表示此种类型用来存放二进制数据,这种类型一般用来保存比较大的数据,例如 image 可以用来存放图片。

(4)其他类型:如日期时间型,money 型,timestamp 型等等,根据具体系统的实现差异非常大。

完整性约束:

定义列中所允许的值的规则,用来实现业务规则,保障数据库中数据的完整性,一般有如下几类完整性规则:

(1)not null:指定该列中不允许出现空值。

(2)unique:指定该列中不允许有两行包含相同的非空值。

(3)primary key:指定该列或者列集唯一标识表中的行,即该列或者列集上不允许出现重复值并且不允许包含空值。一个表中只能有一个 primary key 约束。

(4)foreign key:用来标识表之间的联系,定义了此种约束的列的取值只能是它所参照的列中的某一个已经出现的值,或者是空值。

(5)check 约束:用来定义列上的域完整性约束,以及实现用户自己定义的完整性约束,来强制实现业务规则。

约束可以是列级约束或表级约束:

(1)列级约束被指定为列定义的一部分,并且仅适用于那个列。

(2)表级约束的声明与列的定义无关,可以适用于表中一个以上的列。

当一个约束中必须包含一个以上的列时,必须把它定义为表级约束。为了使完整性规则便于管理,我们一般可以对表级完整性约束起一个名字,这样在删除或者修改的时候就可以直接利用名称进行操作。上述五种约束中,null 只能作为列级约束,而其余四种约束都是既可以作为列级约束又可以作为表级约束。

例 4.1 定义表

```
CREATE TABLE student                                  ——创建学生表
(
sno CHAR(5),                                          ——学号
sname NVARCHAR(4) NOT NULL ,                          ——姓名
age SMALLINT,                                         ——年龄
sex NCHAR(1) DEFAULT'男',                              ——性别,默认值为'男'
dept NVARCHAR(15) DEFAULT 'unknown',                  ——系
CONSTRAINT checksex CHECK (sex IN('男','女'))
```

```
                                        ——创建对性别的约束,使得性别只能
                                          为'男'或者'女'
)
GO
CREATE TABLE study                      ——创建选课关系表
(
sno CHAR(5),                            ——学号
cno CHAR(5),                            ——选修的课程号
score SMALLINT ,                        ——成绩
CONSTRAINT scpk PRIMARY KEY( sno, cno), ——主键约束
CONSTRAINT checkscore CHECK( score between 0 and 100)
                                        ——对成绩的约束保证成绩是大于等
                                          于0并小于等于100的
)
GO
CREATE TABLE course                     ——创建课程表
(
cno CHAR(5) PRIMARY KEY,                ——课程编号
cname CHAR(15) NOT NULL ,               ——课程名称
teacher CHAR(10),                       ——教师姓名
CONSTRAINT uniquecname UNIQUE (cname)
                                        ——创建约束保证课程名称没有重复
)
```

表定义的注意事项:

表中应至少包含一列,在实际系统中,若表的定义中没有定义主键,那么这个表仍然有效。

4.2.3 SQL 中基本表的修改

对基本表的修改一般包括以下几个方面:

(1)对表重新命名;

(2)增加或者删除表中的列;

(3)修改表中已有的列的数据类型;

(4)增加或者删除表中的完整性约束;

(5)修改已有的完整性约束的内容;

(6)启用或者停用完整性约束。

SQL 中使用 ALTER TABLE 语句来实现对基本表的修改。不同的数据库系统对于 ALTER TABLE 语句的实现差别非常大,在这里只给出一般的格式:

ALTER TABLE <table_name>

[ADD <新列名> <数据类型>[完整性约束]]

```
[DROP <完整性约束名>]
[MODIFY <列名> <数据类型>];
```

例4.2 修改表

```
ALTER TABLE student                          ——向 student 表中添加一列 sno
ADD sno CHAR(5) NULL
GO
ALTER TABLE student                          ——修改 sno 的定义保障此列不为空
ALTER COLUMN sno CHAR(5) NOT NULL
GO
ALTER TABLE student                          ——向 student 表添加主键约束
ADD PRIMARY KEY(sno)
GO
ALTER TABLE study
                                             ——向 study 表中添加外键约束,study 表
                                               中的 cno 参照 course 表中的 cno
ADD CONSTRAINT fkcno FOREIGN KEY(cno) REFERENCES course(cno)
ON DELETE CASCADE ON UPDATE CASCADE
GO
ALTER TABLE study
                                             ——向 study 表中添加外键约束,study 表
                                               中的 sno 参照 student 表中的 sno
ADD CONSTRAINT fksno FOREIGN KEY(sno) REFERENCES student(sno)
ON DELETE CASCADE ON UPDATE CASCADE
```

4.2.4 SQL 中基本表的删除

SQL 中使用 DROP TABLE 语句来从数据库中删除表。DROP TABLE 是将表的定义整个从数据字典中清除掉,此时和表相关联的所有对象,例如索引、视图等都将变得无效,所以删除表的时候必须慎重。

DROP TABLE 的一般格式为:

```
DROP TABLE <表名>
```

例4.3 删除表

```
DROP TABLE study
```

如果一张表被其他表中的外键所参照,那么这张表不允许被删除,直到参照表(外键所在表)被删除以后,被参照表(主键所在表)才能被删除。

4.2.5 SQL 中索引的定义和删除

1. 索引的定义

```
CREATE[UNIQUE][CLUSTER] INDEX <索引名>
ON <表名>(<列名>[<次序>][,<列名>[<次序>]]…);
```

其中<表名>是要建索引的基本表的名字,<次序>指定了索引值的排列顺序,可选ASC(升序)或DESC(降序),缺省值是ASC。

Unique 索引指的是被索引的列的某个值只对应一个 ROW ID,即只对应一行,而非Unique索引中,被索引的列的某个值对应一个 ROW ID 的集合。

Cluster 索引指的是表中的数据行在磁盘上的物理存储顺序和索引的顺序一致。Cluster索引又被称为聚簇索引。一个表上最多只能建立一个聚簇索引。因为聚簇索引必须维护表中行的物理存储顺序和索引顺序一致,当表进行更新的时候必须调整表中数据存储的物理顺序,代价比较大,所以对于经常进行更新操作的表不宜建立聚簇索引。

例 4.4 定义索引

```
CREATE INDEX sdeptindex ON student(dept)
GO
CREATE INDEX scoreindex ON study(score desc)
```

2. 索引的结构

在数据库系统的实现中,索引一般是独立于表的存储结构,通过使用索引能够更快地存取数据。索引一般采用 B - tree 结构或者 Hash 结构,图 4 - 1 是一个 B - tree 索引的例子。

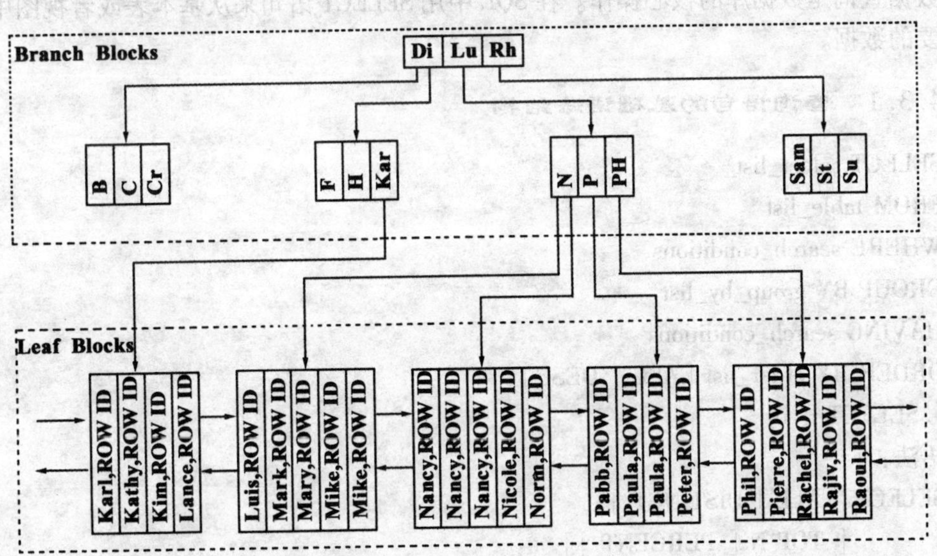

B - tree 索引中有两种类型的节点:Branch 节点和 Leaf 节点,在 Branch 节点中存储的是指向下一级节点的索引数据,在 Leaf 节点中包含的是被索引的列的某个值以及它所对应的行在磁盘中的位置(ROW ID)。

3. 索引的删除

DROP INDEX <索引名>

例 4.5 删除索引

```
DROP INDEX study. scoreindex
```

4. 注意事项

在某些系统如 Oracle 中,索引的删除将导致和索引所在的表相关的其他对象无效。例如,如果一个视图定义中参照了某个表,那么这个表上的索引的删除将导致该视图无效。

在 SQL Server 中，系统自动创建唯一索引，以强制实施 PRIMARY KEY 和 UNIQUE 约束的唯一性要求。除非表中已存在聚集索引，或者显式指定了非聚簇索引，否则将会创建一个唯一的聚集索引，以实施 PRIMARY KEY 约束。就是说如果在创建主键约束的时候还没有创建聚簇索引，那么系统会自动创建一个唯一聚簇索引来实现主键。

5. 索引的使用

使用索引可以提高查询的速度，但是索引一般不被用户显式使用，而是由 DBMS 查询优化器在进行 SQL 语句优化和创建执行计划的时候进行使用，所以用户应该尽可能地综合考虑查询语句的特点，确定经常使用的查询字段，以便在该字段上建立索引，同时应综合考虑查询条件，如果查询条件多为等于条件，那么应该尽量创建 Hash 索引，若查询多为范围查询则应该多使用 B－tree 索引，若经常查询的字段为稀疏字段（该字段上的值远远小于元组的个数）则可以考虑使用位图索引。同时为了加快查询速度，可以使用索引组织表（即将表中的数据全部保留在索引页节点中）。

4.3 数据查询

数据查询是数据库的核心操作。在 SQL 中用 SELECT 语句来从基本表或者视图中获得所需要的数据。

4.3.1 查询语句的基础语法结构

```
SELECT select_list
FROM table_list
WHERE search_conditions
GROUP BY group_by_list
HAVING search_conditions
ORDER BY order_list [ ASC | DESC]
```

1. SELECT 子句

语法：

```
SELECT [ ALL | DISTINCT ]
       [ TOP N [ PERCENT ]]
       < SELECT_LIST >
```

其中

```
< SELECT_LIST > ::=
  { *
    | { TABLE_NAME | VIEW_NAME | TABLE_ALIAS }. *
    | { COLUMN_NAME | EXPRESSION }
       [[AS] COLUMN_ALIAS ]
    | COLUMN_ALIAS = EXPRESSION
  } [ ,…N ]
```

SELECT 子句后一般可以跟随如下几部分：

(1) ALL|DISTINCT：其中 ALL 是默认值，而 DISTINCT 选项保证将结果中重复的行去掉。

(2) TOP：指定只从查询结果集中输出前 N 行。如果还指定了 PERCENT，则只从结果集中输出前百分之 N 行。如果查询包含 ORDER BY 子句，将输出由 ORDER BY 子句排序的前 N 行（或前百分之 N 行）。如果查询没有 ORDER BY 子句，将按任意顺序输出结果。

(3) COLUMN_NAME | EXPRESSION：是列名、常量、函数或由运算符连接的列名、常量和函数的任意组合。

*：代表所查询表或视图的全部列。

某些指定列：所查询表或视图中的若干列，多列之间用逗号间隔。

表达式：表达式中可以包含列名。表达式的类型有：常量表达式，算术表达式，包含各种系统函数的表达式（系统函数根据具体系统的实现而不同），包含聚合函数的表达式等。

(4) SELECT 子句中每一个列名或者列名表达式都可以对它起别名，别名和原列名或者列名表达式中间可以用 AS 连接，或者直接在两者之间加空格间隔。

使用 SELECT 子句的注意事项：如果没有 GROUP BY 子句，那么没有出现在聚合函数中的列名不能和出现在聚合函数中的列名在 select_list 中同时存在。

2. FROM 子句

语法：

```
[ FROM { < TABLE_SOURCE > } [ ,…N ] ]
其中
 < TABLE_SOURCE > : : =
   TABLE_NAME [ [ AS ] TABLE_ALIAS ] [ ,…N ]
   | VIEW_NAME [ [ AS ] TABLE_ALIAS ]
   | < JOINED_TABLE >
 < JOINED_TABLE > : : =
 < TABLE_SOURCE > < JOIN_TYPE > < TABLE_SOURCE > ON < SEARCH_CONDITION >
 | < TABLE_SOURCE > CROSS JOIN < TABLE_SOURCE >
 | < JOINED_TABLE >
 < JOIN_TYPE > : : = [ INNER | { { LEFT | RIGHT | FULL } [ OUTER ] } ]
```

< JOIN_TYPE >指定连接操作的类型，有如下几种：

INNER：指定返回所有相匹配的行对。废弃两个表中不匹配的行。如果未指定连接类型，则 INNER 是缺省设置。

LEFT [OUTER]：指定除所有由内连接返回的行外，所有来自左表的不符合指定条件的行也包含在结果集内。来自右表的输出列设置为 NULL。

RIGHT [OUTER]：指定除所有由内连接返回的行外，所有来自右表的不符合指定条件的行也包含在结果集内。来自左表的输出列设置为 NULL。

FULL [OUTER]：如果来自左表或右表的某行与选择准则不匹配，则指定在结果集内包含该行，并且将与另一个表对应的输出列设置为 NULL。除此之外，结果集中还包含通常由内连接返回的所有行。

ON <SEARCH_CONDITION>：指定连接所基于的条件。此条件可指定任何谓词，但通常使用列和比较运算符。

CROSS JOIN：指定返回两个表的笛卡尔积。

FROM 后可跟随如下几种成分：

(1)表或视图列表，可以为一个表或视图，也可以为多个表或视图。多个表或视图之间用逗号间隔。

(2)子查询。

(3)多个表的连接，这多个表的连接方式可以为内连接或者外连接。

其中每个表、视图或者子查询都可以起别名，别名的使用方式和列的别名一样。

3. WHERE 子句

语法：

```
WHERE < search_condition >
其中
< search_condition > :: =
{ [ NOT] < predicate > | ( < search_condition > ) }
    [ { AND | OR } [ NOT] { < predicate > |( < search_condition > ) } ]
} [ ,…n ]
< predicate > :: =
{ expression { = | < > | ! = | > | > = | ! > | < | < = | ! < } expression
    | string_expression[ NOT] LIKE string_expression
        [ ESCAPE ‘escape character’ ]
    | expression [ NOT ] BETWEEN expression AND expression
    | expression IS [ NOT ] NULL
    | expression [ NOT ] IN ( subquery | expression [ ,…n ] )
    | expression { = | < > | ! = | > | > = | ! > | < | < = | ! < }
        { ALL | SOME | ANY} ( subquery )
    | EXISTS ( subquery )
}
```

WHERE 子句用来限制查询返回的数据，后跟查询的条件，即满足哪些条件的记录或元组应该被返回。查询的条件可以是一个谓词表达式，NOT + 谓词表达式，或多个用 AND|OR 连接的谓词表达式。谓词表达式可以是如下形式：

(1)逻辑表达式(表达式中还可包含 CASE 函数)；

(2)字符串表达式；

(3)[NOT]between……and……表达式；

(4)判断是否为空的表达式；

(5)集合表达式；

(6)带有 ALL、ANY、SOME 的子查询构成的表达式；

(7)带有 EXISTS 谓词的子查询。

注意事项：WHERE 子句的表达式中不能出现聚合函数，但是 WHERE 子句中的子查询里面可以出现聚合函数。

4. GROUP BY 子句

语法:

GROUP BY group_by_expression [,…n]

其中

group_by_expression 是对其执行分组的表达式。group_by_expression 可以是列或列的非聚合表达式(即不使用聚合函数的表达式)。

GROUP BY 子句用来对输出结果进行分组,如果 select_list 中包含聚合函数,则计算每组的汇总值。

GROUP BY 后面可以接列名或者不包含聚合函数的列名表达式。

使用 GROUP BY 子句的注意事项:如果使用 GROUP BY 子句,那么:

(1)任何出现在 select_list 中的且没有使用聚合函数的列必须出现在 GROUP BY 子句中;

(2)但是 GROUP BY 子句中出现的列不一定非得出现在 select_list 中。

5. HAVING 子句

语法:

[HAVING <search_condition>]

HAVING 子句指定查询结果中返回的组所应该满足的条件,HAVING 子句后跟搜索条件,此搜索条件和 WHERE 子句后面跟的搜索条件一致。

6. ORDER BY 子句

语法:

[ORDER BY { order_by_expression [ASC | DESC] } [,…n]]

其中

order_by_expression 指定要排序的列。

ORDER BY 子句对返回的结果集进行排序,后面可接如下成分:

(1)要排序的列、列的别名、列的表达式或者表示列序号的整数。

ASC|DESC :指定对用来排序的列按照升序还是降序排列,其中升序是默认值。

(2)使用 ORDER BY 子句的注意事项:

ORDER BY 子句可包括未出现在 select_list 中的项目。然而,如果指定 SELECT DISTINCT,或者如果 SELECT 语句包含 UNION 运算符,则排序的列必定出现在 select_list 中。

4.3.2 查询示例

1. 示例中数据来源

employee 表

emp_id	fname	minit	lname	job_id	job_lvl	pub_id	hire_date
PMA42628M	Paolo	M	Accorti	13	35	0877	1992 - 8 - 27
PSA89086M	Pedro	S	Afonso	14	89	1389	1990 - 12 - 24
VPA30890F	Victoria	P	AShworth	6	140	0877	1990 - 9 - 13

续表

emp_id	fname	minit	lname	job_id	job_lvl	pub_id	hire_date
H - B39728F	Helen		Bennett	12	35	0877	1989 - 9 - 21
L - B31947F	Lesley		Brown	7	120	0877	1991 - 2 - 13
F - C16315M	Francisco		Chang	4	227	9952	1990 - 11 - 3
PTC11962M	Philip	T	Cramer	2	215	9952	1989 - 11 - 11
A - C71970F	Aria		Cruz	10	87	1389	1991 - 10 - 26
AMD15433F	Ann	M	Devon	3	200	9952	1991 - 7 - 16
ARD36773F	Anabela	R	DomINgues	8	100	0877	1993 - 1 - 27
PHF38899M	Peter	H	Franken	10	75	0877	1992 - 5 - 17
PXH22250M	Paul	X	Henriot	5	159	0877	1993 - 8 - 19
CFH28514M	Carlos	F	Hernadez	5	211	9999	1989 - 4 - 21
PDI47470M	Palle	D	Ibsen	7	195	0736	1993 - 5 - 9
KJJ92907F	Karla	J	Jablonski	9	170	9999	1994 - 3 - 11
KFJ64308F	KarIN	F	Josephs	14	100	0736	1992 - 10 - 17
MGK44605M	Matti	G	Karttunen	6	220	0736	1994 - 5 - 1
POK93028M	Pirkko	O	Koskitalo	10	80	9999	1993 - 11 - 29
JYL26161F	JanINe	Y	Labrune	5	172	9901	1991 - 5 - 26
M - L67958F	Maria		Larsson	7	135	1389	1992 - 3 - 27
Y - L77953M	Yoshi		Latimer	12	32	1389	1989 - 6 - 11
LAL21447M	Laurence	A	Lebihan	5	175	0736	1990 - 6 - 3
ENL44273F	Elizabeth	N	LINcoln	14	35	0877	1990 - 7 - 24
PCM98509F	Patricia	C	McKenna	11	150	9999	1989 - 8 - 1
R - M53550M	Roland		Mendel	11	150	0736	1991 - 9 - 5
HAN90777M	Helvetius	A	Nagy	7	120	9999	1993 - 3 - 19
TPO55093M	Timothy	P	O'Rourke	13	100	0736	1988 - 6 - 19
SKO22412M	Sven	K	Ottlieb	5	150	1389	1991 - 4 - 5
MAP77183M	Miguel	A	PaolINo	11	112	1389	1992 - 12 - 7
PSP68661F	Paula	S	Parente	8	125	1389	1994 - 1 - 19
M - P91209M	Manuel		Pereira	8	101	9999	1989 - 1 - 9
MJP25939M	Maria	J	Pontes	5	246	1756	1989 - 3 - 1
M - R38834F	MartINe		Rance	9	75	0877	1992 - 2 - 5
DWR65030M	Diego	W	Roel	6	192	1389	1991 - 12 - 16
A - R89858F	Annette		Roulet	6	152	9999	1990 - 2 - 21
MMS49649F	Mary	M	Saveley	8	175	0736	1993 - 6 - 29
CGS88322F	CarINe	G	Schmitt	13	64	1389	1992 - 7 - 7
MAS70474F	Margaret	A	Smith	9	78	1389	1988 - 9 - 29
HAS54740M	Howard	A	Snyder	12	100	0736	1988 - 11 - 19
MFS52347M	MartIN	F	Sommer	10	165	0736	1990 - 4 - 13
GHT50241M	Gary	H	ThomAS	9	170	0736	1988 - 8 - 9
DBT39435M	Daniel	B	TonINi	11	75	0877	1990 - 1 - 1

publishers 表

pub_id	pub_name	city	state	country
0736	New Moon Books	Boston	MA	USA
0877	Binnet & Hardley	Washing	DC	USA
1389	Algodata Infosystems	Berkeley	CA	USA
1622	Five Lakes Publishing	Chicago	IL	USA
1756	Ramona Publishers	DallAS	TX	USA
9901	GGG&G	M chen		Germany
9952	Scootney Books	New York	NY	USA
9999	Lucerne Publishing	Paris		France

图 4-2 employee 表和 publishers 表中的数据

2. 不带条件的简单查询

(1)查询表中全部数据 SELECT * FROM employee

在这种情况下,因为没有分别列出这些列,所以不能对这些列指定别名或者是指定列的排序顺序。

(2)查询表中若干列中的数据

```
SELECT emp_id, fname, minit, lname
FROM employee
```

3. 使用各种条件筛选数据的查询

(1)比较测试

查询在出版社 0877 工作的雇员的信息:

```
SELECT *
FROM employee
WHERE pub_id = '0877'
```

(2)比较测试

查询在出版社 0877 工作并且工作能力 >100 的雇员的信息:

```
SELECT *
FROM employee
WHERE pub_id = '0877' AND job_lvl > 100
```

(3)比较测试

查询不在出版社 0877 工作的雇员的信息:

```
SELECT *
FROM employee
WHERE pub_id < > '0877'
```

(4)范围测试

查询工作能力在 100 到 170 之间的雇员的信息:

```
SELECT *
FROM employee
WHERE job_lvl BETWEEN 100 AND 170
```

若对范围进行否定查询,即不在某个范围内,只需要在 BETWEEN 之前加 NOT。

(5)字符串匹配查询

查询姓是以'M'开头的员工信息:

```
SELECT *
FROM employee
WHERE lname LIKE 'M%'
```

(6)查找值为 NULL 的行

查找中间的姓名为空的员工:

```
SELECT *
FROM employee
WHERE minit IS NULL
```

(7)包含测试

查找在 pub_id 为'0877'和'1389'的出版社工作的员工信息:

```
SELECT *
FROM employee
WHERE pub_id IN ('0877','1389')
```

4. 从多张表中获取数据

(1)获取做笛卡尔连接的两张或多张表中的数据

查询 employee 表中的 emp_id 列和 publishers 表中的 pub_name 列:

```
SELECT pub_name, emp_id
FROM employee, publishers
```

若要查询的某一结果列,在多张表中都有,或者多张表中拥有同名的列,那么必须明确指出结果列来源于哪一个表。

(2)获取按照一定连接条件连接的两张或者多张表中的数据

①内连接:

查询雇员信息和他们所隶属的出版社的名称:

```
SELECT e. * , p. pub_name
FROM employee e, publishers p
WHERE e. pub_id = p. pub_id
```

使用内连接运算符 INNER JOIN,也可以写成:

```
SELECT e. * , p. pub_name
FROM employee e INNER JOIN publishers p
     ON p. pub_id = e. pub_id
```

②外连接:即允许做连接的两张表中,某张表的数据即使不满足连接条件也可以出现在结果中。

左外连接:SQL—92 中对左向外连接运算符 LEFT OUTER JOIN 规定:不管第二个表中

是否有匹配的数据，结果将包含第一个表中的所有行。即左边表中的数据无论满足还是不满足连接条件都可以出现在结果中。

查询所有的出版社和它的员工信息，即使某个出版社没有相应的员工信息，也要将出版社的相关信息显示出来：

```
SELECT p. * ,e. *
FROM publishers p LEFT OUTER JOIN employee e ON p. pub_id = e. pub_id
```

右外连接：SQL—92 中对右向外连接运算符 RIGHT OUTER JOIN 规定：不管第一个表中是否有匹配的数据，结果将包含第二个表中的所有行。

全外连接：SQL—92 中对 FULL OUTER JOIN 运算符规定：不管表中是否有匹配的数据，结果将包括两个表中的所有行。

5. 对数据进行处理

(1) 获取相异数据

使用DISTINCT 语句获得某些列中的相异值。

```
SELECT DISTINCT pub_id FROM employee
SELECT DISTINCT job_id FROM employee
SELECT DISTINCT job_id, pub_id FROM employee
```

当 DISTINCT 后所跟的列中存在空值，DISTINCT 对空值的处理和对其他值一样，即有多个空值的时候，只显示一个空值。在 SQL Server 中，当 DISTINCT 后面跟有多个列的时候，将显示在这些列上的不同的组合值。

(2) 对所需要的数据利用行函数进行处理

所谓的行函数就是由 DBMS 提供的用来将原始数据处理成用户需要的格式和结果的函数。行函数通常有如下几种：

①数学函数：

在一般的 DBMS 系统中，都提供数学函数用来进行三角、几何和其他数学运算。

在 SQL Server 中常用的数学函数有：

SIN( )：返回给定角度（以弧度为单位）的三角正弦值。

COS( )：返回给定角度（以弧度为单位）的三角余弦值。

TAN( )：返回输入表达式的正切值。

LOG( )：返回给定 float 表达式的自然对数。

RAND( )：返回 0 到 1 之间的随机 float 值。

②日期时间函数：

对日期和时间输入值执行操作，返回一个字符串、数字或日期和时间值。

在 SQL Server 中，常用的日期时间函数有：

GETDATE( )：返回 datetime 型的当前系统日期和时间。

DATEADD( )：返回在输入值上加上一段日期后得到的日期时间值。

DATEPART( )：返回代表输入值所指定日期部分的整数。

YEAR( )：返回代表输入值年份的整数。

MONTH( )：返回代表输入值月份的整数。

③字符串函数：

对字符串输入值执行操作，返回一个字符串或数字值。

在 SQL Server 中，常用的字符串函数有：

LEFT( )：取输入字符串左边开始的指定个数的字符。

LEN( )：返回输入字符串中字符的个数，不包含字符串尾部的空格。

LTRIM( )：删除输入字符串中左面的空格。

REPLACE( )：替换输入字符串中指定的子串。

④系统函数：

执行操作并返回跟 DBMS 有关的值、对象和设置的信息。

在 SQL Server 中，常用的系统函数有：

CAST( )和 CONVERT( )：用来强制进行类型转换。

ISNULL( )：判断输入是否为 NULL 值。

DATALENGTH( )：返回输入值所占用的字节数。

下面是 4 个在 SQL Server 中，使用系统函数完成复杂功能的例子：

①将 datetime 型数据转换成字符型数据，102 指定了日期的格式为 yy. mm. dd。

```
SELECT emp_id, fname, minit, lname, CONVERT(VARCHAR,hire_date,102)
FROM employee
```

②对 minit 值进行判断，若 minit 值不为空，则输出全部姓名，否则直接将姓名进行连接。

```
SELECT emp_id, name = CASE minit
        WHEN '' then fname + '.' + lname
        ELSE fname + '.' + minit + '.' + lname
        END
FROM employee
```

③获得系统当前日期时间。

```
SELECT GETDATE()
```

④获得系统当前年。

```
SELECT YEAR(GETDATE())
```

(3)使用聚合函数对数据进行汇总和统计：

聚合函数主要有：COUNT( ), SUM( ), AVG( ), MAX( ), MIN( )，除了 COUNT( )以外所有的聚合函数都忽略空值。下面列举了聚合函数常见的几种用法：

SUM ([ALL | DISTINCT] expression) 返回表达式中所有值的和，或只返回DISTINCT 值。SUM 只能用于数字列。空值将被忽略。

COUNT ({ [ALL | DISTINCT] expression] | *) 返回组中项目的数量。

COUNT(*) 返回组中项目的数量，这些项目包括 NULL 值和重复值。

COUNT(ALL expression) 对组中的每一行都计算相应的 expression 的值，并返回非空值的 expression 的数量。

COUNT(DISTINCT expression) 对组中的每一行都计算 expression 并返回唯一的非空值的数量。

AVG ([ALL | DISTINCT] expression) 返回组中值的平均值。空值将被忽略。

MAX ([ALL | DISTINCT] expression) 返回表达式的最大值。

MIN ([ALL | DISTINCT] expression) 返回表达式的最小值。

聚合函数一般仅能出现在 SELECT 和 HAVING 子句中。不同的 DBMS 系统对聚合函数有不同的扩充。

使用聚合函数之后,SELECT 子句中所出现的列名或列名表达式必须出现在 GROUP BY 子句中或者为聚合函数表达式。

(4)对结果分组

使用 GROUP BY 语句对查询结果按照某一列或者某几列上的值进行分组,在这些列上值相等的记录为一组,然后可以使用聚合函数针对每一组分别进行汇总和统计。

按照出版社进行分组,统计每个出版社员工的平均能力级别:

```
SELECT AVG(job_lvl) AS avgjob_lvl, pub_id
FROM employee
GROUP BY pub_id
```

使用 GROUP BY 子句之后,SELECT 子句中所出现的列名或列名表达式必须出现在 GROUP BY 子句中或者为聚合函数表达式。

(5)对分组进行筛选,选择某些符合条件的分组输出

使用 HAVING 子句对分组结果进行筛选,HAVING 后跟随指定输出分组的条件。该条件和 WHERE 子句中的查询条件类似。

按照出版社进行分组,统计每个出版社员工的平均能力级别,输出员工平均能力 > 100 的出版社:

```
SELECT AVG (job_lvl) AS avgjob_lvl, pub_id
FROM employee
GROUP BY pub_id
HAVING AVG (job_lvl) > 100
```

(6)对输出结果进行排序

使用 ORDER BY 子句对最终结果进行排序。因为 ORDER BY 只对最终结果进行排序,所以除非同时使用 TOP 子句,否则 ORDER BY 子句在视图和子查询中无效。

按照出版社进行分组,统计每个出版社员工的平均能力级别。输出员工平均能力 > 100 的出版社,按照平均能力从高到低进行排序:

```
SELECT AVG(job_lvl) AS avgjob_lvl, pub_id
FROM employee
GROUP BY pub_id
HAVING AVG(job_lvl) > 100
ORDER BY AVG(job_lvl) DESC
```

(7)限制输出结果集合的一部分

使用 TOP 来限制输出结果集合的一部分。

语法:TOP integer | TOP integer PERCENT

其中 TOP integer 为输出查询结果的前多少项,TOP integer PERCENT 为输出查询结果的前百分之多少,TOP 一般和 ORDER BY 子句联合起来使用。

按照出版社进行分组,统计每个出版社员工的平均能力级别。输出员工平均能力 > 100

的出版社,按照平均能力从高到低进行排序,输出值最高的三个出版社:

```
SELECT TOP 3 AVG(job_lvl) AS avgjob_lvl, pub_id
FROM employee
GROUP BY pub_id
HAVING AVG(job_lvl) >100
ORDER BY AVG(job_lvl) DESC
```

6. 子查询

SQL 中,把一个查询嵌套在另一个查询里面的查询称为嵌套查询,其中被嵌套的查询称为子查询。也就是说,子查询是一个 SELECT 语句,它嵌套在其他的 SELECT、INSERT、UPDATE、DELETE 语句或子查询中。任何允许使用表达式的地方都可以使用子查询。

子查询按照使用方式通常可以分为三种:

(1)子查询的返回结果是一个集合,用在 IN 之后或者用在和比较运算符同时出现的 ANY 和 ALL 谓词之后,或者作为数据来源用在 SELECT 子句或者 FROM 子句之后。

一般有两种形式:

① WHERE expression [NOT] IN (subquery)

示例:

查询计算机系所有学生的选修课程情况:

```
SELECT sno, cno, score
    FROM study
    WHERE sno IN (
            SELECT sno
             FROM student
             WHERE dept = '计算机系'
             )
```

等价的连接查询:

```
SELECT study.sno, cno, score
FROM study, student
WHERE study.sno = student.sno and student.dept = '计算机系'
```

连接总是可以表示为子查询。子查询经常(但不总是)可以表示为连接。

②WHERE expression comparison operator [ANY | ALL] (subquery)

这里的 comparison operator 指的是关系运算符。例如,>ALL 表示大于每一个值,也就是大于最大值。>ANY 表示大于至少一个值,也就是大于最小值。

示例:

查询成绩比"数据库原理"课程的最高分数还高的学生的选修情况:

```
SELECT sno, cno, score
FROM study
WHERE score > ALL(
          SELECT score
           FROM study, course
```

```
        WHERE study.cno = course.cno
            AND course.cname = '数据库原理'
        )
```

查询成绩比"数据库原理"课程的最低分数高的学生的选修情况：

```
SELECT sno, cno, score
FROM study
WHERE score > ANY(
                SELECT score
                FROM study, course
                WHERE study.cno = course.cno
                    AND course.cname = '数据库原理'
                )
```

同样道理，< ALL 表示小于每一个值，换句话说，小于最小值。< ANY 表示小于至少一个值，也就是小于最大值。

如果子查询不返回任何值，那么整个查询将不会返回任何值。

= ANY 运算符与 IN 等效，表示等于集合中的任意一个值。

示例：

查询计算机系所有学生的选修课程情况：

```
SELECT sno, cno, score
FROM study
WHERE sno = ANY (
            SELECT sno
            FROM student
            WHERE dept = '计算机系'
            )
```

< >ANY 运算符与 NOT IN 有所不同：< >ANY 表示不等于集合中的某个值。而 NOT IN 表示不等于集合中任意一个值。所以 < >ALL 与 NOT IN 意义相同，都表示不等于集合中任意一个值。

示例：

查询没有和任何一个"计算机系"学生选修同一门课程的学生的学号：

```
SELECT sno
FROM study
WHERE cno < > ALL(
                SELECT cno
                FROM study, student
                WHERE study.sno = student.sno
                    AND student.dept = '计算机系'
                )
```

查询没有和某一个"计算机系"学生选修同一门课程的学生：

```
SELECT sno
FROM study
WHERE cno < >ANY(
            SELECT cno
            FROM study, student
            WHERE study. sno = student. sno
            AND student. dept = '计算机系'
              )
```

(2)返回单个值的子查询,用在比较运算符之后。

示例:

查询选修了"计算机组成原理"课程的学生的学号:

```
SELECT sno
FROM study
WHERE cno = (
        SELECT cno
        FROM course
        WHERE cname = "计算机组成原理"
        )
```

等价查询:

```
SELECT sno
FROM study, course
WHERE course. cname ="计算机组成原理"
AND course. cno = study. cno
```

查询成绩高于"计算机基础"课的最低成绩的所有学生的选修情况:

```
SELECT sno, cno, score
FROM study
WHERE score >(
        SELECT MIN (score)
        FROM study, course
        WHERE cname = '计算机基础'
             AND study. cno = course. cno
       )
```

(3)EXISTS子查询,即相关子查询(又称为重复子查询)。在此种查询中,子查询并不是只执行一次,而是针对于外部查询的每一行数据执行一次。带有EXISTS谓词的子查询不返回任何数据,只产生逻辑值"TRUE"或"FALSE"。EXISTS代表存在量词∃。

使用EXISTS后,若内层子查询结果非空,则向外层的外部查询返回逻辑值"TRUE",否则返回"FALSE"。EXISTS子查询中,SELECT后的列名表达式通常为*,因为EXISTS子查询只返回真、假值,给出列名无实际意义。

EXISTS查询的一般形式为:

WHERE [NOT] EXISTS (subquery)

示例：

使用 EXISTS 子查询进行存在测试；

在 EXISTS 子查询中使用 NULL；

查询学生选修课程的情况。

```
SELECT sno, cno , score
FROM study
WHERE EXISTS( SELECT NULL)
```

等价查询：

```
SELECT sno, cno , score
FROM study
```

在此例中我们能看出来只有 EXISTS 子查询所产生的逻辑值对外部查询产生影响。

查询选修了“数据库原理”课程的学生的选修情况：

```
SELECT sno, cno, score
FROM study
WHERE EXISTS
  (SELECT *
  FROM course
  WHERE course.cno = study.cno
  AND course.cname ='数据库原理')
```

等价查询：

```
SELECT sno, cno, score
FROM study
WHERE cno IN
  (SELECT cno
  FROM course
  WHERE course.cname = '数据库原理')
```

等价查询：

```
SELECT sno, study.cno, score
FROM study, course
WHERE course.cno = study.cno
  AND course.cname ='数据库原理'
```

使用 NOT EXISTS

NOT EXISTS 的作用与 EXISTS 正相反。如果子查询没有返回行，则返回“TRUE”，否则返回“FALSE”。

示例：

查询没有选修“数据库原理”课程的学生信息：

```
SELECT sno, cno, score
FROM study
```

```
WHERE NOT EXISTS
  (
SELECT *
  FROM course
  WHERE course.cno = study.cno
  AND course.cname = '数据库原理')
```
等价查询：
```
SELECT sno, cno, score
FROM study
WHERE cno NOT IN
  (
SELECT cno
  FROM course
  WHERE course.cname = '数据库原理'
  )
```
等价查询：
```
SELECT sno, cno, score
FROM study
WHERE cno < >ALL
  (
SELECT cno
  FROM course
  WHERE course.cname = '数据库原理')
```
查询选修了全部课程的学生的姓名：
```
SELECT sname, sno
FROM student
WHERE NOT EXISTS (
                SELECT *
                FROM course
                WHERE NOT EXISTS (
                                SELECT *
                                FROM study
                                WHERE study.cno = course.cno
                                  AND study.sno = student.sno
                                )
                )
```
查询至少选修了学生 070501 选修的全部课程的学生的学号、姓名：
```
SELECT sname, scx.sno
FROM student, study scx
```

```
WHERE NOT EXISTS (
                    SELECT *
                    FROM course, study scy
                    WHERE scy.sno = '070501'
                       AND scy.cno = course.cno
                       AND NOT EXISTS (
                                        SELECT *
                                        FROM study scy
                                        WHERE course.cno = scx.cno
                                        AND scx.sno = student.sno
                                        )
                    )
```

7.对两个查询的结果进行操作

(1)对两个查询的结果进行集合的并运算:使用 UNION 连接两个查询。

(2)对两个查询的结果进行集合的交运算:使用 INTERSECT 连接两个查询。

(3)对两个查询的结果进行集合的差运算:使用 EXCEPT 连接两个查询。

4.3.3 查询总结

当用户书写一个查询的时候,可以遵循以下步骤:

1.找到数据的来源

(1)弄清查询结果中所需要的数据是否能从一张表中获得。

(2)如果不能从一张表中获得,那么找到查询结果中包含的数据所涉及的多张表。

(3)弄清楚这些表之间的关系。

判断两张表之间是可以进行内连接,还是需要进行外连接,或者是两张表的数据不相关,或者是需要构造 EXISTS 查询。若需要进行多张表之间的连接,则将两张表的连接结果再和第三张表进行连接,以此类推,直到全部的表都连接起来为止。

(4)如果没有哪一个表可以准确地提供数据,那么需要构造查询来提供所需要的数据。可以将查询结果存储为表、视图,或者将查询作为子查询放入 SELECT 子句或者 FROM 子句中。

2.根据结果要求,将数据源中的数据进行处理

(1)若需要对结果进行汇总和分析,就可能用到聚合函数。

(2)若需要对结果进行分组就可能用到 GROUP BY 子句,若需要对分组进行汇总和分析则需要将 GROUP BY 子句和聚合函数联合起来使用。

(3)若需要对分组进行选择输出,则需要使用 HAVING 子句。

(4)如果需要对结果排序则需要 ORDER BY 子句。

(5)如果还有其他要求可以利用系统提供的函数,对数据进行处理。例如:用 convert 函数进行数据类型转换,用日期时间函数对日期和时间进行处理等等。

4.4 数据更新

SQL 中数据更新包括插入数据、修改数据和删除数据三条语句。

4.4.1 插入数据

SQL 中使用 INSERT 语句来完成向表中插入数据的操作。INSERT 语句通常有两种形式:一种是一次插入一个元组;另一种是一次将一个子查询的结果一起插入。

1. 用 INSERT 语句一次插入一条数据

语法:INSERT INTO <表名>[(<column_list>[,…n])]

VALUES ({DEFAULT | NULL | expression} [,…n])

若表名后面没有给出任何列名,则新插入的记录必须在表定义中的每个属性列上均有值,同时值的顺序一定保持和表中定义的列的顺序一致,否则会出错或者将错误的值插入。如果在表名后面跟随列名列表,则新插入的记录只需要在列名列表所对应的列上有值即可,没有在列名列表中出现的列,新记录在这些列上取空值。

例 4.6 插入一条数据

向学生表插入一条记录:

```
INSERT INTO student
    VALUES ('98012','刘晓',18,'女','计算机科学与技术')
```

向学生表插入一条记录,使用与定义不同的顺序:

```
INSERT INTO student (sname, age, sno, sex, dept)
    VALUES ('张萌萌',17,'98014','女','物理学院')
```

向学生表插入一条记录,值的个数少于列的数目:

```
INSERT INTO student (sname, age, sno, dept)
    VALUES ('金辉',18,'98019','物理学院')
```

向课程表插入一条记录:

```
INSERT INTO course
    VALUES('20041','大学英语','彼得')
```

2. 用 INSERT 语句一次插入多条数据

语法:INSERT INTO <表名>[(<column_list>[,…n])]

subquery

例 4.7 插入一批数据

创建一个新的表,用来存放出版社每个员工的平均能力:

```
CREATE TABLE pub_avglvl
(
pub_name VARCHAR(40),
avg_lvl TINYINT
)
```

向新表中插入数据:

```
INSERT INTO pub_avglvl
SELECT pub_name, avg(job_lvl)
FROM publishers p, employee e
WHERE p.pub_id = e.pub_id
GROUP by pub_name
```

如果 INSERT 语句违反约束或规则,或者输入与列的数据类型不兼容的值,那么该语句就会失败,并且显示错误信息。

如果 INSERT 正在使用 SELECT 插入多行,那么正在插入的值中出现任何违反规则或约束的行为都会导致整个语句终止,从而不会插入任何行。

如果在表达式赋值过程中 INSERT 语句遇到算术错误(溢出、被零除或域错误),批处理的其余部分将终止,已经完成的语句结果将会保留,并且会返回一条错误信息。

若列上有 DEFAULT 定义,则先应用 DEFAULT 定义再进行完整性检查。

4.4.2 修改数据

在 SQL 中使用 UPDATE 语句来修改数据,其语法如下:

```
UPDATE table_name
SET
{ column_name = { expression | DEFAULT | NULL }
| @variable = expression
| @variable = column = expression } [ ,…n ]
{ { [ FROM { < table_source > } [ ,…n ] ]
[ WHERE < search_condition > ] } }
```

SET 子句后跟指定要更新的列或变量名称的列表。FROM 子句中指定的表的别名不能作为 SET column_name 子句中的限定符使用。

如果对行的更新违反了某个约束或规则,或违反了 NULL 约束,或者新值是与列的定义不兼容的数据类型,则取消该语句,返回错误并且不更新任何记录。

当 UPDATE 语句在表达式取值过程中遇到算术错误(溢出、被零除或域错误)时,则不进行更新。

1. 无条件更新

将所有员工的工作能力变成空值:

```
UPDATE employee
SET job_lvl = NULL
```

2. 有条件更新以及不同条件下的更新

将所有工作能力小于 120 的员工的工作能力除以 2:

```
UPDATE employee
SET job_lvl = job_lvl / 2
WHERE job_lvl < 120
```

使用另一个表中信息来更改数据:

```
UPDATE pub_avglvl
```

```
SET avg_lvl = (
        SELECT avg(job_lvl)
        FROM employee,publishers
        WHERE pub_avglvl. pub_name  =  publishers. pub_name
        AND publishers. pub_id = employee. pub_id
    )
FROM pub_avglvl ,employee, publishers
```

4.4.3 删除数据

在 SQL 中使用 DELETE 语句来删除数据,DELETE 语句只能对一个关系进行操作,若要对多个关系进行操作,则需要在每一个关系上运行一次 DELETE 语句。其语法如下:

```
DELETE [ FROM ]
{ table_name | view_name }
{ [ WHERE { < search_condition > } ] }
```

示例:

使用无条件的 DELETE 语句删除 employee 表中的所有数据:

```
DELETE FROM employee
```

使用带条件的 DELETE 语句删除 employee 中的员工能力小于 100 的所有数据:

```
DELETE FROM employee
WHERE job_lvl  < 100
```

使用带子查询的 DELETE 语句,删除 employee 表中的满足条件的数据:

```
DELETE FROM employee
WHERE job_lvl  < ( select avg_lvl
                   from pub_avglvl, publishers
                   where pub_avglvl. pub_name  =  publishers. pub_name
                   and publishers. pub_id  =  employee. pub_id
                   )
```

如果 DELETE 语句违反了触发器,或试图删除被其他表使用 FOREIGN KEY 约束所参照的行,则可能会失败。如果 DELETE 删除了多行,而在删除的行中有任何一行违反触发器或约束,则将取消整个语句,返回错误且不删除任何行。

当 DELETE 语句遇到在表达式计算过程中发生的算术错误(溢出、被零除或域错误)时,将取消批处理中的其余部分并返回错误信息。

如果要删除在表中的所有行,则 TRUNCATE TABLE 比 DELETE 快。DELETE 一次删除一行,并在事务日志中记录每个删除的行。TRUNCATE TABLE 则释放所有与表关联的页。所以 TRUNCATE TABLE 比 DELETE 快且需要的日志空间更少。TRUNCATE TABLE 在功能上与不带 WHERE 子句的 DELETE 相当,但是 TRUNCATE TABLE 不能用于由外键引用的表。DELETE 和 TRUNCATE TABLE 都会释放空间,用于存储新数据。

注意:4.2.4 中讲过的 DROP 是删除表的定义,而 DELETE 以及 TRUNCATE 都是对表中的数据进行删除操作,所以 DROP 是 DDL 语句,而 DELETE 和 TRUNCATE 是 DML 语句,不可混淆。

4.5 视图

视图对应于关系数据库三级模式体系结构中的外模式,视图是从一个或几个基本表或视图导出的表,是一个虚拟的表。数据库管理系统中一般只存放视图的定义,而不像基本表一样,既存放定义也存放数据。通过使用视图能获得以下好处:

(1)使用户能够着重于感兴趣的特定数据

视图让用户能够着重于他们所感兴趣的特定数据和所负责的特定任务。不必要的数据可以不出现在视图中。

(2)获得增强的安全性

通过限制用户只能看到和使用特定的数据,增强了数据的安全性,因为用户只能看到视图中所定义的数据,而不是基础表中的数据。不该用户看到和使用的数据,对用户来说是隐藏的。

(3)简化复杂查询

视图可以简化用户对于数据的操作。可将经常使用的复杂查询定义为视图,这样,用户每次需要执行复杂查询的时候,不必重写和了解所有的复杂查询语句,只需要使用对应的视图,就能获得所需要的查询结果。

(4)定制数据显示方式

视图允许用户以不同的方式查看数据,即使他们同时使用相同的数据时也如此。所以可以根据用户需求定制数据的显示方式。

(5)将视图作为数据源导出和导入数据

可使用视图作为数据源将数据导入和导出。可以利用视图进行复杂查询,并对数据进行处理,然后将该视图作为数据源使用。

(6)利用视图组合分区数据

在分布式环境下,可以利用视图将来自不同表的两个或多个查询结果组合成单一的结果集,在用户看来是一个单独的表。这种视图称为分区视图。它可以屏蔽数据的位置,使数据的位置对于用户来说变得透明,而用户不必关心数据的位置。分区视图不仅可以屏蔽数据的位置,同样可以屏蔽数据的来源——即数据是来自于不同的数据源。

1. 视图的定义

CREATE VIEW <视图名>(<列表序列>)

AS <SELECT 查询语句>

当视图的列名、顺序和 SELECT 子句中列的名称和顺序一致的时候,该视图定义中列表序列可以省略。

示例:

创建一个能体现计算机系学生成绩的视图:

CREATE VIEW cs_score(系别,学生姓名,课程名称,成绩)

AS

SELECT'计算机',s. sname,c. cname,study. score

```
FROM student s,course c,study
WHERE s.sno = study.sno and c.cno = study.cno
GO
```

2. 视图的删除

```
DROP VIEW <视图名>
```

示例:

```
DROP VIEW cs_score
```

3. 视图的更新

通过对视图进行插入(INSERT)、删除(DELETE)和更新(UPDATE)操作,可以更新视图所关联的基本表中的数据。

视图在数据库中一般可以像基本表一样进行查询操作,但是对于视图的更新每个系统中都有不同的规定,例如在 Oracle 中可更新视图指的是一个视图定义中不能包含如下语句:

(1)集合操作符;

(2)DISTINCT;

(3)聚集或分析函数;

(4)GROUP BY, CONNECT BY, ORDER BY, START WITH;

(5)在 SELECT 子句后不能跟随结果为集合的表达式;

(6)SELECT 子句后不能跟随子查询;

(7)某些特定连接(JOIN)。

视图是建立在表之上的,所以视图依赖于基本表,若一个基本表被修改或删除,那么可能导致基本表无效。

4.6 空值

4.6.1 空值的意义

NULL 值表示列的数据值未知或不可用。NULL 值与零、零长度的字符串或空白的含义不同。

4.6.2 SQL 中对空值的处理

使用 IS NULL 或 IS NOT NULL 子句测试 NULL 值。没有两个相等的空值。比较两个空值或将空值与任何其他数值相比均返回未知。

1. 包含有 NULL 的算术表达式的值

含有空值的算术表达式的值也为空,也就是说若任何算术表达式的某个输入值为空,则该算术表达式的结果也为空。

2. 空值的比较

在 SQL SERVER 中比较空值时必须小心。比较行为取决于选项 SET ANSI_NULLS 的设置。

当 SET ANSI_NULLS 为 ON 时,如果比较中有一个或多个表达式为 NULL,则既不输出 TRUE 也不输出 FALSE,而是输出 UNKNOWN。这是因为,未知值不能与其他任何值进行逻辑比较。这种情况发生在一个表达式与 NULL 进行比较,或者两个表达式相比,而其中一个表达式取值为 NULL 时。

3. AND、OR、NOT 连接运算

AND 运算符真值表:

AND	TRUE	UNKNOWN	FALSE
TRUE	TRUE	UNKNOWN	FALSE
UNKNOWN	UNKNOWN	UNKNOWN	FALSE
FALSE	FALSE	FALSE	FALSE

OR 运算符真值表:

OR	TRUE	UNKNOWN	FALSE
TRUE	TRUE	TRUE	TRUE
UNKNOWN	TRUE	UNKNOWN	UNKNOWN
FALSE	TRUE	UNKNOWN	FALSE

NOT 运算符真值表:

NOT	应用了 NOT 后的值
TRUE	FALSE
UNKNOWN	UNKNOWN
FALSE	TRUE

图 4-3 AND,OR 和 NOT 运算真值表

4. 聚合函数对空值的处理

除了 COUNT(*)之外的所有聚合函数全部都忽略空值,也就是说对空值不予考虑。

4.7 嵌入式 SQL

SQL 标准中定义了可以将 SQL 嵌入到多种通用编程语言中使用,例如:Pascal, PL/I, Fortran,C,以及 Cobol 等,这种形式下使用的 SQL 称为嵌入式 SQL(Embedded SQL),而嵌入 SQL 的编程语言称为主语言或宿主语言(Host Language)。

4.7.1 SQL 对于设计程序存在的局限性

使用 SQL 语句对数据库进行操作,相对于使用其他通用编程语言对数据库直接进行操

作，有很多好处，比如：

(1)SQL 是非过程化语言，又称为函数型编程语言，即我们只需要告诉它做什么，而不需要告诉它怎么做。

(2)SQL 采用的是面向集合的操作方式，不仅查询的结果是集合，而且一次插入和删除以及更新的对象都可以是集合。

但是在某些情况下，我们只能用通用编程语言对数据库进行操作，原因如下：

(1)SQL 中缺少过程控制语句。

(2)某些其他操作如打印报表，和用户进行交互操作，以及将查询结果返回给用户图形界面等，都不能用 SQL 来完成。

为了解决如上问题，我们可以将 SQL 嵌入到其他通用编程语言中混合使用。由 SQL 语句完成对数据库的操作，而宿主语言完成其他的功能。

4.7.2 嵌入式 SQL 的执行

对嵌入的 SQL 语句部分，一般采用预编译的方式进行处理：即在主语言程序进行编译之前，由预处理器将嵌入的 SQL 语句进行处理，把它们转换成主语言的过程调用语句，然后由主语言编译程序对整个程序进行编译。

4.7.3 嵌入式 SQL 的语法、嵌入式 SQL 和主语言的交互

1. 嵌入的 SQL 语句

嵌入式 SQL 语句一般有两种类型：可执行语句和说明语句。嵌入的 SQL 语句部分一般由一条或多条可执行语句以及零条或者多条说明语句构成。

为了使预处理器能够识别嵌入式 SQL 语句，嵌入式 SQL 语句必须加上前缀以便同主语言语句进行区别。嵌入式 SQL 语句的语法如下：

<embedded SQL statement> ::= <SQL prefix> <statement or declaration>[<SQL terminator>]

其中：<SQL prefix> ::= EXEC SQL

<SQL terminator> ::= END_EXEC

说明性语句是为了说明嵌入的 SQL 语句部分所用到的变量和其他数据结构。

可执行语句则包括任何 SQL 语句。

2. 嵌入的 SQL 语句和主语言的交互

在使用嵌入式 SQL 时，我们一般使用嵌入的 SQL 语句来对数据库进行操作，而用主语言语句控制流程和对 SQL 部分返回的结果进行进一步处理。因此主语言和嵌入的 SQL 部分之间必然存在数据的交互。嵌入的 SQL 部分一般使用如下数据结构来和主语言进行交互：

(1)主变量

用于在主语言程序和嵌入的 SQL 语句部分之间传递信息，如传递 SQL 语句的执行参数和执行结果。为了和 SQL 中表名、列名、数据库名等对象相互区别，在 SQL 中使用主变量时，主变量前必须加冒号(:)；同时主变量必须在嵌入式 SQL 的说明语句中来进行声明。

(2)游标(Cursor)

用来协调主语言和嵌入的SQL语句部分的处理方式的不同,因为SQL语句是面向集合的处理方式,而主语言一般是面向记录的处理方式,即SQL语言能一次对一个集合进行操作,而主语言一般一次只能处理一条记录。所以我们将SQL语句的查询结果先存放在游标中,然后再对查询结果中的记录逐条进行处理。

由于游标的使用属于正常SQL语句的语法范畴,所以游标的定义和使用都是作为嵌入式SQL语句的可执行语句进行的。

与游标有关的SQL语句有以下四个:

①游标定义语句:

```
EXEC SQL DECLARE <游标名> CURSOR FOR
  <SELECT 语句>
END_EXEC
```

②游标打开语句:

```
EXEC SQL OPEN <游标名>
END_EXEC
```

③游标推进语句:

```
EXEC SQL FETCH FROM <游标名> INTO <变量表>
END_EXEC
```

④游标关闭语句:

```
EXEC SQL CLOSE <游标名>
END_EXEC
```

4.7.4 嵌入式SQL的例子

主语言为C语言:定义用来取Pulishers表中数据的变量:

```
#define NO_MORE_TUPLES ! (strcmp(SQLSTATE,"02000"))
EXEC SQL BEGIN DECLARE SECTION;
    CHAR(4) pub_id;
    CHAR (20) pub_name;
    CHAR(20) city;
    CHAR(20) state;
    CHAR(20) country;
EXEC SQL END DECLARE SECTION;
EXEC SQL DECLARE pub CURSOR FOR
    SELECT *
    FROM publishers;
EXEC SQL OPEN pub;
While (1)
{
  EXEC SQL FETCH FROM pub INTO :pub_id, :pub_name, :city, :state, :country;
  if( NO_MORE_TUPLES) break;
```

```
    printf("%s,%s,%s,%s,%s",pub_id, pub_name, city, state, country);
}
EXEC SQL CLOSE scx;
```

4.8 动态 SQL

动态 SQL 语句允许程序在运行时构造、提交 SQL 查询。而嵌入式 SQL 语句必须在编译的时候全部确定,然后交由嵌入式 SQL 预处理器进行编译。

动态 SQL 方法允许在程序运行过程中临时“组装”SQL 语句,主要有三种形式:

1. 语句可变。允许用户在程序运行时临时输入完整的 SQL 语句。

2. 条件可变。对于非查询语句,条件子句有一定的可变性。例如删除学生选课记录,既可以是因某门课临时取消,需要删除有关该课程的所有选课记录,也可以是因为某个学生退学,需要删除该学生的所有选课的记录。而对于查询语句,SELECT 子句是确定的,即语句的输出是确定的,其他子句有一定的可变性。

3. 数据库对象、查询条件均可变。对于查询语句,SELECT 子句中的列名、FROM 子句中的表名或视图名、WHERE 子句和 HAVING 短语中的条件等均可由用户临时构造,即语句的输入和输出可能都是不确定的。而对于非查询语句,涉及的数据库对象及条件也是可变的。

这几种动态形式几乎可覆盖所有的可变要求。为了实现上述三种可变形式,SQL 提供了相应的语句,例如 EXECUTE IMMEDIATE,PREPARE,EXECUTE,DESCRIBE 等。使用动态 SQL 技术更多地是涉及程序设计方面的知识,而不是 SQL 语言本身。

4.9 其他 SQL 语句

SQL 中的事务管理包括控制一个事务的开始和事务的结束(提交和回滚)等语句。本书将在第 9 章详细介绍这部分内容。

SQL 中提供了访问控制机制来控制对数据的访问,这主要通过 GRANT 语句和REVOKE 语句来实现的。本书将在第 11 章详细介绍这部分内容。

习 题

1. 简述 SQL 的优点。
2. SQL 具有哪些功能?
3. 简述嵌入的 SQL 语句与主语言语句的区别。
4. 数据库系统中,如何解决数据库工作单元与源程序工作单元之间通信的问题?
5. 有如下的数据库:职工—社会团体数据库,该数据库中有三个基本表:

职工(职工号,姓名,年龄,性别);

社会团体(编号,名称,负责人,活动地点);

参加(职工号,编号,参加日期)。

其中：

(1)职工表的主键为职工号。

(2)社会团体表的主键为编号；外键为负责人，被参照表为职工表，对应属性为职工号；编号为外键，其被参照表为社会团体表，对应属性为编号。

(3)参加表的职工号和编号为主键；职工号为外键，其被参照表为职工表，对应属性为职工号；编号为外键，其被参照表为社会团体表，对应属性为编号。

试用SQL语句表达下列操作：

(1)定义职工表、社会团体表和参加表，并说明其主键和参照关系。

(2)建立下面两个视图：

社团负责人(编号，名称，负责人职工号，负责人名称，负责人性别)；

参加人情况(职工号，姓名，社团编号，社团名称，参加日期)。

(3)查找参加歌唱队或篮球队的职工的职工号和姓名。

(4)查找没有参加任何社会团体的职工情况。

(5)查找参加了全部社会团体的职工情况。

(6)查找参加了职工号为1001的职工所参加的全部社会团体的职工号。

(7)查找每个社会团体的参加人数。

(8)查找参加人数超过100人的社会团体的名称和负责人。

(9)查找参加人数最多的社会团体的名称和参加人数。

(10)把对社会团体和参加两个表的查看、插入和删除数据的权力赋给用户李平，并允许他再将此权力授予其他用户。

第5章 关系模型规范化

前面已经讨论了数据库系统的一般概念，介绍了关系数据库的基本概念、关系模型的三个部分以及关系数据库的标准语言SQL。但是还有一个很根本的问题尚未涉及，那就是为了利用关系模型设计出一个较好的关系数据库，需要针对具体问题构造适当的数据库模式，弄清楚应该构造哪些关系，每个关系由哪些属性组成，属性与属性之间有何联系等。这些问题涉及关系数据库的规范化设计。关系数据库的规范化是指面对一个现实问题，如何选择一个比较好的关系模式集合。

概念数据库设计得到的是一个关系模式的集合和一组完整性约束，这些都是进行数据库最终设计的良好开端。必须通过更加全面地考虑完整性约束，而不仅仅是E-R模型的概念，来对这个初始设计进行细化，同时还要考虑性能标准和工作负载等因素。

规范化设计理论主要包括三个方面的内容：数据依赖、范式和模式设计方法。数据依赖研究数据之间的联系，是这一理论的核心。范式是衡量关系模式的标准，模式设计方法是自动化设计的基础。规范化设计理论对关系数据库结构的设计起着重要的作用。

本章主要介绍函数依赖、模式分解、多值依赖、范式等内容，这些内容对关系数据库的设计起着重要作用，且对于一般的数据库逻辑设计同样具有指导意义。

5.1 问题的提出

实际上设计任何一种数据库应用系统，不论是层次的、网状的还是关系的，都会遇到如何构造合适的数据模式的问题，实际上也就是关系数据库的逻辑设计问题。由于关系模型有严格的数学理论基础，并且可以向别的数据模型转换，因此人们通常借助于关系模型来研究这个问题，由此形成了关系数据库的规范化理论。规范化理论虽然是以关系模型为背景，但是它对于一般的数据库逻辑设计同样具有指导意义。

下面首先回顾一下关系模型的形式化定义：

在“关系模型”一章中已经讲过，一个关系模式应当是

$R(U,D,DOM,F)$

这里：

(1) 关系名R，它是符号化的元组语义；

(2) 一组属性U；

(3) 属性组U中的属性的域D；

(4) 属性到域的映射DOM；

(5) 属性组 U 上的一组数据依赖 F。

由于(3)、(4) 对模式设计关系不大,因此在本章中把关系模式简化为一个三元组:

$R\langle U,F\rangle$

当且仅当 U 上的一个关系 r 满足 F 时,r 称为关系模式 $R\langle U,F\rangle$ 的一个关系。

关系,作为一张二维表,对它有一个最起码的要求:每一个分量必须是不可分的数据项。满足了这个条件的关系模式就属于第一范式。下面给出第一范式的正式定义:

如果某个域的元素被认为是不可分的单元,那么这个域就是原子的(Atomic),如果一个关系模式 R 的所有属性的域都是原子的,则称关系模式 R 属于第一范式(First Normal Form,1NF)。

下面举两个非原子的例子:

一个关系模式 *Class*(班级)包含一个属性 *Student*,而 *Student* 的域的元素是一些学生的姓名的集合,那么该模式就不属于第一范式。

组合属性也具有非原子的域,如:属性 *Address*(地址)包含两个子属性 *city*(城市)和 *street*(街区)。

5.1.1 设计得不好的关系模式存在的问题

数据库设计得不好,可能会导致以下的问题:

(1) 信息重复。

(2) 不能表示某些信息。

接下来用一个银行的例子来说明这些问题。假定关于贷款的信息保存在一个单独的关系 *Loan* 中,其关系模式为:

Loan(*branchname*, *city*, *assets*, *customername*, *loannumber*, *amount*)

其中各属性的含义如下:

branchname:银行的支行名;

city:支行所在的城市;

assets:支行所拥有的资产额;

customername:银行客户的姓名;

loannumber:客户的贷款号;

amount:客户的贷款额。

如果需要向数据库中加入一笔新的贷款,比如是在 city1,branchbank1 向 custom1 贷款 1500 元。假定 *loannumber* 为 $L-30$,并且在设计中,需要一个在 *Loan* 的所有属性上都有值的元组,那么必须重复 branchbank1 支行的资产和所在城市的数据,将元组(branchbank1, city1, 50000, custom1, L-30, 1500)加入到关系 *Loan* 中去。如果有多笔贷款,就有多个类似这样的元组加入到关系 *Loan* 中去,每个元组的 *branchname* 和 *city* 都是相同的,都是 branchbank1 和 city1。

重复的信息会浪费空间。此外,它还会使数据库的更新复杂化。例如,假定 branchbank1支行的资产从 50000 上升到 80000,则需要修改 *Loan* 中的每一个 *branchname* 等于 branchbank1 的元组,否则branchbank1支行将有不同的资产值。这种修改的时间开销和工作负担都是很大的。

该关系模式的另一个问题是，除非该支行已经有至少一笔贷款，否则该关系不能直接表示一个支行的有关信息（*branchname*，*city*，*assets*），因为关系中的元组需要 *customername*，*loannumber* 和 *amount* 上的值。一种解决方法是引入空值，但是对空值的处理同样很麻烦；如果不引入空值，就只能在支行贷第一笔款的时候放入支行信息，但如果所有贷款全部清空，又不得不删除这些信息。显然，这是不合理的。

5.1.2 冗余导致的问题

数据冗余是指在数据库中存储了同一信息的多个副本。它会引起以下问题：

（1）冗余存储：信息被重复存储。

（2）插入异常：只有当一些信息事先已经存储在数据库中，另外一些信息才能存进数据库。

（3）更新异常：当重复信息的一个副本被修改，所有的副本都必须进行同样的修改，否则就会造成数据不一致性。

（4）删除异常：在删除某些信息时可能会丢失其他的信息。

下面通过例子对这些问题逐个进行分析。

例 5.1 设计一个教师课程安排数据库，该数据库模式只由一个关系模式构成：*R*（*Teacher*，*Department*，*Occupation*，*Degree*，*Course*，*TotalHour*），其属性分别表示教师、教师所在的院系、教师职称、教师的最后学位、讲授课程和课程总学时。这里假定教师的姓名不会出现重名。

这个关系模式中有六个属性，在实际使用中，有如下一些语义规定：

① 每个教师属于一个系；

② 一个教师可讲授多门课；

③ 一门课可由多个教师共同讲授。

分析关系 *R*，结合其语义约束在使用过程中会出现以下问题：

（1）冗余存储：在这个关系中，如果一个教师上多门课程，那么教师所在的院系、教师职称、教师最后学位等信息就要重复存储多次。同样，若一门课由多个教师上，则该课程总学时也要重复存储多次。

（2）插入异常：假如要插入一个还未安排课程的教师信息，即 *Teacher*，*Department*，*Occupation*，*Degree* 确定，而 *Course* 为空，则不能插入。因插入时必须给定键值，而 *Course* 是键值的一部分，现 *Course* 为空，故这个元组不能插入。同样，若要插入还未安排上课教师的一门课，因键值的一部分 *Teacher* 为空，这个元组也不能插入。

（3）更新异常：由于关系 *R* 中有大量的数据冗余，当更新数据库中数据时，系统要付出很大的代价来维护数据库的完整性，否则会面临数据不一致的危险。比如要对某教师的职称进行修改，若这个教师讲了多门课，则需修改所有与该教师相关的元组。

（4）删除异常：假设要取消一门课，若某个教师只开了这一门课，则因为 Course 是主属性，删除这门课将把这名教师的所有信息也一起删除，即整个元组不存在了。同样，若要删除一个教师，如果某门课程只有该教师一人讲，则删除这名教师将把这门课的信息也一起删除。

通过上面的分析，可以得出结论，关系模式 *R* 的设计是不合理的。现在将关系模式 *R* 分解成：

教师关系模式 R_1(*Teacher*, *Department*, *Occupation*, *Degree*)

课程关系模式 R_2(*Course*, *TotalHour*)

教师上课关系模式 R_3(*Teacher*, *Course*)

分析关系模式 R_1、R_2 及 R_3 和以前的关系模式 R,不难看出它们的区别。

(1) 冗余度分析:关系 R_1、R_2 及 R_3 中保持较少的数据冗余,这些冗余是合理的,甚至是不可避免的。

(2) 插入异常分析:由于将教师、课程及教师课程关系分成不同的关系,因此不存在插入异常情况。如需增加新的教师及新课程,只须分别向关系 R_1 及 R_2 插入元组即可。

(3) 更新异常分析:由于将教师、课程及教师课程关系分成不同的关系,更新异常情况也不会出现。

(4) 删除异常分析:如前面提到要取消某一门课,现在只需从关系 R_2 中删除该课程的信息和从关系 R_3 中删除相应的上课信息即可,不会连带教师信息一同删除,因此进行这种操作不会丢失教师信息。同样,若删除教师信息,也不会把某门课的信息一起删除。

为什么关系模式 R_1、R_2 及 R_3 与关系模式 R 的对比会出现上述情况呢?我们从语义上来分析一下原因。构造关系模式的各属性应是相互联系的,它们之间相互依赖,在语义上具有一定的关系,各属性共同构成一个严密的整体,因此在构造数据关系模式时应分清各属性之间的关系。切忌将在语义上没有任何关系的属性拼凑在一起,构成一个关系模式,这将使得各属性之间不相容,并使整个关系模式出现异常情况。从属性 *Teacher*、*Department*、*Occupation*、*Degree*,*Course*、*TatolHour* 之间的语义关系上看,属性 *Teacher*、*Department*、*Occupation*、*Degree* 四者相关,而且 *Department*、*Occupation* 和 *Degree* 三属性依赖 *Teacher*,因此这四者构成关系 R_1 比较合适,同样 *Course* 与 *TotalHour* 两者相关,而且 *TotalHour* 依赖于 *Course*,因此这两者构成 R_2 比较合适。但是,*Teacher*、*Department*、*Occupation*、*Degree* 四者同 *Course* 在语义上不相干,因此将这些属性拼凑在一起构成关系模式 R 就造成上述几个问题。这里,虽然 R_3 保留了一定的数据冗余,但这种数据冗余是不可避免的。

由前面的问题讨论可以看出,在关系数据库中并非任何一种关系模式设计方案均是可行的,也并非任何一种关系模式都是无所谓的。实际情况是,一个关系数据库中的每个关系模式的属性间一定要满足某种内在联系,而这种联系又可按照对关系的不同要求分为若干等级,这就叫做关系的规范化(Normalization)。

如在上面介绍的例子中,教师信息的各个属性关系密切,互相都依赖于 *Teacher* 的姓名,从而构成一个独立的完整结构体系。这样分解成 3 个关系模式后,一切的不正常现象均会自动消失,因为这种设计方案掌握了属性间的内在依赖关系,从而消除了隐患。

关系模式 R 之所以会产生诸多问题,其根本原因在于模式中的某些数据之间的依赖。规范化理论就是通过改造关系模式,来消除其中不合适的数据依赖,从而设计出比较合理的模式。

因此,在关系数据库设计中应注意以下问题:

(1)关系模式的设计方案可以有多个。

(2)方案是有“好”、“坏”之分的,因此,需要重视关系模式的设计,使得所设计的方案是好的或较好的。

(3)要设计一个“好的”关系模式方案，关键是要明确属性间的内在语义联系，特别是依赖联系。因此，研究这些依赖关系以及由此而产生的一整套相关理论是关系数据库设计中的重要任务。

5.2 函数依赖

在数据库优化设计中，数据依赖扮演着重要角色。其中，函数依赖(Functional Dependency, FD)是最基本的一种数据依赖，也是设计关系模式时应着重考虑的因素。所谓函数依赖是指关系中一个或一组属性的值可以决定其他属性的值。正像一个函数 $y = f(x)$ 一样，x 的值给定后，y 的值也就唯一地确定了。如果属性集合 X 中每个属性的值构成的集合唯一地决定了属性集合 Y 中每个属性的值构成的集合，则称属性集合 Y 函数依赖于属性集合 X，记作：$X \rightarrow Y$。例如：身份证号 $\rightarrow$ 姓名。下面给出函数依赖的形式化定义：

定义 5.1 设有关系模式 $R(U)$，X 和 Y 是属性集 U 的子集，函数依赖是形为 $X \rightarrow Y$ 的一个命题，对于属于模式 R 的任意关系 r，任取两个元组 t 和 s，都有 $t[X] = s[X]$ 蕴涵 $t[Y] = s[Y]$，那么称 $FD\ X \rightarrow Y$ 在关系模式 $R(U)$ 中成立。

定义 5.2 设 X、Y 是模式 $R(U)$ 中 U 的非空子集，对于任意的属于 R 模式的关系 r 和 r 中的任意两个元组 t、s，若 $t[X] = s[X]$，则 $t[Y] = s[Y]$ 成立，称 X 函数决定 Y，或 Y 函数依赖 X，记为 $X \rightarrow Y$。X 称为决定因素或函数依赖左部，Y 称为被决定因素或函数依赖右部。

$X \rightarrow Y$ 读为“X 函数决定 Y”，或“Y 函数依赖于 X”。

函数依赖的定义也可以理解为：设 $R(U)$ 是属性集 U 上的关系模式。X、Y 是 U 的非空子集。若对于 $R(U)$ 的任意一个可能的关系 r，r 中不可能存在两个元组在 X 上的属性值相等，而在 Y 上的属性值不等，则称 X 函数确定 Y 或 Y 函数依赖于 X，记作 $X \rightarrow Y$。

例 5.2 一个关于学生选课、教师任课的关系模式：

$R(sno, sname, cno, cname, grade, tno, tname)$

其属性分别表示学生学号、姓名、选修课程的课程号、课程名、成绩、任课教师的编号和姓名。

如果规定：每个学号只对应一个学生姓名，每个课程号只对应一门课程，那么可写成下列 FD 形式：$sno \rightarrow sname$，$cno \rightarrow cname$。每个学生每学一门课程，就有一个成绩，那么可写出下列 FD：$(sno, cno) \rightarrow grade$，类似地还可以写出其他一些 FD：$cno \rightarrow (cname, tno, tname)$，$tno \rightarrow tname$。

这些属性之间的依赖可以用图 5－1 来表示：

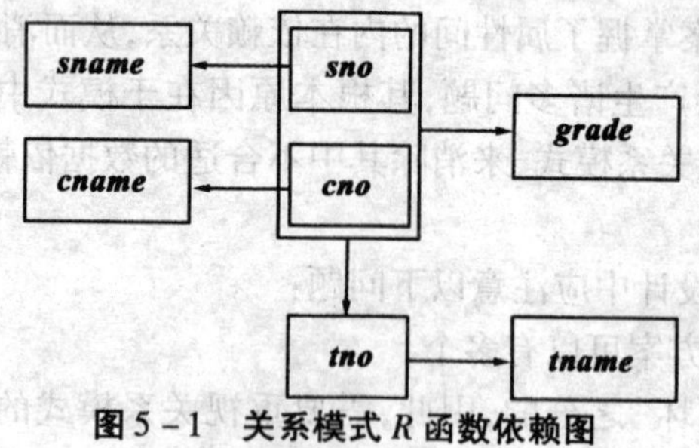

图 5－1 关系模式 R 函数依赖图

通过分析上面的例子,可以得出如下结论:

(1)函数依赖不是指关系模式 R 的某个或某些关系实例满足的约束条件,而是指 R 的所有关系实例均要满足的约束条件。

(2)函数依赖是语义范畴的概念。只能根据数据的语义来确定函数依赖。函数依赖反映的是应用环境中的一种语义。一个函数依赖在给定的关系模式上是否成立,这需要根据实际情况来判定。

例如,"姓名→年龄"这个函数依赖只有在不允许有同名人的条件下成立。

(3)数据库设计者可以对现实世界作强制的规定。

例如,规定不允许同名人出现,因而可使"姓名→年龄"的函数依赖成立。这样当插入某个元组时这个元组上的属性值必须满足规定的函数依赖,若发现有同名人存在,则拒绝插入该元组。

再如,设关系模式 $E(ENo, Name, Address, Phone)$,其中属性的含义是职工号、姓名、家庭地址和联系电话。考虑函数依赖 $ENo \rightarrow Phone$ 在 E 上是否成立?

若规定每个职工只能有一个联系电话,则该函数依赖成立;但若允许一个职工有多个联系电话,则该函数依赖不成立。

(4)函数依赖表示了关系模式中属性组之间的一对多联系。

例如,$X \rightarrow Y$ 就表示了 Y 的一个值可以对应 X 的多个值。如果属性组 X 和 Y 之间有一对一的联系,那么,$X \rightarrow Y$ 和 $Y \rightarrow X$ 就都成立。

5.2.1 不同类型的函数依赖

1. 平凡函数依赖和非平凡函数依赖

在关系模式 $R(U)$ 中,对于 U 的子集 X 和 Y,如果 $X \rightarrow Y$,但 Y 不是 X 的子集,则称 $X \rightarrow Y$ 为非平凡函数依赖,否则称为平凡函数依赖。

例如,有如下平凡函数依赖:$(sno, cno) \rightarrow sno$;$(sno, cno) \rightarrow cno$。

有如下非平凡函数依赖:$(sno, cno) \rightarrow grade$。

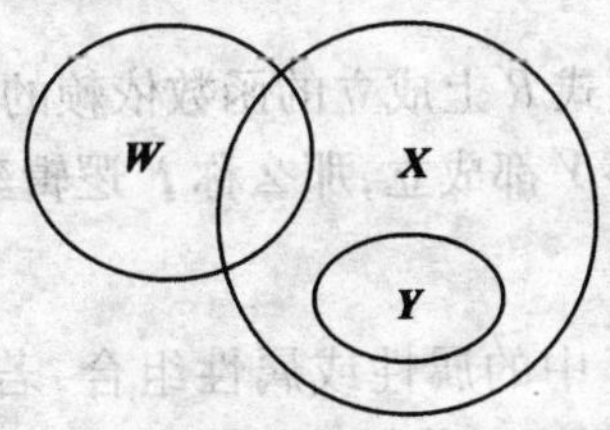

图 5-2 平凡函数依赖与非平凡函数依赖

图 5-2 中,$X \rightarrow Y$ 为平凡函数依赖;$X \rightarrow W$、$W \rightarrow Y$ 为非平凡函数依赖。

对于任一关系模式,平凡函数依赖都是必然成立的。它不反映新的语义,因此若不特别声明,总是讨论非平凡函数依赖。

2. 完全函数依赖、部分函数依赖与传递函数依赖

定义 5.3 在 $R(U)$ 中,如果 $X \rightarrow Y$,对于 X 的任意一个真子集 X',都有 $X' \not\rightarrow Y$,则称 Y 对 X 完全函数依赖,记为 $X \xrightarrow{f} Y$。

例如:$(sno, cno) \xrightarrow{f} grade$。

定义 5.4 在$R(U)$中，如果$X \to Y$，但X中存在一个真子集X'，使得$X' \to Y$成立，则称Y对X部分函数依赖，记为$X \xrightarrow{p} Y$。

例如：假设学生无重名，则$(sno, sname, cno) \xrightarrow{p} grade$，因为$(sname, cno) \to grade$。

定义 5.5 在$R(U)$中，当且仅当$X \to Y, Y \to Z$以及$Y \nrightarrow X$时，称Z对X传递函数依赖。

例如：有一个描述学生（SNO）、班级（CL）、辅导员（TN）的关系$U(SNO, CL, TN)$，一个班有若干学生，一个学生只属于一个班，一个班只有一个辅导员，但一个辅导员负责几个班。分析问题可得到一组函数依赖：$F = \{SNO \to CL, CL \to TN\}$。学生的学号决定了学生所在的班级，班级决定了辅导员，所以辅导员 TN 传递依赖于学生学号 SNO。

传递函数依赖定义中之所以要加入条件$Y \nrightarrow X$，是因为如果$Y \to X$，则$X \longleftrightarrow Y$，这实际上是Z直接依赖于X，而不是传递函数依赖了。

3. 函数依赖的逻辑蕴涵

若由给定函数依赖集F，可以证明其他某些函数依赖也成立，则称这些函数依赖被F"逻辑蕴涵"（Logically Implied）。

例如，给定关系模式$R(A, B, C, G, H, I)$及函数依赖集F：

$A \to B; A \to C; CG \to H; CG \to I; B \to H$

则函数依赖$A \to H$被F逻辑蕴涵。也就是说，只要给定的函数依赖集在关系上成立，则$A \to H$一定也成立。证明如下：

假设有元组t_1及t_2，满足

$t_1[A] = t_2[A]$

由于已知$A \to B$，由函数依赖的定义可以推出

$t_1[B] = t_2[B]$

又由于已知$B \to H$，由函数依赖的定义可以推出

$t_1[H] = t_2[H]$

也就是说，对任意的两个元组t_1及t_2，只要$t_1[A] = t_2[A]$，均有$t_1[H] = t_2[H]$。这正是$A \to H$的定义。

定义 5.6 设F是在关系模式R上成立的函数依赖的集合，$X \to Y$是一个函数依赖。如果对于R的任意一个关系r，$X \to Y$都成立，那么称F逻辑蕴涵$X \to Y$，记为$F \vdash X \to Y$。

4. 候选键、主键和外键

定义 5.7 设K为$R\langle U, F\rangle$中的属性或属性组合，若$K \xrightarrow{f} U$，则K为R的候选键（Candidate Key），有时也称"候选码"。若候选键多于一个，则选定其中的一个为主键（Primary Key），也称"主码"。

包含在任何一个候选键中的属性，叫做主属性（Prime Attribute）。不包含在任何键中的属性称为非主属性（Nonprime Attribute）或非键属性（Non-key Attribute）。最简单的情况，单个属性是键。最极端的情况，整个属性组是键，称为全键（All-Key）。

候选键是唯一标识实体的属性集。这里把键和函数依赖结合起来，做一个准确的定义。

设有关系模式$R(A_1, \cdots, A_n)$，F是R上的函数依赖集，X是$\{A_1, \cdots, A_n\}$的一个子集。如果

(1) $X \to A_1A_2\cdots A_n$是被F逻辑蕴涵的函数依赖，且

(2) 不存在X的真子集Y，使得$Y \to A_1A_2\cdots A_n$成立，则称X是R的一个候选键。

在定义中，$A_1A_2\cdots A_n$ 是 $A_1 \cup A_2 \cup \cdots \cup A_n$ 的简写。条件(1) 表示 X 能唯一决定一个元组；条件(2) 表示 X 能满足(1) 而又无多余的属性集。

例如，假设有关系模式 $R(XYZ)$，已知 FD 是 $X \to Y$ 和 $Y \to Z$，那么可以推出 $X \to XYZ$ 也是被 F 逻辑蕴涵的函数依赖，但 X 的真子集(此处是空集) 不可能函数决定 XYZ，因此，X 是模式 R 的候选键。

再如，有关系模式 $R(SNO,SNAME,SEX,AGE)$，$SNO \to (SNO,SNAME,SEX,AGE)$，$SNO$ 不存在任何真子集，所以 SNO 是候选键。$(SNO,SNAME)$ 也可以决定 R 中的全部属性，但它不是候选键，因为其中含有真子集 SNO，可以决定 R 的所有属性。

对于 $R(A_1,A_2,\cdots,A_n)$ 和函数依赖集 F，可将其属性分为三类：

L 类：仅出现在 F 的函数依赖左部的属性；

R 类：仅出现在 F 的 函数依赖右部的属性；

N 类：在 F 的函数依赖左右两边均未出现的属性。

定理 5.1 对于给定的 R 和 F，若 X 是 L 类属性，则 X 必为 R 的任一候选键的成员。

定理 5.2 对于给定的 R 和 F，若 X 是 R 类属性，则 X 不在 R 的任何候选键中。

定理 5.3 对于给定的 R 和 F，若 X 是 N 类属性，则 X 必为 R 的任一候选键的成员。

对于给定的关系模式和函数依赖集，依据这三个定理可以快速地确定其候选键。

定义 5.8 关系模式 R 中属性或属性组 X 并非 R 的键，但 X 是另一个关系模式的键，则称 X 是 R 的外部 键(Foreign Key)，也称外键或外码。

主键与外键提供了一个表示关系间联系的手段。

5.2.2 数据依赖的公理系统

为了求得给定关系模式的键，只考虑给定函数依赖集是不够的，除此以外，还需要考虑模式上成立的其他函数依赖。这就需要用到一套推理规则，这套推理规则是首先由 Armstrong在 1974 年提出来的。

Armstrong 公理系统 设 U 为属性集总体，F 是 U 上的一组函数依赖，于是有关系模式 $R\langle U, F\rangle$。对 $R\langle U, F\rangle$ 来说有以下的推理规则：

A1(自反性，Reflexivity)：若 $Y \subseteq X \subseteq U$，则 $X \to Y$ 在 R 上成立。

A2(增广性，Augmentation)：若 $X \to Y$ 在 R 上成立，且 $Z \subseteq U$，则 $XZ \to YZ$ 在 R 上成立。

A3(传递性，Transitivity)：若 $X \to Y$ 和 $Y \to Z$ 在 R 上成立，则 $X \to Z$ 在 R 上成立。

A4(合并性，Union)：$\{X \to Y, X \to Z\} \models X \to YZ$。

A5(分解性，Decomposition)：$\{X \to Y, Z \subseteq Y\} \models X \to Z$。

A6(伪传递性，Pseudotransivity)：$\{X \to Y, WY \to Z\} \models WX \to Z$。

A7(复合性，Composition)：$\{X \to Y, W \to Z\} \models XW \to YZ$。

A8：$\{X \to Y, W \to Z\} \models X \cup (W - Y) \to YZ$。

定理 5.4 Armstrong 推理规则是正确的。

根据这三条推理规则可以得到下面三条很有用的推理规则：

(1) 合并规则：由 $X \to Y, X \to Z$，有 $X \to YZ$。

(2) 伪传递规则：由 $X \to Y, WY \to Z$，有 $XW \to Z$。

(3) 分解规则：由 $X \to Y$ 及 $Z \subseteq Y$，有 $X \to Z$。

根据合并规则和分解规则,很容易得到这样一个重要事实:

引理 5.1 $X \rightarrow A_1 A_2 \cdots A_k$ 成立的充分必要条件是 $X \rightarrow A_i$ 成立($i = 1,2,\cdots,k$)。

定义 5.9 设 F 是函数依赖集,被 F 逻辑蕴涵的函数依赖全体构成的集合,称为函数依赖集 F 的闭包(Closure),记为 F^+。即 $F^+ = \{ X \rightarrow Y \mid F \vdash X \rightarrow Y \}$。

定理 5.5 Armstrong 公理系统是有效的和完备的。

所谓有效性指的是:由 F 出发根据 Armstrong 公理推导出来的每一个函数依赖一定 在 F^+ 中;所谓完备性指的是 F^+ 中的每一个函数依赖,必定可以由 F 出 发根据 Armstrong 公理推导出来。关于定理 5.5 此处不再给出证明,感兴趣的读者可以参阅相关书籍。

定义 5.10 设 F 为属性集 U 上的一组函数依赖,$X \subseteq U$, $X_F^+ = \{ A \mid X \rightarrow A$ 能由 F 根据 Armstrong 公理导出$\}$, X_F^+ 称为属性集 X 关于函数依赖集 F 的闭包。

F 包含于 F^+,如果 $F = F^+$,则 F 为函数依赖的一个完备集。

规定:若 X 为 U 的子集,$X \rightarrow \Phi$ 属于 F^+。

定义 5.11 设 F 是属性集 U 上 的 FD 集,X 是 U 的子集,那么(相对于 F) 属性集 X 的闭包用 X^+ 表示,它是一个从 F 集使 用 FD 推理规则推出的所有满足 $X \rightarrow A$ 的属性 A 的集合:$X^+ = \{$ 属性 $A \mid X \rightarrow A$ 在 F^+ 中 $\}$。

定理 5.6 $X \rightarrow Y$ 能 用 FD 推理规则推出的充分必要条件 是 $Y \subseteq X^+$。

5.2.3 范式

关系型数据库的理论最早可以追溯到 E. F. Codd 博士 1970 年的论文《大型共享数据库的数据关系模型》,在这篇文章里,他总结出了七条抽象的规则,叫做范式(Normal Form),用来帮助创建设计良好的数据库。这七条规则的前四条——第一范式(1NF)、第二范式(2NF)、第三范式(3NF)和 Boyce - Codd 范式(BCNF)——在大多数情况下已经够用了。

1. 范式的概念

一个关系模式满足某一指定的约束,称此关系模式为特定范式的关系模式。关系模式有下列几种范式:第一范式(1NF)、第二范式(2NF)、第三范式(3NF)、BCNF、第四范式(4NF)、第五范式(5NF)。第四范式和第五范式是建立在多值依赖和连接依赖基础的,将在后面讨论。

2. 第一范式

在任何一个关系数据库中,第一范式(1NF)是对关系模式的基本要求,不满足第一范式(1NF)的数据库就不是关系数据库。

所谓第一范式(1NF)是指数据库表的每一列都是不可分割的基本数据项,同一列中不能有多个值,即实体中的某个属性不能有多个值或者不能有重复的属性。如果出现重复的属性,就可能需要定义一个新的实体,新的实体由重复的属性构成,新实体与原实体之间为一对多关系。在第一范式(1NF)中表的每一行只包含一个实例的信息。

定义 5.12 在关系模式 R 中的每一个具体关系 r 中,如果每个属性值都是不可再分的最小数据单位,则称 R 是第一范式的关系,记为 $R \in 1NF$。

不属于 1NF 的关系称为非规范化关系。数据库理论研究的都是规范化关系。

例如,如下的数据库表是符合第一范式的:字段 1 字段 2 字段 3 字段 4 ,而这样的数据库表是不符合第一范式的:字段 1 字段 2 字段 3 字段 4 字段 31 字段 32 。很显然,在当前的任何关系数据库管理系统中,没有人能设计出不符合第一范式的数据库,因为这些 DBMS 不允许把数据库表的一列再分成两列或多列。

例如关系:工资(工号,姓名,工资(基本工资,年绩津贴,煤电补贴))

关系数据模型不能存储上面的这个例子(非规范化关系),在关系数据库中不允许非规范化关系的存在。非规范化关系向规范化关系的转化方法:分割含有多个值的属性。

例如,下面的关系就是规范化的:

工资(工号,姓名,基本工资,年绩津贴,煤电补贴)

3. 第二范式

第二范式(2NF)是在第一范式的基础上建立起来的,即满足第二范式必须先满足第一范式。第二范式要求数据库表中的每个实例或行必须可以被唯一地区分。为实现区分通常需要为表加上一个列,以存储各个实例的唯一标识。

例如,员工信息表中加上了员工编号(*emp_id*)列,因为每个员工的员工编号是唯一的,因此每个员工可以被唯一区分。这个唯一属性列被称为主关键字或主键、主码。

第二范式要求实体的属性完全函数依赖于主键,即不能存在仅依赖主键的一部分的属性。如果存在,那么这个属性和主键的这一部分应该分离出来形成一个新的实体,新实体与原实体之间是一对多的关系。简言之,对第一范式消除了非主属性对主属性的部分依赖之后的范式就是第二范式。

定义 5.13 如果关系模式 $R\langle U,F\rangle$ 中的所有非主属性都完全函数依赖于任意一个候选键,则称关系 R 是属于第二范式的,记为 $R \in$ 2NF。

算法 5.1 把 1NF 分解成 2NF 的算法

设关系模式 $R(U)$,主键是 W,R 上还存在 FD $X \to Z$,并且 $X \subset W$,Z 是非主属性,那么 $W \to Z$ 就是一个部分依赖。此时应把 R 分解成两个模式:

$R1(XZ)$,主键是 X;

$R2(Y)$,其中 $Y = U - Z$,主键仍是 W,外键是 X(REFERENCES R1)。

利用外键和主键的连接可以从 $R1$ 和 $R2$ 重新得到 R。

如果 $R1$ 和 $R2$ 还不是 2NF,则重复上述过程,一直到数据库模式中每一个关系模式都是 2NF 为止。

例 5.3 设关系模式 $R(S\#,C\#,GRADE,TNAME,TADDR)$ 的属性分别表示学生学号、选修课程的编号、成绩、任课教师姓名和教师地址等意义。$(S\#,C\#)$ 是 R 的候选键。

R 上有两个 FD:$(S\#,C\#) \to (TNAME,TADDR)$ 和 $C\# \to (TNAME,TADDR)$,因此前一个 FD 是部分依赖,R 不是 2NF 模式。此时 R 的关系就会出现冗余。譬如某一门课程有 100 个学生选修,那么在关系中就会存在 100 个元组,因而教师的姓名和地址就会重复 100 次。

如果把 R 分解成 $R1(C\#,TNAME,TADDR)$ 和 $R2(S\#,C\#,GRADE)$ 后,部分依赖 $(S\#,C\#) \to (TNAME,TADDR)$ 就消失了。$R1$ 和 $R2$ 都是 2NF 模式。

例 5.4 将学生简历及选课等数据设计成一个关系模式 $STUDENT$:

$STUDENT$ $(SNO,SNAME,AGE,SEX,CLASS,DEPTNO,DEPTNAME,CNO,CNAME,SCORE,CREDIT)$。设该关系模式满足下列函数依赖:

$F = \{SNO \to SNAME, SNO \to AGE, SNO \to SEX, SNO \to CLASS,$

$CLASS \to DEPTNO$, $DEPTNO \to DEPTNAME$, $CNO \to CNAME$,
$(SNO, CNO) \to SCORE$, $CNO \to CREDIT\}$。

这个关系模式是不是2NF?

根据*STUDENT*所满足的函数依赖集*F*,可推导出属性组(*SNO*,*CNO*)为关系*STUDENT*的主键。所以*STUDENT*的其他属性:*SNAME*,*AGE*,*SEX*,*CLASS*,*DEPTNO*,*DEPTNAME*,*CNAME*,*SCORE*,*CREDIT*为非主属性。在这些非主属性中存在对键(*SNO*,*CNO*)的部分函数依赖。

例如,*SNAME*为非主属性,根据键的特性具有:$(SNO, CNO) \to SNAME$。根据已知函数依赖集,下列函数依赖成立:$SNO \to SNAME$。所以*SNAME*对主键(*SNO*,*CNO*)是部分函数依赖。同样方法可得到除*SCORE*属性外,其他非主属性对主键也都是部分函数依赖。所以*STUDENT*关系模式不是2NF。当关系模式*R*是1NF而不是2NF的模式时,对应的关系有何问题呢?分析*STUDENT*关系模式,它存在如下问题:

(1)大量的冗余数据:当一个学生在学习多门课程后,他的个人信息重复出现多次。

(2)根据关系模型完整性规则,主键属性值不能取空值。那么新生刚入学,还未选修课程时,该元组就不能插入该关系中。

(3)同样还有删除异常和更新异常的问题。

解决上述问题的方法是将大的模式分解成多个小的模式,分解后的模式可满足更高级的范式的要求。

例如,将*STUDENT*中对主键完全依赖的属性和部分函数依赖的属性分别组成关系。即将*STUDENT*分解成三个关系模式:

STUDENT1(*SNO*,*SNAME*,*AGE*,*SEX*,*CLASS*,*DEPTNO*,*DEPTNAME*)

COURSE(*CNO*,*CNAME*,*CREDIT*)

SC(*SNO*,*CNO*,*SCORE*)

在分解后的每一个关系模式中,非主属性对键是完全函数依赖,所以上述三个关系模式均为2NF。

例5.5 商品供应关系模式 $SUPPLY = \{SNO, PNO, SCITY, STATUS, PRICE, QTY\}$,满足的函数依赖集 $F = \{SNO \to SCITY, SCITY \to STATUS, PNO \to PRICE, (SNO, PNO) \to QTY\}$。分析*SUPPLY*是否为第二范式。

因为 $(SNO, PNO) \to \{SNO, SCITY, STATUS, PRICE, QTY\}$,所以(*SNO*,*PNO*)为键。在*SUPPLY*中,*SNO*和*PNO*为主属性,其余为非主属性。但除了*QTY*满足之外,其余的非主属性对键的函数依赖均为部分函数依赖,所以*SUPPLY*不是第二范式。

分解为:

$SUPPLY1 = \{SNO, PNO, QTY\}$

$SUPPLYER = \{SNO, SCITY, STATUS\}$

$PART = \{PNO, PRICE\}$

上述三个关系的键依次为(*SNO*,*PNO*),*SNO*,*PNO*。

4. 第三范式

满足第三范式(3NF)必须先满足第二范式。第三范式要求一个数据库表中不包含已在其他表中包含的非主键信息。

例如，存在一个部门信息表，其中每个部门有部门编号（*dept_id*）、部门名称、部门简介等信息。那么员工信息表中列出部门编号后就不能再将部门名称、部门简介等与部门有关的信息再加入员工信息表中。如果不存在部门信息表，则根据第三范式的要求也应该构建它，否则就会有大量的数据冗余。简而言之，第三范式就是要求关系中的属性不依赖于其他非主属性。

定义 5.14 如果满足 2NF 的关系模式 $R\langle U,F\rangle$ 中的所有非主属性对任何候选键都不存在传递依赖，则称关系 R 是属于第三范式的，记为 $R\in$3NF。

若 $R\in$3NF，则每一个非主属性既不部分依赖于键也不传递依赖于键。

一个关系模式 R 若不是 3NF，就会产生插入异常、删除异常、冗余度大等问题。解决的办法同样是分解，使得分解后的关系模式中不再存在传递依赖。

例 5.6 某教学管理数据库有两个关系：

学生关系模式 *S1*(*SNO*, *SNAME*, *DNO*, *DNAME*, *LOCATION*)

选课关系模式 *SC1*(*SNO*, *CNO*, *CNAME*, *GRADE*, *CREDIT*)

分解之后，新关系模型包括如下四个关系模式：

SC(*SNO*, *CNO*, *GRADE*)

C(*CNO*, *CNAME*, *CREDIT*)

S(*SNO*, *SNAME*, *DNO*)

D(*DNO*, *DNAME*, *LOCATION*)

该关系数据库模型达到了第三范式的要求。从以上几个关系模式分解的例子可以看出，对关系模式的分解过程体现出了“一事一地”的设计原则，即一个关系反映一个实体或一个联系，不应当把几样东西混合在一起。

5. BCNF

BCNF 是由 Boyce 和 Codd 提出的，由此而得名。BCNF 也可以看做修正了的第三范式。BCNF 的定义如下：

定义 5.15 如果关系模式 $R\langle U, F\rangle$ 的所有属性（包括主属性和非主属性）都不传递依赖于 R 的任何候选键，那么称关系 R 是属于 BCNF 的，记为 $R\in$BCNF。

或有以下定义：

定义 5.16 关系模式 $R\langle U, F\rangle\in$1NF。若 $X\rightarrow Y$ 且 $Y\not\subseteq X$ 时 X 必含有键，则 $R\langle U, F\rangle\in$ BCNF。也就是说，关系模式 $R\langle U, F\rangle$ 中，若每一个决定因素都包含键，则 $R\langle U, F\rangle\in$ BCNF。

从 BCNF 的定义中可以得出如下结论：

(1) 所有非主属性对键是完全函数依赖。

(2) 所有主属性对不包含它的键是完全函数依赖。

(3) 没有属性完全函数依赖于非键的任何属性组。

由上述定义可知，若有 $R\in$BCNF，则必有 $R\in$3NF。反之则不一定。

6. 不同范式之间的联系和关系模式的规范化过程

对于各种范式之间的联系，有 5NF⊂4NF⊂BCNF⊂3NF⊂2NF⊂1NF 成立。

一个低一级范式的关系模式，通过模式分解可以转换为若干个高一级范式的关系模式的集合，这种过程就叫规范化。关系模式的规范化过程是通过对关系模式的分解来实现的，把低一级的关系模式分解为若干个高一级的关系模式。

常用的规范化设计主要涉及图 5－3 中的四种范式。

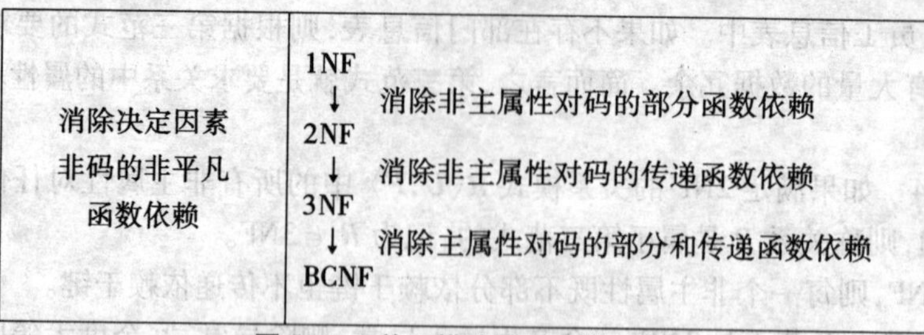

图 5－3　关系模式的规范化过程

规范化小结：

目的：规范化的目的是使结构合理，消除存储异常，使数据冗余尽量小，便于插入、删除和更新。

原则：遵从“一事一地”原则，即一个关系模式描述一个实体或实体之间的一种联系。规范的实质就是概念单一化。

方法：将关系模式分解成两个或两个以上的关系模式。

要求：分解后的关系模式集合应当与原关系模式“等价”，即经过自然连接可以恢复原关系而不丢失信息，并保持属性间合理的联系。

在实际使用中，并不一定要求全部模式都达到 BCNF 或 4NF、5NF 才好。关系模式级别越高，关系的操作性能越好。级别高的模式是通过对级别低的模式分解而得到的，这样将导致大量的零散的关系模式。应用程序在对关系进行查询时，不得不进行大量的关系连接操作，从而占用较多的时间和存储空间。因此，在数据库设计中关系模式到底为第几范式应根据应用环境决定。有时故意保留部分冗余可能更方便数据查询，尤其是对于那些更新频率不高，查询频度较高的数据库系统更是如此。

5.3　模式分解

5.3.1　模式分解概述和模式分解中的问题

前面说过，如果不把属性间的函数依赖情况分析清楚，笼统地把各种数据混在一个关系模式里，这种数据结构本身蕴藏着许多致命的弊病，对数据的操作（修改、插入和删除）将会出现异常情况。这些问题可通过对原关系模式的分解处理来解决。然而，把一个关系模式分解成多个关系模式将引发出一些新的问题。下面，通过实例概括模式分解中存在的问题。

定义 5.17　设 F 是 $R\langle U, F\rangle$ 的函数依赖集，U_1 包含于 U，$F_1 = \{X \to Y \mid X \to Y \in F^+ \wedge X, Y$ 包含于 $U_1\}$，称 F_1 是 F 在 U_1 上的投影。记为 $F(U_1)$。

从定义看出：F 投影的函数依赖的左部和右部都在 U_1 中，这些函数依赖可以在 F 中出现，也可以不在 F 中出现，但一定可由 F 推出。

定义 5.18　模式分解就是将一个泛关系模式 R 分解成数据库模式 ρ，以 ρ 代替 R 的过程。设有关系模式 $R, R_1, R_2, R_3, \cdots, R_k$ 都是 R 的子集，$R = R_1 \cup R_2 \cup \cdots \cup R_k$。关系模式 $R_1, R_2, R_3, \cdots, R_k$ 的集合用 ρ 表示，$\rho = \{R_1, R_2, R_3, \cdots, R_k\}$。用 ρ 代替 R 的过程称为关系模式的

分解。

分解一个模式有很多方法，但是有的分解会出现失去函数依赖或出现插入、删除异常等情况，而有的分解则不出现相关问题。

衡量一个分解的标准有三种：分解具有无损连接；分解要保持函数依赖；分解既要保持依赖，又要具有无损连接。

5.3.2 模式分解的特性

将一个关系模式分解为多个关系模式之后，原模式所满足的特性在新的模式中是否被保持？为了保持原来模式所满足的特性，要求分解处理具有无损连接性和保持函数依赖性。

1. 无损连接性

定义 5.19 设 R 是一个关系模式，F 是 R 上的一个 FD 集。R 分解成数据库模式 $\rho = \{R_1, R_2, \cdots, R_k\}$。如果对 R 中满足 F 的每一个关系 r，都有

$r = \pi_{R_1}(r) \infty \pi_{R_2}(r) \infty \cdots \infty \pi_{Rk}(r) \ (i = 1, 2, \cdots, k)$

那么称分解 ρ 相对于 F 是"无损连接分解"（Lossless Join Decomposition），简称为"无损分解"，否则称为"损失分解"（Lossy Decomposition）。

简单理解，分解后的关系自然连接后完全等于分解前的关系，则这个分解相对于 F 是无损连接分解。在分解过程中，要求模式分解的无损连接是必要的，只有无损连接分解才能保证任何一个关系能通过它的那些投影进行自然连接得到恢复。

定理 5.7 如果 R 的分解为 $\rho = \{R_1, R_2\}$，F 为 R 所满足的函数依赖集，分解 ρ 具有无损连接性的充分必要条件是：

$R_1 \cap R_2 \to (R_1 - R_2)$ 或者 $R_1 \cap R_2 \to (R_2 - R_1)$。

也就是说，分解后的两个模式的交能决定这两个模式的差集，即 R_1、R_2 的公共属性能够函数决定 R_1 或 R_2 中的其他属性，这样的分解就必定是无损连接分解。

算法 5.2 无损连接测试算法

已知关系模式 $R\{A_1, A_2, A_3, \cdots, A_n\}$，函数依赖集 F 以及分解 $\rho = \{R_1, R_2, R_3, \cdots, R_k\}$。确定 ρ 是否具有无损连接性。方法如下：

(1) 构造一个 k 行 n 列的表，第 i 行对应于关系模式 R_i，第 j 列对应于属性 A_j。如果 $A_j \in R_i$，则在第 i 行第 j 列上放符号 a_j，否则放符号 b_{ij}。

(2) 把表格看成模式 R 的一个关系，反复检查 F 中每个 FD 在表格中是否成立，若不成立，则修改表格中的值。修改方法如下：对于 F 中一个 FD $X \to Y$，如果表格中有两行在 X 值上相等，在 Y 值上不相等，那么把这两行在 Y 值上也改成相等的值。如果 Y 值中有一个是 a_j，那么另一个也改成 a_j；如果没有 a_j，那么用其中一个 b_{ij} 替换另一个值（尽量把下标 ij 改成较小的数）。反复进行一直到表格不能修改为止。

(3) 若修改的最后一张表格中有一行是全 a，即 $a_1 a_2 \cdots a_n$，那么称 ρ 相对于 F 是无损分解，否则称损失分解。

例 5.7 已知 $R\langle U, F\rangle$ 中，$U = \{A, B, C, D, E\}$，$F = \{AB \to C, C \to D, D \to E\}$。$R$ 的一个分解为 $R_1\langle A, B, C\rangle$、$R_2\langle C, D\rangle$、$R_3\langle D, E\rangle$。

A	B	C	D	E
a_1	a_2	a_3	b_{14}	b_{15}
b_{21}	b_{22}	a_3	a_4	b_{25}
b_{31}	b_{32}	b_{33}	a_4	a_5

(a)

A	B	C	D	E
a_1	a_2	a_3	a_4	a_5
b_{21}	b_{22}	a_3	a_4	a_5
b_{31}	b_{32}	b_{33}	a_4	a_5

(b)

图 5-4 无损连接分解示例

(1)首先构造初始表,如图 5-4(a)。

(2) 对 $AB \to C$,因为各元组的第 1、2 列没有相同的分量,所以表不改变。由 $C \to D$ 可以把表中 b_{14} 改成 a_4,再由 $D \to E$ 可以把 b_{15}、b_{25} 全部改成 a_5,然后得到表,如图 5-4(b) 所示。表中第 1 行全是 a,所以这个分解是无损分解。

2. 保持函数依赖分解

同时,分解关系模式时还应保证关系模式的函数依赖集在分解后仍在数据库模式中保持不变,这就是保持函数依赖的问题。也就是所有分解出的模式所满足的函数依赖的全体应当等价于原模式的函数依赖集。只有这样才能确保整个数据库中数据的语义完整性不受破坏。

定义 5.20 设关系模式 R 的一个分解 $\rho = \{R_1, R_2, \cdots, R_k\}$,$F$ 是 R 的函数依赖集,如果 F 等价于 $\pi_{R_1}(F) \cup \pi_{R_2}(F) \cup \cdots \cup \pi_{R_k}(F)$,则称分解 ρ 具有函数依赖保持性。

注意:一个无损连接分解不一定具有函数依赖保持性;同样,一个函数依赖保持性分解不一定具有无损连接性。

例 5.8 设关系模式 $R(ABC)$,$\rho = \{AB, AC\}$ 是 R 的一个分解。试分析分别在 $F_1 = \{A \to B\}$,$F_2 = \{A \to C, B \to C\}$,$F_3 = \{B \to A\}$,$F_4 = \{C \to B, B \to A\}$ 情况下,ρ 是否具有无损分解和保持 FD 的分解特性。

(1) 相对于 $F_1 = \{A \to B\}$,分解 ρ 是无损分解且保持 FD 的分解。

(2) 相对于 $F_2 = \{A \to C, B \to C\}$,分解 ρ 是无损分解,但不保 持 FD, 因为 $B \to C$ 丢失了。

(3) 相对于 $F_3 = \{B \to A\}$,分解 ρ 是损失分解但保 持 FD 的分解。

(4) 相对于 $F_4 = \{C \to B, B \to A\}$,分解 ρ 是损失分解且不保 持 FD 的分解, 因为丢失了 $C \to B$。

5.3.3 模式分解的算法

关于模式分解有个重要的结论:对于任一关系模式,

(1)总是可以找到一个分解达到3NF,且具有无损连接和保持函数依赖性。

(2)达到BCNF的分解,则可以保证无损连接但不一定能保证保持函数依赖性。

算法5.3 把关系模式无损分解成BCNF模式集的算法

输入:关系模式R和函数依赖集F。

输出:R的一个无损分解$\rho = \{R_1, R_2, R_3, \cdots, R_k\}$。

方法:

(1) 置初值$\rho = \{R\}$;

(2) 如果ρ中所有关系模式都是BCNF,则转(4);

(3) 如果ρ中有一个关系模式S不是BCNF,则S中必能找到一个函数依赖集$X \to A$有X不是S的键,且A不属于X,设$S_1 = XA, S_2 = S - A$,用分解S_1、S_2代替S,转(2);

(4) 分解结束。输出ρ。

在这个过程中,重点在于第(3)步,判断哪个关系不是BCNF,并找到X和A。这里,S的判断用BCNF的定义,而X不是S的键则依靠具体的分析。

算法5.4 把关系模式分解为3NF,并保持函数依赖的算法

输入:关系模式R和函数依赖集F。

输出:R的一个分解$\rho = \{R_1, R_2, R_3, \cdots, R_k\}$。

方法:

(1) 如果R中的某些属性在F的所有依赖的左边和右边都不出现,那么这些属性可以从R中分出去,单独构成一个关系模式;

(2) 如果F中有一个依赖$X \to A$并且$XA = U$,则$\rho = \{R\}$,转(4);

(3) 对于F中每一个$X \to A$,构成一个关系模式XA,如果F有$X \to A_1, X \to A_2, \cdots, X \to A_n$,则可以用模式$XA_1A_2\cdots A_n$代替$n$个模式$XA_1, XA_2, \cdots, XA_n$;

(4) 分解结束,输出ρ。

这个过程的重点是这一句"对于F中每一个$X \to A$,构成一个关系模式XA",这使得分解十分容易,然后依据合并律(合并律:如果$X \to Y$和$X \to Z$成立,那么$X \to YZ$成立)将有关模式合并即得到所需3NF模式。

算法5.5 把关系模式无损分解为3NF,并保持函数依赖的算法

输入:关系模式R和函数依赖集F。

输出:R的一个分解$\rho = \{R_1, R_2, R_3, \cdots, R_k\}$。

方法:

(1) 根据算法5.4求出依赖保持性分解:$\rho = \{R_1, R_2, R_3, \cdots, R_k\}$;

(2) 判定r是否具有无损连接性,若是,转(4);

(3) 令$\rho = \rho \cup \{X\}$,X是R的候选键。

(4) 输出ρ。

5.4 多值依赖

前面完全是在函数依赖的范畴内讨论问题,并基于函数依赖介绍了1NF,2NF,3NF及BCNF。如果仅考虑函数依赖这一种数据依赖,属于BCNF的关系模式已经很完美了。但如

果考虑别的数据依赖,如多值依赖,则属于 BCNF 的关系模式仍可能存在问题。那什么是多值依赖呢?怎样才是更好的关系模式呢?下面将一一介绍。

5.4.1 多值依赖

1. 多值依赖的概念以及形式化描述

定义5.21 设 U 是关系模式 R 的属性集,X 和 Y 是 U 的子集,$Z = U - X - Y$,小写的 xyz 表示属性集 XYZ 的值。对于 R 的关系 r,在 r 中存在元组 (x, y_1, z_1) 和 (x, y_2, z_2) 时,也必定存在元组 (x, y_2, z_1) 和 (x, y_1, z_2),那么称多值依赖(Multivalued Dependency,MVD) $X \rightarrow\rightarrow Y$ 在模式 R 上成立。

若 $X \rightarrow Y$,且 Z 为空,则称 $X \rightarrow\rightarrow Y$ 为平凡的多值依赖,否则称 $X \rightarrow\rightarrow Y$ 为非平凡的多值依赖。

设 U 是关系模式 R 的属性全集,X、Y、Z 及 W 是 U 的子集,则关于多值依赖具有如下性质(也称多值依赖规则):

(1) 多值依赖具有对称性。即若 $X \rightarrow\rightarrow Y$,则 $X \rightarrow\rightarrow Z$,其中 $Z = U - X - Y$。

(2) 多值依赖具有传递性。即若 $X \rightarrow\rightarrow Y, Y \rightarrow\rightarrow Z$, 则 $X \rightarrow\rightarrow Z - Y$。

(3) 函数依赖可以看做多值依赖的特殊情况。即若 $X \rightarrow Y$,则 $X \rightarrow\rightarrow Y$。这是因为当 $X \rightarrow Y$ 时,对 X 的每一个值 x,Y 有一个确定的值 y 与之对应,所以 $X \rightarrow\rightarrow Y$。

(4) 若 $X \rightarrow\rightarrow Y, X \rightarrow\rightarrow Z$,则 $X \rightarrow\rightarrow YZ$。

(5) 若 $X \rightarrow\rightarrow Y, X \rightarrow\rightarrow Z$,则 $X \rightarrow\rightarrow Y \cap Z$。

(6) 若 $X \rightarrow\rightarrow Y, X \rightarrow\rightarrow Z$,则 $X \rightarrow\rightarrow Y - Z, X \rightarrow\rightarrow Z - Y$。

2. 多值依赖和函数依赖的关系

多值依赖与函数依赖的两个根本区别:

(1) 多值依赖的有效性与属性集的范围有关。

若 $X \rightarrow\rightarrow Y$ 在 U 上成立,则在 W $(XY \le W \le U)$ 上一定成立;反之则不然,即 $X \rightarrow\rightarrow Y$ 在 $W(W \le U)$ 上成立,在 U 上并不一定成立。这是因为多值依赖的定义中不仅涉及属性组 X 和 Y,而且涉及 U 中其余属性 Z。一般地,在 $R(U)$ 上若有 $X \rightarrow\rightarrow Y$ 在 $W(W \subset U)$ 上成立,则称 $X \rightarrow\rightarrow Y$ 为 $R(U)$ 的嵌入型多值依赖。

但是在关系模式 $R(U)$ 中函数依赖 $X \rightarrow Y$ 的有效性仅决定于 X、Y 这两个属性集的值。只要在 $R(U)$ 的任何一个关系 r 中,元组在 X 和 Y 上的值满足定义5.1,则函数依赖 $X \rightarrow Y$ 在任何属性集 $W(XY \le W(U)$ 上成立。

(2) 若 X 函数决定 Y,则 X 函数决定 Y 的真子集 Y',但若 X 多值决定 Y,则 X 不一定多值决定 Y 的真子集 Y'。

(3) 函数依赖可以看成是多值依赖的特殊情况。

3. 对多值依赖的举例说明

例5.9 学校中某一门课程由多个教员讲授,他们使用相同的一套参考书。每个教员可以讲授多门课程,每种参考书可以供多门课程使用。则用一个非规范化的关系来表示教员 T、课程 C 和参考书 B 之间的关系:

表 5.1　原始表

课程 C	教员 T	参考书 B
物理	李勇 王军	普通物理学 光学物理 物理习题集
数学	李勇 张平	数学分析 微分方程 高等代数

把这张表变成一张规范化的二维表,就成为:

表 5.2　*TEACHING*

课程 C	教员 T	参考书 B
物理	李勇	普通物理学
物理	李勇	光学物理
物理	李勇	物理习题集
物理	王军	普通物理学
物理	王军	光学物理
物理	王军	物理习题集
数学	李勇	数学分析
数学	李勇	微分方程
数学	李勇	高等代数
数学	张平	数学分析
数学	张平	微分方程
数学	张平	高等代数

关系模型 $TEACHING(C,T,B)$ 的键是 (C,T,B),即 All_Key。因而 $TEACHING \in$ BCNF。但是当某一课程(如物理)增加一名讲课教员(如周英)时,必须插入多个元组:(物理,周英,普通物理学),(物理,周英,光学原理),(物理,周英,物理习题集)(这里要插入 3 个元组)。同样,要去掉一门课,就得删除多个元组。

对数据的增、删、改很不方便,数据的冗余也十分明显。仔细考察这类关系模式,发现它具有多值依赖的数据依赖。

在关系模式 *TEACHING* 中,对于一个(物理,光学原理)有一组 T 值{李勇,王军},这组值仅仅决定于课程 C 上的值(物理)。也就是说对于另一个(物理,普通物理学)它对应的一组 T 值仍是{李勇,王军},尽管这时参考书 B 的值已经改变了。因此 T 多值依赖于 C,即 $C \rightarrow\rightarrow T$。

例 5.10　关系模式 $WSC(W,S,C)$ 中,W 表示仓库,S 表示保管员,C 表示仓库中商品。

要求:每个仓库有若干个保管员,有若干中商品;每个保管员保管所在的仓库中所有商品;每种商品被所在仓库的所有保管员保管。

表 5.3　关系模式 WSC

W	S	C
w1	s1	c1
w1	s1	c2
w1	s1	c3
w1	s2	c1
w1	s2	c2
w1	s2	c3
w2	s3	c4
w2	s3	c5
w2	s4	c4
w2	s4	c5

可见,S 多值依赖于 W,C 多值依赖于 W。

5.4.2　4NF

1. 4NF 的概念以及形式化描述

定义 5.22　对于 $R(U)$ 中的任意两个属性子集 X 和 Y,如果非平凡的多值依赖 $X \rightarrow\rightarrow Y$ 成立,则 X 必为超键,则称 $R(U)$ 满足第四范式,记为 $R(U) \in$ 4NF。

4NF 就是限制关系模式之间不允许有非平凡且非函数依赖的多值依赖。因为根据定义,对于每一个非平凡的多值依赖 $X \rightarrow\rightarrow Y$,$X$ 都含有候选键,于是就有 $X \rightarrow Y$,所以 4NF 所允许的非平凡多值依赖实际上是函数依赖。

显然,如果一个关系模式是 4NF,则必为 BCNF。如果一个 BCNF 没有多值依赖,则为 4NF。

2. 4NF 和其他范式的区别

一个关系模式如果已达到了 BCNF 但不是 4NF,这样的关系模式仍然具有不好的性质。以 WSC 为例,$WSC \notin$ 4NF,但是 $WSC \in$ BCNF。对于 WSC 的某个关系,若某一仓库 w,有 n 个保管员,存放 m 件物品,则关系中分量为 w 的元级数目一定有 $m \times n$ 个。每个保管员重复存储 m 次,每种物品重复存储 n 次,数据的冗余度太大,因此还应该继续规范化关系模式 WSC 使之达到 4NF。

可以用投影分解的方法消去非平凡且非函数依赖的多值依赖。例如可以把 WSC 分解为 $WS(W,S)$,$WC(W,C)$。在 WS 中虽然有 $W \rightarrow\rightarrow S$,但这是平凡的多值依赖。$WS$ 中已不存在非平凡的非函数依赖的多值依赖。所以 $WS \in$ 4NF,同理 $WC \in$ 4NF。

多值依赖有别于函数依赖的特点为:

(1) 假如 $R(U)$ 中的 X 与 Y 有这种依赖关系,则当 X 的值一经确定后,可以有一组 Y 值与之对应。

(2) 当 X 的值一经确定后，其所对应的一组 Y 值与 $U-X-Y$ 无关。

5.5　其他类型的依赖

第四范式不是“最终”的范式，多值依赖有助于我们理解并解决利用函数依赖无法理解的某些形式的信息重复。还有一些类型的约束被称为连接依赖(Join Dependency)，并由此引出了另一种范式：投影—连接范式(Project - Join Normal Form，PJNF)，PJNF 也被称为第五范式(5NF)。

5.5.1　连接依赖

设有关系模式 $R(U)$，$\{U_1, U_2, \cdots, U_n\}$ 是属性集合 U 的一个分割，而 $P=(R_1, R_2, \cdots, R_n)$ 是 R 的一个模式分解，其中 R_i 是对应于 U_i 的关系模式($i=1,2,\cdots,n$)。如果对于 R 的每一个关系 r，都有下式成立：$r=\Pi_{R_1}(r)\infty\Pi_{R_2}(r)\cdots\infty\Pi_{R_n}(r)$，则称连接依赖在关系模式 R 上成立，记为：$\infty\ N(R_1, R_2, \cdots, R_n)$。

如果连接依赖中每一个 $R_i(i=1,2,\cdots,n)$ 都不等于 R，则称此时的连接依赖是非平凡的连接依赖，否则称为平凡的连接依赖。

5.5.2　第五范式

第五范式不得存在不遵循键约束的非平凡连接依赖。如果有且只有一个表符合 4NF，同时其中的每个连接依赖被候选键所包含，此表才符合第五范式。

如果关系模式 $R(U)$ 上任意一个非平凡的连接依赖 $\infty(R_1, R_2, \cdots, R_n)$ 都由 R 的某个候选键所蕴涵，则称关系模式 R 满足第五范式，记为 $R(U)\in 5NF$。

这里所说的由 R 的候选键所蕴涵，是指 $\infty(R_1, R_2, \cdots, R_n)$ 可以由候选键推出。

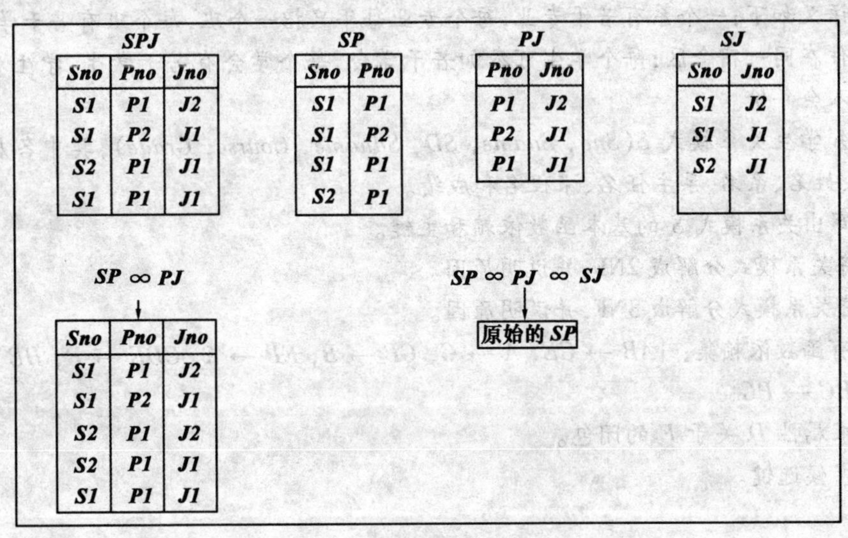

SPJ

Sno	Pno	Jno
S1	P1	J2
S1	P2	J1
S2	P1	J1
S1	P1	J1

SP

Sno	Pno
S1	P1
S1	P2
S1	P1
S2	P1

PJ

Pno	Jno
P1	J2
P2	J1
P1	J1

SJ

Sno	Jno
S1	J2
S1	J1
S2	J1

SP ∞ PJ

Sno	Pno	Jno
S1	P1	J2
S1	P2	J1
S2	P1	J2
S2	P1	J1
S1	P1	J1

图 5-5　连接依赖示例

在图 5－5 所示的例子中，关系模式 SPJ 并不是 5NF，因为它不满足一个特定连接依赖。这显然没有被其唯一的候选键（Sno,Pno,Jno）所蕴涵。但是将 SPJ 分解成 SP、PJ 和 JS 三个模式，此时分解是无损分解，并且三个模式都不包含任何连接依赖。因此它们都是 5NF，可以消除冗余及其操作异常现象。

习 题

1. 给出下列术语的定义：函数依赖、部分函数依赖、完全函数依赖、传递函数依赖、候选键、主键、外键、全键、1NF、2NF、3NF、BCNF、多值依赖、4NF。

2. 在关系模式 $R(D,E,G)$ 中，存在函数依赖关系 $\{E \to D,(D,G) \to E\}$，则候选键是________________，关系模式 $R(D,E,G)$ 属于________________范式。

3. 在关系模式 $R(A,B,C,D)$ 中，存在函数依赖关系 $\{A \to B,A \to C,A \to D,(B,C) \to A\}$，则候选键是________________，关系模式 $R(A,B,C,D)$ 属于________________。

4. 在关系模式 $R(A,C,D)$ 中，存在函数依赖关系 $\{A \to C,A \to D\}$，则候选键是________________，关系模式 $R(A,C,D)$ 最高可以达到________________。

5. 设关系模式 $R(ABC)$ 上成立的 FD 集为 $F = \{A \to B, C \to B\}$，设 $\rho = \{AB, AC\}$，试分析分解 ρ 相对于 F 是否具有无损连接和保持函数依赖的性质。说出简单的理由。

6. 设关系模式 $R(ABCD)$ 上成立的函数依赖集 $F = \{A \to B, C \to D\}$，试把 R 分解成 3NF 模式集，且具有无损连接和保持函数依赖两个特性。

7. 建立一个关于系、学生、班级、学会等诸信息的关系数据库，其中描述：

学生的属性有：学号、姓名、出生年月、系名、班号、宿舍号

班级的属性有：班号、专业名、系名、人数、入校年份

系的属性有：系号、系名、系办公地点、人数

学会的属性有：学会名、成立年份、地点、人数

有关语义如下：一个系有若干专业，每个专业每年只招一个班，每个班有若干学生；一个系的学生住在同一宿舍区；每个学生可参加若干学会，每个学会有若干学生，学生参加某学会有一个入会年份。

8. 已知学生关系模式 $S(Sno, Sname, SD, Sdname, Course, Grade)$，其中各属性分别表示学号、姓名、系名、系主任名、课程名和成绩。

(1) 写出关系模式 S 的基本函数依赖和主键。

(2) 将关系模式分解成 2NF，并说明原因。

(3) 将关系模式分解成 3NF，并说明原因。

9. 设有函数依赖集：$\{AB \to CE, A \to C, GP \to B, EP \to A, CDE \to P, HB \to P, D \to HG, ABC \to PG\}$

(1) 求属性 D 关于 F 的闭包。

(2) 求候选键。

第6章 数据库设计

自从20世纪60年代数据库概念提出之后,数据库技术得到了很大的发展,特别是1970年IBM研究员E. F. Codd提出的关系模型,标志着数据库技术的成熟,带动了数据库系统的广泛应用。目前,在各类企事业单位中,数据库应用系统建设已经成为其信息化的核心和信息化程度的重要标志,另一方面,新的数据库以及数据库之上的新应用系统有着更大的需求空间,因此,如何设计一个有效的数据库,变得十分重要。

本章主要介绍数据库设计相关的基本概念、设计过程、数据建模方法、数据建模工具以及数据库其他设计考虑,重点在于对数据库设计过程和数据建模与建模工具的掌握。要求在理解数据库设计相关概念、设计内容等的基础上,熟悉如何开展数据库设计工作、如何评价一个数据库设计方案。

6.1 数据库设计概述

数据库技术的成熟及相应产品的开发,使得数据库的应用日益受到重视,而建立一个数据库系统的关键在于设计一个良好的数据库,因此,在当前数据成为重要资源、数据成为知识发掘的“金块”、数据成为决策依据的背景下,数据库设计成了数据库应用系统建设的重要环节。关于数据库设计的定义,有许多版本,其中影响较大的包括:

(1)IEEE关于数据库设计的定义:开发一个满足用户需求的数据库的过程,包括概念数据库设计、逻辑数据库设计和物理数据库设计,三个步骤既独立又相关。

(2)数据库设计是经过对现实世界的事实进行分析,得到结构化数据库模型的过程,分为需求分析、逻辑设计和物理设计三个阶段。

(3)数据库设计是产生数据库详细模型的过程,该模型包括所有的物理设计选择和存储设计,基于该模型可以生成对应的数据定义语言(Data Definition Language,DDL)并进而创建数据库,因此,数据模型中的每个实体都包括了全部的属性细节。

综合以上几个定义可以看出:数据库设计是一个运用数据库原理、方法、工具对现实世界进行分析和抽象,并进而建立可以实施的物理数据库的过程,数据库设计的主要活动包括需求分析(概念数据库设计)、逻辑数据库设计和物理数据库实现,如图6-1所示。

由此可以看出,数据库设计以数据库原理(数据模型、范式理论、关系代数等)为基础,以方法(实体关系、面向对象等)与工具(ERwin、PowerDesigner等)为数据库设计手段,而最终得出与特定的数据库管理系统(DBMS)相关的数据库实现方案。一般情况下,在系统开发阶段完成数据库设计,在交付使用之后,还需要对数据库进行优化和维护,这部分工作有时也作为数据库设计的内容。

数据库设计的目标是建立一个能够运行的数据库系统,因此,数据库设计涵盖的内容比

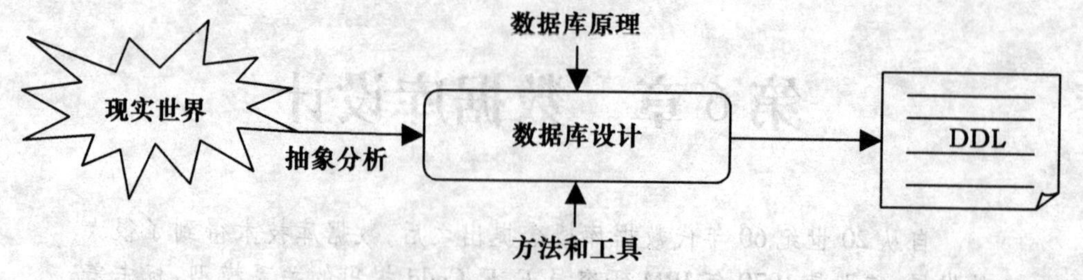

图 6-1 数据库设计

较多,其中主要内容包括:数据库对象模型、存储空间分配方案、访问权限控制方案、数据安全解决方案、数据分布方案、应用访问接口等。

数据库设计的方法比较多,大致分为手工试凑方法、规范化设计方法(新奥尔良法、Howe 法、Barker 法)、辅助工具设计方法,各方法的过程、步骤都不统一。但是,基本的设计过程还是相似的,一般都包括问题的定义与需求分析、概念设计、逻辑设计、物理设计、运行维护等基本活动。

在数据库设计过程中,建立数据库对象模型是最根本的任务,而能够实现数据建模的方法也有很多种,例如常见的实体联系、扩展实体联系,它们主要应用于数据库的概念设计。除此之外,由美国标准技术局(the National Institute of Standards and Technology)开发的 IDEF1x 以其标准化、表达语义丰富而被广泛使用。

当今的软件开发不可能脱离辅助软件工具,数据库设计也一样,常见的数据建模工具包括:Sybase 公司的 PowerDesigner、Oracle 公司的 Oracle Designer、CA 公司的 ERwin、Miscrosoft 公司的 Database Designer 与 Visio 等,其中,PowerDesigner 支持所有的数据建模、应用开发、逆向工程、团队协作开发等功能,是一个非常好的数据库设计工具。

总之,数据库设计是一项理论结合实际、实践性较强的技术,要进行一项高质量的数据库设计,必须具备数据库基础理论、软件工程相关知识,同时还要求掌握必要的工具软件、DBMS 产品特性。

6.2 数据库设计的内容

数据库设计设计什么内容?数据库设计要设计的内容非常多,从需求分析到建立物理数据库过程中涉及的所有内容都属于数据库设计的范畴,概括地可以分为如下几类:数据模型设计、标准与规范设计、数据库对象设计、存储方案设计、安全方案设计、服务器端程序设计、性能设计与优化、其他设计等,如图 6-2 所示。

6.2.1 数据模型设计

数据模型设计又称为数据建模,数据模型(Data Model)是数据库设计的规划或者蓝图,是数据库设计的重点和难点,要解决的主要问题是如何识别问题域的对象、对象间的联系、对象的定义以及如何表达,是建立数据库对象的基础,数据模型的详细程度、准确度,直接决定了数据库设计的质量。典型的任务是设计概念模型、逻辑模型和物理模型。

在数据建模时应坚持如下原则:选择好的建模工具,物理建模之前一定要进行逻辑建模,发挥参考范例的作用,业务规则不容忽视。

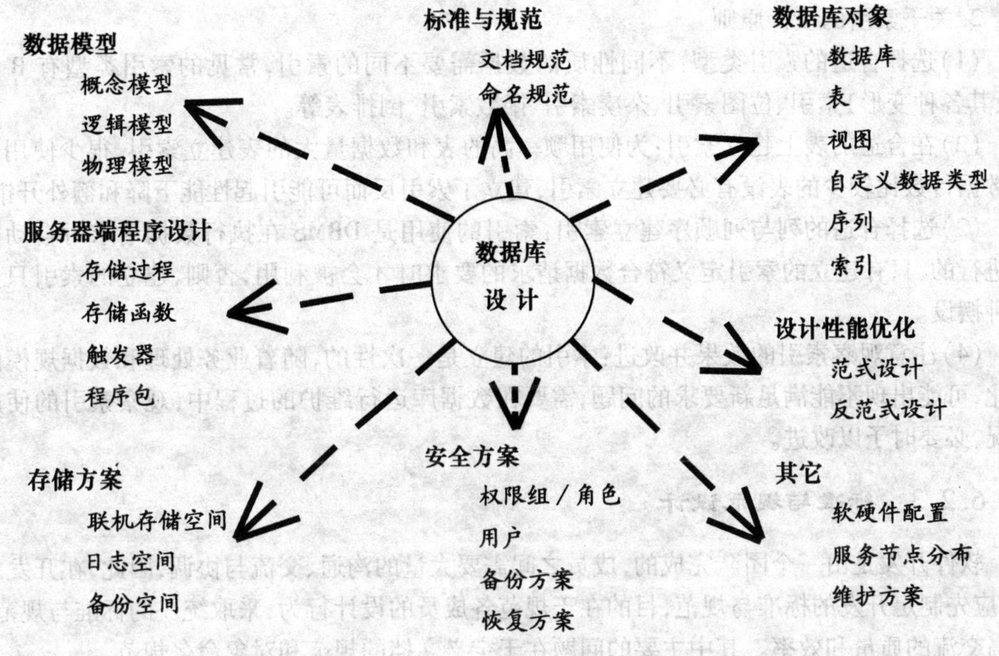

图6-2 数据库设计的内容

6.2.2 数据库对象设计

数据库对象是应用程序能够访问的数据库逻辑概念。数据库对象设计是数据库设计的主要内容之一,以关系模型为例,包括数据库(Database)、表(Table)、视图(View)、索引(Index)、主键(Primary Key)、序列(Sequence)、别名(Alias 或同义词)、数据类型(Data Type)、远程链接(Remote Link)、簇(Cluster)、完整性与一致性的实现等。数据库对象的设计基础是设计人员对需求的充分了解、完善的数据建模以及应用程序设计的接口需求。

数据库对象的设计是数据建模需求和数据库管理系统(DBMS)的特性相结合的产物,即以 DBMS 所支持的特性,实现建模的数据对象,并能够满足各项性能约束条件。其中几个主要对象的设计原则如下:

1. 关于表的设计原则

(1)行是免费的,而列的代价太大(数据结构的修改影响面较大):数据行的增加是正常的数据操作,不涉及数据结构的变更,然而列的变更造成的影响太大,特别是已经积累大量数据的表,主要影响访问数据的应用程序、表中的已有数据、数据模型、脚本程序以及文档等。这就要求在列的设置方面必须考虑周详,最好预留一定的余地。

(2)范式的要求是必要的,但不是必需的:在数据库设计时,范式解决了数据冗余与操作异常问题,简化了数据操作和应用程序的设计。但是,过分地强调范式,一味追求高范式的要求,则会导致数据访问性能的下降和访问操作的复杂。

(3)数据类型保持一致:相同意义的数据采取相同的数据类型,并形成一种抽象的数据类型,有助于数据的统一访问和处理。

(4)防止垃圾、错误数据的进入:包括垃圾数据的数据库没有实用价值,因此,在设计表的时候，必须小心数据的完整性、一致性、有效性约束条件。

2. 关于索引的设计原则

(1)选择合适的索引类型：不同性质的数据需要不同的索引，常见的索引类型有 B 树(及其各种变形)索引、位图索引、杂凑索引、函数索引、倒排表等。

(2)在合适的表上建立索引：为使用频率高的表和数据量大的表建立索引，很少使用或者数据行数比较少的表没有必要建立索引，建立了索引反而可能引起性能下降和额外开销。

(3)选择合适的列与列顺序建立索引：索引的使用是 DBMS 在执行数据请求时自动隐含进行的，只有建立的索引定义符合数据请求的要求时才会被利用，否则，建立的索引只是一种摆设。

(4)注意观察索引的效果并改进：索引的建立是一次性的，随着业务处理和数据规模的变化，可能出现不能满足新要求的问题，需要在数据库运行维护的过程中，观察索引的使用情况，必要时予以改进。

6.2.3 标准与规范设计

软件开发是由一个团队完成的，成员之间需要大量的沟通、交流与协调，因此，在开发之前，应先制定开发的标准与规范，目的在于规范各成员的设计行为，采取统一的标准与规范，提高交流的质量和效率。其中主要的问题在于定义文档的规范和对象命名规范。

数据库设计所涉及的主要文档为数据库设计说明书，可以根据情况选定国际标准、国家标准、行业标准或者单位自行拟定的标准作为文档书写的规范，其中国家标准(88 版)的数据库设计说明书主要内容如图 6-3 所示。对象命名规范则是为了避免命名冲突，进行一致命名，图 6-4 是一种对象命名规范的示例，例如对象名称 ORD_T_Customer 就意味着订单系统的表对象，具体的对象是 Customer，一目了然，在避免命名冲突的同时，也便于管理。统一是标准与规范化设计的主要原则。

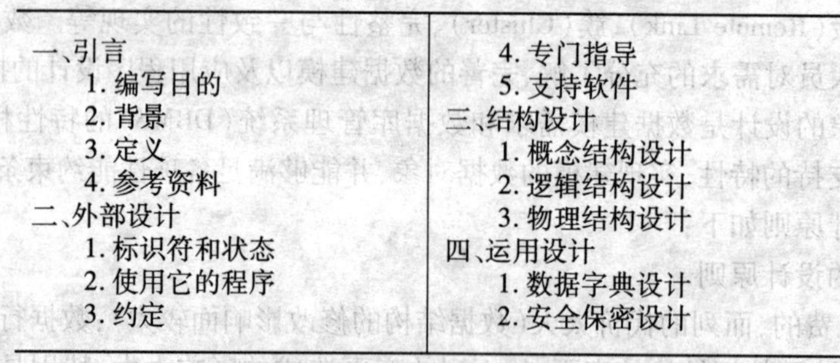

一、引言
1. 编写目的
2. 背景
3. 定义
4. 参考资料
二、外部设计
1. 标识符和状态
2. 使用它的程序
3. 约定
4. 专门指导
5. 支持软件
三、结构设计
1. 概念结构设计
2. 逻辑结构设计
3. 物理结构设计
四、运用设计
1. 数据字典设计
2. 安全保密设计

图 6-3 GB 8567—88 数据库设计说明书主要内容

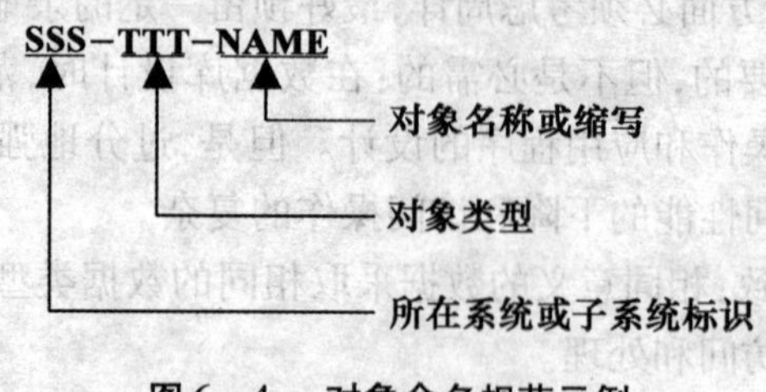

图 6-4 对象命名规范示例

6.2.4 存储方案设计

数据库存储方案的设计包括的内容比较多，主要包括存储空间大小的确定、存储系统的分布、存储布局、存储冗余、存储介质的选择、操作系统下文件的管理等。存储方案的设计依据业务数据规模和数据重要性而开展，大体上可以分为在线存储空间的设计、离线存储空间的设计、日志空间的设计、备份空间的设计等几个方面。

在线存储空间存放的是日常业务处理要访问的数据，在设计时需要考虑数据的特性、数据的规模和管理的需要来定义存储空间的大小和数量。例如，实时更新的数据与基本不发生变化的数据应该分开存放，备份一部分数据的时间不要太长等等。

离线的数据一般很少使用，特别是在存储设备成本大幅度降低的今天，除特殊需要外，一般尽量保持数据的在线，离线存储空间只要能够满足数据规模的需求即可。日志空间存放数据访问日志，在设计时考虑的主要问题是数据变化的频繁度和系统可靠性的要求。

备份空间存储数据库的备份与日志备份，其设计依据主要有数据规模、备份频率、备份份数等。

在存储方案设计时，需要注意：预留一定存储空间，预留一定存储设备。

6.2.5 安全方案设计

安全性解决方案主要解决访问控制和数据安全两类问题，主要任务是确定权限组/角色、用户、备份方案、恢复方案。

访问控制要解决的主要问题是“防止非法用户访问，防止合法用户越权访问”。一般地，DBMS 提供的是基于用户（User）、用户组（Group 或角色 Role）访问权限控制机制，能够很好地阻止非法访问和越权访问。因此，系统中有哪些类别的用户，每一类用户应该拥有什么权限，成为数据库访问控制设计的主要内容。在访问控制设计方面，Oracle 提出的四层模式是一种比较好的设计方法，如图 6－5 所示，其中，应用权限层是根据业务处理所需要的具

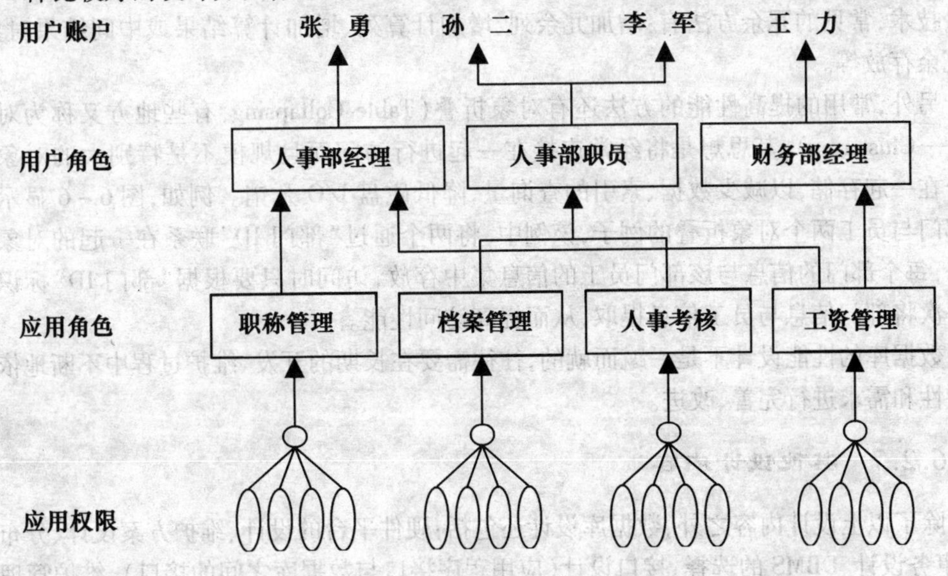

图 6－5 访问控制管理的四层模式

体对象权限或系统权限，一个业务处理所涉及的所有权限集合构成了应用角色层，再根据岗位职责等设计用户角色层，最上层为用户账户层，分别对应于最终用户。这样的一种四层模式，提高了管理的灵活性，例如，一个人事部职员提升为人事部经理，则只要改变该账户的用户角色即可，其他地方不需要作任何变动。如果人事考核的内容、方式发生变化，则只需要修改"人事考核"应用角色的权限组，具体的人事部职员自动拥有该组权限。

自然灾害或人为因素等原因，都有可能造成数据库的崩溃和大量数据丢失，因此，数据的安全性十分重要。数据安全性问题主要是采取各种备份策略，设计数据备份方案。备份方案的设计包括安全性因素与需求分析、备份策略选择、方案的确定以及方案的验证等几个方面。在设计时需要注意：分离原则——备份设备与在线设备的分离，避免一损俱损；结构变化完全备份；对以前的备份进行备份；不要忘记备份系统软硬件系统配置信息。

只有建立合适的安全性方案，结合有效的行政管理，数据库的安全性才能得到保障。

6.2.6 高性能设计与优化

对于大型多用户数据库，性能设计也是一个重要的方面。除了采用高性能的硬件设备之外，提高数据库性能的主要措施是引入冗余和进行数据划分。在硬件设备方面，常用的技术包括：采取更高性能的大型计算机系统、双机或多机运行。而引入冗余和进行数据划分属于逆范式(Denormalization)手段。

有两种数据划分方法：水平划分和垂直划分，其核心思想是将一个大的数据对象，划分为若干个较小的数据对象，数据请求发出时已经确定了在一个更小的范围内进行处理，或者多台硬件设备并行操作。水平划分是将一个大的表划分成结构完全相同的几个小的表，例如按照数据产生的时间或发生的地理区域进行划分属于水平划分。而垂直划分则是将一个比较大的表的列切分成几个表的列(满足信息无损连接条件)，例如将顾客的经常使用信息与非常用信息分别放到不同的表中，就属于垂直划分。

当一个数据请求涉及多个连接运算，而且每个表的数据规模比较大时，可能就需要利用冗余技术，常见的冗余方法有：增加冗余列、增加计算列、增加计算结果或中间结果对象、局部冗余存放等。

另外，常用的提高性能的方法还有对象折叠(Table Collapsing，有些地方又称为对象聚簇——Clustering)，其思想是将经常连接在一起进行访问而且规模不是特别大的对象数据融合在一起存储，以减少数据、索引的查询量，降低磁盘I/O开销。例如，图6-6显示了一个部门与员工两个对象折叠的例子，该例中，将两个通过"部门ID"联系在一起的对象折叠起来，每个部门的信息与该部门员工的信息集中存放，访问时只要根据"部门ID"标识就可以一次将部门信息与员工信息提取，从而提高访问性能。

数据库的性能设计不是一蹴而就的，往往需要在长期的开发、维护过程中不断地依据数据特性和需求进行完善、改进。

6.2.7 其他设计内容

除了以上设计内容之外，数据库设计还包括：硬件平台的设计、维护方案设计、分布式设计、事务设计、DBMS的选择、接口设计(应用程序接口与数据库之间的接口)、维护管理工具的设计等等，这里不再一一详述。

部门ID	部门名称	部门地址
100	信息学院	信息楼

员工ID	姓名	……
10010	张山	……
10020	王武	……

部门ID	部门名称	部门地址
200	数学院	综合楼

员工ID	姓名	……
20010	张山	
20020	王武	……

图 6-6 对象折叠示例

6.3 数据库系统设计的过程与方法

在数据库设计发展的早期,数据库设计缺乏科学方法的指导,主要靠经验、个人技能和直觉,从而导致设计的结果往往表现为效率低下,资源浪费,甚至于数据结构紊乱。20 世纪 70~80 年代,数据库设计开始引起众多数据库专家的关注,在方法和科学理论基础方面进行了大量的探索,数据库设计方法学基本形成,并提出了许多数据库设计方法,其主要标志是:(1)数据库设计基本阶段的划分已有公论;(2)数据库设计所需的分析方法和设计方法都已建立在科学理论基础之上,诸如关系规范化理论、数据模型理论以及离散数学等等方面;(3)数据库设计已不再是纯技巧性的工作,已形成成熟的方法和理论,并且设计结果是合理的(满足用户需求)和高效的。近年来,在数据库设计方法的基础上,开发了许多计算机辅助设计工具,进一步提高了设计效率和设计质量。

由此可见,数据库设计方法的发展经历了三个阶段,即手工试凑阶段、规范设计阶段和计算机辅助设计阶段。手工试凑阶段,数据库的设计全凭开发人员的个人经验和技巧,数据库设计的质量完全依赖于设计人员的能力,没有固定的开发过程。在软件工程之前,主要采用手工试凑法。由于信息结构复杂,应用环境多样,这种方法主要凭借设计人员的经验和水平,数据库设计是一种技艺而不是工程技术,缺乏科学理论和工程方法,工程的质量难以保证,数据库很难最优化,数据库运行一段时间后各种各样的问题会渐渐地暴露出来,增加了系统维护工作量。规范设计阶段,以规范设计方法为基础,使得数据库设计工作按步有序进行,数据库设计质量与设计人员的经验、技巧有很大关系,但是更多地是开发过程保证了开发质量。规范设计阶段,运用软件工程的思想和方法,使设计过程工程化,提出了各种设计准则和规程,形成了一些规范化设计方法。其中比较典型的有新奥尔良方法(New Orleans),它将数据库设计分为需求分析、概念结构设计、逻辑结构设计、物理结构设计四个阶段。计算机辅助设计阶段最为显著的特征是提高了设计的效率，与相应的设计方法相结合，在高效设计的同时，还能够保证设计质量。

6.3.1 数据库系统设计过程

所谓过程，是指通过活动、利用约束、使用资源以达到预期结果的一系列步骤。过程可以帮助我们提高预期结果的一致性与质量，并且能够将过程经验传递给他人。数据库设计过程就是以建立目标数据库系统为预期结果，使用所需资源，满足约束条件而开展的一系列活动。数据库设计方法是指运用一定的过程、技术、工具、方法学和文档编写技术以辅助实现数据库设计的过程。

数据库设计方法众多，设计过程并不统一。然而，不管采取何种设计方法，设计哪种数据库，都要进行一些共同的设计活动，包括：(1)定义系统目标；(2)确定业务需求和系统需求；(3)设计数据库；(4)接口与应用软件设计；(5)数据库运行维护。基本过程框架如图6-7所示。

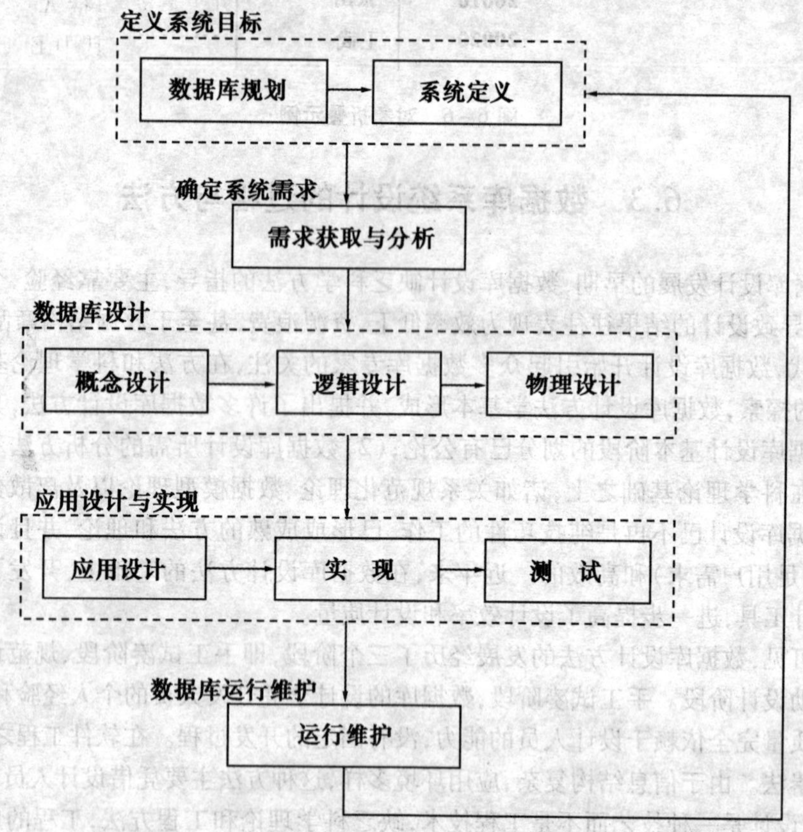

图6-7 数据库系统基本设计过程

1.数据库规划

数据库规划(Database Planning)是为了使数据库系统的建设尽可能顺利、有效地实施而进行的管理活动，该项活动要求与企业的信息系统整体策略相结合，开展以下活动：(1)识别企业的长远规划和总体目标，以确定系统的整体需求；(2)评价现行系统，特别是找出存在的问题与优点；(3)可行性分析，包括技术可行性分析、经济可行性分析、市场机遇分析等。

数据库规划的第一步是明确地定义数据库系统的关键任务(Mission Statement),确定数据库的重要目标,它们是构建目标数据库系统的最初动力,由此可以确定采取什么实施策略,以有效地构建目标系统。第二步是定义关键目标(Mission Objectives),每个目标都对应着一个目标数据库必须支持的特殊任务,即达到了关键目标,数据库的关键任务也就得到了实现。关键任务与关键目标共同决定了需要开展的工作、所需资源、成本开支等等。

数据库规划还包括开发标准的制定、数据收集标准的制定、数据格式的定义、所要设计的文档资料,以及与设计、实现相关的特殊需求。

2. 系统定义

系统定义(System Definition)定义目标数据库系统的范围与边界以及主要的用户视图。在开展数据库设计之前,有必要精确地确定系统的边界,以及在边界上与其他系统之间的接口。系统当前需要支持的主要用户、实际业务,以及将来可能的用户、应用都属于系统要定义的范畴。系统边界的确定一般通过用户视图(User View)的方式进行,用户视图是从某个特定类用户(如部门经理、职员)或者应用领域(销售部、人事部、股票分析)的角度定义数据库应用系统的需求。例如图6-8,站在经理的角度所看到的用户视图包括A、B、C、E四个部分,而站在职员的角度所得到的另一个视图包括E、G、H、I四个部分,其中E部分为两个用户视图共同包含的部分,属于视图的重叠。

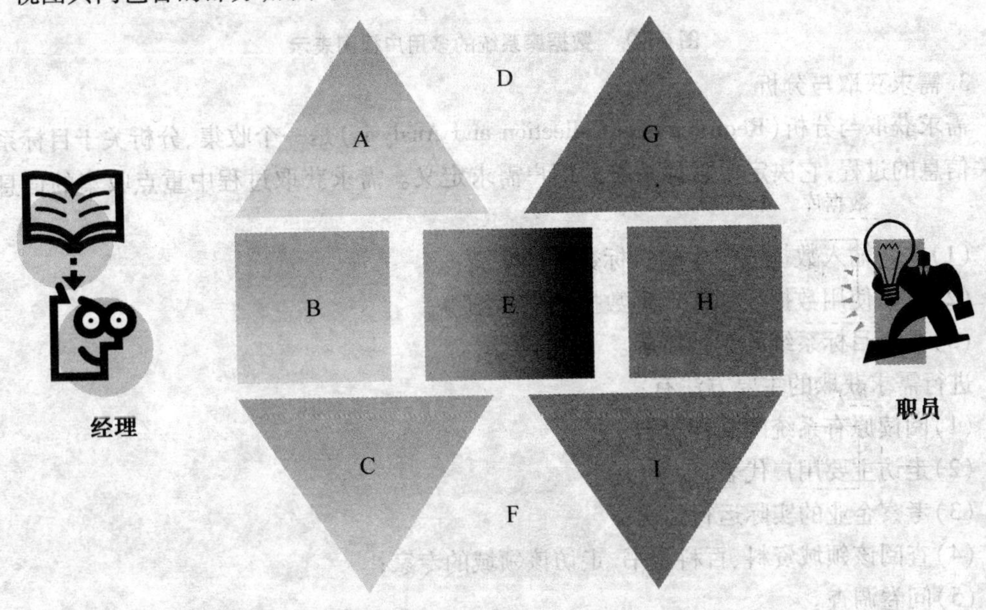

图6-8 用户视图

利用用户视图的方法有以下优点:

(1)所有用户视图覆盖了整个目标数据库系统的需求;

(2)在定义新系统的需求时不至于发生重要用户视图的遗漏问题;

(3)在开发大型、复杂的数据库系统时,可以方便地将整个系统进行划分,而且划分后的各子系统相对完整,方便管理。

用户视图的定义以数据和数据上的事务处理为主要关注对象,图6-9是一个多用户视图表达目标数据库系统定义的示例,图中用户视图a与b、b与c之间存在部分重叠,其他用户视图都有独立的定义。

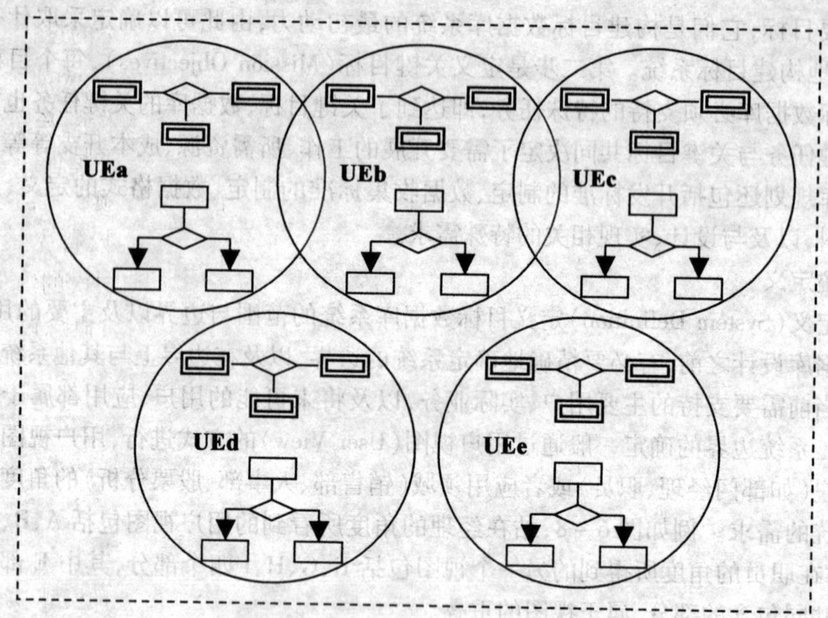

图 6-9　数据库系统的多用户视图表示

3. 需求获取与分析

需求获取与分析(Requirements Collection and Analysis)是一个收集、分析关于目标系统相关信息的过程,它决定了目标系统的用户需求定义。需求获取过程中重点收集的信息包括:

(1)关于输入数据或产生的目标数据的定义;

(2)如何使用数据或如何产生数据的详细细节;

(3)关于目标系统的其他需求。

进行需求获取的主要方法有:

(1)阅读原有系统的文档资料;

(2)走访主要用户代表;

(3)考察企业的实际运行情况;

(4)查阅该领域资料、百科全书,走访该领域的专家;

(5)问卷调查。

需求收集之后进行分析,导出目标系统的需求和系统特性,并以软件需求规格说明书(Software Requirement Specifications)文档详细定义。

需求获取与分析是数据库设计的基础,其准确度、精确度以及充分程度直接影响后续设计工作的进展与质量。由于需求多种多样,而且是结构化程度很低的非形式化需求,有必要采取合适的需求表达技术进行描述,常见的表达方法包括:结构化分析设计技术(Structured Analysis and Design Technique,SADT)、数据流图(Data Flow Diagram,DFD)、分层输入—处理—输出图(Hierarchical Input Process Output Chart ,HIPO)等,而且结合相关的计算机辅助分析工具(CASE)以提高分析的效率。

4. 数据库设计

数据库设计就是创建一个数据库以支持企业业务处理,达到企业目标的过程,而数据库设计的方法有两种主要的策略:自底向上(Bottom Up)和自顶向下(Top Down)。自底向上的策略从最基本的属性层开始,分析属性之间的关联、形成实体与实体联系、运用范式优化设计。自底向上的策略适合于相对简单的数据库系统,此时属性的数量不是很大,较容易分析,但是,对于较为复杂的大型系统,很难建立起属性之间的全部函数依赖关系,而且也很难找出全部的属性定义。自顶向下的策略则适合于复杂数据库系统的设计,首先设计数据模型,数据模型涵盖了高层的实体以及实体联系,之后逐层精化,识别第一层次的实体、实体联系以及相关属性,直至定义完成。数据库设计分为三个主要的顺序任务:概念设计、逻辑设计、物理设计。数据库设计的总体过程如图 6-10 所示,数据库设计分成三个大的阶段,六个步骤。

概念数据库设计
一　构建局部概念数据模型
(1)识别实体;
(2)识别联系;
(3)确定关于实体与联系的属性;
(4)定义属性域;
(5)确定主键与候选键;
(6)模型验证与审查。
逻辑数据库设计(关系模型)
二　局部逻辑关系模型设计
(1)转换不适合于关系模型的特性;
(2)导出局部逻辑数据模型;
(3)依据范式进行设计;
(4)定义完整性约束;
(5)模型验证与审查。
三　构建全局逻辑数据模型
(1)将局部逻辑数据模型集成为全局模型;
(2)考虑将来的变化、扩充;
(3)模型验证与审核。
物理数据库设计(关系模型)
四　转化为目标 DBMS 支持的模型
(1)设计基本的联系;
(2)设计导出数据;
(3)设计企业级约束。
五　设计物理表达
(1)分析事务;
(2)选择合适的文件组织;
(3)定义索引;
(4)估计磁盘空间需求。
六　其他物理实现设计
(1)定义用户视图;
(2)设计安全机制;
(3)冗余的管理与控制。

图 6-10　数据库设计步骤

概念数据库设计(Conceptual Database Design)是指构建企业信息模型的过程,所构建的信息模型应用于企业的某项业务需要,独立于任何物理实现和技术因素。其任务是构造一个关于企业目标业务的概念数据模型,它完全独立于任何实现细节:DBMS、应用程序、编程语言、硬件平台等。

概念数据模型的主要元素为实体类型、实体联系类型、属性与属性域、主键与候选键以及其他关于完整性约束的业务规则。模型自身不足以详细、精确、充分地定义数据对象,还需要辅以相关文档,比如数据字典(Data Dictionary)。在设计过程中,首先应阅读用户需求定义文档,将其中的名词或名词性短语作为实体候选对象,分析之后确定主要的实体类型;其次,在用户需求定义文档中寻找动词或动词性词组,分析之后确定实体类型之间可能而且有意义的关联关系,建立的过程中需要特别关注联系的多重约束;之后,确定属性与属性域的详细定义;最后选择主键与候选键,并进行局部概念模型的验证检查。

关于属性域需要详细定义数据类型、取值范围、精度/长度、数据格式、最大值、最小值、缺省值、数据单位、可能取值列表、合法性约束规则等等。而数据模型的验证则要依据具体的业务处理过程,检查是否存在遗漏或者多余的实体、联系、属性。

逻辑数据库设计(Logical Database Design)也是构建企业信息模型,但是构建的模型基于某个特定的数据模型(通常使用关系模型),但独立于其他物理实现技术。主要任务是进一步细化概念数据模型,并将概念模型映射为基于关系模型的逻辑模型,在这一过程中运用范式理论减少数据冗余,剔除可能的异常操作(插入异常、修改异常、删除异常)。

逻辑数据库设计的主要任务包括:

(1)转换多对多的二元关系、多对多的递归关系与复杂的多元关系等不适合关系模型的联系;

(2)建立局部逻辑数据模型(联系的度、实体间的层次关系);

(3)基于范式理论分解实体;

(4)将局部模型集成在一起构造全局逻辑模型;

(5)验证全局模型能够支持所有业务逻辑的处理需求。

由于不涉及具体的物理实现技术、技术细节,在一个比较接近于问题域的抽象层次上描述数据对象,因此,便于技术人员理解数据定义,为后续的设计、运行维护奠定基础。另一方面,由于独立于物理实现技术,就可以采用多种物理实现方案,以提高逻辑设计的适应面,例如可以采取 Oracle 或者 DB2 等不同的 DBMS 作为后台管理系统。

物理数据库设计(Physical Database Design)与实现是产生物理实现方案的过程,涉及基本关系的表达、文件的组织、索引的定义、视图的定义以及其他关于完整性、安全性实现的措施。前两个阶段重在描述关系与企业约束(业务规则),而物理设计阶段则是利用特定 DBMS 的特性,实现业务需求的数据管理、操作、维护的解决方案。

物理设计的主要任务是:创建基本关系表以及表上的各种约束、定义存储结构和数据访问方法以提高数据操作的性能、设计保护数据库系统的安全策略。物理设计应该与概念设计、逻辑设计分开,因为:(1)物理设计描述解决方案,而逻辑设计则是描述问题定义;(2)时间顺序不同,必须先定义问题,之后才能更好地提供解决方案;(3)所需要的技术不同,逻辑设计主要用到数据建模的相关知识,而物理实现则要求精通具体 DBMS 的特性。

物理数据库设计是一个迭代的过程,一方面由于初次的实现方案是基于初步的问题理解,另一方面问题本身可能进一步精化、细化、变更,这些都决定了迭代的设计过程,因此,有些资料上也将系统性能监视、优化与维护等工作也纳入物理设计的范畴。

最后,数据库设计完成之后,产生与 DBMS 相关的 DDL 脚本程序,以便创建初始化的、满足安全性需要的数据库。

5. 应用设计与实现

应用设计(Application Design)就是设计数据库访问、数据处理的应用程序与操作界面的过程,是一个与数据库设计平行进行的设计活动,而且,应用设计与数据库设计需要相互配合,相互支持。应用设计一方面需要支持需求定义中的功能性需求,包括应用程序设计、事务设计、合适的用户接口设计等几个方面。

事务代表着现实世界的事件,例如注册一名员工、增加新的顾客、完成一笔交易等等,而在系统内部,则需要执行一系列的处理,访问或改变数据库内容。事务的执行能够确保数据库信息与现实世界的信息同步。事务设计涉及的主要内容有:事务使用的数据、事务的功能性特性、事务的输出、事务对用户的重要程度、事务的使用频率等。

用户接口的设计目的在于建立最终用户使用数据库的人机界面,其要求是:能够高效地进行人机交互,设计的内容包括:界面元素的布局、信息的交互模式、颜色的搭配与事务处理模块的衔接等。应用设计的过程中一般需要采用快速原型方法(Rapid Prototyping)。

应用的实现(Implementation)是应用编程、测试,选定合适的编程语言环境,进行应用程序开发,完成各种事务处理功能。

6. 数据库运行与维护

运行与维护(Operational and Maintenance)是数据库系统投入运行之后的长期监视、维护的过程,主要任务是:监视系统性能、必要的性能优化与重构、维护与新功能的增加等,而且这一过程持续到系统生命周期的结束。

数据库系统的设计,包括两个主要内容:数据设计与应用设计,贯穿了整个系统的开发周期——问题定义、设计、实现、运行与维护。与软件工程相比,数据库系统的设计更加强调数据库设计、应用与数据库的协调设计,其他内容应该与软件工程的设计过程基本一致,它是一项特殊的软件过程。表 6-1 总结了数据库系统设计的基本活动。

表 6-1　数据库系统设计中的主要活动

活 动	主 要 任 务
数据库规划	规划如何有效地实现数据库系统开发
系统定义	定义数据库系统的边界与范围,确定主要用户和应用领域
需求获取与分析	收集、分析、定义问题领域的用户、系统需求
数据库设计	数据库的概念设计、逻辑设计与物理设计
DBMS 选择(可选)	选择适合于应用的 DBMS
应用设计	设计与数据库交互的应用系统、用户接口
原型建立(可选)	设计数据库系统工作的模型,以便进行功能、性能评价
实现	数据库与应用系统的实现
数据转换与加载	由原有系统加载数据库数据
测试	对照设计、需求以发现系统中存在的错误
数据库运行与维护	持续不断地监视、维护数据库,必要时进行功能补充、性能改善

6.3.2　数据库设计方法

随着数据库技术的成熟与广泛应用,数据库设计方法也日渐成熟,典型的设计方法有:手工试凑法、新奥尔良法、S. B. Yao 法、Howe 法等。

1. 新奥尔良法

由于手工试凑法全凭设计者个人的经验、经历、技巧,设计过程是随机的,没有固定的模式与过程可以遵循,设计质量难以保障。鉴于此,1978 年 10 月,来自三十多个国家的数据库专家在美国新奥尔良(New Orleans)举办的数据库会议上专门讨论了数据库设计问题,将软件工程的思想和方法引入到数据库设计领域,提出了数据库设计的规范框架,这就是著名的新奥尔良法,它是目前公认的比较完整和权威的一种规范设计法。新奥尔良法将数据库设计分成需求分析、概念设计、逻辑设计、物理设计四个阶段。

新奥尔良法与软件过程保持一致,按照软件生命周期的思想开展数据库设计工作,因此,一方面提出了有效地实施数据库设计的基本过程;另一方面,将数据库设计与应用软件开发相结合,有利于开发出高质量的数据库系统。新奥尔良法为数据库设计方法的探讨奠定了基础,许多规范化方法都起源于新奥尔良法。

2. Howe 法

Howe 设计方法是 D. R. Howe 提出的一种数据库设计方法,这种方法以关系数据的范式理论为依据,用 E - R 模型作为“企业”的概念模型,采用自顶向下的设计方法。

D. R. Howe 分析了实体间联系的语义陷阱:连接陷阱(Connection Traps),分为扇形陷阱(Fan Traps)和断层陷阱(Chasm Traps)。扇形陷阱是实体间的联系路径出现了不确定性,发生在从同一个实体类出发的两个或多个一对多的联系,例如,一个销售部门有许多员工,签订了许多销售合同,图 6 - 11(a)显示了三个实体类间的联系,实体间的“拥有”、“签订”关系很明确,但是,一份合同是哪个具体的员工签订的呢? 这样的问题无法回答,如图 6 - 11(b)所示,能够知道的是 C1 合同可能是员工 E1 或者 E2 签订的,此时,就出现了扇形连接陷阱,重构之后,正确的实体连接应该是图 6 - 11(c)所示的实体关系。

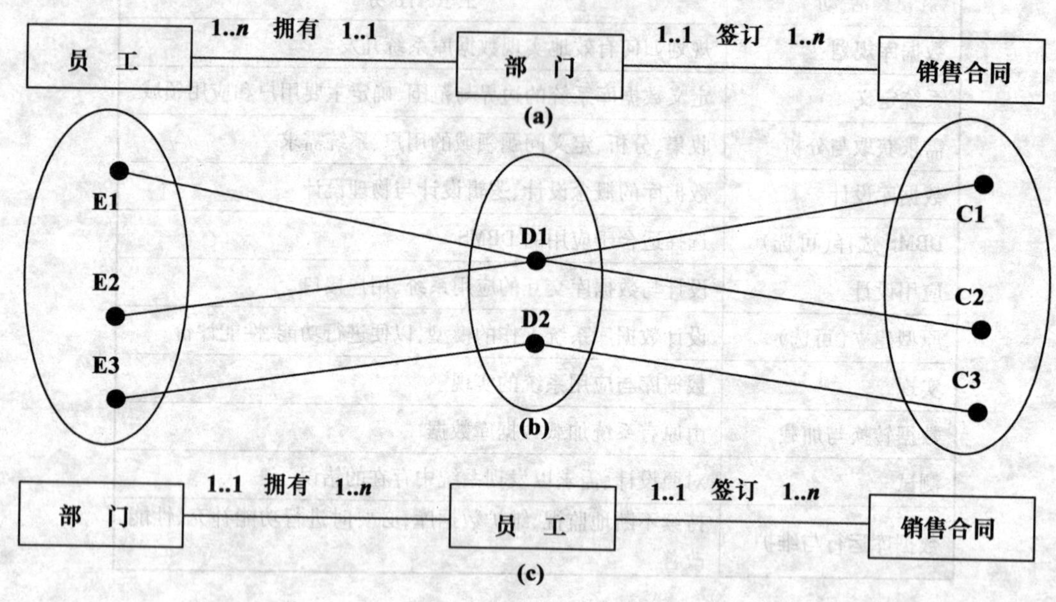

图 6 - 11 扇形连接陷阱

断层陷阱发生在出现 0 的多重联系,此时,实体间的某些连接路径断裂了。考虑部门、员工、办公用具三个实体间的联系:一个部门有多个员工,而且一个员工只能属于一个部门,一名员工可以使用多个办公用具,但是一个办公用具不被任何员工使用(未分配),如图 6 - 12(a)所示,这样就会导致未分配的办公用具属于哪个部门是未知的,为此,增加部门与办公用具实体间的购置联系,图 6 - 12(b)是重构后的正确实体联系。

Howe 法在概念设计时,以内含的“功能分析”为依据确定粗略的 E - R 模型,以范式理

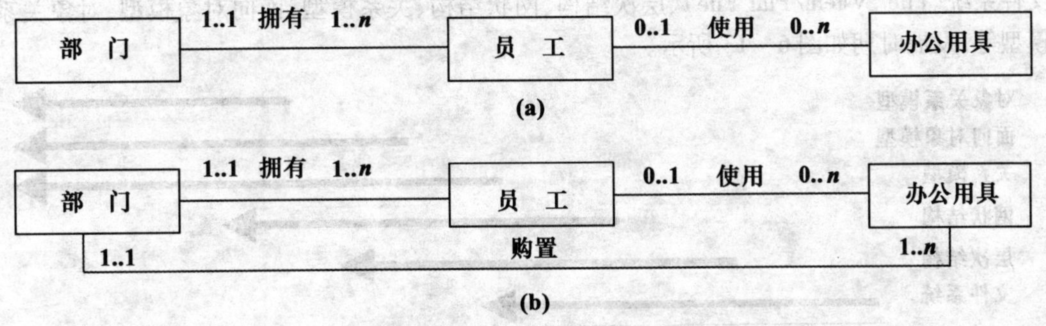

图 6－12 断层连接陷阱

论作指导,减少 E－R 模型中关系的个数,分配属性数据,遇到无法分配时,则扩充 E－R 模型中的实体联系的类型,直到所有属性数据都分配到 E－R 框架中为止,从而得到逐步求精的企业概念结构模型。在进行逻辑设计时,以降低关键事务对应数据的存储开销、提高数据操作的响应速度为目标,修改原来的概念模型,必要时进行反规范化的设计变通,例如把已规范化的关系合并,但是这种变通设计的结果必须遵循:(1)维护第一层设计的初始概念模型所具有的功能;(2)保持系统所应满足的约束。通过第二层可获得求精的概念结构模型,再转换成具体数据库管理系统(DBMS)所对应的数据库逻辑结构模型,完成数据库逻辑设计。

3. 基于第三范式的 Atre 设计方法

基于 3NF(第三范式)的数据库设计方法是由 S. Atre 提出的。在这种方法中用基本关系模式来表达企业模型,从而可以在企业模式设计阶段利用关系数据库理论作设计指南。其基本思想是在需求分析的基础上,确定数据库模式中的全部属性和属性间的依赖关系,将它们组织在一个单一的关系模式中,然后再分析模式中不符合 3NF 的约束条件,将其进行投影分解,规范成若干个 3NF 关系模式的集合,将设计过程分为:

(1)设计企业模式,利用规范化得到的 3NF 关系模式画出企业模式;

(2)设计数据库的概念模式,把企业模式转换成 DBMS 所能接受的概念模式,并根据概念模式导出各个应用的外模式;

(3)设计数据库的物理模式(存储模式);

(4)对物理模式进行评价;

(5)实现数据库设计过程。

6.4 数据建模方法

数据模型(Data Model)对于数据库设计来说非常重要,数据模型是数据库设计的蓝图,在开始实现数据库之前必须进行数据模型设计,目的是为了减少设计过程中的反复工作,保障开发工作的顺利进行。

数据模型(Data Model)又称为数据库模型(Database Model),一个数据库模型描述了存储在计算机上的有组织、有序的信息集合,这些信息一般都是结构化的(Structured),目的在于提高数据检索与修改的效率。

如何有效地存储、检索、修改数据,是一个长期探索的问题,在这一探索过程中,经历了文件系统(File System/Flat File)、层次结构、网状结构、关系模型、面向对象模型、对象关系模型等,发展时期如图6-13所示。

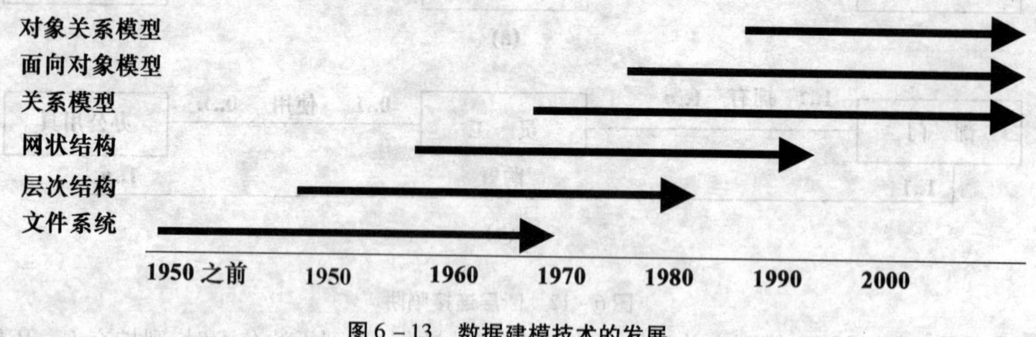

图6-13 数据建模技术的发展

关系理论、实体联系技术为数据建模奠定了坚实的基础,伴随着数据库设计技术的发展,出现了许多数据建模方法,比较典型的有:数据字典、实体联系、扩展实体联系、面向对象、IDEF1x、UML等,本节将对其中有较大影响的建模方法进行简介。

6.4.1 实体联系建模与扩展实体联系建模

在关系数据库的基础上,Peter Pin-Shan Chen(Chen, 1976)提出了实体联系模型,之后,Toby J. Teorey等(Toby J. Teorey, 1986.6)进行改进,提出了扩展实体联系模型,它们是当前广泛采用的各种关系模型建模方法的基础。实体联系方法中的主要概念包括:关系(Relation)、函数依赖(Functional Dependency)、决定因子(Determinant)、候选键(Candidate Key)、复合键(Composite Key)、主键(Primary Key)、替代键(Surrogate Key)、外键(Foreign Key)、参照完整性约束(Referential Integrity Constraint)、范式(Normal Form)、多值依赖(Multi-valued Dependency),它们构成了实体联系、扩展实体联系的基础。

实体关系模型(Entity-Relationship Model)及其扩展——扩展实体关系模型(Extended Entity-Relationship Model)在前面的章节中已有阐述,这里不再赘述。实体联系的语义被广泛接收,初期的数据库设计手工试凑方法大多采用这样的语义体系进行建模,而且,当前辅助工具也支持这些基本概念,因此,实体联系对数据库数据建模产生了重要影响。

6.4.2 IDEF1x方法

IDEF1x是一种设计关系型数据库的建模方法,它提供了开发概念模型(Conceptual Schema)的语义,比较适合于信息需求确定之后的数据库逻辑设计,程序员(Programmer)以IDEF1x模型为蓝图,实现逻辑设计。

IDEF1x是由美国标准技术局(the National Institute of Standards and Technology)开发的一系列方法之一,全名是信息建模集成定义(Integration Definition for Information Modeling)。

IDEF1x方法的实质是:

(1)完全理解与分析企业数据资源的方法;

(2)一种表达与交流数据复杂度的一般方法;

(3)一种表达企业全局数据视图的技术;

(4)定义与应用无关的数据视图的方法，用户可以对该视图进行评价，并进而转换成数据库物理设计；

(5)从已存在数据资源导出集成数据定义的一种方法。

1. IDEF 标准系列

IDEF 由一系列方法组成，如图 6-14 所示，其中与数据建模密切相关的方法主要包括：

IDEF0：功能建模（Function Modeling）
IDEF1：信息建模（Information Modeling）
IDEF1x：数据建模（Data Modeling）
IDEF2：仿真建模设计（Simulation Model Design）
IDEF3：过程描述获取（Process Description Capture）
IDEF4：面向对象设计（Object-Oriented Design）
IDEF5：本体论描述获取（Ontology Description Capture）
IDEF6：设计原理获取（Design Rationale Capture）
IDEF7：信息系统审核（Information System Auditing）
IDEF8：用户界面建模（User Interface Modeling）
IDEF9：场景驱动信息系统设计（Scenario-Driven IS Design）
IDEF10：实施体系结构建模（Implementation Architecture Modeling）
IDEF11：信息制品建模（Innformation Artifact Modeling）
IDEF12：组织建模（Organization Modeling）
IDEF13：三模式映射设计（Three Schema Mapping Design）
IDEF14：网络设计（Network Design）

图 6-14　IDEF 标准系列

(1)IDEF0：对系统或组织中判定（Decision）、活动（Action）、行为（Activity）进行建模的方法，它是起源于结构化分析设计方法（SADT）的图形化方法，即 IDEF 中的功能模型（Function Model）。IDEF0 是系统分析员与顾客之间的一座桥梁，系统分析员可以组织系统分析模型，特别是进行功能分析，并与顾客交流。

(2)IDEF1：IDEF1 也是需求分析与交流的方法，主要涉及企业中所管理的信息，该方法获取企业全局对象的信息，明确表达数据对象、数据状态，主要分析：企业中所收集、存储、管理的信息；管理信息的规则（Rule）；信息的逻辑关系；当前系统中的问题。即 IDEF 中表达信息结构与语义的信息模型（Information Model）。

(3)IDEF1x：进行关系数据库逻辑设计的方法，即 IDEF 中的数据模型（Data Model）。

(4)IDEF3：表达处理过程的方法，IDEF3 提供了一种收集、文档化处理过程的方法，通过结构化的知识表达方法，获取系统、组织、过程中业务处理场景（Situation）、事件（Event）之间的关系，并以领域专家所习惯的方式自然地表达，从而建立处理过程模型。主要描述对象包括：分析阶段用户交流时发现的原始数据（Raw Data）；企业主要业务操作场景（Operation Scenary）；涉及主要数据状态变化的判断处理过程，特别是关于产品制造（Manufacturing）、工程（Engineering）、维护（Maintenance）的定义数据。

(5)IDEF4：面向对象设计方法，IDEF4 强调以图形化的语法开展面向对象设计过程，对主要设计问题进行图形化交流，除此之外还支持类层次（Class Inheritance）、对象构造（Object Composition）、功能分解（Functional Decomposition）、多态（Polymorphism）等设计因素的评价。

2. IDEF1x 中的定义

IDEF1x 中包括了许多关于数据建模的定义，下面仅对其中几个关键的定义进行说明。

（1）实体（Entity）：相同数据类型的真实或抽象事务，例如人、对象、地方、事件等等，这些事务共享相同的特性，参与相同的关系。分类实体（Category Entity）代表某类实体实例与一般实体（Generic Entity）之间的子类型（Sub-type）或子分类（Sub-classification，Sub-class）关系，又称为子类型（Sub-type）或者子类（Sub-class）。一般实体的实例可以按照某种规则划分为若干个子类型或子类，又称为超类型（Super-type）或者超类（Super-class）。子实体（Child Entity）表示一种特殊的连接关系，该实体的一个实例只能与一个其他父实体（Parent Entity）实例相关联。反过来，父实体（Parent Entity）的实例可以与多个子实体（Child Entity）的实例相关。

（2）域（Domain）：相同数据类型的命名数据值集合，一个属性只能从一个域中取值，但是，多个属性可以共用一个域。

3. IDEF1x 中的语义、语法

IDEF1x 的语法与语义涉及 IDEF1x 的模型层次、内容、规则以及模型的不同表达方式，同时还涉及每个图形元素的语义、表达元素的语法以及规则。每个 IDEF1x 模型由一个或多个视图（View）构成，而且每个 IDEF1x 模型还有对应的目的、范围、声明。构成模型视图的主要元素包括：

（1）实体（Entity）（不依赖标识符的实体和依赖标识符的实体）；

（2）关系（Relationship）（标识连接关系、非标识连接关系、分类关系、非特殊关系）；

（3）属性/键（Attribute/Key）（属性、主键、候选键、外键）；

（4）说明（Note）。

（1）实体（Entity）

实体表示 IDEF1x 模型视图中感兴趣的事物，显示在模型视图中，并在术语（Glossary）中部分定义。

①实体的语义

一个实体表示一组具有共同属性或特性的真实事物或抽象事物的集合，例如人、对象、位置、事件、想法，甚至是它们的多种组合，该集合的每一个成员称为实体实例（Entity Instance），一个现实世界的事物可能在一个模型视图中表示为多个实体，例如一个人既可以是一名员工，也可以是一位商品购买者。另外，现实世界的多个事物的组合也可能是某个实体的实例，如一男一女构成已婚实体的一个实例。

如果一个实体的每一个实例都能在不考虑其他实体关系的前提下被唯一地标识，则该实体称为非标识依赖实体（Identifier-independent），反之，如果要唯一识别一个实体的实例，必须依赖于与其他实体的关系，则称之为标识依赖实体。

②实体的语法

实体名是一个单数形式的名词性词组，描述实体所代表的事物，可以使用缩略形式，但在整个模型视图中必须有意义，而且要求保持一致。实体的形式化定义以及别名则要求在

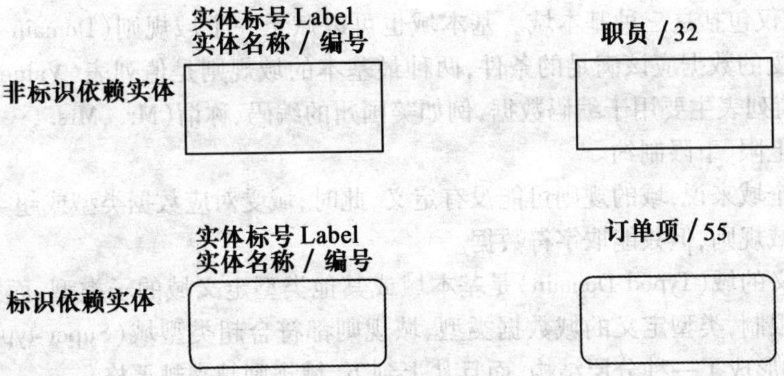

非标识依赖实体

实体标号 Label
实体名称 / 编号

职员 / 32

标识依赖实体

实体标号 Label
实体名称 / 编号

订单项 / 55

图 6－15　实体的图形符号及示例

词汇表/术语表中描述。

③关于实体的规则

a. 每个实体必须有唯一的名称及相同的含义，除了别名之外，含义与名称必须是相对应的；

b. 实体的属性可以是它自身拥有的，也可以是通过某个关系从其他实体中移植来的，如外键；

c. 实体应该拥有唯一标识实体实例的属性或属性组，如主键、候选键；

d. 在模型视图中一个实体可以拥有任意数目的关系；

e. 如果外键作为主键的一部分或全部，则该实体为依赖于标识的实体，否则，如果只有外键的一部分或者根本没有外键属性构成主键，则称为非标识依赖实体；

f. 在模型视图中，实体以实体名称或别名作为标号，而且在同一个模型的不同模型视图中标号可以不同。

(2) 域(Domain)

域表示一组命名了的值，多个属性可以从该组值中取值，IDEF1x 中域的定义独立于实体和视图，这样的好处在于允许重用和企业整体标准化。

①域的语义

一个域可以被认为是一个有着固定数目(可能无限多个)实例的类，例如美国州编码、中国的邮政编码、姓氏等，按照定义，它们都有固定的实例(取值范围)或值的组成规则。

由于取值不会随着时间而发生变化，域又被称为不变类，相反地，实体由于随着时间的推移，数据进行变化、维护，实例数据在发生变化。不变类域的实例一般以规则(Principle)的形式存在，例如日期(Date)域，每个日期实例已经存在或者将要存在，但是所有的日期实例不能作为一个仅包含日期域的实体的实例。

每个域实例在表达上都有一个唯一的值，即在域中唯一，例如美国州的编码可以使用多种表达方式：全名(Alabama，Alaska，Arizona，……)，缩略形式(AL，AK，AZ，……)，州的序号(1，2，3，……)。每个实例表达在域中必须唯一，用州的首字符表达(A，A，A，……)就是非法的。

有两种类型的域：基本域(Base Domain)和类型定义的域(Typed Domain)。

基本域可以被指定为如下几种数据类型：字符型(Character)，数值型(Numeric)，布尔型

(Boolean),其他类型如日期(Date)、时间(Time)、二进制(Binary)等也可以使用，但是IDEF1x标准仅包括这三种基本域。基本域也可以赋予一个域规则(Domain Rule),域规则是域能够接受的数据应该满足的条件,两种最基本的域规则是值列表(Value List)、取值范围(Rang),值列表主要用于编码数据,例如美国州的编码、称谓(Mr.,Mrs.,……),域的取值范围规则受上限、下限制约。

对于一个域来说,域的规则可能没有定义,此时,域受对应数据类型或超类型的限制,例如姓氏没有域规则,但只能取字符数据。

类型定义的域(Typed Domain)是基本域或其他类型定义域的子类型,而这些是对于取值的进一步限制,类型定义的域数据类型、域规则都符合超类型域(Super-type Domain),这样,域之间就形成了一种分层结构,而且从上到下,域规则越来越严格。

图6-16显示了一个域层次结构,频率(Frequency)域为数值类型,没有域规则;声频(Audio-frequency)域以赫兹(Hz)方式表达,并附加一个范围域规则(在1~250000Hz之间),声音(Sonic)域进一步限制该范围规则,定义为人能够听到的频率范围(20~20000Hz)。

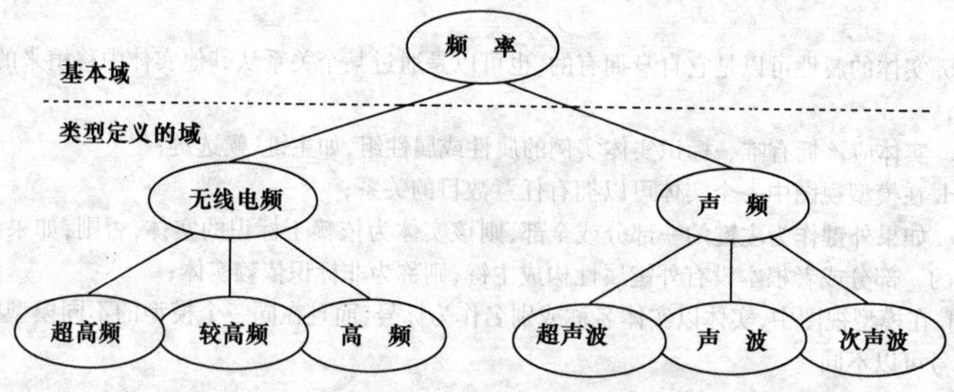

图6-16 域的层次结构

②域的语法(图形表示)

IDEF1x没有对域定义图形表达方式,有关域的信息存放在术语表中,主要的信息包括:基本域的数据类型(Data Type)、类型定义域的子类型关系、域规则、域的表达方式等。

③有关域的规则

a.域有唯一的名称,名称可以代表域的含义,域也可以有别名;

b.一个域要么是基本域,要么是类型定义的域;

c.一个基本域的数据类型可以是如下三者之一:字符类型、数值类型、布尔类型;

d.域可以定义域规则;

e.一个域规则可以声明为取值区间、值列表;

f.取值区间规则以上下限定义域取值的合法性;

g.值列表规则限制一个域实例(取值)只能是一个集合的成员;

h.一个类型定义的域(Typed Domain)是基本域或其他类型定义域的子类型;

i.一个域不能直接或间接地成为自身的子类型。

(3)模型视图(View)

一个 IDEF1x 视图是关于实体及相应域/属性的集合，一个模型视图可以覆盖整个建模域，也可以只覆盖其中一部分。一个 IDEF1x 模型（Model）由一个或若干个模型视图以及模型视图中所包含实体、域、属性的定义构成。

①模型视图的语义

在 IDEF1x 建模中，实体、域往往在一般词汇表（Glossary）中定义，并在多个模型视图中相对应。例如一个职员（EMPLOYEE）实体可以出现在多个模型视图中，甚至出现在多个模型中，并且每一个都可以有一组不同的属性，但是要求在每个模型视图中 EMPLOYEE 实体意味着同一件事情。EMPLOYEE 是所有职员的类，个体基于相似度而被分类为 EMPLOYEE 类，这就是在词汇表中定义的一个职员。

每个模型视图都有一个名称以及一些其他可选的附加描述信息（例如创作者、创建的时间、最后修改时间、完成情况、审核状态等）。另外，也可以单独提供文本方式的模型视图描述，一般包括：关于关系的声明，简短的实体属性描述，探讨规则与约束关系。

②模型视图的图形表示

模型视图是一个容器，通过其内容来表现它，因此其中的实体、属性、域、关系、注释等都要符合它们自身的语法与规则。

③关于模型视图的规则

a. 每个模型视图都要有一个唯一的名称；

b. 一个模型应该包括不同层次的模型视图（E－R，Key－Based，Full Attributes 等）。

(4)属性（Attribute）

与一个模型视图中实体相关联的域称为该实体的属性。

①属性的语义

在 IDEF1x 视图定义中，属性表示与事物相关的一类特性（Characteristic）或特征（Property）。一个“属性实例”是事物集中特定事物成员的特定特性，它由特性的类型与特性值两部分构成，称为“属性值”。一个实体实例在相关的每一个属性上只能取一个特定值。

一个实体必须包括一个属性或属性组合，其值能够唯一标识实体的一个实例，这组属性就构成了实体的主键（Primary Key）。在基于主键的或全部属性视图中每个属性仅由一个实体拥有。例如属性月工资（MONTHLY-SALARY）适合于某些 EMPLOYEE 实例，但并不是全部，这样又定义了一个实体 SALARYED-EMPLOYEE，二者之间存在一种继承关系。此时两个实体都拥有职员姓名、出生日期等公共属性，在表达时这些公共属性只能由EMPLOYEE 实体拥有，实体 SALARYED-EMPLOYEE 不拥有，对于实体 SALARYED-EMPLOYEE 来说是继承属性，继承属性只出现在一般实体的属性列表中。

属性与实体之间除了拥有关系之外，还可能存在一种属性在实体中的表达关系，表现为通过特定的连接关系或者分类关系移植（Migration）来的。例如 DEPARTMENT 与 EMPLOYEE存在一对多的联系，属性 DEPARTMENT-NUMBER 可以为 EMPLOYEE 实体的属性，因为它是从连接关系中移植来的，但此时 DEPARTMENT 实体才是它的拥有者。只有主键才可以通过关联关系移植，例如如果 DEPARTMENT-NAME 不是实体 DEPARTMENT 的主键，则不能移植为 EMPLOYEE 的属性。

②属性的语法

属性以域的唯一名称来标识,用能够描述属性的名词单数形式表达,并允许缩略形式,但是要求在整个模型中属性名有意义并保持一致。在词汇表中可以定义属性的别名列表(如果需要)。

属性在图形中的表达形式参见图6-17:属性列表的上部分为主键,并以水平线与其他属性分割开来。

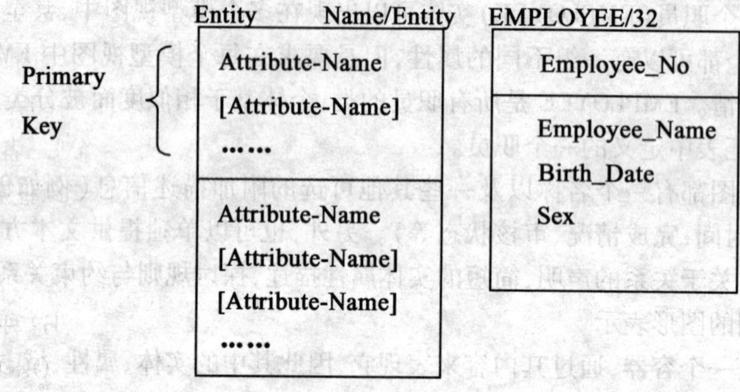

图6-17 属性与主键的语法

③关于属性的规则

a. 模型视图中的属性是一个从实体到域的影射,拥有唯一的名称和一致的语义;

b. 一个实体可以拥有任意数目的属性,在基于主键模型视图或全部属性模型视图中,每个属性只能被唯一的实体拥有;

c. 一个实体可以包括任意数目的移植属性,但是,移植属性必须是父实体或一般实体的主键成分;

d. 实体的每个实例必须在主键属性上有值;

e. 一个实体实例不能在任意一个相关属性上取多于一个的值;

f. 非主键属性允许取空值(null),意味着不适合或不知道;

g. 在视图中,属性以属性名或别名作为标记(Label),对于移植属性,要求使用相同的名称,或者,使用角色名称(Role Name)或角色别名。一个属性在同一个模型的不同模型视图中可以标记为不同的名称(如别名)。

(5)连接关系(Connect Relationship)

IDEF1x 中连接关系用于表达两个实体之间的关联(Association)。

①连接关系的语义

"特定连接关系"或"连接关系"、"父子关系"是一种两个实体间的关联或连接,该连接表明一个父实体(Parent Entity)的实例与0个、1个或者n个子实体(Child Entity)实例相关联,同时,一个子实体实例与0个还是1个父实体实例相关联。例如购买者(BUYER)与购买订单(PURCHASE-ORDER)存在着一种特定的连接关系:一个买主可以签署0个、1个或者多个购买订单,而每个购买订单必须由唯一的一个买主签署。连接关系也有对应的连接实例。

连接关系的度(Cardinality)可以进一步刻画其定义:与每个父实体实例可能相关联的子实体实例数目。在IDEF1x中连接关系的度可能有如下几种情况:

a. 每个父实体实例可以(may)与 0 个或多个子实体实例关联;

b. 每个父实体实例必须(must)与至少 1 个子实体实例关联;

c. 每个父实体实例能够(can)与 0 个或 1 个子实体实例关联;

d. 每个父实体实例与确定数目的子实体实例关联;

e. 每个父实体实例可以与一定范围数目的子实体实例关联。

识别关系(Identifying Relationship)语义:

如果一个子实体实例由关联的父实体表示,则该关系称为识别关系,并且每个子实体实例必须与一个父实体实例相关联。例如两个实体工程(PROJECT)、任务(TASK),如果一个工程与一项或多项任务相关联,而且任务只能在一个项目中唯一识别,则二者之间就存在着识别关系,也就是说,要在多项任务中唯一识别出一项任务,则必须知道该任务关联的工程。识别关系中的孩子实体一般存在依赖于父实体。

非识别关系(Non-identifying Relationship)语义:

如果在识别每个子实体实例时,可以不知道相关联的父实体实例,则这种父子实体间的连接称为非识别关系。例如,尽管购买者(BUYER)与订单(PURCHASE-ORDER)可能存在着"存在依赖关系"(Existence-dependency),然而订单可以用订单号唯一识别,而不需要知道相关的购买者。

②连接关系的语法

连接关系的图形表达在父子实体之间画一条直线,并在子实体一端有一个实心圆点(Dot),缺省的子实体度是 0、1 或者 n;实心圆点周围的 P(Positive)标记代表 1 或 n,实心圆点周围的 Z 标记代表 0 或 1;如果度是一个确定的数值、范围,则直接标明该数值或者范围;对于其他度的情况,则以注释说明。图 6-18 显示了定义连接关系的各种情况。

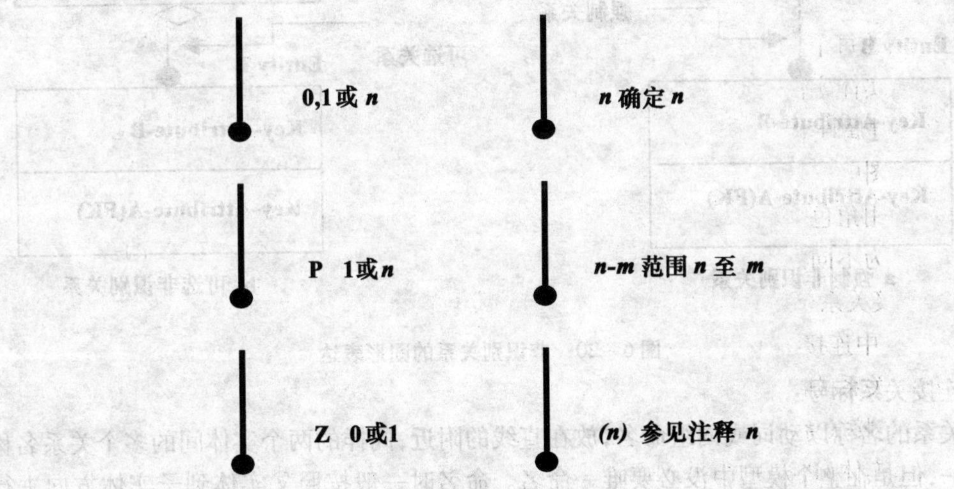

图 6-18 连接关系的度

识别关系的表达:

父子实体间的实线表明该连接关系为识别关系,由于子实体的识别依赖于父实体,因此,子实体以圆角矩形表示,同时显示从父实体移植来的主键。如图 6-19 所示。

一般来说,识别关系中的父实体为非识别依赖实体,但是该父实体也可能在另外一个识别依赖关系中作为子实体出现。另外对于子实体来说也可能出现在另一个识别依赖关系中

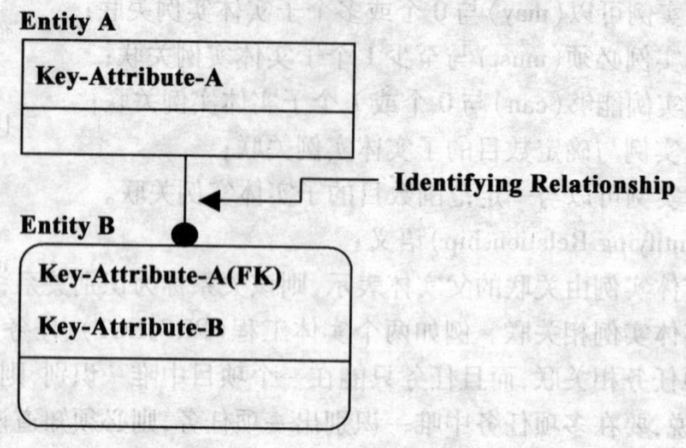

图 6－19　识别关系的图形表达

作为父实体存在，不管怎样，子实体一律以圆角矩形方式表达。

非识别依赖关系的表达：

非识别依赖关系以虚线表达，又分为两种情况：强制的非识别依赖关系和可选的非识别依赖关系。强制的非识别依赖关系实体意味着每一个子实体实例与恰好一个父实体实例相关，而可选的非识别依赖关系意味着每个子实体实例与 0 个或 1 个父实体实例相关，表达式在父实体一端加一个菱形标记。如图 6－20 所示。

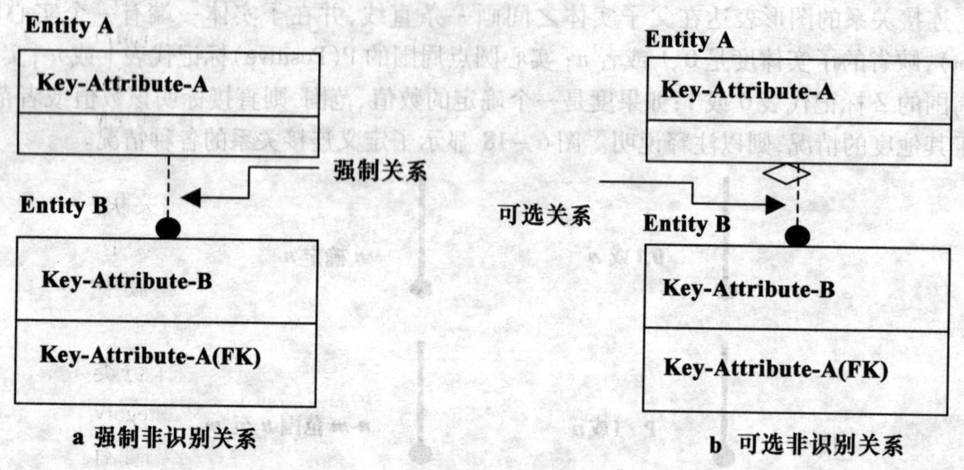

a 强制非识别关系　　　　b 可选非识别关系

图 6－20　非识别关系的图形表达

连接关系标号：

关系的名称以动词或词组命名，放在直线的附近，同样的两个实体间的多个关系名称必须唯一，但是在整个模型中没必要唯一命名。命名时一般按照父实体到子实体方向进行关系命名，例如一项工程项目提供资金给一项或多项任务，此时实体 PROJECT、TASK 间的联系可以命名为“提供资金”。

③关于连接关系的规则

a. 连接关系是两个实体间的关系，仅涉及父实体、子实体；

b. 对于识别依赖关系和强制非识别依赖关系，每个子实体实例必须与唯一一个父实体实例相关联；

c. 对于可选非识别依赖关系，每个子实体实例必须与 0 个或 1 个父实体实例相关联；

d. 一个父实体实例可以与 0 个、1 个或 n 个子实体实例相关联，依赖于子实体的度定义；

e. 一个实体可以与任意的其他实体相关联，既可以作为父实体，也可以作为子实体；

f. 只有非识别依赖关系可以是递归的，即一个实体与自身的关联。

(6) 分类关系（Categorization Relationship）

分类关系用于表达一个实体是另一个实体的"类型（Type）"分类（Category）这种结构。

①分类关系的语义

实体表达的是关于我们需要信息的事物，在现实世界中，实体之间可能存在着分类的关系。例如员工是我们所关心的信息，尽管他们有一些共同的信息适用于所有的员工，但是按月付酬的员工与按小时付酬的员工之间必然存在着一定差异，因此 SALARIED-EMPLOYEE、HOURLY-EMPLOYEE 实体就构成了 EMPLOYEE 实体的分类，在 IDEF1x 定义中，它们通过分类关系（Categorization Relationship）进行关联。另外，一个分类实体也用于表达如下情况：一个有效的特殊子类。例如，全职员工（FULL-TIME-EMPLOYEE）可能拥有一定的红利（BENEFIT），而兼职员工（PART-TIME - EMPLOYEE）则没有。

分类关系是一般实体（Generic Entity）与分类实体（Category Entity）之间的一种关系，而分类簇（Category Cluster）是一个或多个分类关系的集合。一般实体的一个实例只能与分类簇中的一个分类实体实例相关联，每个分类实体实例也与唯一的一个一般实体实例相关联，每个分类实体实例与一般实体实例一样，都表达了现实世界的事物。例如 EMPLOYEE 是一个一般实体，SALARIED-EMPLOYEE、HOURLY-EMPLOYEE 是分类实体，在这一个分类簇中，存在两个分类关系，分别是 EMPLOYEE 与 SALARIED-EMPLOYEE 和 EMPLOYEE 与 HOURLY-EMPLOYEE。

由于一个一般实体实例不会与分类簇中多于一个的分类实体实例相关联，分类实体是互不包含的（Mutually Exclusive），例如员工的例子中，一名员工不能既是 SALARIED-EMPLOYEE，同时又是 HOURLY-EMPLOYEE。一个实体可以在多个分类簇中充当一般实体，两个分类簇分类实体间不存在互不包含关系。

完全分类簇（Complete Category Cluster）：每个一般实体实例都与一个分类实体实例相关联，即完全分类簇展示了所有的分类情况；不完全分类簇（Incomplete Category Cluster）：某个一般实体实例可能不存在对应的分类实体实例，即某些分类不存在。例如有些员工可以按照协议付酬，既不是 SALARIED-EMPLOYEE，也不是 HOURLY-EMPLOYEE。

对于一个分类簇，一般实体或其祖先实体中有一个称为区分符（Discriminator）的属性，区分符的取值决定了一个一般实体实例所属的分类实体，例如 EMPLOYEE 实体的 EMPLOYEE-TYPE属性就是一个区分符。

②分类关系的语法

分类簇的表达方式如图 6－21 所示，图中没有定义度，因为度一般为 0 或 1，分类实体一般也多是识别依赖实体。分类符一般与圆圈写在一起，一般实体与分类实体必须有相同的主键属性（组）。

③关于分类关系的规则

a. 一个分类实体可以只有一个一般实体，即只作为一个分类簇的成员；

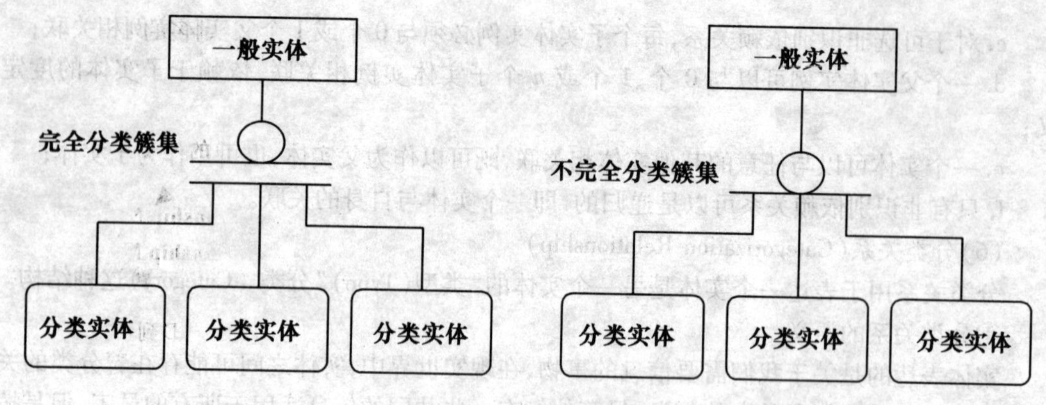

图 6－21　分类实体关系

b. 一个分类关系中的分类实体可以在另一个分类实体关系中作为一般实体；

c. 一个一般实体可以有任意多的分类簇；

d. 分类实体的主键属性(组)必须与一般实体的主键属性(组)相同，但分类实体可以赋予角色名称；

e. 一个分类实体的所有实例都有相同的区分符值，而不同分类实体的实例区分符值不同；

f. 分类关系中不存在递归关系，即一个实体不能是其自身的祖先；

g. 一个一般实体的两个分类簇不能使用相同的区分符；

h. 一个完全分类簇的区分符不能是可选的属性。

(7)非特定关系(Non-specific Relationship)

非特定关系一般用在高层实体关系视图中，用以表达实体间的多对多关系。

①非特定关系的语义

实体间的父子关系、分类关系都被认为是特定的关系，因为它们都精确地定义了一个实体的实例与另一个实体的实例之间如何关联。在基于主键的视图或全部属性视图中，实体间的关联都必须为特定的关系，然而在初始建模阶段，识别出实体间的非特定关系也很重要，在后续的建模阶段进一步对它们进行精化。非特定关系也称为两个实体间的多对多关系(Many-to-Many Relationship)，即一个实体的实例可以与另一个实体的 0 个、1 个或 n 个实例相关联，例如若可以给一名员工分派多项工程，同时一项工程可以有多名分派的员工，因此 EMPLOYEE 与 PROJECT 之间就表现为非特定关系。在后续的开发阶段通过引入第三个实体来替换非特定关系，如引入 PROJECT－ASSIGNMENT 实体，它作为EMPLOYEE与PROJECT的共同子实体，非特定关系就变成了两个特定联系。非特定联系可以进一步定义双向的度。

②非特定关系的语法

非特定联系的表达如图 6－22 所示，可以进行双向命名，度的表达方式与父子关系中度的表达方式相同。

③关于非特定关系的规则

a. 一般为两个实体间的联系；

b. 根据定义的度，一个实体的实例可以与另一个实体的 0 个、1 个或 n 个实例相关；

c. 在基于主键的视图或全部属性视图中，所有的非特定关系都要转化为特定关系；

d. 非特定关系可以是递归关系,即一个实体与其自身之间存在着多对多的关系。

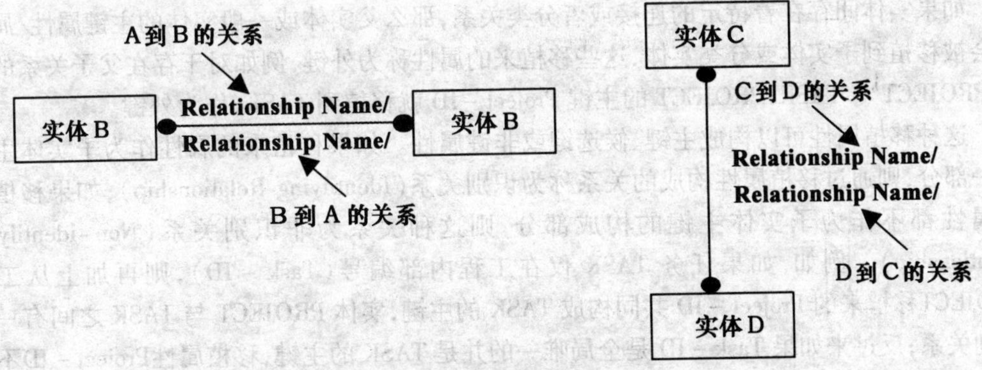

图6-22 实体间的非特定关系

(8)主键与候选键(Primary Key and Alternate Key)

主键与候选键表达了实体属性值的唯一性约束。

①主键与候选键的语义

一个实体的候选键是其值能够唯一识别实体每一个实例的属性或属性组。在基于键或全部属性视图中,每个实体至少有一个候选键。如果存在多个候选键,其中一个候选键被选择为主键,如果只有一个候选键,它必然为主键。

②主键与候选键的语法

主键属性放在实体矩形的上部,并与其他属性分开,候选键用AK加序号标示,如图6-23所示,一个属性可以作为多个候选键的构成部分,主键也可以作为候选键的一部分。

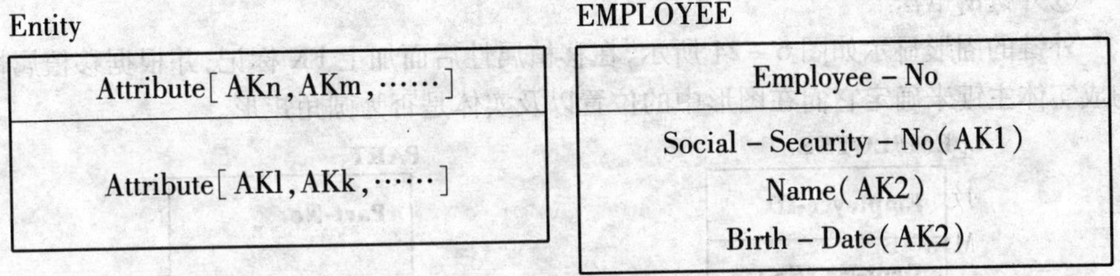

图6-23 主键与候选键

③关于主键与候选键的规则

a. 在基于键或全部属性的视图中,每个实体都必须有主键;

b. 一个实体可以有任意多的候选键;

c. 主键与候选键既可以是单个属性,也可以是属性的组合;

d. 一个属性可以参与构成多个键(主键或者候选键);

e. 构成主键或候选键的属性可以是实体拥有的属性,也可以是移植来的属性;

f. 主键与候选键必须能够起到唯一标识的作用;

g. 如果主键由多个属性构成,则每个非键属性必须函数依赖于整个主键;

h. 非键属性必须仅仅函数依赖于主键和每一个候选键。

(9)外键(Foreign Key)

指派相关联实体实例的实体属性/属性组称为外键。

①外键的语义

如果实体间存在着特定的连接或者分类关系，那么父实体或一般实体的主键属性/属性组会被移植到子实体或分类实体，这些移植来的属性称为外键，例如对于存在父子关系的实体 PROJECT 与 TASK，PROJECT 的主键 Project – ID 就移植到 TASK，作为外键。

这种移植属性可以构成主键、候选键或非键属性。如果移植来的属性作为子实体主键的一部分，则通过移植属性构成的关系称为识别关系（Identifying Relationship）；如果移植来的属性都不作为子实体主键的构成部分，则这种关系为非识别关系（Non -identifying Relationship）。例如，如果任务 TASK 仅在工程内部编号（Task – ID），则再加上从工程 PROJECT移植来的 Project – ID 共同构成 TASK 的主键，实体 PROJECT 与 TASK 之间有一种识别关系；反过来如果 Task – ID 是全局唯一的并是 TASK 的主键，移植属性Project – ID不作为 TASK 的主键构成部分，PROJECT 对于 TASK 来说就不具有识别关系。

对于分类关系，由于一般实体与分类实体的主键相同，代表着现实世界的相同真实事物，分类实体的主键都是通过分类关系移植来的。例如分类实体 SALARIED -EMPLOYEE、HOURLY -EMPLOYEE 与一般实体 EMPLOYEE，则 EMPLOYEE 的主键 Employee -identifier 也是另外两个分类实体的主键。有时一个子实体与同一个父实体间可能存在着多重关系，父实体的主键就必须针对每一种关系进行移植，作为子实体的移植属性，对于一个给定的子实体实例，每种关系移植来的属性可能不同，即参照了多个父实体。

②角色名称的语义

当一个属性通过多重关系移植到一个实体时，就必须定义角色名称用以区分不同的移植。如果实体实例对于两次移植取不同的属性值，则角色名必须不同。反过来，如果每一个实体实例对于移植属性的每次出现都取相同的值，则应该有相同的名称。

③外键的语法

外键的图形显示如图 6 – 24 所示，在移植属性后面加上 FK 标记，并根据移植属性是否构成实体主键来确定它们在图形中的位置以及实体是否为圆角矩形。

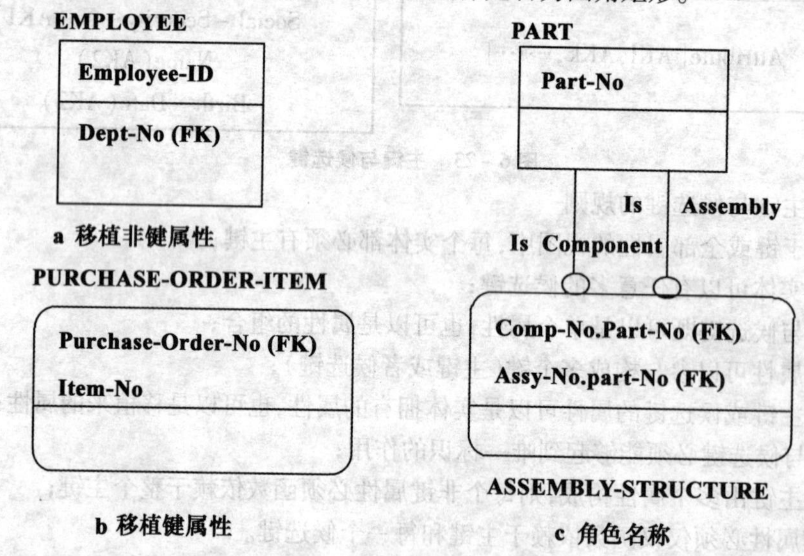

图 6 – 24 外键的图形表达方式及角色名称

④关于外键的规则

a. 对于特定连接，分类关系中的子实体、分类实体必须包含外键属性，一个属性可以参与多重这样的连接，外键属性的数目必须与父实体或一般实体的主键属性数目一致；

b. 一般实体的主键移植后必须作为每个分类实体的主键；

c. 对于相同的关联关系，子实体不能有两份移植属性；

d. 对于子实体、分类实体，移植属性必须是父实体、一般实体的主键属性，反过来，也就是说，父实体、一般实体的所有主键属性必须移植到相关的子实体、分类实体上；

e. 移植属性的角色名称必须唯一，并且语义与名称相对应；

f. 如果一个移植属性对于任意一个外键都取相同的值，则该移植属性可以参与构成多个外键，可以只给该属性赋予一个角色名称；

g. 每个外键属性必须参照一个，而且也只能是一个父实体的主键属性，一个属性 A 参照了属性 B，则可能：A = B；A 是 B 的子类型（Sub-type）。一个属性 A 如果是 C 的别名且 C 是 B 的子类型，或者 A 是 C 的子类型且 C 是 B 的子类型，则 A 是 B 的子类型。

(10）模型视图的层次（View Level）

IDEF1x 建模中定义了三个层次的概念方案层次，分别是：实体关系 Entity - Relationship（ER）、基于键 Key - Based（KB）、全部属性 Fully Attributes（FA），它们有着不同的语法、语义：

①ER 视图不定义键；

②KB 定义键以及一些非键属性；

③FA 定义键以及所有的非键属性。

①视图层次的语义

ER 视图包含实体、关系，也可能包含一些属性，但不包含主键、候选键、外键，因为 ER 不定义任何键，它的实体没有必要区分为识别依赖、非识别依赖，它的连接关系也没有区分为识别与非识别关系。ER 视图可以包含分类关系，但区分符是可选的。ER 视图也可能包含非特定关系。

KB 视图包含实体、关系、主键、外键；实体必须区分为识别依赖实体与非识别依赖实体，连接关系也必须区分为识别关系与非识别关系；对于非识别依赖关系，父实体的度必须指派为强制的或可选的；每个分类簇必须指明区分符属性；非特定关系不允许存在；每个实体必须包括主键，如果存在其他唯一性约束，则每个约束定义一个候选键；连接或分类关系中的子实体、分类实体必须包括外键；KB 视图还可以包含非键属性。

FA 视图与 KB 视图有着同样的要求，另外还要求实体包含全部的非键属性。

②视图层次的语法

ER 视图中，连接关系用实线或虚线表达，实体矩形不包括区分主键与其他属性的水平线。

KB 视图与 FA 视图，实体矩形根据需要，分别是直角矩形或圆角矩形；连接关系根据需要画成实线或虚线；实体矩形包括区分主键属性与非主键属性的水平线；对于区分符属性放在圆圈位置。

③关于视图层次的规则

表 6 - 2 总结了 IDEF1x 视图的层次，对于 ER 视图，有下述规则：

a. 一个视图可以不定义实体；

b. 实体也没必要定义主键和候选键；

c. 实体中不能包含移植属性，也不包含外键；

d. 实体也不需要区分识别依赖与非识别依赖，分类实体可以认为是依赖实体；

e. 在连接关系中定义父实体的度；

f. 关系也没有必要区分识别关系与非识别关系。

表 6-2 IDEF1x 视图的层次

特性/视图类型	ER 层次	KB 层次	FA 层次
实体 Entity	Yes	Yes	Yes
特定关系 Specific Relationship	Yes	Yes	Yes
非特定关系 Non-specific Relationship	Yes	No	No
关系分类 Relation Categorizationhips	Yes	Yes	Yes
主键 Primary Key	No	Yes	Yes
候选键 Alternate Key	No	Yes	Yes
外键 Foreign Key	No	Yes	Yes
非键属性 Non-key Atttribute	Yes	Yes	Yes
注释 Notes	Yes	Yes	Yes

(11)词汇表(Glossary)

IDEF1x 必须有伴随的词汇表，它定义了所有的模型视图、实体、域/属性，对于每个对象，描述如下主要内容：

①名称(Name)

名称必须唯一，按照 IDEF1x 词法规则进行命名。名称必须有意义，表达自然，允许使用缩略形式。

②描述(Description)

对实体、域的一般理解性声明性质的描述，或者关于模型视图内容的文本描述。描述要求适合于所有使用的相关实体、域/属性。

③别名(Alias)

已知实体、域/属性的其他名称列表，相关实体、域/属性的描述恰好准确地适合于别名。模型视图不允许存在别名。

④其他附加信息(Additional Information)

其他附加信息是可选部分，内容还是关于模型视图、实体、域/属性，例如创作者的姓名、创作时间、最后修改时间等等。对于模型视图，还可以涉及视图层次、完成情况、审核状态等。对于域还可以包括数据类型、域规则、超类型等的定义。

(12)模型注释 Model Note

伴随着模型图形，还可以包括关于一般注释、文档特定约束等的注释，它们是模型不可或缺的组成部分。在模型图形中临近要说明对象(实体、关系、属性、视图名称)的地方放置标号“(n)”，n 为注释的编号。定义特定约束的注释在视图图形中也以“(n)”的方式标注。

6.4.3 UML 建模方法

统一建模语言(United Modeling Language ,UML)是在面向对象(Object-oriented)技术的基础上发展而来的一种建模规范,而且成为了一种数据库设计建模的一种有效工具,提供了丰富的过程建模、应用建模的标准图形语义、视图(Eric J. Naiburg, 2001.7)。作为一种系统开发通用建模语言,UML 可以将数据库模型与其他部分的设计有机地集成在一起,因而,是又一种被广泛采用的建模方法。

UML 为数据库系统设计提供了全程建模能力,包括:业务用例建模(Business Use Case Modeling)、业务对象建模(Business Object Modeling)、数据库需求定义(Database Requirements Definition)、分析与初步设计(Analysis and Preliminary Design)、详细设计与部署(Detailed Design and Deployment),如图 6-25 所示。

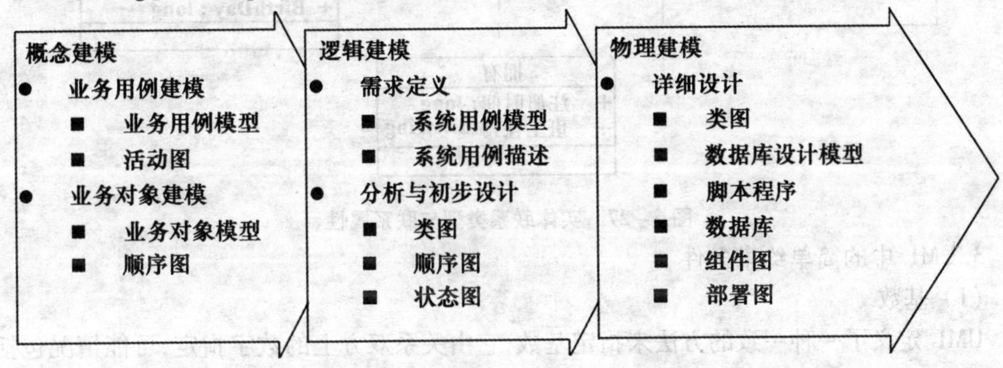

图 6-25 数据库设计与 UML 建模

1. UML 中的实体类型

UML 中相应的定义实体类型元素是类,根据定义,类能够隐藏内容,而实体具有可访问接口,UML 允许类利用公共属性使结构公共化。类一般用矩形表示,该矩形最多可分为三个部分:第一部分包括类的原型和名称,原型指的是 UML 中为了强化共同特征而进一步进行的元素分类;第二部分包含具有类型和可见性的属性,还可以包含属性的其他细节;第三部分是为类的行为保留的。

实体是实体类型的一个实例。在 UML 中,对象是类的实例,这意味着实体本身与对象相对应,对象的表示来源于类的表示。

如图 6-26,是职员(Employee)实体类型与其属性,以及实体(标识符为 82007093101115)。

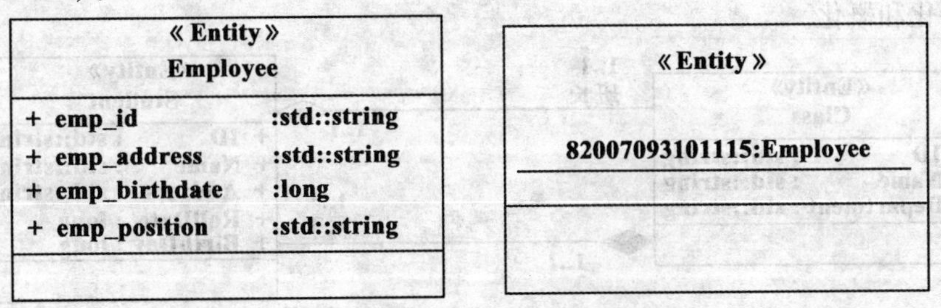

图 6-26 UML 表示的实体类型、实体、属性

2. UML 中的关系类型及其属性

在 UML 中类之间的关系是为类型而非实例指定的,关系双方上的数字指定了基数:参与该关系的可能实例的数量,关系的名称是直接在关系行中指定的,用于标识该关系。例如图 6-27 表示班级与学生之间的一对多关系,一个班级拥有一名或者多名学生,而一名学生则只能属于一个班级。关系可以具有属性,这些属性显示在 UML 关联类中。关联类显示在一个矩形中,并且包含该关系的公共属性清单。关联类利用虚线与关系连接。不需要原型来解释类用法和为该类分类,因为附件已经对它做了定义。

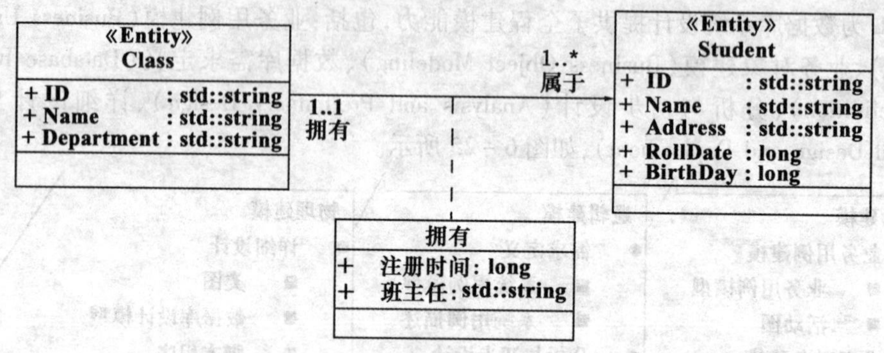

图 6-27　实体联系类型与联系属性

3. UML 中的简单约束条件

(1) 基数

UML 定义了一种一致的方法来指定基数,它由关系双方上的数字指定,可能情况包括:指定实例具体数量的单个数字,以及一对规定了基数的范围的以".."隔开的数字。用于无限基数的符号是"＊",它可以单独使用标识可选的无限关系,也可以与另一个很低的值结合使用,来指定强制关系(如"1..＊")。基数的下限值和上限值可以是任意正数或者"＊",但是第一个数字必须小于或等于第二个数字。

(2)依赖关系

UML 可以分辨两种形式的实体类型间的依赖关系:聚合是需要依赖性实体类型的两个实体类型之间的一种依赖关系,UML 中聚合的语法是在聚合方用空心菱形表示,同一方还有一个值为 1 的强制基数,它可以省略。

当聚合不是对于所有依赖关系都唯一,并且不是所有依赖性实例都必须与同一个实体相关时,就可以使用聚合。当聚合是所有依赖关系的唯一实体时,UML 指定了一种叫做组合的强依赖关系。

(3)特化和概化

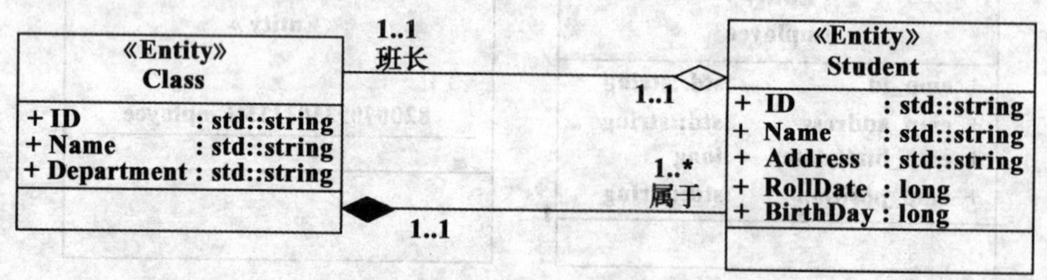

图 6-28　UML 表达实体间的依赖关系

实体类型的相同点和不同点分析是必不可少的一部分,特化降低了风险,并通过从父方那里继承需求,概化简化了系统中实体类型的模型和实现过程。在 UML 中概化是在关系的父方用空箭头表示的,概化不是两个实体类型间的一种关系,它是从特定实体类型到一般实体类型的派生,在概化关系上不允许有基数。父实体类型的所有属性和关系被特化后的实体类型继承,到其他实体类型的属性和关系不能从特化实体类型中删除。

运用 UML 作为数据库设计建模的工具有以下几个方面的优点:(1)类与实体本质上都是对现实世界的处理对象进行建模,理论上是可以结合在一起的;(2)当前访问数据库的应用开发大多采用面向对象技术进行分析、设计、实现,采用 UML 进行数据建模,既有利于应用开发也方便数据库设计,而且将二者有机地结合在一起;(3)UML 表达手段丰富(多种视图),而且开发工具比较多,如 PowerDesigner、Rose 等,可以很大程度上提高数据库设计的效率和质量。

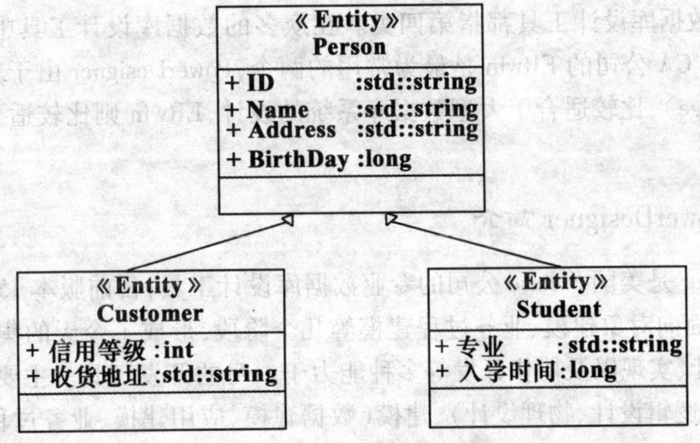

图 6-29　特化与概化关系

6.5　数据建模工具

数据库设计工具随着技术的成熟与计算机应用的拓展而不断发展。利用数据库技术解决的问题越来越复杂,摆在数据库设计人员面前的问题是:一方面要求高质量的快速数据库设计;而另一方面采用手工建模、书写文档等。解决这一问题的办法就是采用数据库设计工具(辅助设计人员进行数据抽象、建模、设计验证、文档书写等的专用软件工具)。采用数据库设计工具,具有以下重要意义:

(1) 提高设计质量;

(2) 提高设计效率;

(3) 支持团队协作;

(4) 支持大型数据库项目开发。

按照提供的功能,数据库设计工具可以分为:

(1) 文档辅助工具:例如 MS Office(Word/Excel)、Visio 等,利用这样的工具只能进行文档的撰写,而对于数据库设计没有支持。

(2) 应用程序设计工具:对这一类的工具而言,数据库设计只是整个工具中很小的一部分功能，更多的是数据库应用程序辅助设计，例如 Sybase 公司的 PowerBuilder、Borland 公司的 Delphi，支持实体关系图以及库表结构等的设计。

(3) 数据库管理系统(DBMS)附带的数据库设计工具：这类设计一般支持图形界面的表结构的设计，例如 Oracle、DB2、Sybase 等，有些还支持实体关系图，如 MS SQL Server，这类设计都不独立于数据库管理系统。

(4) 数据库设计工具：该类工具支持数据库的概念设计、逻辑设计、物理设计、文档生成、数据库生成等，并具有一定的设计检验功能，除物理设计外，其他设计都独立于数据库管理系统，20 世纪 80 到 90 年代出现的工具基本上都属于这一类，如 Sybase 公司的 PowerDesigner、CA 公司的 ERwin 等。

(5) 数据建模工具：这类工具除了支持传统数据库设计之外，还支持业务流程建模、面向对象建模、UML(统一建模语言)建模等，例如 PowerDesigner、Rational Rose 等。

一般来说，数据库设计工具都指第四类。在众多的数据库设计工具中，Sybase 公司的 PowerDesigner 与 CA 公司的 ERwin 是最为常用的两个，PowerDesigner 由于支持团队开发和分层机制(Package)，比较适合于大型数据库系统的设计，ERwin 则比较适合于中小型数据库建模。

6.5.1 PowerDesigner 简介

PowerDesigner 是美国 Sybase 公司的专业数据库设计工具，目前版本 15，其发展经历了数据设计、UML 面向对象建模、业务过程建模等几个阶段，形成了今天的集数据库设计、应用需求分析、设计、实现以及协作开发等多种能力于一身的开发工具。主要特性有：数据库设计(概念设计、逻辑设计、物理设计)、建模(数据建模、应用建模、业务过程建模)；多模型文档生成；团队协作开发支持、面向对象设计、支持 40 多种 DBMS、多种程序设计语言(Java、Net、C + +)以及逆向工程等，是当前数据库应用系统设计中广泛运用的开发工具。

PowerDesigner 提供的主要功能模块包括：业务过程模型(BPM)、概念数据模型(CDM)、物理数据模型(PDM)、面向对象模型(OOM)、设计报告管理器(Report)、协作支持环境(Repository)。图 6 - 30 显示了 PowerDesigner 的建模模块。在软件开发周期中，首先进行的

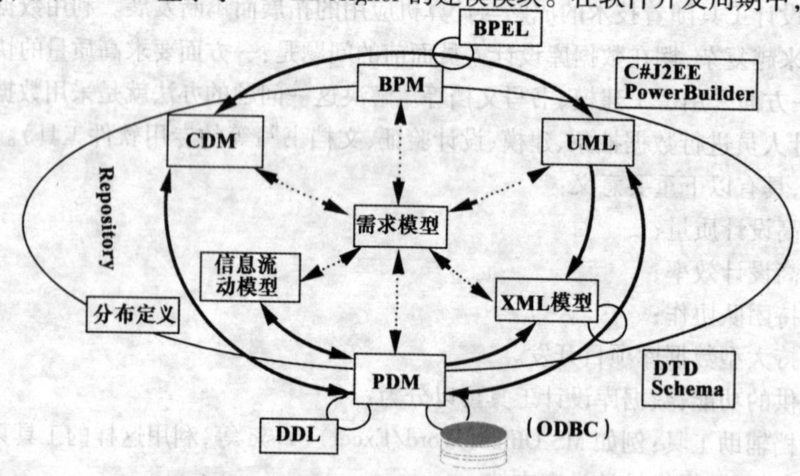

图 6 - 30 PowerDesigner 的特性

是需求分析,并完成系统的概要设计;系统分析员可以利用BPM画出业务流程图,利用OOM和CDM设计出系统的逻辑模型;然后进行系统的详细设计,利用OOM完成程序框图的设计,并利用PDM完成数据库的详细设计,包括存储空间、存储过程、触发器、视图和索引等,PowerDesigner既支持正向工程,也支持逆向工程,如图6-31所示。

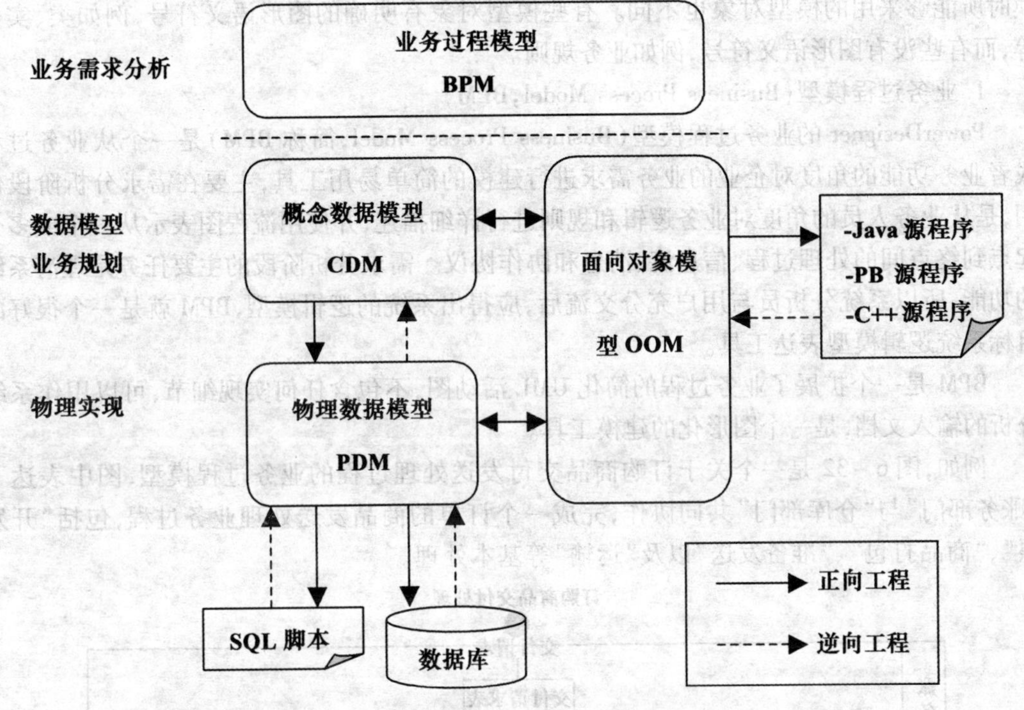

图6-31 PowerDesigner建模功能之间的关系

为了适应大型系统的建模,PowerDesigner提供了很好的分层机制,实现建模的划分、分层以及有效的管理,主要概念包括工作空间(Workspace)、文件夹(Folder)、模型(Model)、包(Package)、图(Diagram)、建模对象(Object)六个层次。

(1)工作空间是利用PowerDesigner进行建模的所有信息集合,对应着一位设计人员的本地设计空间,可以利用文件夹、模型等分层式地管理本地设计环境,而这些关联信息存储在一个工作空间文件中。同一时间只能打开一个工作空间。工作空间采用树形目录机制,实现模型的管理,简化了建模的管理。

(2)文件夹是一个分层组织工作空间的可选容器,文件夹内可以存放子文件夹和模型,而且层数不受限制,工作空间中的文件夹是一种本地结构,无法实现共享。Repository下的文件夹可以共享,以实现协同开发。

(3)模型是建模对象元素的容器,是重要的设计单元,一个模型由名称、类型、存储文件和工作空间中的位置共同决定。一个模型可以划分为若干个包,也可以在若干个图中显示模型的内容。PowerDesigner提供概念数据模型、物理数据模型、面向对象模型、业务过程模型以及自定义格式的模型等五种类型。

(4)包是一种模型划分机制,对于一个比较大的模型,可以利用包将整个模型划分为若干个较小的单元,也可以进行任务划分、分配。模型中包的数目不受限制,也可以构建包的分层结构,而且层数的划分没有限制。

(5)图利用有特定语义的对象符号表达一个模型或者包的图形化视图，一个模型或包可以有多个图，每个图可以分别表示一个局部(划分)，也可以从不同的角度对不同信息进行建模。

(6)模型对象是进行建模的最基本术语概念，依据模型类型的不同，不同的模型进行建模时所能够采用的模型对象也不同。有些模型对象有明确的图形语义符号，例如类、实体等，而有些没有图形语义符号，例如业务规则。

1. 业务过程模型(Business Process Model, BPM)

PowerDesigner 的业务过程模型(Business Process Model, 简称 BPM)是一个从业务过程或者业务功能的角度对企业的业务需求进行建模的简单易用工具，主要在需求分析阶段使用，是从业务人员的角度对业务逻辑和规则进行详细描述，并使用流程图表示从一个或多个起点到终点间的处理过程、信息流、消息和协作协议。需求分析阶段的主要任务是理清系统的功能，所以系统分析员与用户充分交流后，应得出系统的逻辑模型，BPM 就是一个很好的目标系统逻辑模型表达工具。

BPM 是一个扩展了业务过程的简化 UML 活动图，不包含任何实现细节，可以用作系统分析的输入文档，是一个图形化的建模工具。

例如，图 6－32 是一个关于订购商品交付发送处理过程的业务过程模型，图中表达了“账务部门”与“仓库部门”共同协作，完成一个订单的商品发送处理业务过程，包括“开发票”、“商品打包”、“准备发送”以及“运输”等基本处理。

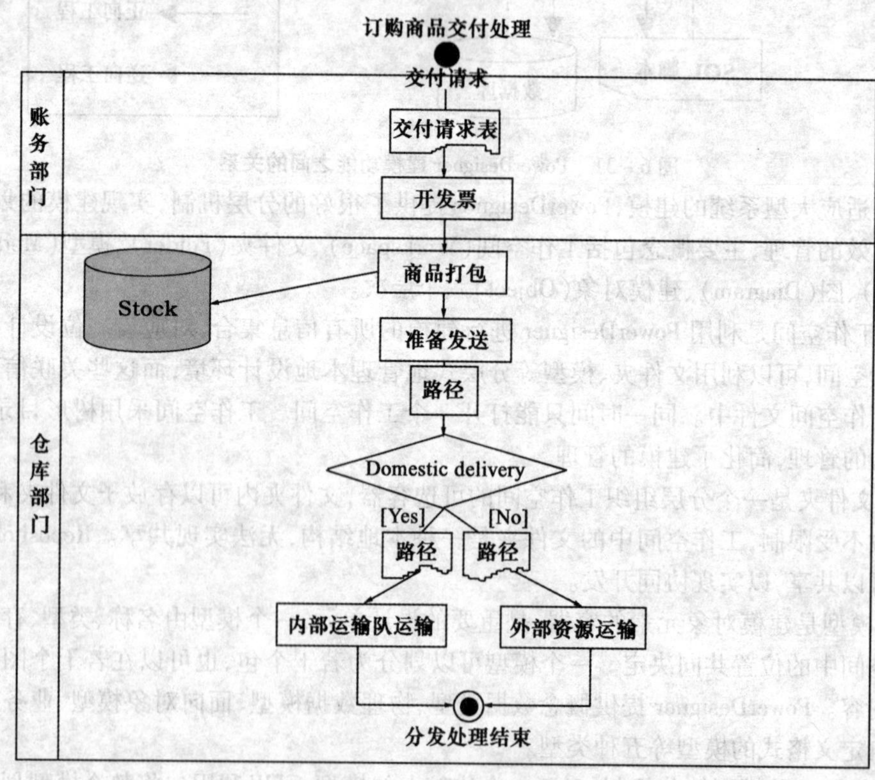

图 6－32　业务过程模型

2. 概念数据模型(Conceptual Data Model,CDM)

概念数据模型(Conceptual Data Model,简称 CDM),主要在系统开发的数据库设计阶段使用,是按用户的观点来对数据和信息进行建模,利用实体关系图(E-R 图)来实现。它描述系统中的各个实体以及相关实体之间的联系,是系统对象的静态描述。系统分析员通过 E-R 图来表达对系统静态特性的理解,是数据库的全局逻辑结构,独立于任何软件技术与数据存储。

例如图 6-33 是一个概念数据模型,表达了“订单”与“订单项目”之间的“订单明细”概念关系:一份订单可以订购一种或多种商品,一种被订购了的商品对应着唯一一份订单。

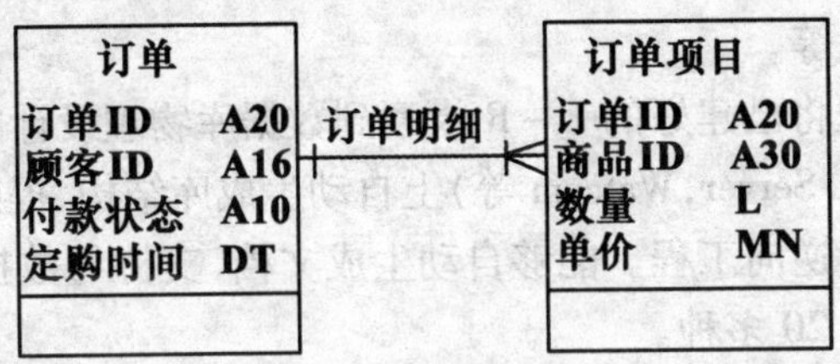

图 6-33 概念数据模型

3. 物理数据模型(Physical Data Model,PDM)

物理数据模型(Physical Data Model,简称 PDM)提供了系统初始设计所需要的基础元素,以及相关元素之间的关系,但在数据库的物理设计阶段必须在此基础上进行详细的后台设计,包括数据库存储过程、触发器、视图和索引等。物理数据模型是以常用的 DBMS(数据库管理系统)理论为基础,将 CDM 中所建立的现实世界模型生成相应的 DBMS 的 SQL 脚本,利用该 SQL 脚本在数据库中产生现实世界信息的存储结构(表、约束等),并保证数据在数据库中的完整性和一致性。

利用 PowerDesigner 的物理数据模型,可以进行不同 DBMS 之间的移植、逆向工程、转换成 OOM、生成模型报告等,例如图 6-34 是利用概念数据模型生成的物理数据模型,以及利用物理模型生成的 SQL 脚本程序(Oracle 9i)。

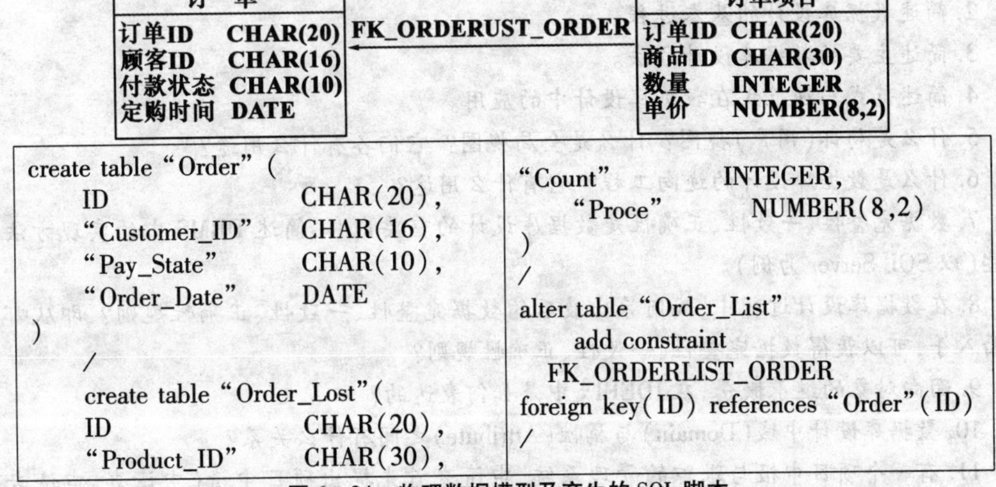


```
create table "Order" (
    ID                  CHAR(20),
    "Customer_ID"       CHAR(16),
    "Pay_State"         CHAR(10),
    "Order_Date"        DATE
)
/
    create table "Order_Lost"(
    ID                  CHAR(20),
    "Product_ID"        CHAR(30),
"Count"             INTEGER,
    "Proce"             NUMBER(8,2)
)
/
alter table "Order_List"
    add constraint
  FK_ORDERLIST_ORDER
foreign key(ID) references "Order"(ID)
/
```

图 6-34 物理数据模型及产生的 SQL 脚本

6.5.2 ERwin 简介

ERwin 是美国 CA 公司的数据库建模设计工具,它使企业能够有效地设计、实施并维护高质量的数据库、数据仓库和企业级数据模型。该产品可使用户高效地定义数据需求和实现数据需求的可视化,以确保其符合电子商务目标。它不仅可以帮助企业迅速地开发数据库,同时还将显著地改善其质量和可维护性。其主要特性是:

(1)ERwin 用来建立实体联系(E-R)模型,是关系数据库应用开发的优秀 CASE 工具。ERwin 可以方便地构造实体和联系,表达实体间的各种约束关系,并根据模板创建相应的存储过程、包、触发器、角色等。

(2)ERwin 可以实现将已建好的 E-R 模型到数据库物理设计的转换,即可在多种数据库服务器(如 Oracle,SQL Server,Watcom 等)上自动生成库结构,提高了数据库的开发效率。

(3)ERwin 可以进行逆向工程。能够自动生成文档,支持与数据库同步,支持团队式开发,所支持的 DBMS 多达 20 多种。

(4)ERwin 主要用来建立数据库的概念模型和物理模型,支持 IDEF1x 方法。通过使用 ERwin 建模工具自动生成、更改和分析 IDEF1x 模型,不仅能得到优秀的业务功能和数据需求模型,而且可以实现从 IDEF1x 模型到数据物理设计的转变。

6.5.3 ERStudio 简介

ERStudio 是 Embarcadero 的产品,ERStudio 是数据建模工具,用来进行逻辑和物理数据库的设计和构造。提供强大的多层次的设计环境,满足 IT 组织内部所有专业人员的工作需要:对于数据分析人员能提供强大的建立逻辑模型的能力,包括数据元素的标准化和重用;对于数据库管理员,支持多种数据库,自动生成代码和逆向工程;对于应用开发人员,能与 Describe 互相协作(Describe 是基于 UML 的应用开发环境)。

习 题

1. 简述数据库设计的内容。

2. 简述数据库设计的基本过程。

3. 简述主要的数据库设计方法。

4. 简述范式与逆范式在数据库设计中的应用。

5. 什么是局部(用户)视图? 什么是全局视图? 它们各有什么用途?

6. 什么是数据库设计的逆向工程? 它有什么用途?

7. 数据完整性、一致性、正确性是数据库设计的重要内容,简述 DBMS 中的实现方法有哪些(以 SQL Server 为例)。

8. 在数据库设计过程中,如何导出最后的数据完整性、一致性、正确性规则? 即从哪些方面入手,可以获得数据完整性、一致性、正确性规则?

9. 面向对象的继承概念,在 IDEF1x 中是如何表达的?

10. 数据库设计中域(Domain)与属性(Attribute)之间有什么关系?

11. 有一个项目申报与跟踪的管理系统,申请者首先提出项目申请(申请者、申请者联系信息、申请项目名称、申请内容),经过审批的项目向申请者发出通知(评审团意见、资金资助情况等），要求申请者提供项目实施计划（时间计划、人力计划、资金使用计划等），并在以后的实施过程中提供中期报告（进度情况报告）、结项报告；而对于未通过审批的项目，向申请者提供项目评审情况通知（评审团对申请项目的评价、建议与意见等）。请根据以上叙述，利用 E－R 建模方法设计数据库逻辑设计模型。

12. 按照 11 的叙述，利用 IDEF1x 建模方法设计数据库逻辑设计模型。

第7章　存储结构

数据库中的数据在物理层上是存储在存储设备上的。通常数据存储于磁盘上，需要时，读到内存进行处理。磁带通常用作数据备份和归档存储。数据库的物理组织包括计算机的磁盘组织以及基于磁盘的文件组织。基于基本的存储介质将定义不同的数据结构，适用于不同的数据类型。这些数据结构可以快速地访问数据。索引就是一种非常有效的快速定位查找记录的辅助性数据结构。本章将介绍磁盘的存储结构、文件的组织结构、几种索引结构类型。

7.1　存储介质和文件结构

7.1.1　物理存储介质

计算机通常采用多种存储介质来构成一个多级存储结构。这主要是因为存储介质的速度越快，其成本就越高。目前，最快的、价格最高的存储介质是高速缓冲存储器和主存储器，称为“基本存储”，也是“易失性存储”，即在设备断电后将丢失所有存储的内容。其次是“辅助存储”或“联机存储”，例如磁盘。速度最慢、价格最低的是“第三级存储”，例如磁带机和光盘机。后面两种存储介质都是“非易失性存储”。

目前数据库系统主要使用的存储介质是磁盘存储器、磁带存储器以及光盘存储器。数据库中的数据大多存储在磁盘存储器上。用户直接操作存储在磁盘上的数据库。为了提高磁盘的容错性、存储性能，在实际应用中，大规模的数据库通常采用磁盘阵列进行存储。磁盘阵列不仅提高了单个磁盘的存储性能，还能同时提供“热备份”功能，保证了数据库系统的整体稳定性。磁带存储器和光盘存储器一般都作为后援存储器使用，即用来存储数据库的副本，实现系统的故障恢复。

1. 磁盘

磁盘是用磁材料制成的圆盘，数据存储在磁盘表面。为了增加磁盘的容量，人们把多个磁盘组装在一起使用，形成一个磁盘组。一个磁盘组可以具有数十个存储数据的磁盘表面。每个磁盘表面由多个磁道组成。数据存储在磁道上。每个磁道又分为扇区（也称为磁盘块）。在磁盘组上，所有磁盘所组成的相同直径的同心圆集合称为一个柱面。

每个磁盘存储器都由磁盘和驱动器构成。磁头和磁臂是驱动器的重要组成部分。安装在磁臂上的磁头负责读写各磁道上的数据。按照磁头的特点，磁盘存储器分为两种。一种是固定头磁盘存储器。在固定头磁盘存储器上，每个磁道具有一个磁头。磁头固定不动。这种磁盘存储器造价很高，已经很少使用。另一种磁盘存储器是活动头磁盘存储器。在活动头磁盘存储器上，每个磁盘面上有一个读写磁头。读写磁头可以随磁臂移动到磁盘面的任何一个磁道上，读写该磁道上的数据。这种磁盘存储器造价比较低，是使用最多的磁盘存储器。

磁盘存储器的读写单位是磁盘块,每个磁盘块可以存储很多字节的信息。主存储器与磁盘存储器交换信息必须以磁盘块为单位。磁盘存储器是一种随机直接读写设备。我们可以随机地直接读写任何一个磁盘块。进行磁盘读写时,主存储器中必须具有与磁盘块容量匹配的缓冲区,用来存储磁盘块的数据。可以一次读写一个磁盘块的数据,也可以一次读写多个邻接磁盘块中的数据。当读写磁盘存储器的一个磁盘块数据时,磁盘驱动器首先根据磁盘块地址驱动磁臂,把磁头定位到磁盘块地址指定的磁道,然后等待指定的磁盘块旋转到磁头下边,最后在主存储器和磁盘块之间传递数据。磁头定位到指定磁道的时间称为寻找时间。等待指定磁盘块旋转到磁头下面的时间称为旋转延迟。在主存储器和磁盘块之间传输数据的时间称为传输时间。读写一个扇区的总时间是寻找时间、旋转延迟和传输时间的总和。当读写固定头磁盘存储器的数据时,不需要磁头定位。所以,读写固定头磁盘的一个磁盘块的时间是旋转延迟和传输时间的和。磁盘定位和磁盘旋转是机械运动,所以,寻找时间和旋转延迟很大。为了节省读写时间,我们应该尽量一起读写多个邻接的磁盘块。这样,我们只花费一个磁盘块的寻找时间和旋转延迟就可以读写多个磁盘块。与 CPU 在主存储器处理数据的时间相比,磁盘读写时间是相当大的。所以,磁盘读写是数据库应用的瓶颈。数据库的物理存储结构、数据库操作算法和查询优化的研究都把最小化磁盘读写次数作为重要目标之一。

2. RAID

RAID 是英文 Redundant Array of Independent Disks 的缩写,即:独立磁盘冗余数组,有时也简称磁盘阵列(Disk Array)。

RAID 是一种把多块独立的硬盘(物理硬盘)按不同的方式组合起来形成一个硬盘组(逻辑硬盘),从而提供比单个硬盘更高的存储性能和数据备份技术。组成磁盘阵列的不同方式被分为 RAID 级别(RAID Levels)。数据备份的功能是在数据发生损坏后,利用备份使损坏数据得到恢复,从而保障用户数据的安全性。在用户看起来,组成的磁盘组就像是一个硬盘,用户可以对它进行分区、格式化等。总之,对磁盘阵列的操作与单个硬盘一模一样。不同的是,磁盘阵列的存储速度要比单个硬盘高很多,而且可以提供自动资料备份。

RAID 技术经过不断的发展,现在已拥有了从 0 到 7 八种基本的 RAID 级别。另外,还有一些基本 RAID 级别的组合形式,如 RAID 10(RAID 0 与 RAID 1 的组合),RAID 50(RAID 0 与 RAID 5 的组合)等。不同 RAID 级别代表着不同的存储性能、数据安全性和存储成本。最为常用的是下面的几种 RAID 形式。

(1) RAID 0

RAID 0 又称为 Stripe 或 Striping(条带化)。RAID 0 提高存储性能的原理是把连续的数据分散到多个磁盘上存取,这样,系统有数据请求就可以被多个磁盘并行地执行,每个磁盘执行属于它自己的那部分数据请求。这种数据上的并行操作可以充分利用总线的带宽,显著提高磁盘整体存取性能。

如图 7-1 所示,系统向三个磁盘组成的逻辑硬盘(RAID 0 磁盘组)发出的 I/O 数据请求被转化为 3 项操作,其中的每一项操作都对应于一块物理硬盘。我们从图中可以清楚地看到,通过建立 RAID 0,原先顺序的数据请求被分散到所有的三块硬盘中同时执行。从理论上讲,三块硬盘的并行操作使同一时间内磁盘读写速度提升了 2 倍。但由于总线带宽等多种因素的影响,实际的提升速率肯定会低于理论值,但是,大量数据并行传输与串行传输

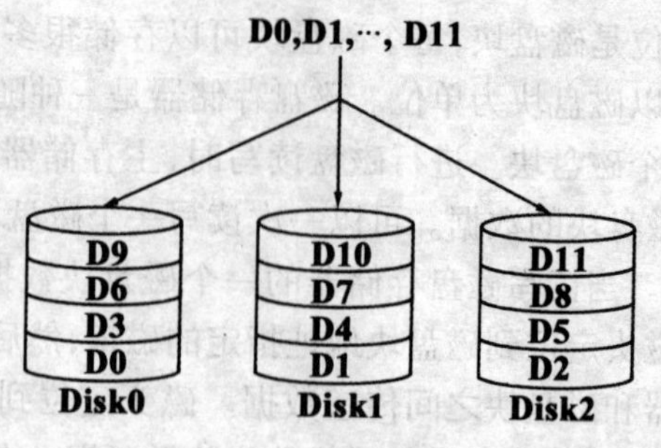

图 7 - 1　RAID 0

比较,提速效果显著显然毋庸置疑。RAID 0 的缺点是不提供数据冗余,因此一旦用户数据损坏,损坏的数据将无法得到恢复。

RAID 0 具有的特点使其特别适用于对性能要求较高,但对数据安全性要求不很高的领域,如图形工作站等。对于个人用户,RAID 0 也是提高硬盘存储性能的绝佳选择。

(2) RAID 1

RAID 1 又称为 Mirror 或 Mirroring(镜像),使用的是磁盘镜像(Disk Mirroring)技术。它的宗旨是最大限度地保证用户数据的可用性和可修复性。RAID 1 的操作方式是把用户写入硬盘的数据百分之百地自动复制到另外一个硬盘上。

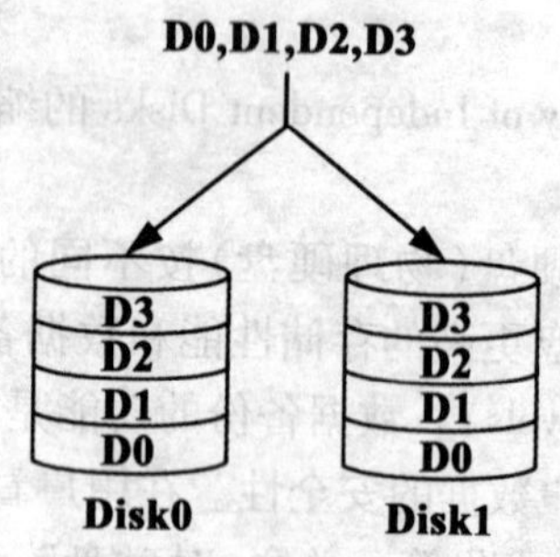

图 7 - 2　RAID 1

如图 7 - 2 所示,当读取数据时,系统先从源盘 Disk 0 读取数据,如果读取数据成功,则不去管备份盘上的数据;如果读取源盘数据失败,则系统自动转而读取备份盘上的数据,不会造成用户工作任务的中断。当然,需及时地更换损坏的硬盘并利用备份数据重新建立 Mirror,避免备份盘在发生损坏时,造成不可挽回的数据损失。

由于对存储的数据进行百分之百的备份,在所有 RAID 级别中,RAID 1 提供最高的数据安全保障。同样,由于数据的百分之百备份,备份数据占了总存储空间的一半,因而磁盘空间的利用率低,存储成本高。Mirror 虽不能提高存储性能,但由于其具有的高数据安全性,使其尤其适用于存放重要数据,如服务器和数据库存储等领域。

(3) RAID 0 + 1

正如其名字一样 RAID 0 + 1 是 RAID 0 和 RAID 1 的组合形式,也称为 RAID 10。

以四个磁盘组成的 RAID 0 + 1 为例,其数据存储方式如图 7 - 3 所示,RAID 0 + 1 是存储性能和数据安全兼顾的方案。它在提供与 RAID 1 一样的数据安全保障的同时,也提供了与 RAID 0 近似的存储性能。

由于 RAID 0 + 1 也通过数据的 100% 备份功能提供数据安全保障,因此 RAID 0 + 1 的

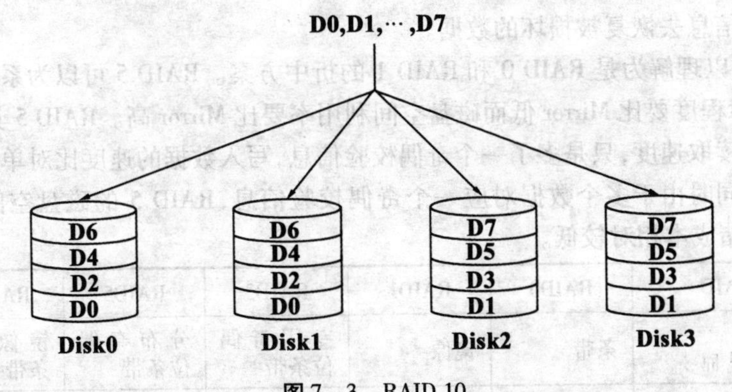

图 7－3　RAID 10

磁盘空间利用率与 RAID 1 相同,存储成本高。

RAID 0＋1 的特点使其特别适用于既有大量数据需要存取,同时又对数据安全性要求严格的领域,如银行、金融、商业超市、仓储库房、各种档案管理等。

(4) RAID 3

RAID 3 是把数据分成多个"块",按照一定的容错算法,存放在 $N+1$ 个硬盘上,实际数据占用的有效空间为 N 个硬盘的空间总和,而第 $N+1$ 个硬盘上存储的数据是校验容错信息,当这 $N+1$ 个硬盘中的其中一个硬盘出现故障时,从其他 N 个硬盘中的数据可以恢复原始数据,这样,仅使用这 N 个硬盘也可以带伤继续工作,当更换一个新硬盘后,系统可以重新恢复完整的校验容错信息。由于在一个硬盘数组中,多于一个硬盘同时出现故障的几率很小,所以一般情况下,使用 RAID 3,安全性是可以得到保障的。与 RAID 0 相比,RAID 3 在读写速度方面相对较慢。使用的容错算法和分块大小决定于 RAID 3 的应用场合,在通常情况下,RAID3 比较适合大文件类型且安全性要求较高的应用,如视频编辑、硬盘播出机、大型数据库等。

(5) RAID 5

RAID 5 是一种存储性能、数据安全和存储成本兼顾的存储解决方案。以四个硬盘组成的 RAID 5 为例,其数据存储方式如图 7－4 所示。图中,P0 为 D0、D1 和 D2 的奇偶校验信息,其他以此类推。由图中可以看出,RAID 5 不对存储的数据进行备份,而是把数据和相对应的奇偶校验信息存储到组成 RAID 5 的各个磁盘上,并且奇偶校验信息和相对应的数据分别存储在不同的磁盘上。当 RAID 5 的一个磁盘数据发生损坏后,利用剩下的数据和相

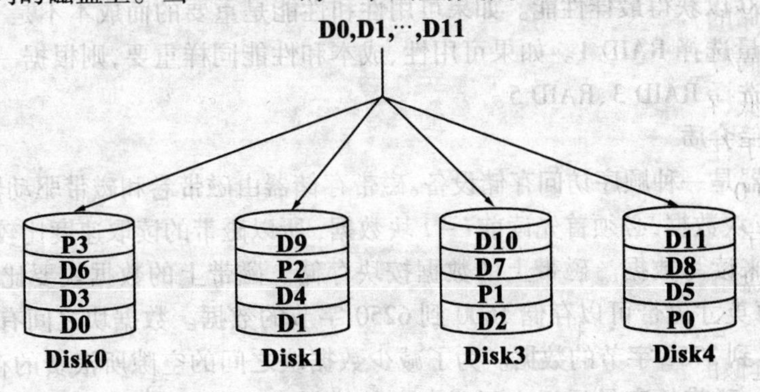

图 7－4　RAID 5

应的奇偶校验信息去恢复被损坏的数据。

RAID 5 可以理解为是 RAID 0 和 RAID 1 的折中方案。RAID 5 可以为系统提供数据安全保障，但保障程度要比 Mirror 低而磁盘空间利用率要比 Mirror 高。RAID 5 具有和 RAID 0 相近似的数据读取速度，只是多了一个奇偶校验信息，写入数据的速度比对单个磁盘进行写入操作稍慢。同时由于多个数据对应一个奇偶校验信息，RAID 5 的磁盘空间利用率要比 RAID 1 高，存储成本相对较低。

RAID	RAID0	RAID1	RAID3	RAID5	RAID10
别名	条带	镜像	专用奇偶位条带	分布奇偶位条带	镜像阵列条带
容错性	没有	有	有	有	有
冗余类型	没有	复制	奇偶校验	奇偶检验	复制
热备盘选项	没有	有	有	有	有
读性能	高	低	高	高	中间
随机写性能	高	低	最低	低	中间
连续写性能	高	低	低	低	中间
需要的磁盘数	一个或多个	只需 2 个或 $2 \times N$ 个	三个或更多	三个或更多	只需4个或 $4 \times N$
可用容量	总的磁盘容量	只能用磁盘容量的50%	$(n-1)/n$ 的磁盘容量，其中 n 为磁盘数	$(n-1)/n$ 的总磁盘容量，其中 n 为磁盘数	磁盘容量的50%
典型应用	无故障的迅速读写，需求安全性不高，如图形工作站等	随机数据写入，要求安全性高，如服务器、数据库存储领域	连接数据传输，要求安全性高，如视频编辑、大型数据库等	随机数据传输要求安全性高，如金融数据库存储等	需求数据量大，安全性高，如银行、金融等领域

图 7－5　各种 RAID 级别比较

RAID 级别的选择有三个主要因素：可用性（数据冗余）、性能和成本。如果不要求可用性，选择 RAID 0 以获得最佳性能。如果可用性和性能是重要的而成本不是一个主要因素，则根据硬盘数量选择 RAID 1。如果可用性、成本和性能同样重要，则根据一般的数据传输和硬盘的数量选择 RAID 3、RAID 5。

3. 其他存储介质

磁带存储器是一种顺序访问存储设备。磁带存储器由磁带卷和磁带驱动器构成。如果要读写磁带的第 i 块数据，必须首先读前 $i-1$ 块数据，所以磁带的读取速度比较慢。磁带驱动器的读写头用来读写数据。磁带上的数据按块存储。磁带上的数据块要比磁盘扇区大得多。一般地，每英寸磁带可以存储 1600 到 6250 字节的数据。数据块之间有 0.6 英寸的空隙，相当于 960 到 3750 字节的数据。为了减少数据块之间的空隙所浪费的存储空间，数据块应该尽量大。磁带的容量远远大于磁盘且价格低廉。磁带在数据库系统中仍然十分重要。它主要有两个用途：一是作为磁盘的后援内存，存储数据库文件的副本，当磁盘上的数据库出现问题时,用磁带上的副本恢复磁盘上的数据库;二是用来存储磁盘存储不了的大型数据库文件,数据库中不常用的数据库文件或历史数据可以存储在磁带上。

CD-ROM(Compact-Disk Read-Only-Memory)又称光盘,它在制作后只能读出数据,不能写入资料,是一种只读存取介质。光盘是多媒体数据的重要载体,具有容量大、易保存、携带方便等特点。一般一张直径12cm光盘的容量为650MB,能存储74分钟的数字音乐或电影。有些光盘容量可达到800MB。

光盘通常是在聚碳酸酯基片上覆以极薄的铝膜而成,薄膜层之外还有一层保护作用的塑料层。基片的尺寸通常是:直径12cm或8cm,厚1mm。

光盘通常在光驱中使用,传输速率(Sustained Data Transfer Rate)是评价光驱最重要的指标之一,通常以倍速为单位。1985年Sony和Philips联合推出了第一款光驱,速率为150kb/s,人们将这个速率定义为单速,以后的光驱均以这个速率为单位元。例如:2倍速、4倍速、8倍速以及现在的40倍速、50倍速等。以50倍速光驱为例,其传输速率可达50×150kb/s,约为7.5Mb/s。

光盘通常可以分为CD(Compact Disk)和DVD(Digital Video Disk或Digital Versatile Disk)两种。CD是当今应用最广泛的光盘,CD驱动器是许多微机的标准配置。典型的CD驱动器可以在CD的一个面上存储650MB资料。CD驱动器的一个重要特性是速度。显然,在计算机系统中,越快的驱动器从CD读取数据就越快。CD有CD-ROM、CD-R、CD-RW等三种基本类型。CD-ROM表示的是只读CD。只读意味着用户不能往里写入或擦掉,即作为用户只能访问制造商所记录的数据。CD-R表示可写CD,用户只可以写一次,此后就只能读取,读取次数没有限制。CD-RW表示的是可重复读写CD,写和读取次数没有限制。

最早出现的DVD叫数字视频光盘(Digital Video Disk),是一种只读型DVD光盘,必须由专用的影碟机播放。随着技术的不断发展及革新,IBM、HP、Apple、Sony、Philips等众多厂商于1995年12月共同制定统一的DVD规格,并且将原先的Digital Video Disk改成现在的"数字通用光盘"(Digital Versatile Disk)。DVD是以MPEG-2为标准,每张光盘可储存的容量可以达到4.7 CB以上。DVD的基本类型有DVD-ROM、DVD-Video、DVD-Audio、DVD-R、DVD-RW、DVD-RAM等。DVD-ROM表示只读DVD,总共有四种容量,分别为4.7GB、8.5GB、9.4GB、17GB。DVD-Video是用来读取数字影音信息的DVD规格,在它的规格中,规定了影片画面的分辨率与音频取样、编键方式。DVD-Audio是用来读取数字音乐信息的DVD规格,着重于超高音质的表现。DVD-R是限写一次的DVD,此后就只能读取,读取次数没有限制,类似CD-R。与CD-R一样,DVD-R光盘可与DVD-ROM兼容。DVD-RW为一种可重复读写数字信息的DVD规格。DVD-RAM为另一种可以重复读写数字信息的DVD规格。DVD-RAM与DVD-RW擦写方式不同,应用的领域也不相同。DVD-RAM的记录格式也是采用CD-R中常见的相变技术,容量为3.0GB。

7.1.2 文件组织

数据通常都是以记录的形式存储在磁盘上。记录是一组相关的数据值或数据项排列而成的。每个数据项对应于记录的一个域,由一个或几个字节组成。记录的每个域具有一个名字和一个数据类型。一组域名字及其对应的数据类型构成了记录型或记录格式。文件是一个记录序列。一个文件的所有记录都具有相同的记录型。如果一个文件的所有记录都具有相同的长度,这个文件被称为定长记录文件。如果一个文件中的不同记录可能具有不同的长度,则称这个文件为变长记录文件。

由于主存储器和磁盘存储器之间数据传输的单位是磁盘块,磁盘文件的记录必须划分成多个大小与磁盘块容量相同的块,每一块称为一个文件块。每个磁盘块存储一个文件块。当磁盘块容量大于记录长度时,每个文件块包含多个记录,即每个磁盘块可以存储多个记录。如果磁盘块容量小于记录长度,则一个记录必须被分成多个文件块,即一个记录存储在多个磁盘块上。这时,每个磁盘块需要有一个指针,指向下一个存储相同记录不同数据的磁盘块。如果一个记录存储在多个磁盘块上,则称这个记录为跨块记录。记录只存储在一个磁盘块内,则称为非跨块记录。允许跨块记录存在的存储记录方法称为跨块存储记录方法。在磁盘上存储文件的方法主要有下列几种。第一种方法称为连续存储方法。这种方法按照文件中文件块的顺序把文件存储到连续磁盘块上。使用这种存储方法,存取整个文件的效率高,但文件扩充困难。第二种方法是链接存储方法。这种方法在每个文件块中增加一个指向下一个文件块所在的磁盘块的地址指针。这种方法便于文件扩充,但读取整个文件的速度很慢。第三种方法称为索引存储方法。这种方法在磁盘上存储一个或多个索引块。每个索引块包含指向文件块的指针。

7.1.3 文件中记录的组织

1. 有序文件组织

在有序文件中,记录按照某个(或某些)域的值的大小顺序(升序或降序)排列。用于排序的域称为排序域。如果有序文件上的查找操作的条件定义在排序域上,我们可以使用二分查找或插值查找技术非常有效地找到满足条件的记录。二分查找技术的基本思想是:每次从文件的中点开始检查,看是否为要找的记录,若不是则丢掉不包含该记录的那一半,从剩下的一半的中点重新开始检查,如此反复,直至找到目标记录或证明它不存在。设 N 为文件的记录个数,则二分查找的平均时间复杂性为 $\log_2 N$。插值查找算法的平均时间复杂性为 $\log_2\log_2 N$。对于查询条件定义在非排序域的查找操作来说,排序文件没有提供任何优越性,需要对文件进行顺序搜索。查找时间与无序文件相同。有序文件上的插入和删除操作比较复杂,需要保持文件的顺序,耗费的时间较大。当插入一个记录时,我们必须首先找到这个记录的正确位置,然后移动文件的记录,为新记录准备存储空间,最后插入记录。文件记录的移动量依赖于新记录的位置。文件记录的平均移动量为整个文件长度的一半。显然,插入操作是非常耗时的。为了减小插入操作的时间复杂性,我们可以在每个磁盘块为新记录保留一部分空闲空间,减少插入记录时记录的移动量。然而,当空闲空间用完之后,插入操作的移动记录问题会重新出现。我们可以为每个有序文件建立一个临时文件,用来存储插入的新记录,并周期地把临时文件合并到原始有序文件中。这样可以避免新记录直接插入有序文件带来的记录移动问题。这种方法为查找记录操作带来了麻烦。每次查找记录,首先要查找有序文件,如果找不到满足条件的记录,再查找临时文件。删除操作同插入操作一样,在删除记录后需要移动其他的记录。如果我们使用删除标志位和周期整理存储空间的方法实现删除操作,删除操作消耗的时间就要少得多。修改记录操作对于无序定长记录文件来说非常容易,只要找到记录所在磁盘块,读入主存缓冲区,在缓冲区中修改记录,并写回磁盘。有序定长记录文件的修改操作要分两种情况处理。如果修改非排序域，则处理方法与无序文件相同。如果修改排序域，则需要改变记录的存储位置。这种修改操作可以如下处理：先删除被修改记录，然后插入修改后的记录。对于变长记录文件，不管是有序文件还是无序文件，修改记录操作都可以使用上述先删除后插入的方法来实现。

2. 聚簇文件组织

通常，关系的元组表示成定长的记录。因此，关系可以映射为一个简单的文件结构。关系数据库系统的这种简单实现非常适合于低代价的数据库实现，例如，嵌入式系统和便携式设备中的数据库实现。在这种系统中，数据库的规模很小，复杂的文件结构不会带来什么好处。而且，在这样的环境中，必须使数据库系统目标代键量非常小，简单的文件结构可以减少实现这个系统的代键量。这种简单的关系数据库实现在数据库规模增大时就不令人满意了。我们已经看到，仔细地设计记录在块中的分配和块自身的组织方式可以获得性能上的好处。显而易见，一个更复杂的文件结构将会更有效。

考虑如图 7－6 中 depositor 关系和 customer 关系，我们给出了一个高效执行 depositor∞customer 的查询而设计的文件结构：聚簇文件结构。每个 customer－name 的 depositor 元组存储在具有对应 customer－name 的 customer 元组附近。这种结构将两个关系的元组混合在一起，可以实现对连接的高效处理。当读取 customer 关系的一个元组时，包含这个元组的整个块从磁盘复制到主存中。因为相应的 depositor 元组存储在靠近 customer 元组的磁盘上，所以包含 customer 元组的块也包含了处理查询所需的 depositor 关系的元组。如果一个顾客有太多的账户，以至于 depositor 记录不能存储在一个块中，其余的记录也是出现在临近的块中。

聚簇文件组织是在每一存储块中存储两个或者更多个关系的相关记录的文件结构，这样的文件组织允许我们使用一次块的读操作来读取满足连接条件的记录。因此，我们可以更高效地处理连接等特殊的查询。何时使用聚簇依赖基于数据库设计者对于查询方式和查询方法的深入分析，找出使用最频繁的查询类型。聚簇的正确使用可以在查询处理中明显地提高性能。

Customer－name	Account－number
Hayes	A－102
Hayes	A－220
Hayes	A－503
Turner	A－305

a. depositor 关系

Customer－name	Customer－street	Customer－city
Hayes	Main	Brooklyn
Turner	Putnam	Stanford

b. customer 关系

Hayes	Main	Brooklyn
Hayes	A－102	
Hayes	A－220	
Hayes	A－503	
Turner	Putnam	Stanford
Turner	A305	

c. 聚簇文件结构

图 7－6　聚簇文件结构

7.2 索引

7.2.1 顺序索引

为快速随机查找文件中的记录,可以使用数据库的索引结构。就像带有词条目录的英文字典一样,可以在目录里找到要查找的单词和页键,再到书中该页找该词条的具体解释。

顺序索引按顺序存储搜索键值,并将搜索键与包含该搜索键的记录关联起来。被索引文件中的记录自身也可以按照某种顺序存储,正如图书馆中的书按某个属性顺序存放一样。一个文件可以有多个索引,分别对应不同的搜索键。

1. 主索引

如果包含记录的文件按某个搜索键的顺序排序存放,那么该搜索键对应的索引称为"主索引"(Primary Index)。主索引也称为聚簇索引(Clustering Index)。通常情况下主索引的搜索键是主键,但也并非总是如此。

我们假定所有文件都按某个搜索键的顺序存储,我们称这种在某个搜索键上有主索引的文件为索引顺序文件(Index-sequential File)。它们是数据库系统中使用的最古老的索引模式之一。这种模式针对既需对整个文件进行顺序处理又需对单独记录进行随机访问的应用而设计。

主索引文件基于有序文件的排序键来建立。主索引文件是一个具有两个域的有序定长记录文件。主索引文件中记录的第一个域的数据类型与数据文件的键相同,存储索引域值。主索引文件中记录的第二个域是指针域,存储指向数据文件中包含该键值的记录所在的磁盘块地址的指针。

我们可以使用的有序索引分为两类:稠密索引和稀疏索引。稠密索引为文件中的每个搜索键值建立一个索引记录;稀疏索引只为某些搜索键值建立索引记录。

对于主索引,可以采用下面两种实现方法:

(1)稠密主索引:文件中的每个搜索键值都有一个索引记录。在稠密主索引中,索引记录包括搜索键值以及指向具有该搜索键值的第一个数据记录的指针。具有相同搜索键值的其余记录顺序地存储在第一个数据记录之后,由于该索引是主索引,所以记录根据相同的搜索键排序。

(2)稀疏主索引:只为某些搜索键值建立索引记录。和稠密主索引一样,每个索引记录也包括一个搜索键值和指向具有该搜索键值的第一个数据记录的指针。为了定位一条记录,我们找到其小于或等于所找记录的搜索键值的最大搜索键值的索引项。我们从该索引项指向的记录开始,沿着文件中的指针查找,直到找到所需记录为止。

主索引一般是稀疏索引,只需存储部分搜索键值,因为通过顺序访问文件的一部分,总可以找到两个搜索键值之间的搜索键值所对应的记录。

2. 辅助索引

那些搜索键值的顺序与文件中记录的物理顺序不同的索引称为辅助索引(Secondary Index)或非聚簇索引(Nonclustering Index)。

辅助索引文件同样是一个具有两个域的有序定长记录文件,文件记录的第一个域和数据文件中的索引字段有相同的数据类型,这个索引字段是文件中的某个非排序字段。第二个域是指针域。对于同一个文件可以有多个辅助索引,从而有多个索引字段。由于辅助索引是建立在文件的非排序字段上,如果只存储部分搜索键值,两个搜索键值之间的搜索键值对应的记录可能存在于文件中的任何地方,我们只能通过搜索整个文件才能找到它们,所以辅助索引必须是稠密索引,对每个搜索键值都有一个索引项,而且对文件中的每个记录都有一个指针。

和主索引相比,辅助索引需要更多的存储空间和更多的搜索时间,但是对任意一个记录来说,辅助索引对其搜索时间的改善比主索引更显著。因为如果不存在主索引,我们依然可以在有序文件上进行二分查找,可是如果没有辅助索引,在进行主索引搜索键以外的键的查询操作时,我们不得不对整个数据文件进行线性查找,性能将非常低。

3. 多级索引

索引是提高存取效率的基本方法,但如果索引文件本身很大,索引的查找代价也会很大。人们自然会想到,为索引文件再建立索引,这种过程可以反复多次,直到满足要求为止。这就是多级索引的思想。所以,在多级索引文件中,除了第一级索引文件以外,每级索引都是前一级索引文件的主索引。为了查找记录,可以在外层索引使用二分法查找,找到小于或等于给出搜索键的最大搜索键值,然后沿着该索引记录的指针到达下层索引,再用同样的方法查找下去直到到达主文件的某个数据块,在数据块中沿着指针链查找记录。图 7-7 给出了一个二级索引文件的结构。

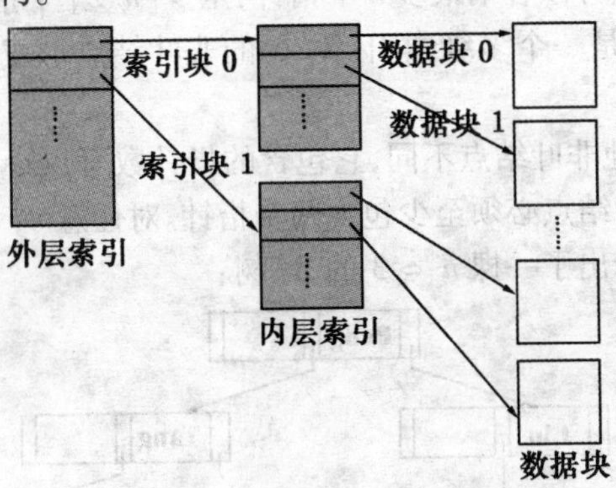

图 7-7 二级索引文件的结构

7.2.2 B^+ 树索引

顺序索引中随着文件的增长,索引查找性能和数据顺序扫描性能会大大下降。如今广泛采用的一种索引结构是 B^+ 树结构,它在数据插入和删除的情况下仍能保持其效率。B 树结构最早由 R. Bayer 和 E. McCreight 两人在"Organization and Maintenance of Large Ordered Indices"一文中提出,并以其高效、易变、平衡和独立于硬件结构等特点闻名于世,在数据库系统中得到广泛应用,成为最重要的动态文件索引结构。

1. B^+ 树的结构

B^+ 树是 B 树的变形。在 B 树中,数据指针可以出现在树的任一级。在 B^+ 树中,数据指针仅出现在叶结点,并且所有的关键值均出现在叶结点上。对于每个索引域值,叶结点中都有一个对应索引项。叶结点中的索引项是由两个域组成的,一个域是索引值域,一个域是指针域。设索引值域存储的索引域值是 v。如果索引域是数据文件的键，则指针域存储一个指向包含索引域值为 v 的数据记录的磁盘块地址，或者是一个指针桶。索引值为 v 的记录不唯一时，是一个记录集合，设其为 s。这 s 个指针存储在磁盘块 B，每个指针指向一个键值为 v 的记录的磁盘块地址，这相当于增加了一级索引。一般称 B 为指针桶。

B^+ 树结点结构一般如图 7-8 所示。每个结点最多包含 $n-1$ 个搜索键值 $K_1, K_2, \cdots, K_{n-1}$，以及 n 个指针 $P_1, P_2, \cdots, P_n$。每个结点中的搜索键值排序存放，因此，如果 $i < j$，那么 $K_i < K_j$。

$P_1 \quad K_1 \quad P_2 \quad \cdots\cdots \quad P_{n-1} \quad K_{n-1} \quad P_n$

图 7-8　典型的 B⁺ 树结点

B^+ 树叶结点的结构：对 $i = 1, 2, \cdots, n-1$，指针 P_i 指向具有搜索键值 K_i 的一个文件记录或指向一个指针桶，而桶中的每个指针指向具有搜索键值 K_i 的一个文件记录。在搜索键不是主键且文件未按搜索键顺序排序的条件下使用桶结构。各个叶结点中的键值互不重合。结点 K_i 键值全部小于结点 K_j 中的键值。所有叶结点按所包含的搜索键值线性排序。用每个结点的指针 P_n 指向下一个叶结点，将 B^+ 树的叶结点链接在一起，形成一个有序的数据文件，可以进行高效的顺序检索。要使 B^+ 树索引成为稠密索引，各搜索键值必须都出现在叶结点中。

B^+ 树非叶结点的结构和叶结点的相同，只不过非叶结点中所有的指针都是指向树中结点的指针。一个非叶结点可以容纳最多 n 个指针，至少 $\lceil n/2 \rceil$ 个指针。结点的指针数称为该结点的扇出。B^+ 树索引是一个多级索引，B^+ 树的非叶结点形成叶结点上的一个多级（稀疏）索引。

B^+ 树的根结点与其他非叶结点不同，它包含的指针数可以小于 $\lceil n/2 \rceil$；但是除非整棵树只有一个结点，否则，根结点必须至少包含两个指针。对任意 n，我们总可以构造满足上述要求的 B^+ 树。图 7-9 给出了一棵 $n = 3$ 的 B^+ 树：

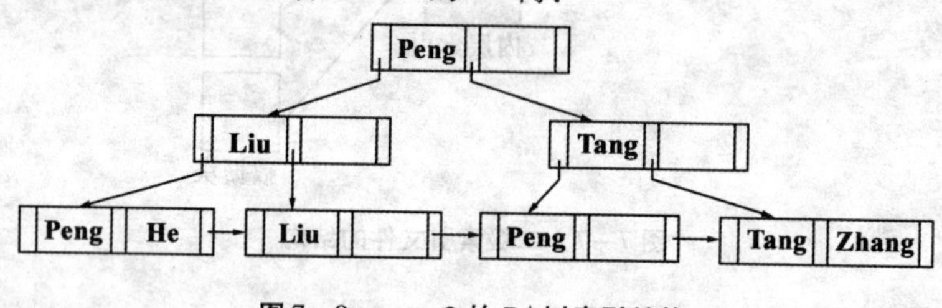

图 7-9　$n = 3$ 的 B⁺ 树索引结构

从图中可以看出，B^+ 树结构是平衡的，即从根到叶结点的每条路径长度都相同。这是 B^+ 树的一个极好和必需的性质。实际上 B^+ 树的“B”就表示“平衡（Balanced）”的意思。

2. B^+ 树的查询

在 B^+ 树上的查询实质是定位一个给定搜索键值所在的叶结点。假设要找出搜索键值为 V 的所有记录，该工作过程如下：首先检查根结点，找到大于 V 的最小搜索键值，假设找到的这个键值是 K_i。然后顺着指针 P_i 到达另一个结点。如果找不到这样的值，则 $V \geqslant K_n - 1$，其中 n 是该结点中的指针数。这种情况下，我们沿着 P_n 到达另一个结点。在按上述方式到达的那个结点中，再次寻找大于 V 的最小搜索键值，并且再次像上面那样沿相应结点而下。最终将到达一个叶结点。如果在该叶结点中有某个搜索键值 K_j 等于 V，那么指针 P_j 指向所需的记录或指针桶。如果在该叶结点中找不到值 V,则不存在键值为 V 的记录。

由上面的查询过程可以看出,处理一个查询需要遍历树中从根到某个叶结点的一条路径。如果文件中有 k 个搜索键值,那么这条路径的长度不超过 $\lceil \log_{\lceil n/2 \rceil}(k) \rceil$。

B^+ 树的查询算法如下:

```
Algorithm B⁺Tree_Search(Root R, Value V)
/＊在根结点为 R 的 B⁺树中查找搜索键值为 V 的所有记录＊/
IF R 是叶结点
  IF R 中有一个搜索键值为 Ki,满足 Ki = V
    指针 Pi 指向要查找的记录或指针桶;
  ELSE 不存在搜索键值为 V 的记录;
IF R 是非叶结点
    在 R 中寻找大于 V 的最小搜索键值 Ki;
  IF Ki 不存在
    令 n 为 R 中的指针个数;
    设置 R 为 Pn 指向的结点;
    B⁺ Tree _Search(R,V);
  ELSE
    设置 R 为 Pi 指向的结点;
    B⁺ Tree _Search(R,V);
```

3. B^+ 树的更新

B^+ 树的插入和删除要比查询更加复杂,结点可能因为插入而变得过大需要分裂或因删除而变得过小需要合并。当一个结点分裂或一对结点合并时,还要保证 B^+ 树的平衡性。下面说明 B^+ 树处理插入和删除操作的过程,考虑结点的分裂和合并。

插入:在 B^+ 树中插入一个结点时,首先使用查找技术,找到搜索键值将出现的叶结点。如果该搜索键值已经存在,则在文件中加入一个新记录,必要时在指针桶中加入一个指向该记录的指针。如果该搜索键值不存在,那么我们在此叶结点中加入该值,并决定该值的位置以使搜索键仍按顺序排列。然后在文件中插入一个新记录并且必要时创建一个新的包含相应指针的指针桶。

删除:在 B^+ 树中删除一个结点时,首先使用查找技术,找到要被删除记录的搜索键值出现的叶结点,通过对应的指针或指针桶找到要被删除的记录并将其从文件中删除。如果该搜索键值没有对应的指针桶或者由于删除使该指针桶为空,那么我们从该搜索键值所在的叶结点中将其删除。

现在我们考虑插入时结点分裂的例子。假设我们需要往如图 7-9 所示的 3 阶 B^+ 树中插入一条值为"Gong"的记录。按照查找算法,我们发现"Gong"应出现在包含"Feng"和"He"的叶结点中。该结点已没有插入新搜索键所需的空间,因此该结点需要分裂为两个结点。图 7-10 表示在包含"Feng"和"He"的结点中插入"Gong"后分裂而成的两个叶结点。

图 7-10 插入新结点

一般，将这 n 个搜索键值分为两组，前[$n/2$]个放在原来的结点中，而剩下的放在一个新结点中。

在分裂一个结点后，必须将新的叶结点插入到 B⁺树中去。上例中，新结点以"He"作为最小的搜索键值。我们需要将该搜索键值插入被分裂结点的父结点中。如果父结点有空间容纳被插入的搜索键值，可以直接执行这个插入操作。若没有空间，则父结点也必须被分裂。图 7-11 给出了插入后的结果。搜索键值"He"被插入到父结点中。最坏的情况下，从叶结点到根结点的路径上所有结点都必须被分裂。如果根结点本身也被分裂了，那么整棵树的深度就加大了。

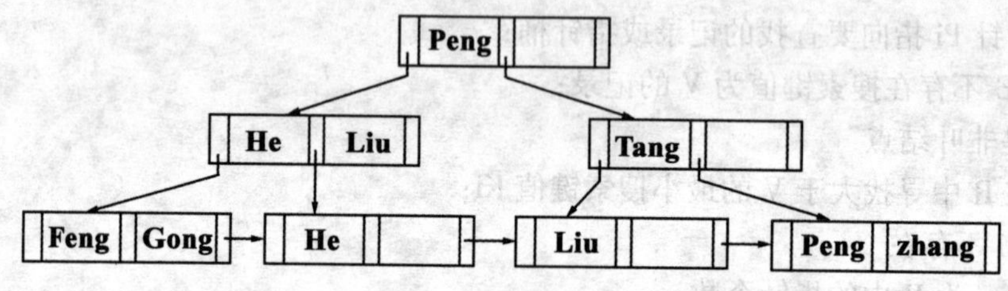

图 7-11　插入新结点后的 B^+ 树

B^+树的插入算法如下：

```
Algorithm B+Tree_Insert(Value V, Pointer P)
/*向 B+树中插入搜索键值为 V 的记录*/
  找到应该包含 V 的叶结点 L;
  B+Tree_InsertIntoL(L,V,P);
Algorithm B+Tree_InsertIntoL(Node L,Value V,Pointer P)
  IF(L 有插入(V,P)的空间)
    按照搜索键值的排序将(V,P)插入结点 L;
  ELSE /*分裂结点 L*/
    新建结点 L′;
    将搜索键值 L.K1,L.K2,…,L.Kn-1,V 排序,令 V′为第[n/2]+1 个;
    令 m 是使 L.Km≥V′的最小值;
    IF(L 是叶结点)
      将 L.Pm,L.Km,…,L.Pn-1,L.Kn-1 放入 L′中;
      从 L 中删除 L.Pm, L.Km,…, L.Pn-1, L.Kn-1;
      IF(V<V′) 在 L 中插入(P,V);
      ELSE 在 L′中插入(P,V);
    设置 L′.Pn = L.Pn;
    设置 L.Pn = L′;
    ELSE
      IF(V=V′)
        将 P,L.Km,…,L.Pn-1, L.Kn-1,L.Pn 加入到 L′中;
      ELSE 将 L.Pm,…,L.Pn-1,L.Kn-1, L.Pn 加入到 L′中;
      从 L 中删除 L.Pm,…,L.Pn-1,L.Kn-1, ,L.Pn;
```

IF(V < V′) 在 L 中插入(P,V);
IF(V > V′) 在 L′中插入(P,V);
IF(L 不是该树的根结点)
B⁺Tree_InsertIntoL(Parent(L), V′, L′);
ELSE
新建结点 R,有一个搜索键值 V′以及两个子结点 L 和 L′,使 R 成为该树的根;

现在我们考虑删除时结点合并的例子。例如从图 7－11 中删除"He"。首先用查询算法定位"He"的索引项。当从叶结点中把"He"的索引项删除后,该叶结点为空。由于是 3 阶 B⁺树,显然这个结点必须从 B⁺树中去除。要删除一个叶结点,我们必须从其父结点删除指向它的指针。在这个例子中,这一删除使原来有三个指针的父结点现在只剩下两个指针。由于 2 ≥ ⌈n/2⌉,这个结点还足够大,因此删除操作结束。产生的 B⁺树如图 7－12 所示。

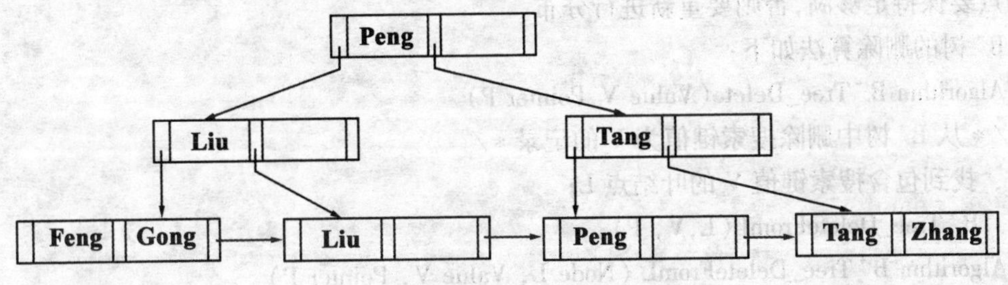

图 7－12　n＝3 的 B⁺树索引结构

当我们对叶结点的父结点做删除时,父结点本身可能会变得太小。例如在图 7－12 所示的 B⁺树中删除键值"Peng"时发生的情况。对"Peng"项的删除使一个叶结点变空。当我们删除该结点的父结点中指向它的指针时,父结点中只剩下一个指针。由于 n ＝ 3,⌈n/2⌉＝ 2,因此只有一个指针就太少了。由于父结点中包含有用的信息,不能删除,考察它的兄弟结点(包含搜索键值"Liu"的非叶结点)的情况。如果兄弟结点有空间容纳由于删除而变得太小的结点中的信息,则合并这两个结点。新结点包含了搜索键"Liu"和"Tang"。而另一个结点(只包含搜索键"Tang")中的信息现在是冗余的,可以从它的父结点中删除。结果如图 7－13 所示。在删除操作后根结点只有一个指针,因此根结点也要被删除。根结点唯一的子结点变成根。因此 B⁺树的深度少 1。

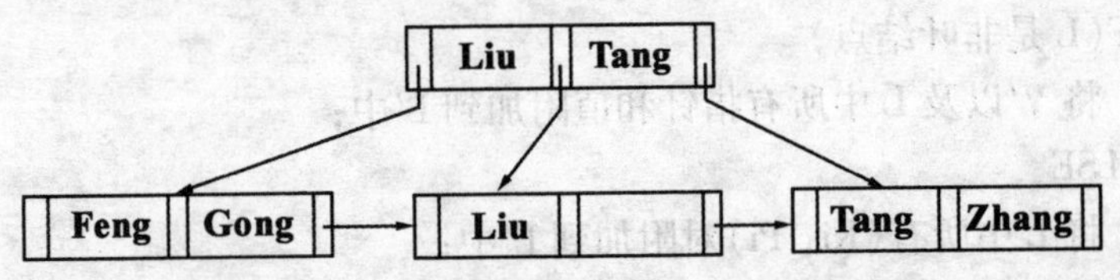

图 7－13　删除结点后深度减 1 的 B⁺树

合并结点并不总是可行的。作为示例,考虑从图 7－11 中删除"Peng"结点。在这个例子中,"He"索引项是树的一部分。包含"Peng"的结点被删为空。这个叶结点的父结点于是变得太小(只有一个指针)。但是在这个例子中,它的兄弟结点中已经包含了最大数目的指针——三个指针,因此它不能再容纳更多的指针。这里的解决方法是重新分布指针,使每个兄弟结点包含两个指针。结果如图 7－14 所示。值得注意的是值的重新分布使两个兄弟结点的父结点中的搜索键也必须改变。

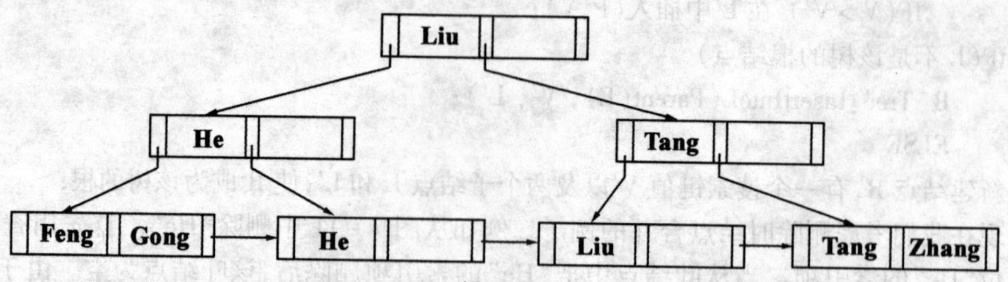

图 7－14　删除结点后深度不变的 B⁺树

一般地，在 B⁺树中删除一个值，我们要查找并删除该值。如果结点太小的话，我们从它的父结点中把它删除。这个删除导致删除算法的递归应用，直到到达树的根结点。删除后父结点要保持足够满，否则要重新进行分布。

B⁺树的删除算法如下：

```
Algorithm B+Tree_Delete( Value V, Pointer P)
/＊从 B+树中删除搜索键值为 V 的记录＊/
  找到包含搜索键值 V 的叶结点 L;
  B+Tree_DeleteFromL( L, V, P);
Algorithm B+Tree_DeleteFromL (Node L, Value V, Pointer P)
  从 L 中删除( V, P);
  IF( L 是根结点并且只剩下一个子结点)
    使 L 的子结点成为该树新的根结点并删除 L;
  ELSE
    IF( L 的指针/值少于[n/2])
      令 L′为 Parent( L)相对于 L 的前一子女或后一子女;
      IF( L 是 L′的前驱)
        交换 L 和 L′使 L′是 L 的前驱;
      令 V′为 Parent( L)中指针 L 和 L′之间的值;
      IF( L 和 L′的项能放到一个结点中)
        IF( L 是非叶结点)
          将 V′以及 L 中所有指针和值附加到 L′中;
        ELSE
          将 L 中所有( Ki, Pi)对附加到 L′中;
          设置 L′. Pn = L. Pn;
        B+Tree_DeleteFromL( Parent( L), V′, L);
      ELSE /＊重新分布，从 L′借一个索引项＊/
        IF( L 是非叶结点)
          令 m 满足 L′. Pm 是 L′的最后一个指针;
          从 L′中删除( L′. Km－1, L′. Pm);
          向 L 中插入( L. Pm, V′)并通过将其他指针和值右移使之成为 L 的第一个
```

指针/值对,并用 L'. Km - 1 替换 Parent(L)中的 V';

ELSE

令 m 满足(L'. Pm, L'. Km)是 L'中的最后一个指针/值对;

从 L'中删除(L'. Pm, L'. Km);

向 L 中插入(L'. Pm, L'. Km)并通过将其他指针和值右移使之成为 L 的第一个指针/值对,并用 L'. Km 替换 Parent(L)中的 V';

虽然对 B^+ 树的插入和删除非常复杂,但它们只要相对较少的 I/O 操作,因此这是一个很大的优点。可以证明最坏情况下插入和删除所需的操作数正比于 $\log_{\lceil n/2 \rceil} K$,其中 n 是结点中最大的指针数目,K 是搜索键值的个数。换句话说,插入和删除的代价正比于树的高度,因此所需代价很低。正是 B^+ 树的操作速度使其成为数据库实现中常用的索引结构。

4. B^+ 树的文件组织

索引顺序文件组织的最大缺点是文件增大时性能急剧下降。随着文件的增大,增加的索引记录所占百分比和实际记录之间变得不适应,不得不被存储在溢出块中。我们通过在文件上使用 B^+ 树索引来解决索引查找时性能下降的问题。通过用 B^+ 树叶级结点组织包含实际记录的磁盘块,可以解决存储实际记录的性能下降问题。不仅可以把 B^+ 树结构作为索引使用,而且可以把它作为一个文件中的记录的组织者。在 B^+ 树文件组织中,树的叶结点中存储的是记录而不是指向记录的指针。由于记录通常比指针大,一个叶结点中能存储的记录数目要比一个非叶结点能存储的指针数目少。然而,叶结点仍然要求至少是半满的。

B^+ 树文件组织中的插入和删除与 B^+ 树索引中的索引项的插入和删除的处理方式一样。当插入一条给定键值 V 的记录时,系统通过在 B^+ 树中查找小于 V 的最大的键值来定位包含该记录的块。如果定位到的块有足够的空间来存放该记录,系统就将该记录存放在该块中。否则,就像 B^+ 树的插入那样,系统将该块分裂成两个,重新分布其中的记录,以给新记录创造空间。当我们删除一条记录时,系统首先从包含它的块中将它删除,如果块 B 因此不到半满,就要对 B 中的记录以相邻的块 B' 中 的记录重新分布。假定记录大小固定,每个块包含的记录数至少应是它所能包含的最大记录数的一半。系统按通常的方式更新 B^+ 树的非叶结点。

7.2.3 哈希索引

1. 静态散列

顺序文件组织的一个缺点是我们必须访问索引结构来定位数据,或者必须使用二分搜索,这将导致过多的 I/O 操作。基于哈希技术的文件组织使我们能够避免访问索引结构。而且哈希也提供了一种构造索引的方法,称为哈希索引(Hash Index)或散列索引。哈希索引是一种基于将值平均分布到若干哈希桶中的索引。一个值所属的哈希桶由一个函数来决定,该函数称为哈希函数或散列函数。建立哈希索引的方法如下:将哈希函数作用于搜索键以确定对应的桶,然后将此搜索键及相应的指针存入桶地址表中。

在哈希文件组织中,通过一个函数计算记录的搜索键值,直接获得包含该记录的磁盘块地址。在对哈希的描述中,使用术语桶(Bucket)来表示能存储一条或多条记录的一个存储单位。通常一个桶就是一个磁盘块,但也可能小于或大于一个磁盘块。如果用 h 表示哈希函数,为了插入一条搜索键为 K 的记录,我们计算 $h(K)$,它给出了存放该记录的桶的地址。

为了进行一次基于搜索键K_i的查找我们只需计算$h(K_i)$，然后搜索具有该地址的桶。假定两个搜索键K_i和K_j有相同的散列值，即$h(K_i) = h(K_j)$。如果我们执行对K_i的查找，则桶$h(K_i)$包含搜索键是K_i或K_j的记录。因此，我们必须检查桶中每条记录的搜索键值，以确定该记录是否为我们要查找的记录。删除也一样简单。如果待删除记录的搜索键值是K_i，则我们计算$h(K_i)$，然后在相应的桶中搜寻此记录并从中删除它。

到目前为止，我们一直假设插入一条记录时，记录映射到的桶具有存储记录的空间。如果桶已没有足够的空间，就会发生桶溢出。桶溢出的发生可能有以下几个原因：

(1) 桶不足。桶数目的选择必须使$N_B > N_r / bfr$，其中N_r表示将要存放的记录总数，bfr表示一个桶中能存放的记录数目，N_B表示桶的数目。当然，这种表示是以在选择散列函数时记录总数已知为前提的。如果不满足这个条件，就会导致桶不足。

(2) 桶偏斜。某些桶分配到的记录比其他桶多，所以即使其他桶仍有空间，某个桶仍可能溢出。这种情况称为桶偏斜。偏斜发生的原因有两个：一个是多个记录可能具有相同的搜索键；另一个是所选的散列函数造成搜索键的分布不均。

为了减少桶溢出的可能性，桶的数目选为$(N_r / bfr) \times (1 + d)$，其中$d$是避让因子，其典型值约为0.2，就是说桶中大约20%的空间是空的。其好处是减少了溢出的可能。尽管分配的桶比所需的桶多了一些，桶溢出还是可能发生。我们用溢出桶来解决桶溢出的问题。如果一条记录必须插入桶b，而桶b已满，系统会为桶b提供一个溢出桶，并将此记录插入到这个溢出桶中。如果溢出桶也满了，系统会提供另一个溢出桶，如此继续下去。一个给定桶的所有溢出桶用一个链接列表链接在一起。使用这种链接列表的溢出处理称为溢出链。这种散列方式我们把它称为静态散列。

静态散列一个很大的缺点是我们必须在实现系统时选择确定的散列函数。因为函数h将搜索键值映射到一个桶地址的固定集合B上，如果为了处理将来文件的增长而将B取得较大就会浪费空间；如果B太小，一个桶中就会包含许多具有不同的搜索键值的记录，从而可能发生溢出。当文件变大时，性能就会受到影响。下面我们介绍两种可以动态地改变桶的数目和散列函数的散列方法：可扩展散列和线性散列。

2. 可扩展散列

当数据库增大或缩小时，可扩展散列可以通过桶的分裂或合并来适应数据库大小的变化。这样可以保持空间的使用效率。此外，由于重组每次仅作用在一个桶上，所带来的性能开销较低。

使用可扩展散列时，选择一个具有均匀性和随机性特性的散列函数h。但是，此散列函数产生值的范围相对较大，是b位二进制整数。一个典型的b值是32。

没有必要为每一个散列值创建一个桶。实际上，2^{32}超过40亿，除非是非常大的数据库，否则没有必要创建这么多桶。相反，记录插入文件时是按需建桶的。开始时，不使用散列值的全部b位。任一时刻使用的位数满足$0 \leqslant i \leqslant b$。这样的$i$个位做附加的桶地址表的入口偏移量。$i$的值随着数据库大小的变化而增大或减小。

如图7－15所示为一般的可扩展散列结构。图中出现在桶地址表上方的i表明散列值$h(K)$中有i位需要用来正确地定位对应于K的桶。当然，这个值会随着文件变化而变化。尽管找出桶地址表中的正确表项需要i位，几个连续的表项可能指向同一个桶，所有这样的表项有一个共同的散列前缀，但这个前缀的长度小于或等于i。因此，我们给每一个桶附加一个整数值，用来表明共同的散列前缀长度。与桶 j 相关的整数表示为 ij。下面我们来看看如何在可扩展散列结构上执行查找、插入和删除。

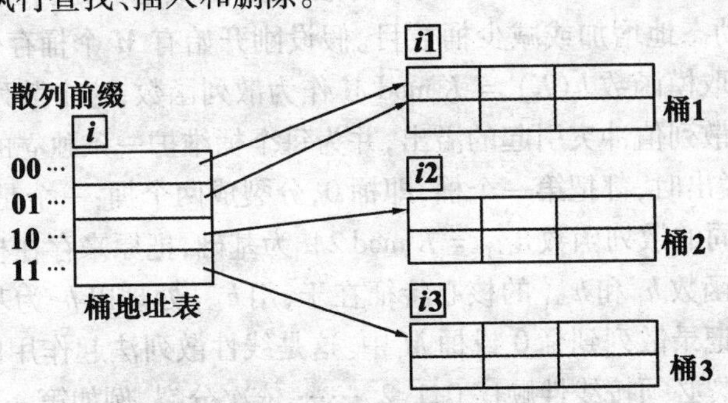

图 7－15　可扩展散列结构

要查找含有搜索键 K 的桶的位置，系统先计算 $h(K)$，然后取得 $h(K)$ 的 i 个高字节位，然后为这个位串查找对应的表项，再根据表项中的指针得到桶的位置。

要插入一个搜索键值为 K 的记录，系统按如前所述相同过程进行查找，最终定位到某个桶，设为桶 j。如果该桶有剩余空间，系统将该记录插入该桶即可；如果桶已满，系统必须分裂这个桶并将该桶中现有记录和新记录一起进行重新分布。为了分裂该桶，系统必须首先确定是否需要增加所使用的位数。

如果 $i = ij$，那么在桶地址表中只有一个表项指向桶 j。因此，系统需要增加桶地址表的大小以容纳由于桶 j 分裂而产生的两个桶指针。为了达到这一目的，系统需要考虑多引入散列值中的一位。系统将 i 的值加 1，因此使桶地址表的大小加倍。这样，原表中每个表项都被两个表项替代，两个表项都包含和原始表项一样的指针。现在桶地址表中有两个表项指向桶 j。这时，系统分配一个新的桶 z，并让第二个表项指向此新桶。系统将 ij 和 iz 置为 i（i 已加 1）。接下来，桶 j 中的各条记录被重新散列，根据前 i 位来确定该记录是放在桶 j 中还是放到新创建的桶中。系统现在再次尝试插入该新记录。通常这一尝试会成功。但是，如果桶 j 中原有的所有记录和新插入的记录具有相同的散列值前缀，该桶就必须被再次分裂，这是因为桶 j 中的所有记录和新插入的记录被分配到同一个桶中，桶大小依然不足。如果散列函数的选择考虑较细致，一次插入导致两次或两次以上的分裂是不太可能的，除非大量的记录具有相同的搜索键。如果桶 j 中所有记录的搜索键值相同，那么多少次分裂也不能解决问题。这种情况下我们用溢出桶来存储多出来的记录，就像静态散列中那样。

如果 $i > ij$，那么在桶地址表中有多个表项指向桶 j。因此系统不需要增加桶地址表的大小就能分裂桶 j。我们发现指向桶 j 的所有表项的索引前缀的最左 ij 位相同。系统分配一个新桶 z，将 ij 和 iz 置为原 ij 加 1 后得到的值。接下来系统需要调整桶地址表中原来指向桶 j 的表项。（注意，由于 ij 有了新的值，并非所有表项的散列前缀的最左 ij 位都相同。）系统让这些表项的前一半保持原样，而使后一半指向新创建的桶 z。然后就像上一种情况那样，桶 j 中的各条记录被重新散列，分配到桶 j 或新桶 z 中。此时，系统重新尝试插入记录。失败的可能性微乎其微，如果失败，则根据情况在桶 j 的记录上重新计算散列函数。

要删除一个搜索键值为 K 的记录，系统可以按前面的查找过程找到相应的桶，不妨设为桶 j。系统不仅要把搜索键从桶中删除，还要把记录从文件中删除。如果这时桶成为空的，那么桶也需要被删除。注意，此时某些桶可能被合并，桶地址表的大小也可能减半。

3. 线性散列

线性散列和可扩展散列一样是一种动态的散列技术，其思想是：在不需要桶地址表的情况下允许散列文件动态地增加或减少桶数目。假设刚开始有 M 个桶存储记录，分别编号为 $0,1,\cdots,M-1$，并用取模函数 $h(K) = K \bmod M$ 作为散列函数，这个散列函数称为初始散列函数 h_i。允许发生由散列值冲突引起的溢出，并为每个桶维护一条独立的溢出链。然而，当插入一条记录发生桶溢出时，都把第一个桶，即桶 0，分裂成两个桶：一个是桶 0，另一个是添加到末尾的桶 M。以不同的散列函数 $h_{i+1} = K \bmod 2M$ 为基础，把原来存在桶 0 的记录分散到这两个桶中。两个散列函数 h_i 和 h_{i+1} 的核心特征在于，用 h_{i+1} 处理以 h_i 为基础散列到桶 0 中的记录，必然会把这些记录散列到桶 0 或桶 M 中。这是线性散列法起作用的必要条件。这里需要注意的是，桶的分裂必须按线性顺序 0，1，2，…… 依次分裂，例如第一次桶溢出时，发生溢出的是桶 i，但我们分裂桶 0，然后给桶 i 建立一条溢出链，将新插入的记录放到溢出桶中。

当又有冲突导致记录溢出时，按线性顺序 1，2，…… 分裂另外的桶。如果出现了足够多的溢出，那么原来的桶 $0,1,2,\cdots,M-1$ 都将被分裂，并且从 M 个桶增长到 $2M$ 个桶，而且所有的桶都是用散列函数 h_{i+1}。因此，通过函数 h_{i+1} 延迟性地分裂所有的桶，可以逐渐把溢出的记录重新分散到适当的桶中。这里不需要桶地址表，但是需要一个值 n，用 n 记录哪一个桶刚被分裂过。n 初始时被设为 0，每次发生分裂时就加 1。要检索一条搜索键值为 K 的记录，首先把函数 h_i 作用于 K，如果 $h_i(K) < n$，那么 h_i 桶已经被分裂过，所以把函数 h_{i+1} 作用于 K。

如果当 n 增长后出现了 $n = M$ 的情况，这说明原来所有的桶都已经被分裂过了，而且对文件中所有的记录都是用函数 h_{i+1}。此时，重新设置 $n = 0$，而且在发生任何引起溢出的冲突时，都是用函数 $h_{i+2}(K) = K \bmod 4M$。一般说来，使用的散列函数序列是 $h_{i+j}(K) = K \bmod (2jM)$，其中 $j = 0,1,2,\cdots\cdots$ 当所有的桶 $0,1,2,\cdots,(2jM)-1$ 都被分裂后，而且 n 被重新设为 0 时，需要一个新的散列函数 h_{i+j+1}。这就是线性散列的基本做法。

7.2.4 位图索引

前面我们讲的一直都假设只使用一个索引来执行关系上的查询，但是对于某些查询来说，使用多个索引比较有效。

位图索引是一种为多属性查询设计的特殊类型的索引，尽管每个位图索引都是建立在一个单独的属性之上的，但如果同时使用多个位图索引，就能有效提高查询效率。为了使用位图索引，关系中的记录必须先顺序编号，比如从 0 开始。

位图就是位的一个简单数组，关系 r 的属性 A 上的位图索引是由 A 能取得的每个值的位图构成的。一个属性值有一个位图，每个位图都有和关系中的记录数目相等的位。如果编号为 i 的记录在属性 A 上的值为 vj，则 vj 的位图中的第 i 个位设为 1，其他位图中该位设为 0。

考虑一个关系 *Customer*，它有一个属性 *Gender*，只能取值 M、F，另一个属性 *Income*，取值 *L1*（0 ~ 9999 ¥），*L2*（10000 ~ 29999 ¥），*L3*（30000 ~ 49999 ¥），*L4*（50000 ~ 99999 ¥），*L5*（100000 ~ ∞ ¥）。下面分析这个例子。

在这个例子中，*Gender* 的属性值 M 和 F 各有一个位图，*Income* 的各个属性值同样各有一个位图。图 7 - 16 表示关系 *Customer* 的位图索引示例。

现在来看一下位图索引的使用。假设查询收入在 10000 ~ 29999 ¥ 的所有女性的名字。取属性 *Gender* 值为 F 的位图与属性 *Income* 值为 *L2* 的位图，然后执行两个位图的交操作，得

记录号	*Name*	*Gender*	*Income*
0	Shally	F	2*L*
1	Peter	M	1*L*
2	Barbie	F	4*L*
3	Linda	F	2*L*
4	John	M	5*L*

*Gender*的位图

M	01001
F	10110

*Income*的位图

*L*1	01000
*L*2	10010
*L*3	00000
*L*4	00100
*L*5	00001

图 7－16　位图索引

到一个新的位图,如果前面两个位图的第 i 位都为 1,则新位图的第 i 位为 1,否则为 0。这样,系统可以通过在新位图中找出值为 1 的所有位,然后检索相应的记录来得出查询结果。在上面的例子中,*Gender* 的位图 *F*(10110) 和 *Income* 的位图 *L*2(10010) 相交得到新位图(10010),所以我们检索的结果就是记录 0 和 3, 即 Shally 和 Linda。

位图的另一个重要应用就是计算满足条件的记录数。例如,找出收入水平为 *L*2 的女性的人数。我们计算两个位图的交,然后计算新位图中值为 1 的位的个数,这样就可以在不访问关系的条件下从位图索引得到想要的结果。

7.3　创建索引

在数据库中获取数据的时候,通过使用索引就可以不用扫描数据库中的所有数据记录,这样能够提高系统获取数据的性能。使用索引可以改变数据的组织方式,使得所有的数据都是按照相似的结构来组织的,这样就可以很容易地实现数据的检索访问。索引是按照列来创建的,根据索引列中的值来帮助数据库找到相应的数据。因此建立索引是加快查询速度的有效手段。用户可以根据应用环境的需要,在基本表上建立一个或多个索引,以提供多种存取路径,加快查找速度。一般来说,设计索引的组织结构、建立与删除索引由数据库管理员 DBA 或表的创建者负责完成。系统在存取数据时会自动选择合适的索引作为存取路径,用户不必也不能选择索引。

虽然索引可以带来性能上的优势,但是同时也将付出一定的代价。首先,创建索引和维护索引要耗费时间,这种时间随着数据量的增加而增加。而且当对表中的数据进行增加、删除和修改的时候,索引也要动态地维护,以维持数据和索引的一致性,降低了数据的维护效率。另外,除了数据表占数据空间之外,每一个索引还要占一定的物理空间,如果要建立聚簇索引,那么需要的空间就会更大。当然建立索引的优点也是显而易见的:在海量数据的情况下,如果合理地建立了索引,则会大大加强 SQL 执行查询、对结果进行排序、分组的操作效率。实践表明,不恰当的索引不但于事无补,反而会降低系统性能。提高查询效率是以消耗一定的系统资源为代价的,索引不能盲目地建立,必须统筹规划设计,在“加快查询速度”与“降低修改速度”之间做好平衡。这是考验一个 DBA 是否优秀的很重要的指标。

7.3.1　建立索引

在 SQL 中,建立索引使用 CREATE INDEX 语句,一般格式为:

CREATE [UNIQUE] [CLUSTERED | NONCLUSTERED] INDEX index_name

ON table_name(column_name[ASC | DESC][,column_name[ASC | DESC]]…);

其中,table_name 是要建立索引的基本表的名字。索引可以建立在该表的一列或多列上,各列名之间用逗号分隔。每个列名后面还可以用指定索引值的排列次序,可选 ASC(升序)或 DESC(降序),缺省值为升序。在创建多列索引时,需要注意列的顺序。数据库将根据第一列索引的值来排列记录,然后进一步根据第二列的值来排序,依次排序直到最后一个索引排序完毕。我们在创建索引时哪一列唯一数据值较少,哪一列就应该为第一个索引,这样可以确保数据可以通过索引进一步交叉排序。UNIQUE 表明此索引的每一个索引值只对应唯一的数据记录。CLUSTERED 表明要建立的索引是聚簇索引,如果此选项缺省,则创建的索引为非聚簇索引。我们来看下面创建并使用索引的例子:

首先执行下面的创建索引语句:

CREATE CLUSTERED INDEX Idx_Stuname ON Student(Sname);

它将会在 Student 表的 Sname 这一列上建立一个聚簇索引,而且 Student 表中的记录将按照 Sname 值的升序存放。

然后执行下面的查询语句:

SELECT Sno,Sdept FROM Student WHERE Sname = 'John';

如果在未创建索引时执行此查询语句,系统需要进行全表扫描,把每条记录的 Sname 值与查询条件进行比较,返回符合条件的记录,I/O 操作频繁,执行速度当然很慢。我们建立索引正是为了加快这个步骤,系统在索引可用后选择了索引扫描,然后根据 SQL 语句的查询条件查找索引获取一个特定范围的数据。系统首先找到范围的起始值,然后持续扫描到范围的终点值结束。系统只需在索引上进行查找,相对于在所有数据页上进行扫描需要的 I/O 操作要少得多,速度也快得多。

用户可以在最常查询的列上建立聚簇索引以提高查询效率。显然在一个基本表上最多只能建立一个聚簇索引。建立聚簇索引后,更新索引列数据时,往往导致表中记录的物理顺序的变更,代价较大,因此对于经常更新的列不宜建立聚簇索引。

Oracle 的索引主要包含两类:B 树索引和位图索引。默认情况下大多使用 B 树索引,比如常见的唯一索引、聚簇索引等都是基于 B 树索引结构。位图索引是 Oracle 的比较引人注目的地方,其主要用在 OLAP(联机数据分析处理)方面,目的在于加快查询速度,节省存储空间。通常情况下,索引都要耗费比较大的存储空间,位图采用了压缩技术实现磁盘空间缩减。位图索引的基本原理是在索引中使用位图而不是列值,与 B 树索引比较起来,只需要更少的存储空间,这样每次读取可以读到更多的记录,而且与 B 树索引相比,位图索引将比较、连接和聚集都变成了位算术运算,大大减少了运行时间,从而得到性能上极大的提升。

创建位图索引的一般格式为:

CREATE BITMAP INDEX index_name on table_name(column_name[column_name…]);

7.3.2 删除索引

索引一经建立,就由系统使用和维护,不需要用户的干预。建立索引是为了减少查询的操作时间,但如果数据增加删改频繁,系统会花费许多时间来维护索引,这时,可以删除一些不必要的索引。

在 SQL 语句中,删除索引使用 DROP INDEX 语句,DROP INDEX 命令可以删除一个或多个当前数据库中的索引，一般格式为：

DROP INDEX <索引名>；

习题

1. 简要说明计算机系统的物理存储介质层次，并说明每一种介质的数据访问速度。
2. 什么是 RAID？常用的有哪些形式？
3. 解释定长记录文件和变长记录文件的格式。
4. 解释跨块记录和非跨块记录。
5. 主索引和辅助索引有什么区别？
6. 为什么说建立索引是加快查询速度的有效手段？
7. 什么是聚簇文件组织？
8. 解释稠密索引和稀疏索引，并说明二者有什么区别。
9. 动态散列技术有哪些？
10. 什么是位图和位图索引？
11. 在哈希文件组织中，发生桶溢出的原因可能有哪些？
12. 索引顺序文件组织的最大缺点是什么？用什么方法解决索引查找性能下降的问题？
13. B^+树和 B 树有什么区别？
14. 简要叙述多级索引的思想。
15. Oracle 的索引主要包含哪两类？
16. 数据库的存储结构主要解决哪些问题？
17. 数据库的物理组织包括哪些方面？
18. 维护索引时究竟消耗了什么资源？会产生哪些问题？如何才能优化字段的索引？
19. 请查找参考资料，了解如何为开发的数据库系统设计索引。

第 8 章　存储过程与触发器

为了支持数据库服务器端编程能力，多数 DBMS 都提供了相应的后台编程语言，如 SQL Server 提供了 T－SQL，Oracle 提供了 PL/SQL 等。这些语言都提供了基本的数据类型、控制结构，最主要的是提供了很强的数据操作能力、直接使用的 SQL 语句，被称为 4GL。存储过程、存储函数、触发器正是利用这样的 4GL 进行数据库后台能力扩充的方法。另外，许多 DBMS 的基本功能都是通过存储过程、存储函数、包等方法提供的。

本章主要介绍存储过程、触发器等概念，同时，以 SQL Server 为例，介绍它们的定义、引用方法。另外，还介绍了作业的管理问题。

8.1 存储过程

8.1.1 存储过程的概念

存储过程是一种数据库对象，封装了服务器上的 SQL 语句和控制流语句，能够完成一定的逻辑功能，并能通过名字重复调用。存储过程类似于其他程序设计语言中的子例程或函数，具体体现在：

(1)存储过程可以接收参数并以输出参数的形式返回多个参数给存储过程的调用者；

(2)存储过程也可以调用存储过程，可以在对数据库进行查询、修改的编程语句中调用其他的存储过程；

(3)存储过程可以返回执行存储过程后的状态值以反映存储过程的执行情况；

(4)存储过程采用过程式语言编程，能够很好地结合查询语言操作数据，以实现独立的逻辑功能。

存储过程有以下优点：

(1)存储过程被组织成模块，易于复用、部署，而且符合信息隐藏的原则，调用者不需知道其实现细节，从而也易于维护。

(2)查询引擎对 SQL 进行优化，其执行计划一旦完成，可以随时待用，因此其执行效率更高。

(3)若有多个用户使用，DBMS 只在内存中保存一个存储过程副本，所有用户共享该副本，节约存储资源。

(4)强化业务流程(Enforcing Business)，来防止对表的直接操作，增强安全性。

(5)存储过程可能有几百条 SQL 语句，但执行它，只需要一条调用语句，只有少量的 SQL 语句需要在网络上传播，从而减少网络通信量，减少出错的可能性，提高处理的效率。

因为以上原因，存储过程在当前主流 DBMS 中广为使用。

8.1.2 存储过程的类型

在 SQL Server 中存储过程可以分为五类,即系统存储过程、本地存储过程、临时存储过程、远程存储过程和扩展存储过程。其中系统存储过程和本地存储过程经常使用。

系统存储过程:系统存储过程存储在 master 数据库中,并以 sp 为前缀,主要用来从系统表中获取信息,为系统管理员管理 SQL Server 提供帮助,为用户查看数据库对象提供方便,避免了 DBA 直接操作系统表的风险。比如用来查看数据库对象信息的系统存储过程 sp_help,此外,本章还使用了诸如 sp_helptext、sp_depends、sp_recompile、sp_rename 等系统存储过程,其详细用法可参考相关手册。

本地存储过程:本地存储过程是用户根据需要,在自己的普通数据库中创建的存储过程。

临时存储过程:临时存储过程通常分为局部临时存储过程和全局临时存储过程。创建局部临时存储过程时,要以"#"作为过程名称的第一个字符。创建全局临时存储过程时,要以"##"作为过程名称的前两个字符。临时存储过程在连接到 SQL Server 的早期版本时很有用。连接到 SQL Server 2000 的应用程序对应使用 sp_executesql 系统存储过程,而不使用临时存储过程。

远程存储过程:远程存储过程是 SQL Server 的一个传统功能,是指非本地服务器上的存储过程。现在只有在分布式查询中使用此类存储过程。

扩展存储过程:扩展存储过程以 xp_为前缀,它是关系数据库引擎的开放式数据服务层的一部分,其可以使用户在动态链接库(DLL)文件所包含的函数中实现逻辑,从而扩展了 T-SQL 的功能,并且可以像调用 T-SQL 过程那样从 T-SQL 语句调用这些函数。

8.1.3 定义存储过程的语法

下面是在 SQL Server 中定义存储过程的 SQL 语句语法:

```
CREATE PROC[EDURE] procedure_name [ ; number ]——存储过程的头部
[
{ @parameter data_type } [ VARYING ] [ = default ] [ OUTPUT ]——存储过程的参数信息
]
[ ,…n ]
[ WITH{ RECOMPILE | ENCRYPTION | RECOMPILE, ENCRYPTION } ]
[ FOR REPLICATION ]
AS
sql_statement [ …n ]——存储过程的主体
```

注意:

(1)只能在当前数据库中创建存储过程,过程名必须符合标识符规则,且对于数据库及其所有者必须唯一。

(2)使用 @ 符号作为第一个字符来指定参数名称。参数名称必须符合标识符的规则,即参数名称以@开始,以后的字符可以是 unicode 字母、数字或者@、$、#或者_符号。参数的名称不应该以@@开始,因为SQL Server把这种记号用于一些内置的函数。默认情况下,参数只能代替常量,而不能用于代替表名、列名或其他数据库对象的名称。

(3)在第一次执行时所传递的参数的基础上,SQL Server优化器为存储过程建立一个查询方案,在以后的执行中这个存储方案将直接从高速缓存中运行。RECOMPILE表明SQL Server不会缓存该过程的计划,该过程将在运行时重新编译。在使用非典型值或临时值而不希望覆盖缓存在内存中的执行计划时,为了强制产生新的查询方案,可以在建立时或运行时使用RECOMPILE选项。

从逻辑上看,一个存储过程包括:

(1)头部:定义了存储过程的名称、输入和输出参数以及其他的过程选项。可以把头部当作存储过程的声明或调用接口。

(2)主体:包含了一条或者多条可执行SQL语句组成的程序片段。

例8.1 创建存储过程:存储在所有图书中,按每个出版商发行的书的种类进行降序排序。这是一个无参数的存储过程。要注意的是CREATE PROC必须是一个批处理中的第一条语句。

```
Use BookSales                                        ——使用BookSales数据库
Go                                                   ——批处理结束
IF EXISTS (SELECT name FROM sysobjects               ——如果存在名称为sortpublishers的存
                                                       储过程,则删除它
WHERE name = 'sortpublishers' AND type = 'P')
  DROP PROCEDURE sortpublishers
Go
Create proc sortpublishers                           ——创建一个名称为sortpublishers的存
                                                       储过程
As
  Select a. * ,b. publisher_name from
  (Select publisher_id, count( * ) as book_count from books group by publisher_id) a,
  publishers b where a. publisher_id = b. publisher_id order by book_count desc
Go
```

注意:sysobjects表为系统表,保存了表、存储过程、触发器等数据库对象的信息。

例8.2 创建存储过程Showindoxinfo。存储过程showindexinfo的功能是显示在指定表上创建的所有索引的信息,这是一个有参数的存储过程,参数@table可以有默认值。

```
CREATE PROC showindexinfo @table varchar(30) = 'books'
AS
  SELECT TABLE_NAME = sysobjects. name,
    INDEX_NAME = sysindexes. name, INDEX_ID = sysindexes. indid
    FROM sysindexes INNER JOIN sysobjects ON sysobjects. id = sysindexes. id
    WHERE sysobjects. name = @table
    Go
```

注意:

(1)在本例中,varchar 为参数@ table 的数据类型。参数的数据类型可以为任意数据类型(包括 text、ntext 和 image)。

(2)Default 指定了参数的默认值。如果定义了默认值,不必指定该参数的值即可执行过程,从而创建带有可选参数的存储过程。执行该存储过程时,如果未指定@ table 的取值,则使用默认值'books'。默认值必须是常量或 NULL。如果在存储过程中没有指定参数的默认值,并且调用时也没有为该参数提供值,那么会返回系统错误,因此指定默认值是必要的。

(3)通过为可选参数指定默认值(如果不能为参数指定合适的默认值,则可以指定 NULL 作为参数的默认值),并在未提供参数值而执行存储过程的情况下,使存储过程返回一条自定义消息。

(4)如果默认值是包含嵌入空格或标点符号的字符串,或者以数字开头(例如,6*xxx*),那么该默认值必须用单引号引起来。

例 8.3 创建存储过程:在雇员表 employees 中,根据姓名删除指定的雇员,如果雇员不存在,使用状态返回值 1 表示该雇员信息并不存在,返回值 2 表示在执行 DELETE 的时候触发了异常,返回 0 表示存储过程成功执行,指定的雇员信息已被删除。

```
Create proc deleteemployee @ name nvarchar(50)
As
  declare @ Err int
  If not exists (select * from employees where employee_name = @ name)
    Return 1
  Else
      Begin
        Delete from employees where employee_name = @ name
        Set @ Err = @ @ Error                    ——异常处理程序
        If @ Err < >0                            ——如果出错,返回 2
          Return 2
        else
          Return 0
        end
go
```

SQL Server 使用 0 表示成功调用,-1 到 -99 为系统调用错误(例如,数据转换错误)。

在这里使用@ @ Error 进行异常处理,在 SQL Server 2005 中,引入了更为有用的异常处理的方法,即 TRY…CATCH。

例 8.4 可以通过使用 PRINT 语句向存储过程的调用者发送通知,因此上面的存储过程的另一个版本如下。

```
Create proc deleteemployee2 @ name nvarchar(50)
As
  If not exists (select * from employees where employee_name = @ name)
    PRINT '您要删除的记录不存在!'
```

```
    Else
    Begin
      Delete from employees where employee_name = @ name
      PRINT '删除雇员[' + @ name + '' + ']成功!'
    end
Go
```

PRINT语句允许返回任何字符串表达式，包括文字、字符参数和变量，将要返回的字符串最多可以有8000个字符。

例8.5 创建存储过程：使用RAISERROR向调用者发送错误消息。RAISERROR返回用户定义的错误信息并设系统标志，记录发生错误。通过使用RAISERROR语句，客户端可以从sysmessages表中检索条目，或者使用用户指定的严重度和状态信息动态地生成一条消息。这条消息在定义后就作为服务器错误信息返回给客户端。

```
Create proc deleteemployee3 @ name nvarchar(50)
As
   Delete from employees where employee_name = @ name
   If @ @ ROWCOUNT = 0              ——如果受影响的行数为0，即没有删除任何记录
     RAISERROR (50005, 16, 1)                                         ——发送消息
   end
Go
```

消息50005通过sp_addmessage系统存储过程，以消息号50005被添加到sysmessages表中。

例8.6 为了查询特定的书店中库存的图书种类信息，设计了如下的存储过程，其名称为getbookspecies，显然这是一个有参数的存储过程，接受三个参数：其中第一个参数为要查询的书店的ID，当其为NULL时，返回所有书店库存的图书信息；第二个参数为符合条件的图书的种类数；第三个参数为游标类型，返回符合条件的图书的详细信息（包括图书名称，作者，出版社等）。

```
Create proc getbookspecies
@ store_id nchar(3) = NULL,                                     ——参数：书店ID

@ speciescount int output,                          ——参数：返回图书的种类数目
@ species cursor VARYING OUTPUT          ——参数：使用游标，返回某个特定的书店的
                                          书籍信息
As
If @ store_id is null                                   ——如果书店ID为NULL
Begin                                           ——统计所有书店的图书库存信息
SET @ species = CURSOR FORWARD_ONLY STATIC FOR                        ——定义游标
select b. book_name, b. book_type, b. price, b. first_author, p. publisher_name
from books b, publishers p
where b. publisher_id = p. publisher_id and b. Isbn in (select Isbn from stock)
```

——统计所有书店的图书种类

```
select @ speciescount = count(Isbn) from stock
end
else
begin
```

——否则返回指定的书店的图书的库存情况

```
SET @ species = CURSOR
FORWARD_ONLY STATIC FOR
select b. book_name, b. book_type, b. price, b. first_author, p. publisher_name
    from books b, publishers p, stock s
    where b. publisher_id = p. publisher_id and b. Isbn in
      (select Isbn from stock where store_id = @ store_id)
```

——统计指定书店的图书种类

```
select @ speciescount = count( Isbn) from stock where store_id = @ store_id
end
Go
```

注意：

(1)使用 OUTPUT 修饰的参数表明它是返回参数。该选项的值可以返回给 EXEC。使用 OUTPUT 参数可将信息返回给调用过程。text、ntext 和 image 等类型参数可用作OUTPUT 参数。使用 OUTPUT 关键字的输出参数可以是游标占位符。

(2)cursor 数据类型只能用于 OUTPUT 参数。如果指定的数据类型为 cursor，也必须同时指定 VARYING 和 OUTPUT 的关键字。VARYING 指定作为输出参数支持的结果集(由存储过程动态构造，内容可以变化)，仅适用于游标参数。

关系数据库中的操作会对整个行集产生影响。由 SELECT 语句返回的行集包括所有满足该语句 WHERE 子句中条件的行，由语句所返回的这一完整的行集被称为结果集。应用程序，特别是交互式联机应用程序，并不总能将整个结果集作为一个单元来有效地处理。这些应用程序需要一种每次处理一行或一部分行的机制。游标就是提供这种机制的结果集扩展，游标通过以下方式扩展结果处理：

(1)允许定位在结果集的特定行；

(2)从结果集的当前位置检索一行或多行；

(3)支持对结果集中当前位置的行进行数据修改。

总之，游标是一个行集，并带有标识当前行的指针，T－SQL 提供了允许用户移动指针和处理当前行的语句。

定义游标的 SQL 语句如下：

```
DECLARE cursor_name CURSOR
[ LOCAL | GLOBAL ]
[ FORWARD_ONLY | SCROLL ]
[ STATIC | KEYSET | DYNAMIC | FAST_FORWARD ]
[ READ_ONLY | SCROLL_LOCKS | OPTIMISTIC ]
```

[TYPE_WARNING]

FOR select_statement

[FOR UPDATE [OF column_name [,…n]]]

LOCAL 或 GLOBAL 指定游标的作用范围;FORWARD_ONLY | SCROLL 限定了游标可以的操作,如果使用 FORWARD_ONLY,那么只能对游标执行 fetch next 操作;STATIC | KEYSET | DYNAMIC | FAST_FORWARD 指定游标的更新方式;READ_ONLY | SCROLL_LOCKS | OPTIMISTIC 则指定了锁定模式;FOR UPDATE 语句表明该游标是可更新的,可以限定更新的列。

定义游标变量的 SQL 语句:

DECLARE @ cursor_variable_name CURSOR [,…n]——声明游标变量

SET @ cursor_variable =

{ @ cursor_variable | cursor_name }

{ CURSOR [FORWARD_ONLY | SCROLL] [STATIC | KEYSET | DYNAMIC | FAST_FORWARD]

[READ_ONLY | SCROLL_LOCKS | OPTIMISTIC]

FOR select_statement

[FOR { READ ONLY | UPDATE [OF column_name [,…n]] }] } }

游标变量是一种特殊的变量,也遵循变量的使用规则:

(1)变量常用在批处理或过程中,作为 WHILE、LOOP 或 IF……ELSE 块的计数器。

(2)变量只能用在表达式中,不能代替对象名或关键字。若要构造动态 SQL 语句,需要使用 EXECUTE。

(3)局部变量的作用域是在声明局部变量的批处理、存储过程或语句块(BEGIN……END)范围内。

对已经声明并分配有游标的游标变量可以执行以下操作语句:

(1)OPEN 语句。如果使用 INSENSITIVE 或 STATIC 选项声明了游标,那么 OPEN 将创建一个临时表以保留结果集。如果使用 KEYSET 选项声明了游标,那么 OPEN 将创建一个临时表以保留键集。临时表存储在 tempdb 中。

打开游标后,可以使用 @ @ CURSOR_ROWS 函数在最后一次打开的游标中接收合格行的数目。根据期望出现在结果集中的行数,SQL Server 可能会选择在一个单独的线程中异步地填充键集驱动游标。这就允许即使没有充分地填充键集,也可以立即进行提取。

在执行 DELETE、UPDATE、FETCH、CLOSE 等操作前,游标需处于打开状态。

(2)CLOSE 语句。通过释放当前结果集并且解除定位游标的行上的游标锁定,关闭一个打开的游标。CLOSE 使得数据结构可以重新打开,但不允许推进和定位更新,直到游标重新打开为止。CLOSE 只能应用在已经打开的游标上。

(3)DEALLOCATE 语句。DEALLOCATE 删除游标与游标名称或游标变量之间的关联。如果一个名称或变量是最后引用游标的名称或变量,则将释放游标,游标使用的任何资源(包括组成该游标的数据结构)也随之被 SQL Server 释放。用于保护提取隔离的滚动锁在 DEALLOCATE 上释放。用于保护更新(包括通过游标进行的定位更新)的事务锁一直到事务结束才释放。

(4)FETCH 语句。从 T-SQL 服务器游标中检索特定的一行。

语法为

```
FETCH
    [ [ NEXT | PRIOR | FIRST | LAST
      | ABSOLUTE { n | @nvar }
      | RELATIVE { n | @nvar }
    ]
    FROM
  ]
{ { [ GLOBAL ] cursor_name } | @cursor_variable_name }
[ INTO @variable_name [ ,…n ] ]
```

如果指定了 FORWARD-ONLY 或 FAST_FORWARD,NEXT 是唯一受支持的 FETCH 选项。

如果未指定 DYNAMIC、FORWARD-ONLY 或 FAST_FORWARD 选项,并且指定了 KEYSET、STATIC 或 SCROLL 中的某一个,则支持所有 FETCH 选项。

DYNAMIC、SCROLL 支持除 ABSOLUTE 之外的所有 FETCH 选项。

(5)DELETE 或 UPDATE 语句。首先 DECLARE 和 OPEN 游标;然后用 FETCH 语句在游标中定位于一行,最后用 WHERE CURRENT OF 子句执行 UPDATE 或 DELETE 语句。用 DECLARE 语句中的 cursor_name 作为 WHERE CURRENT OF 子句中的游标名。

8.1.4 调用存储过程

在 SQL Server 中调用存储过程的 SQL 语句为:

Exec[ute] [@returnstatus =] ProcName [<ArgumentList>] [WITH RECOMPILE]

注意:execute 可以缩写为 exec,并且如果为批处理中的第一条语句,则可以直接根据存储过程名称调用。

(1)为了调用例 8.1 创建的无参数的存储过程,可以使用如下的 T-SQL 语句:

```
Exec sortpublishers
Go
```

(2)为了调用例 8.2 创建的有参数默认值的存储过程,可以使用如下的 T-SQL 语句:

```
Exec showindexinfo                ——参数使用默认值,即@table ='books'
或
Exec showindexinfo 'publishers'——使用显式值代替参数默认值,即@table =
                                    'publishers'
```

(3)例 8.3 中的存储过程的返回值是一个整数。为了得到这种状态值,可在存储过程调用上赋一个值,如:

```
Declare @returnstatus int
execute @returnstatus = deleteemployee'李军'
print @returnstatus
Go
```

如果 employees 中存在"李军"的记录时,会打印出状态返回值 0。

(4)例 8.4 中的存储过程的调用方法相当简单,如:

Exec deleteemployee2 '王磊'

如果 employees 中不存在"王磊"打印出提示"您要删除的记录不存在!"。

(5)例 8.6 中的存储过程,可以使用如下语句来调用:

```
declare @ num int, @ species cursor                    ——创建变量,用于保存返回数据
exec getbookspecies '0001', @ num output, @ species output          ——调用存储过程
                                                  使用显式值"0001"代替默认值 null
exec getbookspecies @ speciescount = @ num output, @ species = @ species output
                                                              ——输出图书种类总数
print 'Total species is' + str(@ num)
```

注意:使用 str 函数将数值型转换为字符型

```
open @ species                                                      ——打开游标
FETCH NEXT FROM @ species                   ——第一次执行游标的 FETCH 操作
WHILE (@ @ FETCH_STATUS = 0)                                ——如果有更多的记录
BEGIN
FETCH NEXT FROM @ species——继续推进游标,可以在这里使用 INTO variables,将数
                          据保存到变量中
END
CLOSE @ species
DEALLOCATE @ species
```

注意:@ @ FETCH_STATUS 函数报告上一个 FETCH 语句的状态。这些状态信息应该用于在对由 FETCH 语句返回的数据进行任何操作之前,以确定这些数据的有效性。@ @ FETCH_STATUS 为 0 表示推进游标的操作成功。

8.1.5 管理存储过程

1. 查看存储过程信息

使用 sp_helptext 查看存储过程的文本信息,语法为:

sp_helptext procname

使用 sp_depends 查看存储过程的相关性,语法为:

sp_depends procname

使用 sp_help 查看存储过程的一般信息,语法为:

sp_help procname

2. 重新编译存储过程

无论何时改变存储过程使用的表或者当 SQL Server 启动之后第一次运行存储过程时,SQL Server 都将自动编译和优化该存储过程。如果增加了一个新索引,并且希望强制重新编译来利用该索引,可以使用 sp_recompile 系统存储过程,如下例所示:

```
exec sp_recompile 'getbookspecies'
Go
```

3. 重命名存储过程

可以通过系统存储过程 sp_rename 来修改存储过程的名称。如下例所示，将存储过程 proc1 更名为 newproc。

```
exec sp_rename 'proc1', 'newproc', 'OBJECT'
Go
```

4. 更改存储过程

如果要更改先前通过执行 CREATE PROCEDURE 语句创建的存储过程，但不更改权限，或影响相关的存储过程或触发器，则可以使用 ALTER PROCEDURE 语句，形式如下：

```
ALTER PROC[EDURE] procedure_name [ ; number ]        ——存储过程的头部
[
{ @ parameter data_type } [ VARYING ] [ = default ] [ OUTPUT ]
]
[ ,…n ]
[ WITH{ RECOMPILE | ENCRYPTION | RECOMPILE , ENCRYPTION } ]
[ FOR REPLICATION ]
AS
sql_statement [ …n ]                                  ——存储过程的主体
```

我们在前面创建了存储过程 showindexinfo，现在修改其定义，使得它在 syscomments 表中的定义文本被加密，SQL 语句如下：

```
use new
Go
ALTER PROC showindexinfo @table varchar(30) = 'books'
WITH ENCRYPTION
AS
SELECT TABLE_NAME = sysobjects.name,
INDEX_NAME = sysindexes.name, INDEX_ID = indid
FROM sysindexes INNER JOIN sysobjects ON sysobjects.id = sysindexes.id
WHERE sysobjects.name = @table
Go
```

注意：如果要创建/修改存储过程，并且希望确保其他用户无法查看该过程的定义，那么可以使用 WITH ENCRYPTION 子句。这样，存储过程的文本定义将以不可读的形式存储在 syscomments 表中。存储过程一旦加密其定义即无法解密，任何人（包括存储过程的所有者或系统管理员）都将无法查看存储过程定义。这样，如果使用 exec sp_helptext 'showindexinfo' 查看其定义文本，会返回"对象备注已加密"，而不是定义它的 SQL 语句。

5. 删除存储过程

对于不再需要的存储过程可将其删除。

其 SQL 语法如下：

```
DROP PROCEDURE ProcName[,…n]
```

但要注意如果另一个存储过程调用某个已删除的存储过程，会导致错误。

8.2 触发器

8.2.1 触发器的概念

触发器是一种特殊的存储过程，一般与一个表相关联，当对该表做出某种修改时，它会自动地予以执行。触发器可以查询其他表，并可以包含复杂的 SQL（或 Transact - SQL）语句。将触发器和触发它的语句作为可在触发器内回滚的单个事务对待。如果检测到严重错误（例如，磁盘空间不足），则整个事务即自动回滚。触发器可以看做一个监视数据库的“守护程序”。

不同于普通的存储过程，它是不能由用户按名称直接调用的，而是在满足条件的情况下由 DBMS 自动直接调用。同时，触发器不能具有参数和返回状态代码，但作为一种可选项，触发器可以包含 Return 语句来指明成功地完成任务。

一个触发器描述包含以下三个部分：

（1）事件：激活触发器执行的数据库改变事件，可能是在某个特定表上执行的UPDATE、DELETE、INSERT 等操作。

（2）条件：是触发器能够执行必须满足的条件。

（3）动作：当触发器被激活且条件为真时，DBMS 要执行的过程。

上述的触发器模型被称为触发器的事件—条件—动作（Event - Condition - Action）模型。

在 SQL Server 中有四种类型的触发器，分别如下：

（1）INSERT 触发器：可以完成对输入数据的审核，用来修改或拒绝接受正在插入的记录。

（2）DELETE 触发器：用于约束用户能够从数据库中删除的数据。

（3）UPDATE 触发器：约束用户对表中数据的 UPDATE 操作。

（4）以上几种类型的组合触发器。

值得注意的是，有时即使执行的行为看起来属于上面的一种类型，也不一定能激活触发器，关键要看相应的操作是否在日志行为中。例如，DELETE 语句是正常的记录日志的行为，因此会触发 DELETE 触发器。但是如果采用删除行的 TRUNCATE TABLE 语句（一种快速、无日志记录的方法），则只释放表使用的分配空间，不会记录删除行的日志信息，从而不可能激活触发器。

8.2.2 触发器的用途

1. 触发器的用途

对于警示或满足特定条件时自动执行某项特定任务时，触发器很有用。因为触发器是一种特殊的存储过程，所以它可以包含任意数量和种类的 Transact - SQL 语句来完成相当复杂的处理逻辑。比如，执行本地和远程的存储过程，使用游标获取、更新数据，使用流程控制语句，使用事务等。触发器主要有以下用途：

（1）当某些表修改时，可以读取或修改其他的表或数据库，保证数据库的一致性。

(2)比较数据前后版本的不同，提供高级的审计和透明事件记录。

(3)自动地生成导出列的值。

(4)施行复杂的安全性确认和事务约束。

(5)维护同步表。

2. 触发器与约束

约束和触发器在特殊情况下各有优势。触发器的主要好处在于它们可以包含使用 Transact - SQL 代码的复杂处理逻辑。因此，触发器可以支持约束的所有功能，但它在所给出的功能上并不总是最好的方法。实体完整性总应在最低级别上通过索引进行强制，这些索引或是 PRIMARY KEY 和 UNIQUE 约束的一部分，或是在约束之外独立创建的。假设功能可以满足应用程序的功能需求，域完整性应通过 CHECK 约束进行强制，而引用完整性(RI) 则应通过 FOREIGN KEY 约束进行强制。

在约束所支持的功能无法满足应用程序的功能要求时，触发器就极为有用。

CHECK 约束只能根据逻辑表达式或同一表中的另一列来验证列值。如果应用程序要求根据另一个表中的列验证列值，则必须使用触发器。

约束只能通过标准的系统错误处理手段传递错误信息。如果应用程序要求使用自定义信息和较为复杂的错误处理，则必须使用触发器。

触发器可通过数据库中的相关表实现级联更改；不过，通过级联引用完整性约束可以更有效地执行这些更改。

触发器可以禁止或回滚违反引用完整性的更改，从而取消所尝试的数据修改。当更改外键且新值与主键不匹配时，此类触发器就可能发生作用。例如，可以在 titleauthor 表上创建一个插入触发器，当 titleauthor. title_id 列的值与 titles. title_id 中的某个值不匹配时回滚一个插入。不过，通常使用 FOREIGN KEY 来达到这个目的。

总之，触发器的应用是有条件的，因为触发器持有打开的锁，防止及时更新，并且会产生额外的事务日志开销。因此，当应用程序或存储过程以最小的 I/O 开销就能执行相同的操作时，就应避免使用触发器；不要使用触发器来处理简单的数据验证或简单的声明引用完整性约束；在任何情况下，编写的触发器必须能快速地运行，并尽可能快地返回。

8.2.3 定义触发器的语法

在 SQL Server 中，定义触发器的 SQL 语句如下所示：

```
CREATE TRIGGER trigger_name
ON { table | view }
[ WITH ENCRYPTION ]
{
{{ FOR | AFTER | INSTEAD OF } { [ INSERT ] [ , ] [ UPDATE ] [ , ] [ DE-
LETE] }
[ NOT FOR REPLICATION ]
AS
sql_statement [ …n ] [RETURN]
}
```

}

注意:

(1)trigger_name 是触发器的名称,同样在数据库中必须唯一。而 table | view 是在其上执行触发器的表或视图,有时称为触发器表或触发器视图。

(2)AFTER 指定触发器只有在触发 SQL 语句(INSERT、UPDATE、DELETE)中指定的所有操作都已成功执行后才激发,而且只能在表上定义。所有的引用级联操作和约束检查也必须成功完成后,才能执行此触发器。如果仅指定 FOR 关键字,则 AFTER 是默认设置。不能在视图上定义 AFTER 触发器。对于每个操作(INSERT、UPDATE、DELETE),可以定义多个 AFTER 触发器,并可以采用 sp_settriggerorder 定义各触发器执行的先后顺序。

(3)INSTEAD OF 指定执行触发器而不是执行触发 SQL 语句,从而替代触发语句的操作。在表或视图上,每个 INSERT、UPDATE 或 DELETE 语句最多可以定义一个 INSTEAD OF 触发器。

(4){[DELETE][,][INSERT][,][UPDATE]}是指定在表或视图上执行哪些数据修改语句时将激活触发器的关键字。必须至少指定一个选项。在触发器定义中允许使用以任意顺序组合的这些关键字。如果指定的选项多于一个,需用逗号分隔这些选项。

(5)NOT FOR REPLICATION 表示当复制进程更改触发器所涉及的表时,不应执行该触发器。

(6)sql_statement 是触发器的条件和操作。触发器条件指定其他准则,以确定DELETE、INSERT 或 UPDATE 语句是否导致执行触发器操作。当尝试 DELETE、INSERT 或 UPDATE 操作时,Transact - SQL 语句中指定的触发器操作将生效,对每个语句触发器只执行一次,即使此语句修改了好几行。

(7)WRITETEXT 语句不能触发 INSERT 或 UPDATE 型的触发器。

例 8.7 创建触发器:对插入 sales 表的数据进行审核,对于不符合完整性约束(quantity 取负值)的记录显示提示信息,并且不允许其插入。

```
CREATE TRIGGER testinsert
ON sales
FOR INSERT AS
  If exists (select * from inserted where quantity <0)
  Begin
    Print'插入的记录中 quantity 不能为负'
    Rollback
  end
Go
```

运行如下的 INSERT 语句,会返回"插入的记录中 quantity 或 discount 不能为负"的提示信息,并且可以发现记录并没有插入到 sales 表中,这是因为 discount 取值为 -5。

```
insert into sales (store_id, Isbn, discount_card_id, sales_date, quantity)
values('002','7 -04 -007495 - X','1472583690','2008 -12 -15', -5)
```

注意:

deleted 和 inserted 是内存中的逻辑(概念)表。这些表在结构上类似于定义触发器的表

(也就是在其中尝试用户操作的表);这些表用于保存用户操作可能更改的行的旧值或新值。在添加了 DELETE 触发器之后,SQL Server 将正被删除的记录转移到 deleted 表,因此记录并没有彻底消失,而且仍可以在代码中引用它们。同样,在 insert 触发器中使用 inserted 表,而在 update 触发器中需要同时使用这两个表,因为一个 UPDATE 操作可以分解为两个子操作,即首先删除现有记录,然后插入新记录。可以检索这两个表中的信息,例如,若要检索 deleted 表中的所有值,请使用 SELECT * FROM deleted。

在本例中,通过判断是否新插入的记录(在 inserted 表中)中 quantity 或 discount 为负,如果有这样的记录,通过撤销事务来拒绝插入操作。

例 8.8 设计触发器 testdelete:当删除 sales 表中的记录时触发,显示删除的记录数目和剩余记录数,最后撤销事务,因为在这里不准备让它删除测试数据。

```
CREATE TRIGGER testdelete    ——用户在删除 sales 中的记录之后触发的触发器。
ON sales
FOR DELETE
AS
    declare @num int
    select @num = count(*) from deleted
    print '您现在正在删除 sales 表中的数据,删除数据共有' + ltrim(str(@num)) +
'条!'
    select @num = count(*) from sales
    print 'sales 表中剩余记录' + ltrim(str(@num)) + '条!'
    rollback
    select @num = count(*) from sales
  print '回滚后 sales 表中的记录为' + ltrim(str(@num)) + '条!'
Go
```

这样,就会在数据库中创建一个名为 testdelete 的基于表 sales 的触发器,并且在删除表 sales 中记录的时候触发。执行 DELETE FROM sales,就会看到如下执行结果:

您现在正在删除 sales 表中的数据,删除数据共有 2 条!

sales 表中剩余记录 1 条!

回滚后 sales 表中的记录为 3 条!

例 8.9 设计触发器 testupdate:当更新 sales 表中的记录时触发,如果更新了列discount,那么拒绝该操作。

```
CREATE TRIGGER sales_update
ON sales
FOR UPDATE
as
    begin
        if update(store_id)
        begin
            raiserror('不能修改 store_id!',16,1)
```

```
            rollback
        end
    end
GO
```

执行 update sales set store_id = '003' where store_id = '001' 时,会接收到"不能修改 store_id!"的错误提示。事实上,数据库中的数据并未被修改。

注意:

UPDATE (column) 测试在指定的列上进行的 INSERT 或 UPDATE 操作,不能用于 DELETE操作。因为在 ON 子句中指定了表名,所以在 IF UPDATE 子句中的列名前不要包含表名。在 INSERT 操作中 IF UPDATE 将返回 TRUE 值,因为这些列插入了显式值或隐性(NULL) 值。可以在触发器主体中的任意位置使用 UPDATE (column)。

另一个类似的函数为 COLUMNS_UPDATED( ),测试是否插入或更新了提及的列,仅用于 INSERT 或 UPDATE 触发器中。COLUMNS_UPDATED 返回 varbinary 位模式,表示插入或更新了表中的哪些列。COLUMNS_UPDATED 函数以从左到右的顺序返回位,最左边的为最不重要的位。最左边的位表示表中的第一列,向右的下一位表示第二列,依此类推。如果在表上创建的触发器包含 8 列以上,则 COLUMNS_UPDATED 返回多个字节,最左边的为最不重要的字节。在 INSERT 操作中,COLUMNS_UPDATED 将对所有列返回 TRUE 值,因为这些列插入了显式值或隐性 (NULL) 值。可以在触发器主体中的任意位置使用 COLUMNS_UPDATED。

例 8.10　employ 表是 job_info 表的子表,通过外键 job_id 参照到 job_info 表的主键 job_id,创建如下的触发器:完成删除 job_info 的一些记录,然后删除与其关联的子表中的记录的功能,如果出现错误,撤销该删除事务。

```
CREATE TRIGGER jobinfo_del
ON job_info
INSTEAD OF DELETE
AS
    begin
    delete from employ where job_id in (select job_id from deleted)——删除子表中的所
                                                                    有相关记录
    delete from job_info where job_id in (select job_id from deleted) ——删除父表中的
                                                                    记录
    if @@error < >0                                                 ——异常处理
    begin
        print '删除记录时出错!'
        rollback
    end
    end
Go
```

例 8.11　为了说明使用 FOR DELETE 完成类似于上例的级联删除的功能,可以设计功能类似于上例的触发器。说明:为了测试该触发器,可以先将上例创建的触发器 jobinfo_del 禁用。禁用该触发器的语句是:DISABLE TRIGGER dbo. jobinfo_del ON dbo. job_info。

```
CREATE TRIGGER jobinfo_del2
ON job_info
FOR DELETE
AS
    begin
      delete from employ where job_id in ( select job_id from deleted)
      Print'employ 表中相应的记录已经被删除。'
      if @ @ error < >0          ——异常处理
      begin
         print'删除记录时出错!'
         rollback
      end
    end
Go
```

例 8.12 创建一个定义在 sales 表上的插入之前触发的触发器 insertreminder:首先使用游标读取插入的所有的记录的信息,然后统计插入前的记录条数,然后真正插入记录,最后再统计插入后的记录条数:如果插入记录失败,撤销该事务。

```
CREATE TRIGGER insertreminder
ON sales
INSTEAD OF INSERT
AS
    declare @ num int
    declare @ Isbn nchar(13), @ store_id nchar(3),@ quantity int
                                ——定义游标,从临时表 insertcd 中读取插入的数据
    declare #oninsert cursor FORWARD_ONLY STATIC READ_ONLY FOR
    select store_id,Isbn, quantity from inserted
                                ——打开游标,并且把游标中的数据保存到变量之中
    Open #oninsert
    Fetch next from #oninsert into @ store_id, @ Isbn,@ quantity
    While @ @ fetch_status =0
    Begin                        ——循环格式化输出每条插入记录的语义
      Print'插入的记录表示:' + @ store_id + '卖出 ISBN 为[' + @ Isbn + ']的图书' + ltrim( str( @ quantity) ) + '本'
      Fetch next from #oninsert into @ store_id,@ Isbn,@ quantity
    end
    close #oninsert
    deallocate #oninsert
```

```
    select @ num = count( * ) from inserted
    print'您要插入的记录共有' + ltrim( str( @ num) ) + '条!'
    select @ num = count( * ) from sales
    print'sales 表中现有记录为' + ltrim( str( @ num) ) + '条!'
                                    ——真正完成记录的插入,如果插入失败,事务回滚
    INSERT into sales SELECT * from inserted
    If @ @ error < >0
    Begin
        Print'插入记录失败'
        Rollback
    End
    select @ num = count( * ) from sales
    print'插入后 sales 表中现有记录为' + ltrim( str( @ num) ) + '条!'
Go
```

执行以下 SQL 语句:

```
insert into sales
select * from sales_old
```

可以得到触发器的运行的结果:

插入的记录表示:0001 卖出了 ISBN 为[9787020033430]的图书 158 本
插入的记录表示:0001 卖出了 ISBN 为[9787111078890]的图书 25 本
插入的记录表示:0001 卖出了 ISBN 为[9787801126292]的图书 36 本
插入的记录表示:0001 卖出了 ISBN 为[9771006705049]的图书 179 本
插入的记录表示:0001 卖出了 ISBN 为[9787020033430]的图书 41 本
您要插入的记录共有 5 条!
sales 表中现有记录为 20 条!
插入后 sales 表中现有记录为 25 条!

在 SQL Server 2000 中,只能为针对表发出的 DML 语句(INSERT、UPDATE 和 DELETE)定义 AFTER 触发器。SQL Server 2005 可以就整个服务器或数据库的某个范围为 DDL 事件定义触发器。可以为单个 DDL 语句(例如,CREATE_TABLE)或者为一组语句(例如,DDL_DATABASE_LEVEL_EVENTS)定义 DDL 触发器。在该触发器内部,用户可以通过访问 eventdata( ) 函数获得与激发该触发器的事件有关的数据。该函数返回有关事件的 XML 数据。每个事件的架构都继承了 Server Events 基础架构。

例 8.13 下面的简单例子展示 DDL 触发器是如何工作的。

```
Use BookSales
Go
create trigger BookSales_DDL
on database
for drop_table, alter_table
as
```

```
print'您没有该操作权限,必须先禁用本触发器'
rollback
Go
```

这样,ALTER TABLE sales ADD newcol INT 或 drop table sales 等操作都会被拒绝。

8.2.4 管理触发器

1. 重命名触发器

可以用系统存储过程 sp_rename 完成。使用方法参见存储过程中相应的例子。

2. 更改触发器

使用 ALTER TRIGGER 命令更改触发器的定义,其语法类似于 CREATE TRIGGER,这里从略。

3. 禁用触发器

就像 CHECK 约束,有时希望禁用完整性来做一些特殊的事情(有时可能违背约束,但一般情况下,数据都是合法的,不违背约束),如导入数据;或者能够确保数据符合完整性约束,但为了成批插入,而且高效率地完成操作,考虑可以禁用触发器。可以使用 ALTER TABLE语句的 DISABLE TRIGGER 子句来完成该操作。

```
ALTER TABLE table_name
DISABLE TRIGGER ALL | trigger_name
```

如果为了导入数据而禁用触发器,推荐断开其他用户的数据库连接,进入单用户模式,确保触发器关闭之后没有其他用户在操作。要重新启用触发器,使用下面的 SQL 语句。

```
ALTER TABLE table_name
ENABLE TRIGGER ALL | trigger_name
```

4. 删除触发器

为了从当前数据库中删除一个或多个触发器,可以使用 DROP TRIGGER 语句。

```
DROP TRIGGER { trigger } [ ,…n ]
```

例 8.14 下面的命令删除前面创建的 store_delete 触发器。

```
USE BookSales
IF EXISTS (SELECT name FROM sysobjects
WHERE name = 'store_delete' AND type = 'TR')
    DROP TRIGGER store_delete
GO
```

注意:可以通过删除触发器或删除触发器所在的表来删除触发器。删除表时,也将除去所有与表关联的触发器。删除触发器时,将从 sysobjects 和 syscomments 系统表中删除有关触发器的信息。

8.3 函数

8.3.1 函数的概念

SQL Server 引入了用户自定义函数的概念,它是有返回值的已保存的 Transact - SQL 例程，同时兼具了存储过程和视图的优点。

用户自定义函数有视图的优点，可以在表达式中使用，或者 select 语句的 from 子句中使用，但比视图更为优越的是，它可以接受参数。

用户自定义函数也具有存储过程的优点，与存储过程一样，它是经过编译和优化的，也可以使用 execute 调用，但不同于存储过程的是，它可以在查询中调用。

在本节中，用户自定义函数简称为自定义函数，它有如下三种类型：

(1)返回单值的标量自定义函数。

(2)类似于视图的可更新内嵌表自定义函数。

(3)使用代码创建结果集的多声明表自定义函数。

8.3.2 定义函数

1. 标量自定义函数

标量自定义函数是可以接受多个参数，进行计算后，然后返回单个值的函数。可以在表达式中使用(包括 CHECK 约束的表达式)。

标量函数必须是确定性的，即如果使用同样的参数反复调用它，得到的返回结果是相同的，因此其中不能使用可变数据的函数或全局变量(例如@@connections，getdate，newid)，不能返回 BLOB 类型、表变量或 cursor 类型。

标量自定义函数的定义语法如下：

```
CREATE FUNCTION [ owner_name. ] function_name
([ { @parameter_name [AS] scalar_parameter_data_type [ = default ] } [ ,…n ] ])
RETURNS scalar_return_data_type
[ AS ]
BEGIN
function_body
RETURN scalar_expression
END
```

与定义存储过程的参数类似，定义函数输入参数时需要给出数据类型定义，如果有必要，还可以为其提供默认值。但与存储过程不同的是，即使为函数的参数指定了默认值，在调用函数时仍然需要为它提供相应的参数值。也就是说，具有默认值的参数也不是可选参数。如果要使用参数的默认值调用函数，可以在调用时将关键字 default 传递给函数。

例 8.15　创建一个函数，接受两个参数@a 和@b，其中参数@b 有默认值 10，该函数返回@a 和@b 的乘积。

```
USE new
Go
Create function multiply(@a int, @b int = 10)
Returns int
As
begin
    Return @a * @b
```

```
end
Go
```

例 8.16　将 BookSales. dbo. sysobjects 表中的 xtype 字段翻译为相应的中文描述。

```
USE BookSales
Go
create function gettype(@name char(2))
returns varchar(60)
as
begin
declare @Return varchar(60)
select @Return = case @name
    when 'P' then '存储过程'
    when 'FN' then '标量函数'
    when 'L' then'日志'
    when 'S' then '系统表'
    when 'TF' then '表函数'
    when 'TR' then '触发器'
    when 'U' then'用户表'
    when 'V' then '视图'
    else '其他的数据库对象'
end
return @Return
end
Go
```

select case 是 T－SQL 中的条件多分支语句。

2. 内嵌表值自定义函数

内嵌表值函数类似于视图，但有两个显著的优点，即预先编译和可以使用参数，如同视图一样，如果所包含的 SELECT 语句是可以更新的，内嵌表函数就是可以更新的。

```
CREATE FUNCTION [ owner_name. ] function_name
([ { @parameter_name [AS] scalar_parameter_data_type[ = default ] } [ ,…n ] ])
RETURNS TABLE
[ AS ]
RETURN [ ( ] select－stmt [ ) ]
```

例 8.17　创建名称为 getbooks 的函数：参数@ bookid 可以取默认值 NULL，如果@ bookid 为 NULL，返回 books 表中的所有记录，否则，返回列 bookid 取值为@ bookid 的记录。

```
CREATE FUNCTION dbo. getbooks
    (@Isbn nvarchar(13) = NULL)
RETURNS TABLE
AS
```

```
return (select * from books where ISBN = @ ISBN or @ ISBN is null)
Go
```

3. 多声明表值自定义函数

多声明表值函数:既可以像标量函数那样包含复杂的代码,也可以像内嵌表值函数那样返回一个结果集。这类函数会创建一个表变量,可使用代码对它进行填充。然后,它会将这个表变量返回,以便在 select 语句中使用它。

多声明表值用户定义函数的主要优点是:可以用代码产生复杂的结果集,然后方便地在 select 语句中使用它。因此,可以使用这些函数来替代返回结果集的存储过程。

```
CREATE FUNCTION [ owner_name. ] function_name
([ { @ parameter_name [AS] scalar_parameter_data_type[ = default ]}[ ,…n ] ])
RETURNS @ return_variable TABLE (columns)
[ AS ]
BEGIN
function_body
RETURN
END
```

例 8.18 创建名为 allsales 的函数:它有一个默认值为 NULL 的参数@ store_id,如果参数为 NULL,那么统计各个书店的总销售额以及所有书店的总销售额,否则只统计给定书店的销售额,这些信息以表的形式返回。

```
Create function allsales(@ store_id nchar(3) = null)
returns @ result table(store_id nchar(3) null, sales money)
as
    begin
        if @ store_id is null
        begin
          insert into @ result select store_id, sum(quantity * price)
          from sales s, books b where s. ISBN = b. ISBN
          group by store_id
          insert into @ result select 'all', sum(sales) from @ result
        end
        else
        begin
          insert @ result select store_id, sum(quantity * price)
          from sales s, books b where s. ISBN = b. ISBN and store_id = @ store_id
          group by store_id
        end
      return
    end
Go
```

8.3.3 调用函数

在使用标量表达式的位置可调用标量值函数，包括计算列和 CHECK 约束定义。当调用标量值函数时，至少应使用函数的两部分名称：owner_name 和 function_name，如下面语句所示：

[database_name.]owner_name.function_name ([argument_expr][,…])

(1)为了调用例 8.15 中定义的函数 multiply，可以使用如下语句：

```
select dbo.multiply(10,default)                    ——使用默认值调用
Go
或
declare @res int
select @res = dbo.multiply(10,default)
print @res
Go
或
declare @res int
execute @res = dbo.multiply 10,100
print @res
Go
```

(2)为了调用例 8-16 中定义的函数 gettype，可以使用如下语句：

```
print dbo.gettype('L')                              ——返回"日志"
Go
或
Select name, dbo.gettype(xtype) from sysobjects
Where name = 'gettype'
Go
```

结果为"gettype 标量函数"。

(3)为了调用例 8.17 中定义的函数 getbooks，可以使用如下语句：

```
select * from dbo.getbooks(978-7-04-007494-X)
或
select * from getbooks(default)
```

(4)为了调用例 8.18 中定义的函数 allsales，可以使用如下语句：

```
Select * from allsales(default) where store_id = 'all'          ——查找总销售额
或
Select sales from allsales('001')
```

注意：对于 SQL Server 中包含的系统表函数，调用时需在函数名的前面加上前缀"::"。

8.3.4 管理函数

1. 函数信息的查看

使用 sp_helptext 可以查看创建函数的 SQL 定义,用 sp_help 可以查看其他信息。

```
Exec sp_helptext getbooks
Go
```

2. 函数的修改

使用 ALTER FUNCTION 可以对函数进行修改。例如要实现把 multiply 的定义文本加密,可以使用如下的语句:

```
Alter function multiply(@a int, @b int = 10)
Returns int
with ENCRYPTION
As
begin
Declare @ret int
Set @ret =@a * @b
Return @ret
end
Go
```

3. 函数的重命名

函数的重命名可以使用系统存储过程 sp_rename 完成。如要实现把 allsales 重命名为 allbooksales,可以使用如下的语句:

```
Execute sp_rename 'allsales','allbooksales','object'
Go
```

4. 函数的删除

当函数不再使用时,可以使用 DROP FUNCTION 进行删除操作。

```
DROP FUNCTION allbooksales
Go
```

8.4 作业

8.4.1 作业的概念

作业是由 SQL Server 代理程序按顺序执行的一系列指定的操作。作业可以执行更广泛的活动,包括运行 Transact - SQL 脚本、命令行应用程序和脚本程序。可以创建作业来执行经常重复和可调度的任务,而且作业还可产生警报以通知用户作业的状态。

作业至少由一个作业步骤组成。作业步骤是作业对一个数据库或者一个服务器执行的动作,作业步骤可以是操作系统命令、Transact - SQL 语句、脚本或复制任务。

8.4.2 创建并管理作业

创建作业由 msdb 数据库的存储过程 sp_add_job 来完成,其语法如下所示。

```
sp_add_job [ @job_name = ] 'job_name'
    [ , [ @enabled = ] enabled ]
    [ , [ @description = ] 'description' ]
    [ , [ @start_step_id = ] step_id ]
    [ , [ @category_name = ] 'category' ]
    [ , [ @category_id = ] category_id ]
    [ , [ @owner_login_name = ] 'login' ]
    [ , [ @notify_level_eventlog = ] eventlog_level ]
    [ , [ @notify_level_email = ] email_level ]
    [ , [ @notify_level_netsend = ] netsend_level ]
    [ , [ @notify_level_page = ] page_level ]
    [ , [ @notify_email_operator_name = ] 'email_name' ]
    [ , [ @notify_netsend_operator_name = ] 'netsend_name' ]
    [ , [ @notify_page_operator_name = ] 'page_name' ]
    [ , [ @delete_level = ] delete_level ]
    [ , [ @job_id = ] job_id OUTPUT ]
```

参数:

@job_name = 'job_name',是作业的名称。该名称必须唯一,不能包含百分比(%)字符。@job_name 的数据类型为 sysname,没有默认设置。

@enabled = enabled,指明所添加的作业的状态。enabled 的数据类型为 tinyint,默认设置为 1(启用)。如果为 0,则不启用作业,也不按照其调度运行该作业;但是可以手工运行该作业。

@description = 'description',是作业描述。description 是 nvarchar(512) 类型,其默认值为 NULL。如果省略 description,则使用"无可用的描述"。

@start_step_id = step_id,是该作业所要执行的第一步的标识号。step_id 的数据类型为 int,默认设置为 1。

@category_name = 'category',是作业分类。category 的数据类型为sysname,默认设置为 NULL。

@category_id = category_id,用来指定作业分类的与语言无关的机制。category_id 的数据类型为 int,默认设置为 NULL。

@owner_login_name = 'login',是拥有作业的登录的名称。login 的数据类型为 sysname,默认设置为 NULL,此时可解释为当前的登录名。

@notify_level_eventlog = eventlog_level,指明何时将该作业的项目放进 Microsoft(r) Windows NT(r) 应用程序日志中的值。eventlog_level 的数据类型为 int,可以为下列值之一:0(从不)、1(成功后)、2(默认值,失败后)、3(始终)。

@notify_level_email = email_level,用于指明作业完成后何时发送电子邮件的值。email

_level 的数据类型为 int,设置为 0,表示成功发送。email_level 和 eventlog_level 使用相同的值。

@ notify_level_netsend = netsend_level,用于指明作业完成后何时发送网络消息的值。netsend_level 的数据类型为 int,默认设置为 0,表示从不发送。netsend_level 和 eventlog_level 使用相同的值。

@ notify_level_page = page_level,用于指明作业完成后何时发送呼叫的值。page_level 的数据类型为 int,默认设置为 0,表示从不发送。page_level 和 eventlog_level 使用相同的值。

@ notify_email_operator_name ='email_name',是当达到 email_level 时,电子邮件所发送到的人员的电子邮件名称。email_name 的数据类型为 sysname,默认设置为 NULL。

@ notify_netsend_operator_name ='netsend_name',是在该作业完成时,将网络消息发送到的操作员的名称。netsend_name 的数据类型为 sysname,默认设置为 NULL。

@ notify_page_operator_name ='page_name',是该作业完成时要呼叫的人员的名称。page_name 的数据类型为 sysname,默认设置为 NULL。

@ delete_level = delete_level,用于指明何时删除作业的值。delete_value 的数据类型为 int,默认设置为 0,表示从不删除。delete_level 和 eventlog_level 使用相同的值。当 delete_level 为 3 时,只执行一次作业,而不管为该作业定义的调度如何。而且,如果作业将其自身删除,则该作业的历史也将被删除。

@ job_id = job_id OUTPUT,指派给成功创建的作业的作业标识号。job_id 是 uniqueidentifer 类型的输出变量,默认设置为 NULL。

返回代码值,0(成功)或 1(失败)

当执行 sp_add_job 添加完作业后,可使用 sp_add_jobstep 添加执行该作业活动的步骤;sp_add_jobschedule 可用于创建 SQLServerAgent 服务用于执行作业的调度。

SQL Server 企业管理器提供易于使用的图形方法来管理作业,建议使用该方法创建和管理作业基本结构。

例 8.19 创建一个名为"Book Sales Data Backup"的作业:该作业如果成功完成,则通过网络消息告知 admin 用户,并且删除该作业;如果作业运行失败,则记录在应用程序日志中,并且指定当前的服务器为目标服务器。

```
use msdb
go
EXEC sp_add_job @job_name = 'Book Sales Data Backup',
@enabled = 1,                                  ——作业可以参与调度
@description ='备份图书销售数据',                  ——作业的描述信息
@owner_login_name ='sa',                       ——拥有作业的登录的名称
@notify_level_eventlog = 2,                    ——如果失败,记录应用程序日志中
@notify_level_netsend = 1,                     ——如果成功,启用网络消息通知功能
@delete_level = 1                              ——删除作业
exec sp_add_jobserver @job_name ='Book Sales Data Backup'
Go
```

例 8.20 通过 msdb..sp_add_jobstep 添加两个作业步骤。其中一个备份数据库 new 到 d:\new.dat。

```
exec sp_add_jobstep @job_name = 'Book Sales Data Backup',
@step_name = 'backupnew',
@subsystem = 'TSQL',
@command = 'BACKUP DATABASE BookSales
TO DISK = "D:\BookSales.bak"
  WITH FORMAT'
GO
```

例 8.21 创建一个名为"ScheduledBackup"的作业调度。

```
EXEC sp_add_jobschedule @job_name = 'Book Sales Data Backup',
  @name = 'ScheduledBackup',
  @freq_type = 4,                                  ——每天调度
  @freq_interval = 1,                              ——每天调度一次
  @active_start_time = 10000                       ——在凌晨一点钟调度作业
Go
```

注意:调度管理作业是实现管理任务自动化的一种方式。可以调度本地作业或多服务器作业。可以定义作业在下列情况下运行:

(1)每当 SQL Server 代理程序启动时;

(2)每当计算机的 CPU 使用率处于定义为空闲状态的水平时;

(3)在特定日期和时间运行一次;

(4)按循环调度运行;

(5)响应警报。

也可以手工执行一个作业,下面便是一个实例。

例 8.22 开始手工作业调度。

```
EXEC sp_start_job @job_name = 'Book Sales Data Backup'
Go
```

注意:在执行该命令之前,首先要确认 SQL Server Agent 服务已经启动,因为 SQL Server 安装后默认是没有启动该服务的。

例 8.23 删除名称为"Book Sales Data Backup"的作业。

```
EXEC sp_delete_job @job_name = 'Book Sales Data Backup'
Go
```

任何人都可以删除自己拥有的作业。只有 sysadmin 固定服务器角色成员才能执行 sp_delete_job 删除任何作业。

例 8.24 删除名称为"ScheduledBackup"作业调度。

```
EXEC sp_delete_jobschedule @name = 'ScheduledBackup'
Go
```

总之,后台计划任务作业在很多数据库应用中经常会用到,可以配合存储过程、操作系统程序和脚本程序等使用。在 SQL Server 中,可以手动一步一步地在企业管理器中完成上

述任务，但这样加大了管理员的任务量，同时也不便于发布，T - SQL 脚本创建作业的方法有效地解决了上述问题。其他一些管理作业、作业步骤、作业调度的系统存储过程可以参考相应的手册。

习题

1. 什么是存储过程？它有哪些优点和用途？

2. 什么是触发器？它有什么用途？

3. 检查(Check)与触发器有哪些不同？

4. 什么是函数？它与存储过程有什么区别？

5. 已知表 Titles(title_id, title, pub_id, price)，分析如下存储过程，说明其功能。

```
CREATE PROCEDURE test1 AS
select pub_id, title_id, price, pubdate
from titles
where price is NOT NULL
order by pub_id
COMPUTE avg(price) BY pub_id
COMPUTE avg(price)
Go
```

6. 已知表 Titles(title_id, title, pub_id, price, type)，分析如下存储过程，说明其功能。

```
CREATE PROCEDURE test2 @ lolimit money, @ hilimit money
AS
select pub_id, type, title_id, price
from titles
where price > @ lolimit AND price < @ hilimit AND type = @ type OR type LIKE '%cook%'
order by pub_id, type
COMPUTE count(title_id) BY pub_id, type
GO
```

7. 已知表 Orders(OrderID, ShippedDate)、"Order Subtotals"(OrderID, Subtotal)，分析如下存储过程，说明其功能。

```
create procedure "Sales by Year"
  @ Beginning_Date DateTime, @ Ending_Date DateTime AS
SELECT Orders. ShippedDate, Orders. OrderID, "Order Subtotals". Subtotal, DATENAME(yy,ShippedDate) AS Year
FROM Orders INNER JOIN "Order Subtotals" ON Orders. OrderID = "Order Subtotals". OrderID
WHERE Orders. ShippedDate Between @ Beginning_Date And @ Ending_Date
GO
```

8. 已知表 Products(ProductID, ProductName, UnitPrice, CategoryID)，分析如下存储过

程,说明其功能。

```
create procedure "Ten Most Expensive Products" AS
SET ROWCOUNT 10
SELECT Products. ProductName AS TenMostExpensiveProducts, Products. UnitPrice
FROM Products
ORDER BY Products. UnitPrice DESC
GO
```

9. 已知表 employee(emp_id, fname, lname, job_id, job_lvl)、jobs(job_id, job_desc, min_lvl, max_lvl),分析如下触发器的功能。

```
create trigger employee_insupd
on employee
for insert, update
as
  declare @min_lvl tinyint,
  @max_lvl tinyint,
  @emp_lvl tinyint,

  @job_id smallint
  select @min_lvl = min_lvl,
    @max_lvl = max_lvl,
    @emp_lvl = i. job_lvl,
    @job_id = i. job_id
    from employee e, jobs j, inserted i
    where e. emp_id = i. emp_id and i. job_id = j. job_id
  if @job_id = 1 and @emp_lvl < > 10
  begin
    raiserror( 'job id 1 expects the default level of 10. ',16,1) ;
    rollback transaction
  end
  else
    if not @emp_lvl between @min_lvl and @max_lvl
    begin
      raiserror( the level for job_id:%d should be between %d and %d.', 16, 1, @job_
id, @min_lvl, @max_lvl)
      rollback transaction
    end
Go
```

10. 已知表 b_info(pub_id, logo, pr_info),分析如下触发器的功能。

```
reate trigger dpub_info
on pub_info for delete
as
    if @ @ rowcount = 0
       return
    if @ @ rowcount > 1
    begin
       rollback transaction
       raiserror( 'ou can only delete one information at one time' ,16,1)
    end
    return
Go
```

第9章 事 务

从用户的观点来看,数据库中的一些操作通常是一个完整的逻辑操作序列,应该全部正确地执行,否则,由于出错则全部不能执行。比如:银行的转账操作,从用户甲的信用卡账户向储蓄账户转账,就是这样的一个例子。对于这样的一些逻辑单元的操作,数据库系统必须保证该操作的正确执行,或者在发生故障的时候,保证能将已经发生的操作撤销,始终保证数据库系统的数据是正确有效和一致的。

9.1 事务的ACID属性

9.1.1 事务的概念

1. 定义

所谓事务(Transaction)是用户定义的一个数据库操作序列,这些操作要么全做要么全不做,是一个不可分割的工作单位。事务是数据库应用程序的基本逻辑单位。

例如航班预订系统,如果需要将在航班 A 的一些预订座位调整到航班 B,所包含的一系列操作构成了一个调整预订座位的事务。在这个调整过程中还有其他人欲预订航班 A 或航班 B 的座位,有可能得到不正确的信息。数据库系统通过管理事务的并发执行来避免不一致,避免用户得到错误信息。

2. 事务中的读写操作

在并发控制和数据库恢复技术的讨论中,仅需在数据项和磁盘块的级别上来考虑事务中的数据库操作。在这个级别上,事务中的数据库操作只包括以下两个读写操作:

(1) READ(X,Y),读取数据库中数据项 X,存入程序变量 Y。

(2) WRITE(Y,X),程序变量 Y 的值写入数据库中数据项 X。

READ(X,Y) 的实现算法如下:

(1) 确定包含数据项 X 的磁盘块的地址 A;

(2) 如果地址为 A 的数据不在主存缓冲区中,则把 A 所在磁盘块读入到主存缓冲区;

(3) 从主存缓冲区中找到数据项 X,存入程序变量 Y。

WRITE(Y,X) 的实现算法如下:

(1) 确定包含数据项 X 的磁盘块的地址 A;

(2) 如果地址为 A 的磁盘块不在主存缓冲区中,则把 A 磁盘块读入主存缓冲区;

(3) 把程序变量 Y 的值存入 A 磁盘块所在主存缓冲区;

(4) 立即或以后把包含 A 磁盘块的缓冲区写到磁盘存储器。

3. 事务的状态

事务成功完成的含义需进一步明确。建立一个简单的抽象事务模型,分析事务状态的变化。图 9-1 是一个事务状态转移图，它表示事务执行过程中各种状态的变迁。一个事务必处于如下状态之一：

活动状态(Active State)：事务开始运行就进入活动状态，直到部分提交或失败。

部分提交状态(Partially Committed State)：事务执行完最后一条语句，即执行完 END_TRANSACTION 命令之后进入部分提交状态。

失败状态(Failed State)：发现一个事务不能正常运行下去时，该事务进入失败状态，数据库管理系统必须撤销它对数据库和其他事务的影响。

终止状态(Aborted State)：当一个失败事务对数据库和其他事务的影响被撤销时，数据库恢复到该事务开始执行前的状态，该失败事务退出数据库系统，进入终止状态。

提交状态(Committed State)：当一个事务成功地完成了所有操作，并且所有操作对数据库的影响都已永久地存入数据库之后，该事务退出数据库系统，进入提交状态，正常结束。

事务在开始执行后立即进入活动状态(Active State)，此时事务可以进行读、写操作。在无故障的情况下，事务都能够成功地完成执行。事务结束时进入部分提交状态(Partially Committed State)。此时，恢复协议需要确保系统故障后不再记录事务所产生的改变(这些改变通常存储在系统日志中)。在此前提下，事务到达提交点从而进入提交状态(Committed State)。一旦事务被提交，就必须在日志中记录事务已经成功完成的信息，并把它所做的所有改变永久地记录在数据库中。成功完成执行的事务称为已提交事务。已完成更新的已提交事务使数据库进入一个新的一致状态。但是并非所有的事务都能顺利执行完成。不能顺利执行完成的事务会进入失败状态(Failed State)，处于失败状态的事务称为中止事务。由于事务处于失败状态时已经对数据库状态造成部分影响，为了确保事务的原子性，中止事务必须回滚(Rollback)来撤销它对数据库造成的变更。中止事务造成的变更被撤销，事务进入中止状态。仅当事务已进入提交状态后，我们才说事务已经提交。仅当事务已进入中止状态，我们才说事务已经中止。提交的或中止的事务被称为已经结束(Terminated)的事务。

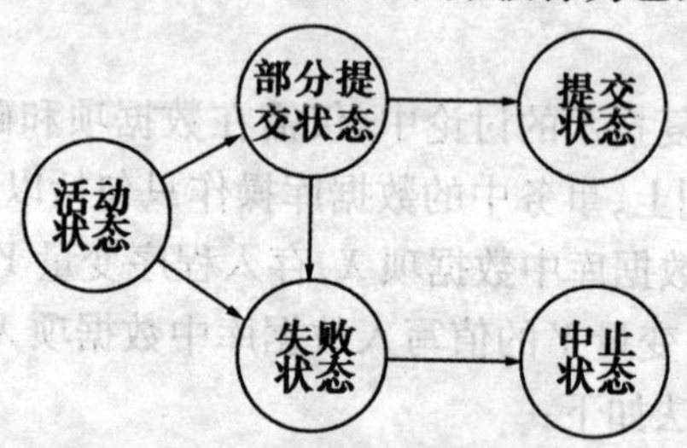

图 9-1　事务状态转移图

当事务进入了终止状态时，系统有两种选择：重启事务或杀死事务。当引起事务终止的软硬件错误不是由事务的内部逻辑所产生时，重启事务被看成是一个新事务。若事务内部逻辑造成错误时，杀死事务，需重新编写应用程序改正之。

4. 系统日志

为了能够从影响事务的故障状态中恢复，系统维护一个日志(Log)来记录所有影响数据库的事务操作。这些信息可以用于发生故障时的恢复。日志保存在磁盘上，除了磁盘损坏和灾难性故障外它不会受到任何影响。另外，日志会被定期备份到归档存储设备(磁带)中以预防磁盘损坏和灾难性故障。

下面列出的是日志的条目类型(称为日志记录)和每个类型涉及的相关动作。在条目中,*T*所表示的唯一事务标识(Transaction ID)用来标识每个事务,通常由系统自动生成:

[start_transaction,T]:表示事务*T*开始执行。

[write_item,T,X,旧值,新值]:表示事务*T*已将数据项*X*的值从旧值改为新值。

[read_item,T,X]:表示事务*T*已读取数据项*X*的值。

[commit,T]:表示事务*T*已成功完成,其结果已被提交(永久记录)给数据库。

[abort,T]:表示事务*T*已被撤销。

对于避免级联回滚的恢复协议,不要求将读操作写入系统日志。但如果日志还用于其他目的,如审计(记录所有数据库操作),那么就需要在日志中包含读操作的条目。另外,某些恢复协议只要求不包括新值的、简单的写条目。

需要注意的是,这里我们假定所有对数据库的永久改变都发生在事务内部。所以对事务故障进行恢复,实际上就是取消或者重新逐个地执行日志中的事务操作。如果系统崩溃,就可以通过检查日志,并使用恢复技术,将数据库恢复到某个一致的状态。因为日志包含了每个改变数据项值的写操作记录,因此可通过向后扫描日志将*T*的写操作所改变的所有项值恢复为原值,从而撤销(UNDO)事务*T*的写操作对数据库产生的影响。如果事务的所有更新都已记录在日志里,但在我们确认所有这些新值已被永久记录在实际数据库之前,事务发生故障,那么就有可能需要重做(REDO)某些操作。事务*T*相关操作的重做包括向前扫描日志并将*T*的写操作欲改变的所有项置为新值。

5. 事务的提交点

当事务*T*所有的数据库存取操作都已成功执行,并且所有操作对数据库的影响都已记录在日志中时,该事务*T*就到达提交点(Committed Point)。提交点后的事务就成为已提交的事务,并且假定其结果永久记录在数据库中。然后事务在日志中写入一条提交记录[commit,T],在系统发生故障时,需要扫描日志,检查那些已在日志中写入[start_transaction,T],但没有写入[commit,T]的所有事务*T*;恢复时必须回滚这些事务以取消它们对数据库的影响。此外,还必须对日志中记录的已提交事务的所有写操作进行恢复,这样它们对数据库的作用才可根据这些记录重做。

9.1.2 事务的ACID属性

1. ACID特征

事务具有四个特性:原子性(Atomicity)、一致性(Consistency)、隔离性(Isolation)、持续性(Durability)。这四个特性简称为ACID特性。

(1)原子性(Atomicity)

事务必须是原子工作单位:对于事务中包括的对数据的诸操作要么全部执行,要么全都不执行。通常,与某个事务关联的操作具有共同的目标,并且是相互依赖的。如果系统只执行这些操作的一个子集,则可能会破坏事务的总体目标。原子性消除了系统处理操作子集的可能性。

(2)一致性(Consistency)

事务在完成时,必须使数据库从一个一致性状态转变到另一个一致性状态。当数据库只包含成功事务提交的结果时,数据库就处于一致性状态。如果数据库系统运行中发生故障,某些事务尚未完成就被迫中断,该事务对数据库的修改有一部分已写入数据库,这时数据库就处于不一致性状态。

(3)隔离性(Isolation)

一个事务的执行不能被其他事务干扰,即一个事务内部的操作及使用的数据对其他并发事务是隔离的。由于并发事务所作的修改必须与任何其他并发事务所作的修改隔离,事务查看数据时数据所处的状态,要么是另一并发事务修改它之前的状态,要么是另一事务修改它之后的状态,事务不会查看中间状态的数据。这称为可串行性,因为它能够重新装载起始数据,并且重播一系列事务,以使数据结束时的状态与原始事务执行的状态相同。当事务可序列化时将获得最高的隔离级别。在此级别上,从一组可并发执行的事务获得的结果与通过连续运行每个事务所获得的结果相同。由于高度隔离会限制可并发执行的事务数,所以一些应用程序降低隔离级别以换得更大的吞吐量。

(4)持续性(Durability)

事务完成之后,它对数据库中数据的改变就应该是永久性的。接下来的其他操作或故障不应该对其执行结果有任何影响。

2. SQL Server 2000 中的事务管理

(1)指定和强制事务处理

SQL 程序员要负责启动和结束事务,同时强制保持数据的逻辑一致性。程序员必须定义数据修改的顺序,使数据相对于其组织的业务规则保持一致。然后,程序员将这些修改语句包括到一个事务中,使 Microsoft SQL Server 能够强制该事务的物理完整性。如 SQL Server 提供如下功能:

①锁定设备(此处的设备通常指的是我们的服务器),使事务相互隔离。

②记录设备,保证事务的持久性。即使服务器硬件、操作系统或 SQL Server 自身出现故障,SQL Server 也可以在重新启动时使用事务日志,将所有未完成的事务自动地回滚到系统出现故障的位置。

③事务管理特征,强制保持事务的原子性和一致性。事务启动后,就必须成功完成,否则 SQL Server 将撤销该事务启动之后对数据所作的所有修改。

(2)控制事务

应用程序主要通过指定事务启动和结束的时间来控制事务。它可以利用事务 Transact - SQL 语句或数据库 API 函数来实现。系统还必须能够正确处理那些在事务完成之前便终止事务的错误。当事务在一个连接上启动时,在该连接上执行的所有的 Transact - SQL 语句在该事务结束之前都是该事务的一部分。

启动事务:在 Microsost SQL Server 2000 中,可以按显式、自动提交或隐性模式启动事务。因此,事务的模式分为显式事务、自动提交事务和隐性事务。

①显式事务:通过发出 BEGIN TRANSACTION 语句显式启动事务。

②自动提交事务:这是 SQL Server 的默认模式。每个单独的 Transact - SQL 语句都在其完成后提交。不必指定任何语句控制事务。

③隐性事务:通过 API 函数或 Transact - SQL SET IMPLICIT_TRANSACTIONS ON 语句,将隐性事务模式设置为开。下一个 Transact - SQL 语句自动启动一个新事务。当该事务完成时,则下一个 Transact - SQL 语句又将启动一个新事务。在每一个命令开始时系统都自动

创建一个事务,在命令结束后必须人为地使用 commit transaction/rollback transaction 结束事务。

结束事务:可以使用 COMMIT 或 ROLLBACK 语句结束事务。

①COMMIT

如果事务成功,则提交。COMMIT 语句保证事务的所有修改在数据库中都永久有效。同时 COMMIT 语句还会释放资源,如事务使用的锁。

②ROLLBACK

如果事务中出现错误,或者用户决定取消事务,则回滚(ROLLBACK)该事务。ROLLBACK语句通过将数据返回到它在事务开始时所处的状态,来恢复在该事务所做的所有修改。ROLLBACK 也会释放由事务占用的资源。

指定事务边界:可以用 Transact – SQL 语句或 API 函数和方法确定 SQL Server 事务启动和结束的时间。

①Transact – SQL 语句

使用 BEGIN TRANSACTION、COMMIT TRANSACTION、COMMIT WORK、ROLLBACK TRANSACTION、ROLLBACK WORK 和 SET IMPLICT_TRANSACTI ON 语句来描述事务。这些语句主要在 DB Library 应用程序和 Transact – SQL 脚本中使用。

②API 函数和方法

数据库 API(如 ODBC、OLE DB 和 ADO)包含用来描述事务的函数和方法。它们是 SQL Server 应用程序中用来控制事务的主要机制。

每个事务都必须只由其中的一种方法管理。在同一事务中使用两种方法可能导致不确定的结果。例如,不应先使用 ODBC API 函数启动一个事务,再使用 Transact – SQL COMMIT 语句完成该事务。这样将无法通知 SQL Server ODBC 驱动程序该事务已被提交。在这种情况下,应使用 ODBC SQLEndTran 函数结束该事务。

事务处理过程中的错误:如果服务器错误使事务无法成功完成,SQL Server 将自动回滚该事务,并释放该事务占用的所有资源;如果客户端与 SQL Server 的网络连接中断了,将回滚该连接的所有未完成事务;如果客户端应用程序失败或客户端计算机崩溃或重启,也会中断该连接,而且当网络告知 SQL Server 该中断时,也会回滚所有未完成的连接;如果客户从该应用程序注销,所有未完成的事务也会被撤销。

如果批处理中出现运行时语句错误(如违反约束),那么 SQL Server 中默认的行为是只回滚产生该错误的语句。可以使用 SET XACT_ABORT语句改变该行为。在 SET XACT_ABORT ON 语句执行后,运行时任何的语句错误将导致当前事务自动回滚。编译错误(如语法错误)不受 SET XACT_ABORT 的影响。如果出现运行时错误或编译错误,那么程序员应该编写应用程序代码以便指定正确的操作(COMMIT 或 ROLLBACK)。

9.2 事务的并发执行

9.2.1 并发执行的原因

在数据库系统中,事务可以并发执行,也可以串行执行。所谓串行执行是指,事务可以一个接一个地执行,即每个时刻只有一个事务运行,其他事务必须等到这个事务结束以后方能运行。事务在执行过程中需要多种资源,例如,占用 CPU,存取数据库,使用 I/O 等,但这些资源可能不是同时都需要的。很明显在事务串行执行时,许多系统资源将处于空闲状态,造成资源的浪费。

事务并发执行按照处理机数量的不同分两种类型。在单处理机系统中,事务的并发执行实际上是这些并发事务的并行操作轮流交叉运行。这种并行执行方式称为交叉并发方式(Interleaved Concurrency)。虽然单处理机系统中的并发事务并没有真正地并行运行,但是减少了处理机的空闲时间,提高了系统的效率。在多处理机系统中,每个处理机可以运行一个事务,多个处理机可以同时运行多个事务,实现多个事务真正的并行运行。这种并行执行方式称为同时并发方式(Simultaneous Concurrency)。在本书中如没有特别指出,并发执行都是指在单处理机系统中的并发执行。

现在的事务处理系统通常允许多个事务并发执行,而允许多个事务并发更新数据很可能引起数据一致性的问题。然而,有两个好的理由促使我们允许并发:

(1)提高系统吞吐量和资源利用率:一个事务可由多个步骤组成,假设一个步骤涉及 I/O 活动,而另一些涉及 CPU 活动,计算机系统中 CPU 与磁盘可以并行运行,因此,I/O 活动可以与 CPU 处理并行进行。利用 CPU 与 I/O 系统的并行性,多个事务可并行执行。当一个事务在一个磁盘上进行读写时,另一个事务可在 CPU 上运行,同时第三个事务又可以在另一个磁盘上进行读写。从而系统的吞吐量(Throughput)增加,即给定时间内执行的事务数增加。相应地,处理器与磁盘利用率(Utilization)也提高了。

(2)减少等待时间:系统中可能运行着各种各样的事务,一些较短,一些较长。如果事务串行执行,短事务必须等待前面的长事务完成,这可能导致难以预测的延迟。如果各个事务是针对数据库的不同部分进行操作,事务并发执行会更好,各个事务可以共享 CPU 周期与磁盘存取。并发执行可以减少不可预测的事务执行延迟。此外,并发执行也可减少平均响应时间(Average Response Time),即一个事务从开始到完成所需的平均时间。

9.2.2 并发执行带来的异常

事务的并发执行也可能导致存取不正确的数据。当多个事务并发执行时,即使每个事务都正确执行,数据库的一致性也可能被破坏。所以数据库管理系统必须提供有效措施来控制事务间的相互影响,防止它们破坏数据库的一致性。DBMS 通常使用并发控制机制来保证这一点。并发控制机制是衡量一个数据库管理系统性能的重要标志之一。

事务是并发控制的基本单位,保证事务 ACID 特征是事务处理的重要任务,而事务 ACID 特征可能遭到破坏的原因之一是多个事务对数据库的并发操作造成的。并发操作带来的数据不一致性通常包含以下几类问题:

(1)更新丢失问题;

(2)临时更新(或脏读)问题;

(3)错误求和问题;

(4)不可重复读问题。

下面以一个简单的航班预订系统为例解释这些问题。图 9-2(a)所示的事务 T_1 将 N 个预订座位从一个航班(其预订座位的数量存储在数据项 X 中)转移到另一个航班(其预订座位的数量存储在数据项 Y 中）。图 9－2(b) 中表示的是一个更为简单的事务 T_2，它预订的是事务 T_1 中第一个航班 X 中的 M 个座位。为了简单起见，不考虑事务所涉及的其他操作，例如在预订其他座位前检查是否有足够的空闲座位。

(a) T_1	(b) T_2
read(X);	read(X);
X: = X − N;	X: = X + M;
write(X);	write(X);
read(Y);	
Y: = Y + N;	
write(Y);	

图 9－2　两个事务 T_1 和 T_2

(1) 更新丢失问题

当访问同一个数据项的两个事务的操作以某种方式交叉执行时，可能会发生更新丢失问题，使某些数据项的值产生错误。假设事务 T_1 和 T_2 几乎同时提交，并且其操作如图 9－3(a) 所示交叉执行；那么数据 项 X 的最终值是错误的，因为 T_2 在 T_1 改变 X 值之前便读取了它的值，因此 T_1 产生的更新值丢失。例如，如果开始时 $X = 80$（起初在航班中有 80 个预订座位），$N = 5$（T_1 从与 X 对应的航班中转移了 5 个座位到与 Y 对应的航班中），$M = 4$（T_2 在 X 上预订了 4 个座位），那么最终的结果应该是 $X = 79$；但在图 9－3(a) 所示的交叉执行中，最终结果是 $X = 84$，这是由于 T_1 撤销 X 的 5 个座位的操作丢失了。

(2) 临时更新（或脏读）问题

在事务更新某个数据项时，由于某种原因该事务发生故障时，在把被更新项恢复到原值之前，另一事务便读取了该项，也称为读脏数据。如图 9－3(b) 所示，T_1 更新了数据项 X。如果在完成之前发生了故障，这样系统必须将 X 的值恢复为原值。但在进行恢复操作之前，事务 T_2 读取了 X 的“临时”值，由于 T_1 发生故障因而该值不会永久记录在数据库中，T_2 读取的 X 值便被称为脏数据，该问题也被称为脏读问题。

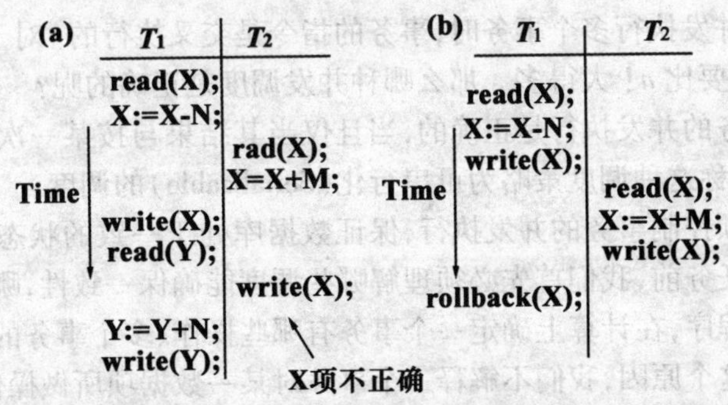

图 9－3　并发执行控制失败时发生的一些问题

(3) 错误求和问题

如果事务在若干记录上计算一个聚集求和函数时，另一些事务正在更新这些记录，则聚集函数可能计算的是一些更新前的值和一些更新后的值。例如，假设事务正在计算所有航班上的预订座位总数，与此同时事务 T_1 也在执行。如果按照图9-4所示的交叉操作执行，那么 T_3 的结果中就会少 N 个座位，因为 T_3 是在 X 减去 N 个座位后读取 X 值的，并且是在 N 个座位被加到 Y 之前读取 Y 值的。

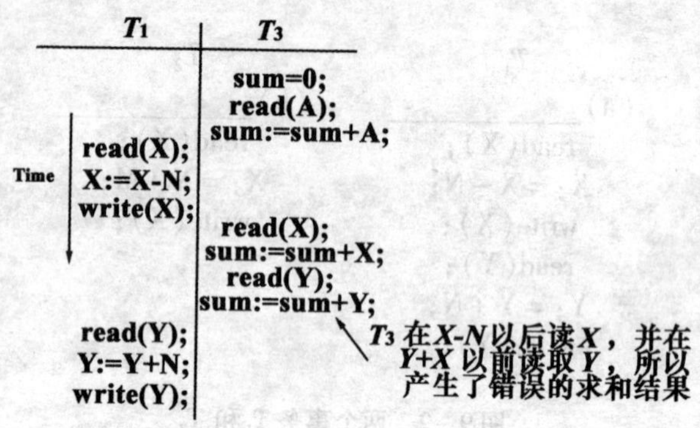

图9-4　错误求和问题

（4）不可重复读

事务 T_1 需要两次读取同一个数据项，但在两次读取操作的间隔中，另一个事务 T_2 改变了该数据项的值。因此，T_1 两次读取同一个数据项却读出了不同的值。例如，在航班预订事务执行期间，某个顾客正在查询几个航班上的可用座位。当该顾客确定了某个特定的班机后，该事务在完成预订前会第二次读取该班机的座位数。

9.2.3　可串行化调度

并发事务的一个并发操作次序称为一次“调度”，而不同的调度可能会产生不同的结果。那么哪个结果是正确的，哪个结果是不正确的呢？

如果一个事务运行过程中没有其他事务同时运行，也就是说它没有受到其他事务的干扰，那么就可以认为该事务的运行结果是正常的或者预想的。因此将所有事务串行起来的调度策略一定是正确的调度策略。虽然以不同的顺序串行执行事务可能会产生不同的结果，但由于不会将数据库置于不一致状态，所以都是正确的。

当数据库系统并发执行多个事务时，事务的指令是交叉执行的。对于有 n 个事务的事务组，可能的调度总数要比 $n!$ 大得多。那么哪种并发调度是正确的呢？

定义　多个事务的并发执行是正确的，当且仅当其结果与按某一次序串行地执行它们时的结果相同，我们称这种调度策略为可串行化（Serializable）的调度。

数据库系统必须控制事务的并发执行，保证数据库处于一致的状态。在我们研究数据库系统如何执行该任务前，我们首先必须理解哪些调度能确保一致性，哪些调度不能。

由于事务就是程序，在计算上确定一个事务有哪些操作、多个事务的操作如何相互作用是有困难的。鉴于这个原因，我们不解释一个事务对某一数据项所做操作的类型，而只考虑 read 与 write 这两种操作。我们认为数据项 Q 上的 read(Q)和 write(Q)指令之间，事务可以对驻留在事务局部缓冲区中的 Q 的副本执行任意操作序列。所以，从调度的角度来看，事务仅有的重要操作只有 read 和 write 指令。因此，调度中通常只显示 read 和 write 指令，如图9-5所示：

T_1	T_2
read(A); write(A);	
	read(A); write(A);
read(B); write(B);	
	read(A); write(A);

图9-5 调度事例

本节我们讨论冲突可串行化(Conflict Serializability)与视图可串行化(View Serializability)等不同形式的等价调度的概念,以及可串行化调度的判别。

1. 冲突可串行化

现在我们考虑一个调度 S,其中含有分别属于 T_i 与 T_j 的两条连续的指令 I_i 与 $I_j(i \neq j)$。如果 I_i 与 I_j 引用不同的数据项,则交换 I_i 与 I_j 不会影响调度中任何指令的结果。然而,若 I_i 与 I_j 引用相同的数据项 Q,则两者的顺序是重要的。由于我们只处理 read 与 write 指令,我们需要考虑以下四种情形:

(1) I_i = read(Q),I_j = read(Q)。I_i 与 I_j 的次序无关紧要,因为不论次序如何,T_i 与 T_j 读取的 Q 值总是相同的。

(2) I_i = read(Q),I_j = write(Q)。若 I_i 先于 I_j,则 T_i 不会读取由 T_j 的指令 I_j 写入的 Q 值;若 I_j 先于 I_i,则 T_i 读取由 T_j 的指令 I_j 写入的 Q 值。因此 I_i 与 I_j 的次序是重要的。

(3) I_i = write(Q),I_j = read(Q)。I_i 与 I_j 的次序是重要的,类似于(2)。

(4) I_i = write(Q),I_j = write(Q)。由于两条指令均为 write 指令。指令的顺序对 T_i 与 T_j 没有什么影响。然而,调度 S 的下一条 read(Q) 指令读取的值将受到影响,因为数据库里只保留了两条 write 指令中后一条的结果。如果在调度 S 的指令 I_i 与 I_j 之后没有其他的 write(Q) 指令,则 I_i 与 I_j 的顺序直接影响调度 S 产生的数据库状态中 Q 的最终值。

因此,当 I_i 与 I_j 是不同事务在相同的数据项上的操作,并且其中至少有一个是 write 指令时,我们说 I_i 与 I_j 是冲突(conflict)的,只有在 I_i 与 I_j 全为 read 指令时,两条指令的执行顺序才是无关紧要的。

为了说明冲突指令的概念,我们考虑图 9-5 中的调度。T_1 的 write(A) 指令与 T_2 的 read(A) 指令相冲突。然而,T_2 的 write(A) 指令与 T_1 的 read(B) 指令不相冲突,因为两条指令访问不同的数据项。设 I_i 与 I_j 是调度 S 的两条连续指令。若 I_i 与 I_j 是属于不同事务的指令且不冲突,则我们可以交换 I_i 与 I_j 的顺序得到一个新的调度 S'。我们认为 S 与 S' 等价,因为除了 I_i 与 I_j 外,其他指令的次序与原来相同,而 I_i 与 I_j 的顺序无关紧要。

在图 9-5 的调度中,由于 T_2 的 write(A) 指令与 T_1 的 read(B) 指令不冲突,我们可以交换这些指令得到一个等价的调度——如图 9-6 所示。不管系统初始化状态如何,图 9-5 所显示调度与图 9-6 所显示调度均得到相同的系统最终状态。

T_1	T_2
read(A);	
write(A);	
	read(A);
read(B);	
	write(A);
write(B);	
	read(B);
	write(B);

图 9-6　事务调度

我们继续交换非冲突指令如下：

交换 T_1 的 read(B) 指令与 T_2 的 read(A) 指令

交换 T_1 的 write(B) 指令与 T_2 的 write(A) 指令

交换 T_1 的 write(B) 指令与 T_2 的 read(A) 指令

经过以上交换的结果是一个串行调度，即图 9-7 所示的事务调度。这样，我们证明了图 9-5 所示事务调度等价于一个串行调度。该等价性意味着不管系统状态如何，图 9-5 所示事务调度将与某个串行调度得到相同的终态。

T_1	T_2
read(A);	
write(A);	
read(B);	
write(B)	
	read(A);
	write(A);
	read(A);
	write(A)

图 9-7　串行调度

如果调度 S 可以经过一系列非冲突指令交换转换成 S'，我们称 S 与 S' 是 冲突等价的(Conflict Equivalent)。

若一个调度 S 与一个串行调度冲突等价，我们称调度 S 是 冲突可串行化的(Conflict Serializable)。

最后考虑图 9-8 的调度，该调度仅包含事务 T_3 与 T_4 的重要操作(即 read 与 write)，这个调度不是冲突可串行化的，因为它既不等价于串行调度 $< T_3, T_4 >$ 也不等价于串行调度 $< T_4, T_3 >$。

T_3	T_4
read(Q)	
	write(Q)

图 9-8　调度

我们很容易举出这样的例子，即存在两个调度，它们产生相同的结果，但是它们不是冲突等价的。如图 9 - 9 所示。从这个例子我们可以看出，存在比冲突等价定义限制松一些的调度等价定义。

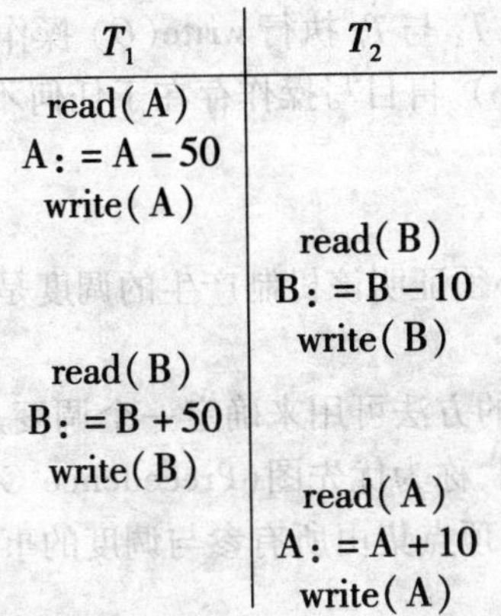

T_1	T_2
read(A)	
A: = A - 50	
write(A)	
	read(B)
	B: = B - 10
	write(B)
read(B)	
B: = B + 50	
write(B)	
	read(A)
	A: = A + 10
	write(A)

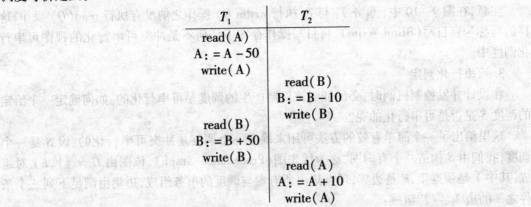

图 9 - 9　非冲突等价的事务调度

2. 视图可串行化

下面描述的是比冲突等价的限制要宽松的一种等价形式，这种等价形式与冲突等价一样基于事务的 read 与 write 操作。

考虑两个调度 S 与 S'，参与两个调度的事务集是相同的。若满足下面三个条件，调度 S 与 S' 称为视图等价的(View Equivalent)：

(1) 对于每个数据项 Q，若事务 T_i 在调度 S 中读取了 Q 的初始值，那么在调度 S' 中 T_i 也必须读取 Q 的初始值。

(2) 对于每个数据项 Q，若事务 T_i 在调度 S 中执行了 read(Q) 并且读取的值是由事务 T_j 执行 write(Q) 产生的；则在调度 S' 中，T_i 的 read(Q) 操作读取的值 Q 也必须是由 T_j 的同一个 write(Q) 产生的。

(3) 对于每个数据项 Q，若在调度 S 中有事务执行了最后的 write(Q) 操作，则在调度 S' 中该事务也必须执行最后的 write(Q) 操作。

条件(1) 和(2) 保证两个调度中的每个事务都读取相同的值，从而进行相同的计算。条件(3) 与条件(1)、(2) 一起保证两个调度得到相同的最终系统状态。

如果某个调度视图等价于一个串行调度，则我们说这个调度是视图可串行化的(View Serializable)。

举个例子，在图 9 - 8 的调度中增加事务 T_6，如图 9 - 10 所示，该调度是视图可串行化的。实际上，该调度视图等价于串行调度 $< T_3, T_4, T_6 >$，因为在两个调度中 read(Q) 指令均是读取 Q 的初始值，两个调度中 T_6 均最后写入 Q 值。

T_3	T_4	T_6
read(Q)		
	write(Q)	
write(Q)		
		write(Q)

图 9 - 10　满足视图可串行化调度

每个冲突可串行化调度都是视图可串行化的，但也存在不是冲突可串行化的视图可串行化调度。事实上，图 9－10 就不是冲突可串行化的，因为每对连续指令均冲突，从而交换指令是不可能的。

注意，在图 9－10 中，事务 T_4 与 T_6 执行 write(Q) 操作之前没有执行 read(Q) 操作。这样的写称为盲目写(Blind Write)。盲目写操作存在于任何不是冲突可串行化的视图可串行化调度中。

3. 可串行化判定

在设计并发控制机制时，必须证明该机制产生的调度是可串行化的。如何确定一个给定的调度 S 是否是可串行化的呢？

这里给出了一个简单有效的方法可用来确定一个调度是冲突可串行化的。设 S 是一个调度，我们由 S 构造一个有向图，称为优先图(Precedence Graph)。该图由 $G=(V,E)$ 对组成，其中 V 是顶点集，E 是边集，顶点集由所有参与调度的事务组成，边集由满足下列三个条件之一的边 $T_i \rightarrow T_j$ 组成：

(1) 在 T_j 执行 read(Q) 之前，T_i 执行 write(Q)。

(2) 在 T_j 执行 write(Q) 之前，T_i 执行 read(Q)。

(3) 在 T_j 执行 write(Q) 之前，T_i 执行 write(Q)。

如果优先图中存在边 $T_i \rightarrow T_j$，则在任何等价于 S 的串行调度 S' 中，T_i 必出现在 T_j 之前。例如，图 9－7 所示的调度的优先图如图 9－11 所示。图中只有一条边 $T_1 \rightarrow T_2$，因为 T_1 的所有指令均在 T_2 的首条指令之前执行。

$T_1 \rightarrow T_2$

图 9－11　调度优先图

如图 9－12 图(a)是一个事务调度图，图(b)是其优先图。因为 T_1 执行 read(A) 操作先于 T_2 执行 write(A)，所以图中含有边 $T_1 \rightarrow T_2$。又因 T_2 执行 read(B) 先于 T_1 执行 write(B)，所以图中含有 $T_2 \rightarrow T_1$。

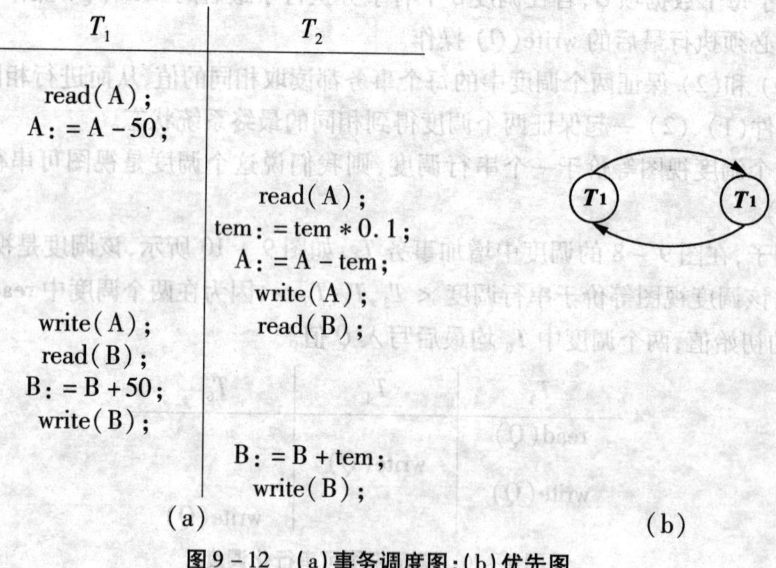

T_1	T_2
read(A);	
A：= A－50;	
	read(A);
	tem：= tem ∗ 0.1;
	A：= A－tem;
	write(A);
	read(B);
write(A);	
read(B);	
B：= B＋50;	
write(B);	
	B：= B＋tem;
	write(B);

图 9－12　(a)事务调度图；(b)优先图

如果调度 S 的优先图中有环，则调度 S 不是冲突可串行化的；如果图中无环，则调度 S 是冲突可串行化的。串行化顺序（Serializability Order）可通过拓扑排序（Topological Sorting）得到，拓扑排序用于确定优先图的偏序相一致的线性顺序。例如，图 9－13（a）有两种可接受的线性顺序，如图 9－13（b）、图 9－13（c）所示。

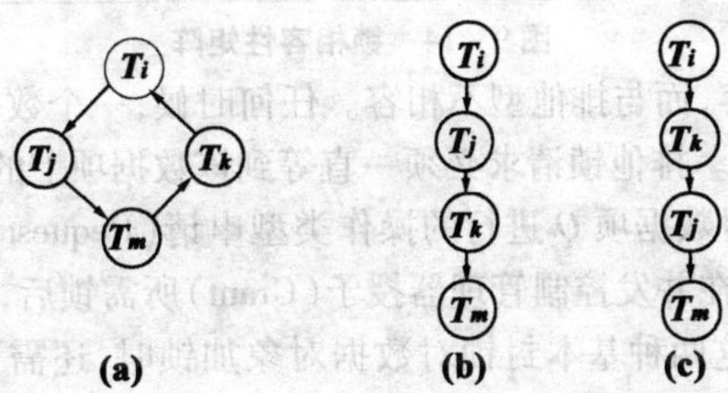

图 9－13　拓扑排序实例

因此，有了判断冲突可串行化可行的方法：构造调度 S 的优先图，再调用一个环检测算法。环检测算法需要 n^2 数量级的运算，其中 n 是图中顶点数（即事务数）。

判定调度是否是视图可串行化调度相对复杂。事实上，判定调度是否是视图可串行化的问题已被证明是属于 NP 完全问题。因此几乎不存在有效的判定视图可串行化的算法。然而，并发控制机制仍然可以利用充分条件判定视图可串行化。也就是说，如果调度满足充分条件，则该调度是视图可串行化的，但是存在不满足该充分条件的视图可串行化调度。

9.2.4　基于锁的并发控制

并发控制技术用来保证多个事务并发执行时的互不干涉性或隔离性。这些技术中的大部分是通过实施可串行化的协议来保证调度的可串行性。其中一系列重要的协议都采用了封锁技术，该技术通过对数据项加锁来阻止多个事务同时访问这些数据。大多数商业数据库管理系统中都使用封锁协议。另一套并发控制协议是使用时间戳。通过时间戳排序来保证可串行的并发控制。

1. 封锁和封锁协议

封锁是实现并发控制的一个非常重要的技术。所谓封锁就是事务 T 在对某个数据对象例如表、记录等操作之前，先向系统发出请求，对其加锁。加锁后事务 T 就对该数据对象有了一定的控制，在事务 T 释放它的锁之前，其他的事务不能更新此数据对象。

确切的控制由封锁的类型决定。针对事务的基本读写操作，基本的封锁类型有两种：排他锁（Exclusive Locks，简称 X 锁）和共享锁（Share Locks，简称 S 锁）。

排他锁又称为写锁。若事务 T 对数据对象 A 加上 X 锁，则只允许 T 读取和修改 A，其他任何事务都不能再对 A 加任何类型的锁，直到 T 释放 A 上的锁。这样就保证了其他事务在 T 释放 A 之前不能再读取和修改 A。

共享锁又称为读锁。若事务 T 对数据对象 A 加上 S 锁，则事务 T 可以读取 A 但不能修改 A，其他事务只能再对 A 加 S 锁，而不能加 X 锁，直到 T 释放 A 上的 S 锁。这就保证了其他事务可以读 A，但在 T 释放 A 上的 S 锁之前不能对 A 做任何修改。X 锁和 S 锁相容性矩阵如图 9－14。

	S	SX
S	True	False
X	False	False

图 9－14　锁相容性矩阵

共享型与共享型相容，而与排他型不相容。任何时候，一个数据项上可同时有多个（被不同事务拥有的）共享锁。排他锁请求必须一直等到该数据项上的所有共享锁被释放。

每个事务都要根据对数据项 Q 进行的操作类型申请（Request）适当的锁。该请求发送给并发控制管理器，只有在并发控制管理器授予（Grant）所需锁后，事务才能继续其操作。

在运用 X 锁和 S 锁这两种基本封锁对数据对象加锁时，还需要约定一些规则，例如何时申请 X 锁或 S 锁、锁持续时间、何时释放锁等，这些规则称为封锁协议（Locking Protocol）。对封锁方式规定不同的规则，就形成了各种不同的封锁协议。下面将介绍三级封锁协议，它用来解决并发操作中的不正确调度可能会带来更新丢失、不可重复性读和临时更新等数据不一致性问题。三级封锁协议分别在不同程度上解决了这一问题，为并发操作的正确调度提供了一定的保证。不同级别的封锁协议达到的数据一致性级别是不同的。图 9－15 是用封锁机制解决三种数据不一致性的示例。

T_1	T_2	T_1	T_2	T_1	T_2
1. lock－x(A)		lock－x(C)		①lock－s(A)	
获得		读 C＝100		lock－s(B)	
2. 读 A＝16		c←C＊2		读 A＝50	
	lock－x(A)	写回＝200		读 B＝100	
3. A←A－1	等待		lock－s(T)	求和 A＋B＝150	
写回 A＝15	等待		等待	②	Lock－x(B)
Commit	等待	ROLLBACK	等待		等待
unlock(A)	等待	(C 恢复为 100)	等待		等待
4.	获得	unlock(C)	等待	③读 A＝50	等待
	读 A＝15		等待	读 B＝100	等待
	A←A－1		获得	求和 A＋B＝150	等待
5.	写回 A＋14		读 C＝100	Commit	等待
	Commit		Commit　C	unlock(A)	等待
	unlock(A)		unlock(C)	unlodk(B)	等待
				④	获得 lock－x(B)
					读 B＝100
					B←B＊2
				⑤	写回 B＝200
					Commit
					unlock(B)
(a)没有丢失修改		(b)不读“脏”数据		(c)可重复读	

图 9－15　用封锁机制解决三种数据不一致性的示例

(1)一级封锁协议

事务 T 在修改数据 R 之前必须先对其加 X 锁,直到事务结束才释放。事务结束包括正常结束(COMMIT)和非正常结束(ROLLBACK)。

一级封锁协议可防止丢失修改,并保证事务 T 是可恢复的。例如图 9-15(a)使用一级封锁协议解决了丢失修改问题。

注意在一级封锁协议中,如果仅仅是读数据而不对数据进行修改,是不需要加锁的,所以它不能保证不可重复读和临时更新(或脏读)问题。

(2)二级封锁协议

一级封锁协议加上事务 T 在事务读取数据 R 之前必须先对其加 S 锁,读完后即可释放 S 锁。

事务在并发执行过程中如果遵守二级封锁协议时,它不仅能防止丢失修改,还可进一步防止临时更新(或脏读)问题。例如图 9-15(b)中,事务执行中使用二级封锁协议解决了读"脏"数据问题。

图 9-15(b)中,事务 T_1 在对 C 进行修改之前,必须先对 C 加 X 锁,修改后把其值写回磁盘。这时 T_2 请求对 C 上加 S 锁,因 T_1 已在 C 上加了 X 锁,所以 T_2 只能等待。T_1 因某种原因被撤销,C 恢复为原值 100,T_1 完成后释放 C 上的 X 锁,这时 T_2 才能获得 C 上的 S 锁,读 C = 100。这就避免了 T_2 读"脏"数据。

在二级封锁协议中,由于读完数据后释放 S 锁,所以它不能保证可重复读。

(3)三级封锁协议

一级封锁协议加上事务 T 在读取数据 R 之前必须先对其加 S 锁,直到事务结束才释放。

三级封锁协议除防止了丢失修改和不读"脏"数据外,还进一步防止了不可重复读。例如图 9-15(c)使用了三级封锁协议解决了不可重复读问题。

上述三个级别协议的主要区别在于什么操作需要申请封锁,以及何时释放锁(即持锁时间)。三个级别的封锁协议可以总结为表 9-1 所示。

表 9-1 三个级别的封锁协议

	X 锁		S 锁		一致性保证		
	操作结束释放	事务结束释放	操作结束释放	事务结束释放	不丢失修改	不读"脏"数据	可重复读
一级封锁协议		√			√		
二级封锁协议		√	√		√	√	
三级封锁协议		√		√	√	√	√

2. 两段锁协议

两段锁协议要求所有事务必须分两个阶段对数据项加锁和解锁:

(1)在对任何数据进行读、写操作之前,先要申请并获得对该数据的封锁;

(2)在释放一个封锁之后,事务不再申请和获得任何其他封锁。

所谓两段锁的含义是,事务封锁分为两个阶段,第一阶段是获得封锁,也称为扩展阶段。在这一阶段,事务可以申请获得任何数据项上的任何类型的锁,但是不能释放任何锁。第二阶段是释放封锁，也称为收缩阶段。在这一阶段，事务可以释放任何数据项上的任何类型的锁，但是不能再申请任何锁。

例如事务 T_1 遵守两段锁协议，其封锁序列是：

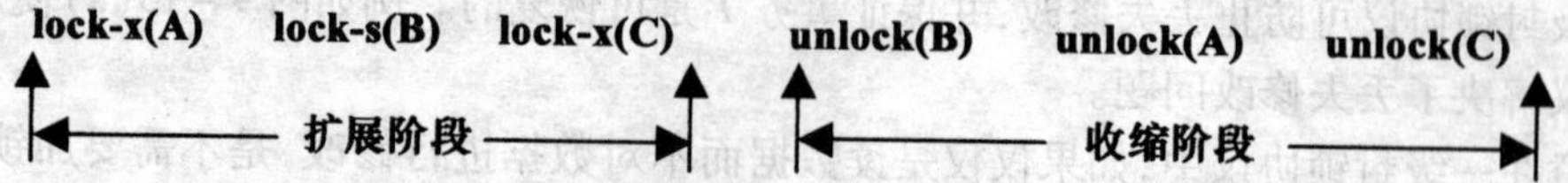

而事务 T_2 不遵守两段锁协议，其封锁序列如下：

lock－x(A)→unlock(A)→lock－s(B)→lock－x(C)→unlock(C)→unlock(B)

可以证明，若并发执行的所有事务均遵守两段锁协议，则对这些事务的任何并发调度策略都是可串行化的。两段锁协议可以保证事务可串行化执行。

需要理解的是，事务遵守两段锁协议是可串行化调度的充分条件，而不是必要条件。也就是说，若并发事务都遵守两段锁协议，则对这些事务的任何并发调度策略都是可串行化的；若对并发事务的一个调度是可串行化的，不一定所有事务都符合两段锁协议。

另外要注意两段锁协议和防止死锁的一次封锁法的异同之处。一次封锁法要求每个事务必须一次将所有要使用的数据全部加锁，否则就不能继续执行，因此一次封锁法遵守两段锁协议；但是两段锁协议并不要求事务必须一次将所有要使用的数据全部加锁，因此遵守两段锁协议的事务可能发生死锁。如图 9－16 所示。很显然这两个事务调度遵守两段锁协议。然而，事务 T_1 想对 B 加 X 锁时，由于 T_2 已对 B 加 S 锁，所以 T_1 必须等待。同理当 T_2 想对 A 加锁时，由于 T_1 已对 A 加锁，T_2 必须等待，这样就形成了死锁。

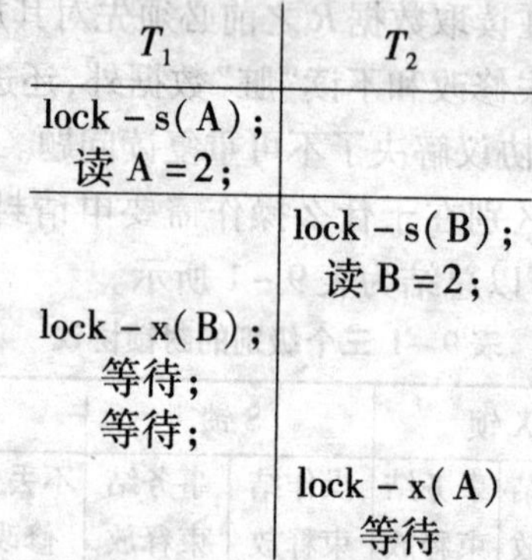

T_1
T_2
lock－s(A)；
读 A＝2；
lock－s(B)；
读 B＝2；
lock－x(B)；
等待；
等待；
lock－x(A)
等待

图 9－16　遵守两段锁协议的事务发生死锁

3. 封锁的粒度

封锁对象的大小称为封锁粒度(Granularity)。封锁对象可以是逻辑单元，也可以是物理单元。以关系数据库为例，封锁对象可以是这样一些逻辑单元：属性值、属性值的集合、元组、关系、索引项、整个索引直至整个数据库；也可以是页(数据页或索引页)、物理记录等物理单元。

封锁粒度与系统的并发度和并发控制的开销密切相关。直观地看，封锁的粒度越大，数据库所能够封锁的数据单元就越少，并发度就越小，系统开销也越小；反之，封锁的粒度越小，并发度较高，但系统开销也就越大。

例如，若封锁粒度是数据页，事务 T_1 需要修改元组 L_1，则 T_1 必须对包含 L_1 的整个数据

页 A 加锁。如果 T_1 对 A 加锁后事务 T_2 要修改 A 中的元组 L_2，则 T_2 被迫等待，直到 T_1 释放 A。如果封锁粒度是元组，则 T_1 和 T_2 可以同时对 L_1 和 L_2 加锁，不需要互相等待，提高了系统的并发度。又如，事务 T 需要读取整个表，若封锁粒度是元组，T 必须对表中的每一个元组加锁，显然开销极大。

因此，如果在一个系统中同时支持多种封锁粒度供不同的事务选择是比较理想的，这种封锁方法称为多粒度封锁(Multiple Granularity Locking)。选择封锁粒度时应该同时考虑封锁开销和并发度两个因素，适当选择封锁粒度以求得最优的效果。一般说来，需要处理大量元组的事务可以以关系为封锁粒度；需要处理多个关系的大量元组的事务可以以数据库为封锁粒度；而对于一个处理少量元组的用户事务，以元组为封锁粒度就比较合适了。

(1)多粒度封锁

支持多粒度封锁是衡量一个数据库系统性能的重要指标。首先定义多粒度树。多粒度树的根结点是整个数据库，表示最大的数据粒度。叶结点表示最小的数据粒度。图 9 - 17 给出了一个三级粒度树。根结点为数据库，数据库的子结点为关系，关系的子结点为元组。当然，也可以定义 4 级粒度树，例如数据库、数据分区、数据文件、数据记录。

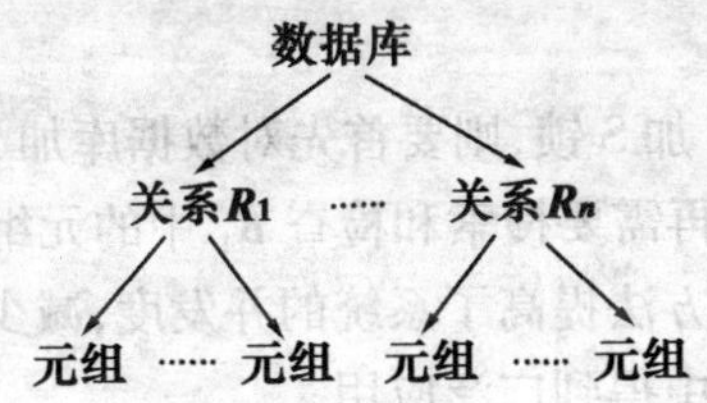

图 9 - 17 三级粒度树

多粒度封锁协议允许多粒度树中的每个结点被独立地加锁。对一个结点加锁意味着这个结点的所有后裔结点也被加以同样类型的锁。因此，在多粒度封锁中一个数据对象可能以两种方式封锁：显式封锁和隐式封锁。

显式封锁是应事务的要求直接加到数据对象上的封锁；隐式封锁是该数据对象没有独立加锁，是由于其上级结点加锁而使该数据对象加锁。

多粒度封锁方法中，显式封锁和隐式封锁的效果是一样的，因此系统检查封锁冲突时不仅要检查显式封锁还要检查隐式封锁。例如事务 T 要对关系 R_1 加 X 锁，系统必须搜索其上级结点数据库、关系 R_1 以及 R_1 中的下级结点，即 R_1 中的每一个元组。如果其中某一个数据对象已经加了不相容锁，则 T 必须等待。

一般地，对某个数据对象加锁，系统要检查该数据对象上有无显式封锁与之冲突；还要检查其所有上级结点，看本事务的显式封锁是否与该数据对象上的隐式封锁(即由于上级结点已加的封锁造成的)冲突；还要检查其所有下级结点，看上面的显式封锁是否与本事务的隐式封锁(将加到下级结点的封锁)冲突。显然，这样的检查方法效率很低。为此人们引进了一种新型锁，称为意向锁(Intention Lock)。有了意向锁，DBMS 就无需逐个检查下一级结点的显式封锁。

(2)意向锁

意向锁的含义是如果对一个结点加意向锁，则说明该结点的下层结点正在被加锁；对任一结点加锁时，必须先对它的上层结点加意向锁。

例如，对任一元组加锁时，必须先对它所在的数据库和关系加意向锁。

常用的意向锁包括：意向共享锁（Intent Share Lock，简称 IS 锁）；意向排他锁（Intent Exclusive Lock，简称 IX 锁）；共享意向排他锁（Share Intent Exclusive Lock，简称 SIX 锁）。

①IS 锁

如果对一个数据对象加 IS 锁，表示它的后裔结点拟（意向）加 S 锁。例如，事务 T_i 要对某个元组加 S 锁，则要首先对其关系和数据库加 IS 锁。

②IX 锁

如果对一个数据对象加 IX 锁，表示它的后裔结点拟（意向）加 X 锁。例如，事务 T_i 要对某个元组加 X 锁，则要首先对其关系和数据库加 IX 锁。

③SIX 锁

如果对一个数据对象加 SIX 锁，表示对它加 S 锁，再加 IX 锁，即 SIX = S + IX。例如 T 事务要读整个表（对该表加 S 锁），同时更新表中个别元组（对该表加 IX 锁），因此对该表要加 SIX 锁。

具有意向锁的多粒度封锁方法中任意事务 T 要对一个数据对象加锁，必须先对它的上层结点加意向锁。申请封锁时应该按自上而下的次序进行；释放封锁时则应该按自下而上的次序进行。

例如，事务 T_1 要对关系 R_1 加 S 锁，则要首先对数据库加 IS 锁。检查数据库和 R_1 是否已加了不相容的锁（X 或 IX）。不再需要搜索和检查 R_1 中的元组是否加了不相容的锁（X 锁）。

具有意向锁的多粒度封锁方法提高了系统的并发度，减少了加锁和解锁的开销，它已经在实际的数据库管理系统产品中得到广泛应用。

4. 活锁和死锁

(1)活锁与死锁

采用封锁的方法可以有效地解决事务并发执行中的错误出现，保证并发事务的可串行化，但是封锁本身带来了一些麻烦，最主要的就是由封锁引起的活锁与死锁（Deadlock）。

活锁即某些事务永远处于等待（Wait）状态，得不到解锁机会。例如事务 T_1 封锁了数据 R，事务 T_2 又请求封锁 R，于是 T_2 等待。T_3 也请求封锁 R，当 T_1 释放了 R 上的封锁之后系统首先批准了 T_3 的请求，T_2 仍然等待。然后 T_4 又请求封锁 R，当 T_3 释放了 R 上的封锁之后系统又批准了 T_4 的请求……T_2 可能永远等待，这就是活锁的情形，如图 9－18(a)所示。

T_1	T_2	T_3	T_4
Lock R	·	·	·
·	Lock R	·	·
·	等待	Lock R	·
Unlock	等待	等待	Lock R
·	等待	Lock R	等待
·	等待		等待
·	等待	Unlock	·
·	等待	·	
·	等待	·	

(a)活锁

T_1	T_2
	·
Lock R_1	Lock R_2
·	·
·	·
Lock R_2	·
等待	Lock R_1
等待	等待
等待	等待
等待	·

(b)死锁

图 9－18　(a)活锁实例　(b)死锁示例

避免活锁的简单方法是采用先来先服务的策略。当多个事务请求封锁同一数据对象时，封锁子系统按请求封锁的先后次序对事务排队，数据对象上的锁一旦释放就批准申请队列中的第一个事务获得锁。

所谓死锁即事务之间对锁的循环等待。也就是说,多个事务申请不同的锁,申请者均拥有一部分锁,而它又在等待另外事务所拥有的锁,这样相互等待,从而造成它们都无法继续执行。一个典型的死锁例子如图9-18(b)所示。如果事务 T_1 封锁了数据 R_1,T_2 封锁了数据 R_2,然后 T_1 又请求封锁 R_2,因 T_2 已封锁了 R_2,于是 T_1 等待 T_2 释放 R_2 的锁。接着 T_2 又申请封锁 R_1,因 T_1 已封锁了 R_1,T_2 也只能等待 T_l 释放 R_1 上的锁。这样就出现了 T_1 在等待 T_2,而 T_2 又在等待 T_1 的局面,T_1 和 T_2 两个事务永远不能结束,形成死锁。

死锁的问题在操作系统和一般并行处理中已做了深入研究,目前在数据库中解决死锁问题主要有两类方法:一类方法是采取一定措施来预防死锁的发生;另一类方法是允许发生死锁,采用一定手段定期诊断系统中有无死锁,若有则解除死锁。

(2)死锁的处理

①死锁的预防

预防死锁通常有两种方法:

a.一次封锁法

一次封锁法要求每个事务必须一次将所有要使用的数据全部加锁,否则就不能继续执行。图9-18(b)的例子中,如果事务 T_1 将数据对象 R_1 和 R_2 一次加锁,则 T_1 就可以执行下去,而 T_2 等待。当 T_1 执行完后释放 R_1 和 R_2 上的锁,T_2 继续执行。这样就不会发生死锁。

一次封锁法虽然可以有效地防止死锁的发生,但也存在一些问题。第一,一次就将以后要用到的全部数据加锁,势必扩大了封锁的范围,从而降低了系统的并发度;第二,数据库中的数据是不断变化的,原来不要求封锁的数据,在执行过程中可能会变成封锁对象,所以很难事先精确地确定每个事务所要封锁的数据对象,为此只能扩大封锁范围,将事务在执行过程中可能要封锁的数据对象全部加锁,这就进一步降低了并发度。

b.顺序封锁法

顺序封锁法是预先对数据对象规定一个封锁顺序,所有事务都按这个顺序实行封锁。例如在B树结构的索引中,可规定封锁的顺序必须是从根结点开始,然后是下一级的子结点,从而逐级封锁。

顺序封锁法可以有效地防止死锁,但也同样存在不少问题。第一,数据库系统中封锁的数据对象极多,并且随着数据的插入、删除等操作而不断地变化,要维护这样的封锁顺序非常困难,成本很高;第二,事务的封锁请求可以随着事务的执行而动态地决定,很难事先确定每一个事务要封锁哪些对象,因此也就很难按规定的顺序去施加封锁。

可见,在操作系统中广为采用的预防死锁的策略并不很适合数据库的特点,因此在解决死锁的问题上 DBMS 普遍使用的是诊断死锁并解除死锁的方法。

②死锁的诊断与解除

数据库系统诊断死锁的方法与操作系统类似,一般使用超时法或事务等待图法。

a.超时法

如果一个事务的等待时间超过了规定的时限,就认为发生了死锁。超时法实现简单,但其不足之处也很明显。一是有可能误判死锁,事务因为其他原因使其等待时间超过时限,系统会误认为发生了死锁。二是时限设置问题,若时限设置得太长,死锁发生后不能及时发现;若时限设置太短,易误判超时。

b. 事务等待图法

事务等待图是一个有向图 $G=(T,U)$。T 为结点的集合，每个结点表示正运行的事务；U 为边的集合，每条边表示事务等待的情况。若 T_1 等待 T_2，则 T_1、T_2 之间划一条有向边，从 T_1 指向 T_2。如图 9 - 19 所示。

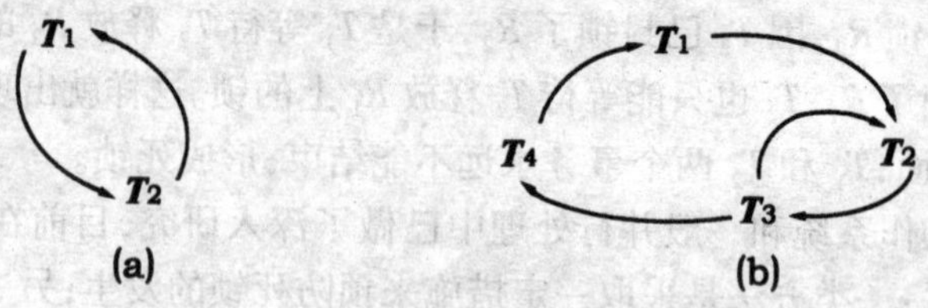

图 9 - 19　事务等待图

事务等待图动态地反映了所有事务的等待情况。并发控制子系统周期性地(比如每隔数秒)生成事务等待图，并进行检测。如果发现图中存在回路，则表示系统中出现了死锁。

DBMS 的并发控制子系统一旦检测到系统中存在死锁，就要设法解除。通常采用的方法是选择一个处理死锁代价最小的事务，将其撤销并释放此事务持有的所有的锁。这样促使其他事务得以继续运行下去。当然，对撤销的事务所执行的数据修改操作必须加以恢复。

9.2.5　其他并发控制协议

前面讲述了基于两段锁协议的并发控制技术，下面介绍另外两种并发控制协议：基于图的协议和基于时间戳的协议。

1. 基于图的协议

在缺少有关存取数据项方式的信息时，两段锁协议对保证可串行化来说不仅是必要的而且是充分的。但是如果要开发非两段协议，我们需要有关事务如何存取数据库的附加信息。根据提供信息量的大小不同，有许多不同模型可以为我们提供这些附加信息。最简单的模型要求我们事先知道访问数据项的顺序。这样构造非两段封锁协议是可能的，并且协议能够保证冲突可串行化。

为了获取这些事先的知识，我们要求所有数据项集合 $D=\{d_1,d_2,\cdots,d_n\}$ 满足偏序关系"→"：如果 $d_i \rightarrow d_j$，则任何既访问 d_i 又访问 d_j 的事务必须首先访问 d_i，然后访问 d_j。这种偏序可以是数据的逻辑或物理组织的结果，也可以只是为了并发控制而加上的。

偏序意味着集合 D 可以视为有向无环图。我们称为数据库图（Database Graph）。为简单起见，下面给出一个称为树形协议的简单协议，该协议只使用排他锁。

在树形协议(Tree Protocol)中，可用的加锁指令只有 lock - X。每个事务 T_i 对一数据项最多能加一次锁，并且必须遵从以下规则：

(1) T_i 首次加锁可以对任何数据项进行。

(2) 此后，T_i 对数据项 Q 加锁的前提是 T_i 持有 Q 的父项上的锁。例如图 9 - 20 中，事务 T 欲对数据项 C 加锁，其前提是 T 必须持有数据项 A 上的锁。

(3) 对数据项解锁可以随时进行。

(4) 数据项被 T_i 解锁后，T_i 不能再次对该数据项加锁。

所有满足树形协议的调度是冲突可串行化的。考察如图 9 - 20 所示的数据库图。下面的 4 个事务遵从图 9 - 20 的树形协议。我们只列出了这 4 个事务中的加锁、解锁指令：

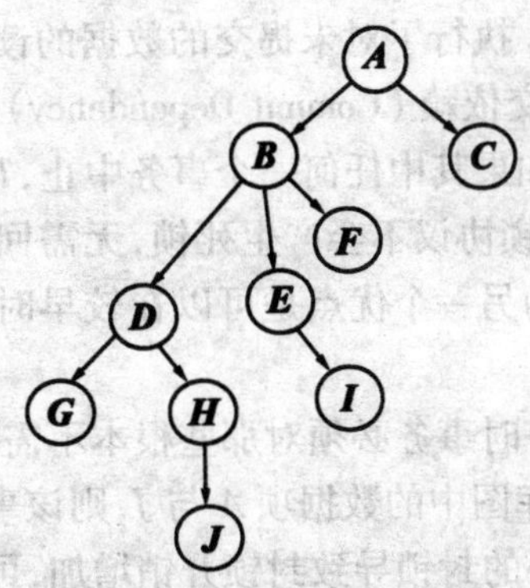

图 9－20 树形结构数据库图

T_0 : lock－x(B) ; lock－x(E) ; lock－x(D) ; unlock(B) ; unlock(E) ; lock－x(G) ; unlock(D) ; unlock(G)。

T_1 : lock－x(D) ; lock－x(H) ; unlock(D) ; unlock(H)。

T_2 : lock－x(B) ; lock－x(E) ; unlock(E) ; unlock(B)。

T_3 : lock－x(D) ; lock－x(H) ; unlock(D) ; unlock(H)。

这四个事务参与的一个可能的调度如图 9－21 所示。

不难发现如图 9－21 所示的调度是冲突可串行化的。同时可以证明树形协议不仅保证冲突可串行化，而且保证不会产生死锁。

T_0	T_1	T_2	T_3
lock－X(B)			
	lock－X(D)		
	lock－X(H)		
	unlock(D)		
lock－X(E)			
lock－X(D)			
unlock(B)			
unlock(E)			
		lock－X(B)	
		lock－X(E)	
	unlock(H)		
			lock－X(D)
lock－X(G)			
			lock－X(H)
unlock(D)			
			unlock(D)
			unlock(H)
		unlock(E)	
		unlock(B)	
unlock(G)			

图 9－21 树形协议下的可串行化调度

图 9－21 所示的树形协议不保证可恢复性和无级联性(即一个事务的错误执行不会影响其他事务的正确性)，为了保证可恢复性和无级联性，可以将协议修改为在事务结束前不允许释放排他锁。在事务结束前一直持有排他锁降低了并发性。这里有一种提高并发性的替代方案，但它只保证可恢复性：对于每一个发生了未提交写的数据项，记录是哪个事务最

后对它执行了写操作，当事 务 T_i 执行了对未提交的数据的读操作，就在最后对它执行了写操作的事务上记录一个 T_i 的提交依赖（Commit Dependency），在有 T_i 的提交依赖的所有事务提交完成之前，T_i 不得提交，如果其中任何一个事务中止，T_i 也必须被终止。

与两段锁协议不同，树形封锁协议不会产生死锁，无需回滚，这一点树形封锁协议要优于两段锁协议。树形封锁协议的另一个优点是可以在较早时候释放锁，较早解锁减少了等待时间，增加了并发性。

然而，该协议也有其缺点，有时事务必须对那些根本不需访问的数据项加锁。例如，某事务要访问图 9 - 20 所示的数据库图中的数据项 A 与 J，则该事务不仅要给 A 与 J 加锁，而且还要给 B、D 与 H 加锁。这种额外的封锁导致封锁开销增加，可能造成额外的等待时间，并且可能引起并发性降低。此外，如果事先没有得到哪些数据项需要加锁的知识，事务将必须给树根加锁，这会大大降低并发度。

对于一个事务集，可能存在某些不能通过树形封锁协议得到的冲突可串行化调度。事实上，一些两段锁协议中可行的调度在树形封锁协议下是不可行的，反之亦然。

2. 基于时间戳的协议

以上所述的封锁协议中，每一对冲突事务的次序是在执行时由第一个二者都申请的但类型不相容的锁决定的。另一种决定事务可串行化次序的方法是事先选定事务的次序。其中最常用的方法就是时间戳排序机制。

(1) 时间戳

对于系统中每个事务 T_i，我们用一个唯一的固定时间戳和它联系起来，此时间戳记为 $TS(T_i)$。该时间戳是在事务 T_i 开始执行前由数据库系统赋予的。若事务 T_i 已被赋予时间戳 $TS(T_i)$，并且有一新事务 T_j 进入系统，则 $TS(T_i) < TS(T_j)$。实现这种机制可以采用下面这两种简单的方法：

①使用系统时钟作为时间戳，即事务的时间戳等于该事务进入系统时的时钟值。

②使用逻辑计数器(Logical Counter)，每赋予一个时间戳，计数器增加一次，即事务的时间戳等于该事务进入系统时的计数器值。

事务的时间戳决定了串行化顺序。因此，若 $TS(T_i) < TS(T_j)$，则系统必须保证所产生的调度等价于事务 T_i 出现在事务 T_j 之前的某个串行调度。要实现这个机制，每个数据项 Q 需要与两个时间戳值相关联：

a. $W-timestamp(Q)$ 表示成功执行 write(Q)的所有事务的最大时间戳。

b. $R-timestamp(Q)$ 表示成功执行 read(Q)的所有事务的最大时间戳。

每当有新的 read(Q)或 write(Q)指令执行时，这些时间戳就被更新。

(2)时间戳排序协议

时间戳排序协议(Timestamp - Ordering Protocol)保证任何有冲突的 read 或 write 操作按时间戳顺序执行。该协议运作方式如下：

①假设事务 T_i 发出 read(Q)。

a. 如果 $TS(T_i) < W-timestamp(Q)$，则 T_i 需读入的 Q 值已被覆盖。因此，read 操 作被拒绝，T_i 回滚。

b. 如果 $TS(T_i) \geq W-timestamp(Q)$，则执行 read 操作，$R-timestamp(Q)$ 被设为 $R-timestamp(Q)$ 与 $TS(T_i)$ 两者的最大值。

② 假设事务 T_i 发出 write(Q)。

a. 如果 $TS(T_i) < R-timestamp(Q)$,则 T_i 产生的 Q 值是最近的读操作之前所需要的值,且系统已假定该值不会被产生,因此,write 操作被拒绝,T_i 回滚。

b. 如果 $TS(T_i) < W-timestamp(Q)$,则 T_i 试图写入的 Q 值已过时。因此,write 操作被拒绝,T_i 回滚。

c. 否则,执行 write 操作,将 $W-timestamp(Q)$ 设为 $TS(T_i)$。

如果事务 T_i 由于发出 read 或 write 操作而被并发控制机制回滚,则系统赋予它新的时间戳并重新启动。

下面举例说明这个协议。事务 T_4 显示账户 A 与 B 的内容:

```
T4: read(B);
    read(A);
    display(A+B)。
```

事务 T_5 从账户 A 转 100 美元到账户 B,然后显示两个账户的内容:

```
T5: read(B);
    B:=B+100;
    write(B);
    read(A);
    A:=A-100;
    write(A);
    display(A+B)。
```

假设事务在执行第一条指令之前的那一刻被赋予时间戳。因此,图 9-22 所示的调度中,$TS(T_4) < TS(T_5)$,这是满足时间戳协议的一个可能的调度。

T_4	T_5
read(B)	
	read(B)
	B:=B+100
	write(B)
read(A)	
	read(A)
display(A+B)	
	A:=A-100
	write(A)
	display(A+B)

图 9-22 调度

注意:前面的执行过程也可以由两段锁协议产生。不过,存在满足两段锁协议却不满足时间戳协议的调度,反之亦然。

时间戳排序协议保证冲突可串行化,这是因为冲突操作按时间戳顺序进行处理。

该协议保证无死锁,因为不存在等待的事务。但是,当一系列冲突的短事务引起长事务反复重启时,可能导致长事务饿死的现象。如果发现一个事务反复重启,冲突的事务应当暂时阻塞,以使该事务能够完成。该协议可能产生不可恢复的调度。可以对该协议进行扩展来保证调度的可恢复性。以下几种方法可保证调度的可恢复：

①所有写操作都一起在事务末尾执行能保证可恢复性和无级联性，这些操作必须具有下述意义的原子性：在写操作正在执行时，任何事务都不许访问任何已写完或正在被写的数据项。

②可恢复性和无级联性也可以通过使用一个受限的封锁形式来保证，由此，对未提交数据项的读操作被推迟到更新该数据项的事务提交之后。

③可恢复性可以通过跟踪未提交写操作来单独保证，一个事务读取了其他事务所写的数据，只有在其他事务都提交之后，才能提交。

(3) Thomas 写规则

下面给出对时间戳排序协议的一种修改。考虑图 9－23 所示的调度，应用时间戳排序协议。由于 T_6 先于 T_7 开始，我们假定 $TS(T_6) < TS(T_7)$。T_6 的 read(Q) 操作成功，T_7 的 write(Q) 操作也成功时，当 T_6 试图进行 write(Q) 操作时，我们发现 $TS(T_6) < W-timestamp(Q)$，因为 $W-timestamp(Q) = TS(T_7)$。所以 T_6 的 write(Q) 遭拒绝且事务 T_6 必须回滚。

T_6	T_7
read(Q)	
	write(Q)
write(Q)	

图 9－23　调度

虽然事务 T_6 回滚是时间戳协议所要求的，但这是不必要的。由于 T_7 已经写入了 Q，T_6 想要写入的值将永远不会被读到。满足 $TS(T_i) < TS(T_7)$ 的任何事务 T_i 试图进行 read(Q) 操作时均被回滚，因为 $TS(T_i) < W-timestamp(Q)$。满足 $TS(T_j) > TS(T_7)$ 的任何事务 T_j 必须读由 T_7 写入的 Q 值，而不是 T_6 写入的值。

根据以上分析，我们可以修改时间戳排序协议而得到一个新版本的协议，该协议在某些特定的情况下忽略过时的 write 操作。协议中有关 read 操作的规则保持不变，但 write 操作的规则略有不同。

这种修改称为 Thomas 写规则：假设事务 T_i 发出 write(Q)，

① 如果 $TS(T_i) < R-timestamp(Q)$，则 T_i 产生的 Q 值是最近的读操作之前所需要的值，且系统已假定该值不会被产生。因此，write 操作被拒绝，T_i 回滚。

② 如果 $TS(T_i) < W-timestamp(Q)$，则 T_i 试图写入的 Q 值已过时。因此，这个 write 操作可被忽略。

③否则，执行 write 操作，将 $W-timestamp(Q)$ 设为 $TS(T_i)$。

Thomas 写规则实际上是通过删除事务发出的过时 write 操作来利用视图可串行化的。对事务的这种修改使得系统可以产生本章中其他协议所不能产生的可串行化调度。

习 题

1. 什么是事务？

2. 事务的 COMMIT、ROLLBACK、UNDO 和 REDO 操作各做些什么事情？

3. 事务的状态有哪些？状态如何实现转换？
4. 什么是并发调度？为什么数据库系统要支持并发调度？
5. 并发调度可能会引发的问题有哪些？举例说明。
6. 事务具有哪些特性？
7. 什么是可串行化调度？如何判定一个调度策略是可串行化的？
8. 并发调度的锁类型有哪些？
9. 试述一级、二级、三级封锁协议和各个协议解决的冲突问题。
10. 试述两段锁协议。
11. 两段锁协议的好处是什么？弊端是什么？
12. 试证明两段锁协议可以保证冲突可串行化。
13. 什么是封锁粒度？什么是多粒度封锁协议？
14. 多粒度封锁中为什么使用意向锁？隐式封锁与显式封锁的不同是什么？
15. 什么是活锁？什么是死锁？试述活锁和死锁产生的原因。
16. 死锁的处理方法有哪些？
17. 证明：存在满足两阶段锁协议但是不满足时间戳协议的调度。

第 10 章　查询处理和查询优化

“查询处理器”是 DBMS 的核心组成部分之一，主要接收用户的 SQL 查询语句，对语句进行语法分析和有效性检查，建立查询的内部表示——关系代数表达式或查询树，设计执行计划，选择执行得最快或代价最低的查询计划，执行该查询计划，得到查询结果。一般情况下，每个查询都会有很多候选的执行计划，查询优化就是从中选择适当的但不一定是最优的查询处理策略的过程。

10.1　查询处理

DBMS 查询处理流程有查询语句的词法、语法检查，将语句提交给 DBMS 的查询优化器，优化器做代数优化和存取路径的优化，由预编译模块生成查询规划，在合适的时间提交给系统处理执行，最后将执行结果返回给用户。如图 10－1 所示：

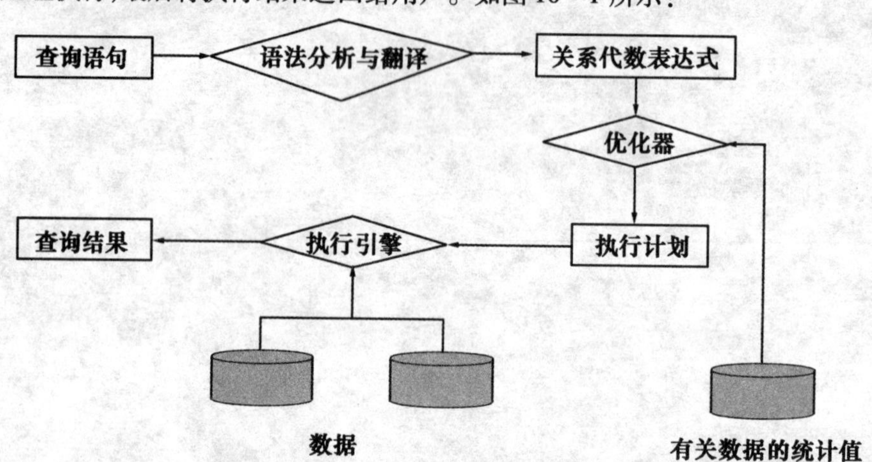

图 10－1　查询处理过程示意图

查询系统在对 SQL 语句进行语法分析后，将其转换为系统内部表示形式——扩展的关系代数表达式，一般都采用查询树或查询图的数据结构来表示。典型的查询处理方法是把 SQL 查询分解成若干个查询块，查询块形成了可以被转换为代数操作符的基本单元和被优化的基本单元。一个查询块中包括一个独立的 SELECT－FROM－WHERE 表达式，如果还有 GROUP 和 HAVING 子句，则它们也会成为查询块的组成部分。

查询处理器将为每个查询块制定若干执行计划。什么是执行计划？制定查询执行计划犹如建筑一所房屋，开始工作之前先制定计划，确定所需步骤、步骤的执行顺序、哪些步骤可以同时进行、哪些步骤取决于其前的步骤，以及哪些人员最适合执行哪些任务等。给定的查询的不同执行计划将有不同的执行代价。选定、构造具有最小查询执行计划代价的查询计划是系统来完成的。选定查询计划以后，便用该计划来执行查询并输出查询结果。

要全面说明如何执行一个查询,不仅要提供关系代数表达式,还要对表达式加注释,用于说明如何执行每个操作。注释可以声明某个具体操作所采用的算法,或将要使用的一个或多个特定的索引。加了"如何执行"注释的关系代数运算称为执行原语(Evaluation Primitive)。用于执行一个查询原语的操作序列称为查询求解计划(Query - Execution Plan)或者简称执行计划。考虑下面的 SQL 查询:

网上书店数据库模式:

sales(store_id:nchar(4),date:datetime,order_number:nchar(14),book_id:int,discount:decimal(3,2),discount_cards_id:nchar(8))

discount_cards(discount_cards_id:nchar(8),discount:decimal(3,2),store_id:nchar(4),holder_name:nvarchar(20),deliver_date:datetime,period_of_validity:int)

stores(store_id:nchar(4),store_name:nvarchar(40),store_add:nvarchar(40),store_locity:nvarchar(20),store_lopro:nvarchar(20))

```
SELECT S. book_id
FROM sales S,discount_cards R
WHERE S. store_id = R. store_id AND S. order_numbe >10 AND R. discount =3.
```

该查询可以表示成下面的关系代数表达式:

$$\pi_{book\_id}(\sigma_{order\_number>10 \wedge discount=3}(sales \infty_{store\_id=store\_id} discount\_cards))$$

还可以把表达式表示成 10-2 所示的查询树。关系代数表达在一定程度上说明了查询的求解方法:首先计算关系 sales 和 discount_cards 的自然连接,然后进行选择操作,然后在 book_id 属性域上进行选择和投影。要完全确定查询的执行计划,还必须为每个关系操作选择实现算法。如图 10-3 所示,就是一个查询实例的执行计划。

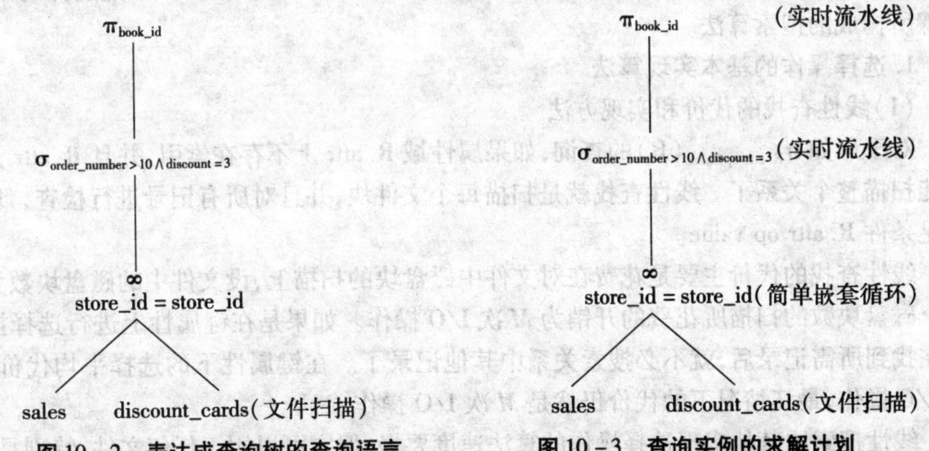

图 10-2　表达成查询树的查询语言　　**图 10-3　查询实例的求解计划**

查询优化器类型主要有两种:基于语法的查询优化器和基于开销的查询优化器。基于语法的查询优化器为获得对 SQL 查询创建一个过程计划,它选择的特定计划取决于查询的确切语法及查询中的子句顺序。无论数据库中记录的数目或组合是否随时间变化,基于语法的查询优化器每次都执行同样的计划。基于开销的查询优化器选择查询计划是基于对执行特殊计划的开销估算(I/O 操作数、CPU 秒数等)而做出的。与基于语法的查询优化器不同,基于开销的查询优化器还要查看或维护数据库的统计记录。本章讨论基于开销的查询优化器。

10.1.1 查询代价的评估

通过计算查询的代价来衡量执行计划的合理性。查询代价的评估可以用该查询对各种资源的使用情况估算,这些资源包括:

(1)磁盘 I/O 开销。

(2)执行查询时 CPU 的代价。

(3)在并行或者分布式数据库系统中,通信所花费的代价等。

在大型数据库系统中,磁盘存取是最主要的开销,因为磁盘存取远比内存操作速度慢;CPU 速度提升比磁盘速度提升要快得多,并且一个任务消耗 CPU 时间的估计相对较难。因此,磁盘存取代价被认为是查询代价的一个合理的度量。

我们把磁盘块传送数和磁盘搜索次数作为磁盘存取数据实际代价的一个度量。为了简化磁盘存取代价的计算,假定所有块传送的代价相同。代价估计忽略了将操作的最终结果写回磁盘的代价,需要时再单独考虑。

为了实现可能出现在查询执行策略中的不同类型的关系操作,DBMS 就必须包含实现这些操作的算法。对每一种操作或操作的组合,一般都会有一种或多种执行这个操作的算法。但是一种算法可能只适用于特定的存储结构或存取路径,只有当操作涉及的文件中包含特定的存取路径时,才能使用这种算法。下面分析实现选择、排序、连接和其他关系操作的典型算法和算法开销。

10.1.2 选择操作

选择操作就是从表中查找满足条件的记录。它是由文件扫描加上匹配选择的条件两个步骤所构成的搜索算法。

1. 选择操作的基本实现算法

(1)线性查找的代价和实现方法

对于形如 $\sigma_{R.attr\ op\ value}$(R)的查询,如果属性域 R. attr 上不存在索引,并且 R. attr 无序,就只能扫描整个关系了。线性查找就是扫描每个文件块,并且对所有记录进行检查,判断是否满足条件 R. attr op value。

线性查找的代价主要是花费在对文件中磁盘块的扫描上,设文件中的磁盘块数为 M,对整个磁盘块数的扫描所花费的开销为 M 次 I/O 操作。如果是在键属性上进行选择操作,系统在找到所需记录后,就不必搜索关系中其他记录了。在键属性下的选择平均代价为 $M/2$ 次 I/O 操作,最坏情况下的代价仍然是 M 次 I/O 操作。

线性搜索比其他实现选择操作的算法速度要慢,但它可以用于任何文件,特别是在文件无序、无索引的情况下,可以进行其他方法不能应用的各种选择操作。

(2)二分查找算法的代价和实现方法

对于形如 $\sigma_{R.attr\ op\ value}$(R)的查询,如果不存在 R. attr 上的索引,但关系按照属性域R. attr 顺序存储,那么就可以采用二分搜索算法来定位符合选择条件的记录。

二分查找算法的代价主要是查找包含符合选择条件记录的磁盘块和顺序读取记录上。设文件中的磁盘块数为 M,则找出包含所需记录的磁盘块所需检查的磁盘块数目为 $\log_2 M$。若选择是作用在非键属性上,将会有多个块包含所需记录,这样读取额外块的代价也要加到代价评估上,可以把选择结果集大小的估计除以关系中每磁盘块存储的平均记录数所得的结果作为对所需读取的磁盘块数目的估计。

2. 使用索引的选择操作

如果在关系 R 上有一个或多个索引,我们可以利用索引来获取匹配的记录。索引结构提供了定位和存取数据的一条路径。在前面我们定义了主索引和辅助索引。所谓主索引也称为聚簇索引,它使得文件的记录可以按与物理顺序相应的次序进行读取。而非主索引称为辅助索引,它的文件记录的索引读取与物理顺序不同。使用索引的搜索算法称为索引扫描。索引扫描虽然可以快速、直接、有序地存取记录,但同时也带来了访问那些包含索引的数据块的额外代价。

下面仅就等值比较的 B^+ 树索引和哈希索引选择算法和开销分别进行讨论。

(1)等值比较的 B^+ 树索引选择算法

如果在属性 R. attr 上存在 B^+ 树索引,对于等值比较选择,可以根据它的属性是否是键属性而分成两种情况:

第一种:键属性等值比较。在这种情况下,不管它是主索引还是辅助索引,我们可以使用索引检索到满足对应等值条件的唯一的一条记录。操作代价等于该 B^+ 树的高度加上取该记录的 1 次 I/O 操作。

第二种:非键属性等值比较。在这种情况下,我们可以检索到多条记录。如果是主索引,查找索引树,找到指向满足条件的第一个索引条目。然后扫描索引的叶结点数据页,顺序读取满足查询条件的记录。确定扫描的起始叶的开销为 B^+ 树的高度。扫描叶结点的数据页,如果包含具有搜索码值的磁盘块数有 C 个,那么读取满足条件的记录只需要 C 次 I/O 操作(一般情况下,很可能所有记录都在同一个数据页中);如果是辅助索引,过程与主索引是相同的,但是因为索引是非聚簇的,每条记录可能存在于不同的磁盘块中,导致每检索到一条记录就需要一次 I/O 操作。如果需要检索大量的记录,所需的代价甚至比线性搜索还要大。

(2)等值比较的哈希索引选择算法

同样,如果在属性 R. attr 上存在哈希索引,对于等值比较选择,我们可以将它分成两种情况:

第一种:键属性等值比较。在这种情况下,不管它是主索引还是辅助索引,我们可以使用索引检索到满足对应等值条件的唯一的一条记录。操作代价等于包括在索引中查找合适的桶数据页,一般为 1 ~2 次 I/O 操作和读取记录的 1 次 I/O 操作。

第二种:非键属性等值比较。查询过程包括在索引中查找合适的桶数据页和从关系中读取记录。跟上面讨论过的 B^+ 树索引一样,从关系中读取满足条件的记录的开销依赖于记录的数目和是否是聚簇索引。如果是主索引,在找到桶数据页后,从关系中顺序读取满足条件的记录。确定桶数据页的开销为 1 ~2 次 I/O 操作。如果包含具有搜索码值的磁盘块数有 C 个,那么读取满足条件的记录只需要 C 次 I/O 操作(一般情况下,很可能所有记录都在同一个数据页中);如果是辅助索引,查找合适的桶数据页与主索引是相同的,但是因为索引是非聚簇的,每条记录可能存在于不同的磁盘块中,导致每检索到一条记录就需要一次 I/O 操作。

3. 具有比较的选择查询

对于涉及比较的查询可以用线性搜索或二分搜索来实现这种选择运算，或使用索引方式来查找。索引方式比较又分为主索引比较和辅助索引比较：

（1）主索引比较。对于 attr≥value 的比较查询，在索引中查找满足条件 attr = value 的首条记录。从该记录开始到文件尾进行文件扫描返回满足该条件的记录。对于 attr > value，文件扫描在第一条满足 attr > value 的记录处开始。对于形如 attr < value 或 attr≤value 的比较查询，没有必要查找索引。对于 attr < value，只是简单地从文件头开始进行文件扫描，直到遇上首条满足 attr = value 的记录为止。attr≤value 的情形只是扫描直到遇上首条满足attr > value 的记录为止。

（2）辅助索引比较。可以使用有序辅助索引指导涉及“ < ”、“≤”、“≥”、“ > ”的比较的检索。对于“ < ”及“≤”情形，最底层索引块的扫描是从最小值开始直到 value 为止；对于“ > ”及“≥”情形，扫描是从 value 开始直到最大值为止。辅助索引提供了指向记录的指针，但我们需要使用指针取得实际的记录。由于连续的记录可能存在于不同的磁盘块中，因此每取一个记录可以需要一次 I/O 操作。如果检索记录数很大，使用辅助索引的代价甚至比线性搜索还要大。因此辅助索引应该仅在选择记录很少时使用。

4. 复杂查询的实现

复杂查询是指在选择条件中有更复杂的选择谓词，包括合取、析取、取反、索引的合取、组合索引的合取等。

合取：合取选择是形如 $\sigma_{\theta_1 \wedge \theta_2 \wedge \cdots \wedge \theta_n}(R)$；

析取：析取选择是形如 $\sigma_{\theta_1 \vee \theta_2 \vee \cdots \vee \theta_n}(R)$；

取反：选择 $\sigma_{\neg\theta}(R)$ 的结果就是关系 R 中对条件 θ 求值为假的记录的集合。如果没有空值的存在，该结果就是那些不在 $\sigma_{\theta}(R)$ 中的记录的集合。

（1）无析取的选择。当选择条件不包含析取式，即由一系列查询项的合取组成时，可以有如下几种选择：

①直接扫描文件，判断每条记录是否满足合取式给出的所有简单选择条件。这种方法需要扫描整个文件。

②如果在某个简单选择条件的某个属性上存在索引，可以用前面介绍的选择算法检索满足该条件的记录。然后在内存缓冲区中，通过测试每条记录是否满足其余的简单选择条件来完成操作。算法的复杂度与索引选择算法的代价相关。

③利用多个索引。如果合取条件的一个或多个属性上有索引，我们可以对每个索引进行扫描，获取那些满足单个条件的记录标识。所有检索到的记录标识的交集就是那些满足合取条件的记录的标识集合。然后利用记录标识的集合去检索实际的记录。例如，查询条件为（store_id > 10 ∧ order_number = 4 ∧ book_id = 5），如果存在 store_id 和 order_number 上的索引。首先，利用 store_id 上的索引，找出所有满足 store_id > 10 的记录标识；其次，利用 order_number上的索引，找出所有满足 order_number = 4 的记录标识；然后，求两个记录标识集合的交集；最后，利用该标识集合读取实际记录，并用剩余条件 book_id = 5 判断。

（2）有析取的选择。在这种情况下，查询条件的一个合取式由多个析取项组成。如果析取选择中所有条件均有相应的存取路径存在，则逐个扫描索引获取满足单个条件的记录标识，检索到的所有记录标识的并集就是所有满足析取条件的全体记录的标识集合，然后利用这些记录标识去检索实际的记录。但是,即使其中的一个条件不存在存取路径,我们也必须对这个关系进行扫描,扫描的同时对每个记录进行析取条件的测试。

10.1.3 排序操作

1. 排序操作对于数据访问的意义

数据排序在数据库系统中起着重要的作用,因为 SQL 查询可以指明对输出进行排序,另外,关系运算要求对一些关系先行排序才能够得到高效实现。可以通过使用索引建立逻辑排序关系。通过在排序键上建立索引,然后使用该索引按序读取关系,可以完成对关系的排序。这种通过索引进行的排序只是逻辑上的排序,而没有对关系进行物理上的排序。因此,按序读取记录可能导致每读一个记录就要访问一次磁盘。由于记录数目可能比磁盘块的数目大很多,这样做的代价会很大。所以需要在物理上对记录排序。

2. 排序的种类

根据待排序的整个关系是否在内存的情况,分为外排序和内存中的排序。待排序的整个关系完全被内存容纳时,此时所使用的排序技术,叫内存中的排序。对不能全部放在内存中的关系进行排序称为外排序。如外部归并算法。

3. 外排序

在外排序中,最常用的技术是外部归并排序,下面以简单的两路归并排序算法入手来阐述外排序算法的思想,然后引入 *N* 路归并排序算法。

(1)两路归并排序算法

首先,我们引入段的概念。当对文件排序时,通常在中间步骤会生成一些有序的子文件,我们把这些有序的子文件称为段。

当主存中不能容纳整个文件时,可以把文件划分成规模较小的子文件。首先将每个子文件读进内存进行排序,内存排序可以采用快速排序或其他的内存排序的算法,将排好序的子文件写回磁盘。然后从处理过的输出中读入一对有序段进行归并,生成一个长度为两倍的有序段。算法描述如图 10-4:

```
输入:包含 M 个数据页的无序关系 R,分成 n 个小文件
  输出:排序后的关系 R
  过程:
      i=0;
      if(i<n)then{
         将子文件 Ri 读入内存进行排序;
         将排好序的子文件 Ri 写回磁盘;
         i++;
      }
         j=0;
         if(j<[log₂M]+1)//[log₂M]+1 为归并的趟数
            repeat{
               将两个未归并的子文件读入内存进行归并;
               将归并结果写回磁盘;
                  }
           until(所有的段都两两归并)
         }
           j++;
```

图 10-4　两路归并排序算法描述

在两路归并排序算法中，数据处理的遍数为$\lceil \log_2 M \rceil + 1$，其中$M$为文件中数据页的个数。每遍处理时都要读入每个数据页，进行处理，然后写回磁盘，所以整个排序的开销为$2 \times M (\lceil \log_2 M \rceil + 1)$。

在图 10－5 中以包含 4 个数据页的文件排序为例说明了进行两路排序的过程。排序共处理了 3 遍，每遍处理读写 4 个数据页，总共 24 次 I/O。

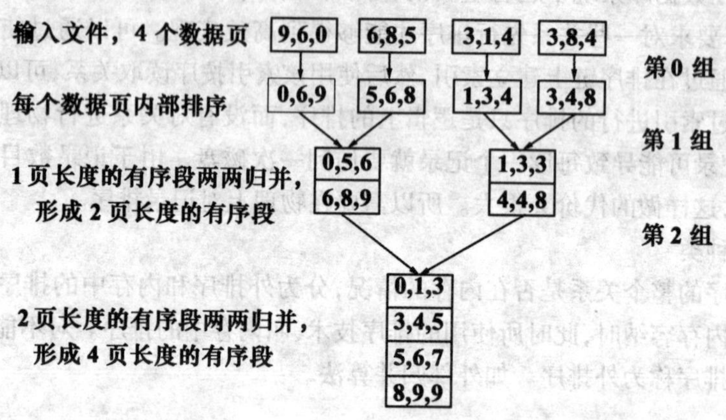

图 10－5　4 个数据页文件的两路归并排序过程

两路归并排序算法中，只占用了内存中的 3 个主存页。这样即使有很多可以使用的内存，也不能有效利用，降低了内存的使用率及排序的速度。所以我们引入N路归并排序算法，它可以很好地解决这种问题。

(2) N路归并排序算法

N路归并排序算法是两路归并排序算法的推广和改进。它仍然保留多遍处理的结构，但是尽可能地减少归并的遍数，利用可以使用的内存。假设有B个可用的内存页，需要排序的文件包括M个数据页。N路排序步骤如下：

首先，在第 0 遍处理时，每次读入B个数据页，在主存中进行排序后输出。在第 0 遍处理后，数据文件被分成$\lceil M/B \rceil$个长度为B个数据页的有序段。

然后，对有序段进行归并。此时，用$B-1$内存页作为输入，剩余的一个内存页存放输出结果。这样就可以同时归并$B-1$个有序段。

以上我们只考虑了$M > B$的情况，那是因为通常需要外排序的都是大文件。如果$M < B$，那么就类似于内部排序。在这里，我们只考虑$M > B$的情况。算法在第一步中将M个数据页分成了$\lceil M/B \rceil$有序段，然后采用$B-1$路归并，总的处理遍数为$\lceil \log_{B-1} \lceil M/B \rceil \rceil + 1$，比两路归并排序算法$\lceil \log_2 M \rceil + 1$的处理遍数减少了很多。

下面计算一下N路归并排序算法的 I/O 开销。在第一步中读取所有的数据页，需要$2 \times M$次 I/O 操作；第二步中$B-1$路归并排序的 I/O 操作为$2 \times M \times (\lceil \log_{B-1} \lceil M/B \rceil \rceil + 1$次，所以总的 I/O 开销为$2 \times M \times (\lceil \log_{B-1} \lceil M/B \rceil \rceil + 1$。算法的效率比两路归并排序算法提高了很多。图 10－6 中给出了N路归并排序算法。

```
输入:包含 M 个数据页的无序关系 R,分成[M/B]个小文件
  输出:排序后的关系 R
  过程:
        i = 0;
        if(i < [M/B]) then{
           将子文件 Ri 读入内存进行排序;
           将排好序的子文件 Ri 写回磁盘;
           i + + ;
           }

           j = 0;
           if(j < [log_{B-1}[M/B]] + 1) then{ //[log_{B-1}[M/B]] + 1 为
归并的趟数
              repeat{
                 将 B - 1 个未归并的子文件读入内存进行归并;
                 将归并结果写回磁盘;
                 )until(所有的段都已归并)
              }
           j + + ;
```

图 10-6 *N* 路归并算法描述

图10-7表示对一个示例关系进行*N*路归并排序的过程,为了简单明了,我们假定每个数据块只能容纳两条记录,每条记录只有一个属性。同时假定内存中只能提供4个页,3页用于输入,另外1页用于输出。

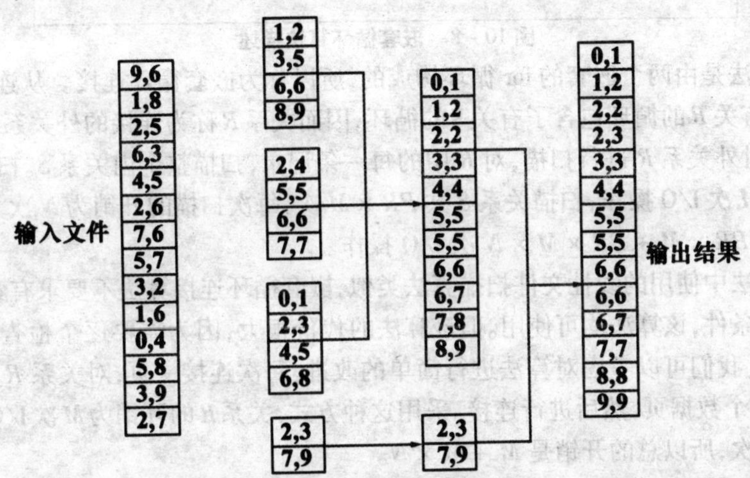

图 10-7 14 个数据页文件的 N 路归并排序过程

从图10-7中可以看出,每遍处理需要读写14个数据页,因此总的I/O开销为2×14×3=84次。利用上面的公式,总的开销为$2 \times 14 \times ([\log_{4-1}[14/4]] + 1 = 84$,与上面的结果相符。

10.1.4 连接操作

连接是代价昂贵又非常常见的操作,因此已有广泛的研究,并且系统通常支持多种连接算法。在本节中,我们探讨计算关系连接的几个算法,并分析各种算法的代价。

在这里我们假设关系 R 和 S,它们的连接条件是 $r_i = s_j$。在本节中,我们将以关系 R 和 S 为例,阐述关系连接的各个算法。关系 discount_cards 和 sales 是贯穿本书的实例表,它们的连接条件是 salesstore_id = discount_cardsstore_id,我们将以关系 discount_cards 和 sales 为实例,计算各个算法的代价。

假设关系 discount_cards 和 sales 的信息如下:

discount_cards 的磁盘块数 $M = 500$,每块磁盘上的记录数 $PR = 100$。

sales 的磁盘块数 $N = 100$,每块磁盘上的记录数 $PS = 200$。

1. 满足不同条件的连接操作的处理方式和代价

(1)嵌套循环连接

最简单的连接算法就是每次处理一条记录的嵌套循环算法。图 10-8 给出了此算法的描述。

```
输入:关系 R 和 S,及它们的记录数 N_R, N_S
  输出:满足连接条件 r_i = s_j 的记录集
  过程:
      for(i=0;j<N_R;i++
        for(i=0;j<N_S;i++{
          测试记录对(r_i,s_j)是否满足连接条件 r_i = s_j;
          如果满足,把<r_i,s_j>加到结果中;
        }
```

图 10-8　嵌套循环算法描述

由于该算法是由两个嵌套的 for 循环构成的,所以称为嵌套循环连接。从连接过程可以看到,算法中有关 R 的循环包含了有关 S 的循环,因而关系 R 称为连接的外关系,而 S 称为连接的内关系。对外关系 R 进行扫描,对 R 中的每一条记录,扫描整个内关系 S。扫描关系 R 的开销为 $PR \times M$ 次 I/O 操作,扫描关系 S 共 $PR \times M$ 次,每次扫描的开销为 N 次 I/O 操作,因此总的开销为 $PR \times M + PR \times M \times N$ 次 I/O 操作。

与选择算法中使用的线性文件扫描算法类似,嵌套循环连接算法不要求有索引,并且不管是什么连接条件,该算法均可使用。但该算法的代价很大,因为需要逐个检查两个关系中的每一对记录。我们可以考虑对算法进行简单的改进,每次连接一页,对关系 R 的每个数据页,读取 S 的每个数据页,然后进行连接。采用这种方式,关系 R 的开销为 M 次 I/O 操作,关系 S 只需扫描 M 次,所以总的开销是 $M + M \times N$。

现在我们为关系 sales 和 discount_cards 进行自然连接。如果以 sales 为外关系,开销为 $100 \times 200 + 200 \times 100 \times 500 = 10020000$,如果用改进的方法,以页为单位进行连接,开销减少至 $100 + 100 \times 500 = 50100$;如果我们以 discount_cards 为外关系,开销为 $500 \times 100 + 100 \times 100 \times 500 = 5050000$,如果用改进的方法,以页为单位进行连接,开销减少至 $500 + 500 \times 100 = 50100$。从这个例子可以看出,在确定外关系时应该选择两个关系中规模小的一个。但是这种选择并不能有效地减少开销,采用改进的方法每次读取一页进行连接,虽然能一定程度上减少 I/O 操作,但是还是不能满足我们的需要,所以我们引入块嵌套连接算法。

(2)块嵌套循环连接

简单的嵌套循环算法没有充分利用可用的缓冲区页。当缓冲区太小,内存中不能容纳两个关系时,如果在每块的基础上而不是在每条记录的基础上处理关系,可以节省不少块存取次数。块嵌套循环连接是嵌套循环连接的一个变体，内层关系的每一块与外层关系的每一块形成一对。在每个块对中，一个块中的每一条记录与另一块的每一条记录形成记录对，得到所有记录对。把满足连接条件的所有记录对添加到结果中去。块嵌套循环连接与基本的嵌套循环连接的主要差别在于：最坏的情况下，对于外层关系中的每一块，内层关系的每一块只需读一次，而不是对外层关系的每一条记录读一次。显然，使用较小的关系作为外层关系更有效。

按照缓冲区的大小，块嵌套循环连接算法可以分两种情况：

第一种：假设有足够的内存可以容纳下其中较小的关系（比如 R），并且还剩余至少两个额外的缓冲区页。在处理时，我们就可以读入整个关系 R，而利用一个缓冲区页扫描较大的关系 S，另一个缓冲区页作为输出缓冲区。对 S 中的每条记录 s，扫描 R 中的记录，并把满足连接条件的记录写回磁盘。这样，每个关系只扫描一次，因此总的 I/O 开销为 $M+N$。

第二种：如果没有足够的内存可以容纳整个关系 R，可以把关系 R 按照缓冲区的大小等分成块，对 R 的每个块扫描关系 S。假设有 B 个可用的缓冲区页，我们可以把 R 分成 $[M/(B-2)]$ 块，每次读进 $B-2$ 个页的 R 数据，利用剩余的缓冲页中的一个扫描关系 S，用最后的一个缓冲区页作输出缓冲区，写回满足连接条件的记录。算法读入 R 的开销为 M 次 I/O 操作，关系 S 共被扫描 $[M/(B-2)]$ 次，每次扫描需要 N 次 I/O 操作。所以，算法的总开销为 $M+N\times[M/(B-2)]$。

现在我们以关系 sales 和 discount_cards 的连接为例进一步说明。以 sales 作为外关系，并假设缓冲区页大于 100 页，可以包容 sales 的所有数据页，那么每个关系只扫描一次，因此总的 I/O 开销为 $M+N=100+500=600$。如果缓冲区只能容纳 10 页 sales 数据，那么需要扫描关系 discount_cards10 次，总的 I/O 开销为 $100+500\times10=5100$ 次。

(3) 使用索引的嵌套循环连接

在嵌套循环连接中，若在内层循环的连接属性上有索引，可以用索引查找替代文件扫描。对于外层关系 R 的每个记录 r，可以利用索引去查找 S 中和记录 r 满足连接条件的记录。这种连接方法称为索引嵌套循环连接。它可以在已有索引或者是为了计算该连接而专门建立临时索引的情况下使用。

对关系 R 的每个记录 r，利用关系 S 的索引查找相匹配的记录。简单地说就是给定 r，在 S 上根据索引选择满足条件的记录。因此，索引嵌套循环算法并不像其他的嵌套循环连接算法那样，列举关系 R 和 S 的笛卡尔积中的所有记录。读取关系 S 的匹配记录的开销，取决于索引类型和匹配记录的数目。算法的代价计算如下：

a. 读取 R 的代价为 M 次 I/O 操作。

b. 对于 R 的每条记录 r，我们在 S 上进行索引查找。如果 S 的索引为 B^+ 树索引，查找适当的叶结点通常需要 2 ~ 4 次 I/O 操作。如果索引为哈希索引，查找适当的桶通常需要 1 ~ 2 次 I/O 操作。一旦找到适当的叶结点或桶，读取匹配的 S 记录的开销依赖于索引是否为聚簇索引。如果是，只需 1 次 I/O 操作；如果不聚簇，可能要进行多次 I/O 操作。假设 C 是在 S 上选择每条记录的代价，那么这步的代价为：$M\times PR\times C$。

算法总的代价为 $M+M\times PR\times C$。例如，考虑关系 sales 和 discount_cards 之间的连接，其中以 sales 为外层关系，在关系 discount_cards 上存在哈希索引。扫描关系 sales 需要 100 次 I/O 操作；sales 共有 $100\times200=20000$ 条记录，对于每条记录读取匹配索引数据页平均需要

1.2 次 I/O 操作(哈希索引的典型开销),共 24000 次 I/O 操作;如果关系 discount_cards 的索引是聚簇的,对每条 sales 记录,读取匹配记录只需要读写磁盘 1 次,共 20000 次 I/O 操作,如果索引是不聚簇的,关系 sales 共有 20000 条记录,而关系 discount_cards 有 500 × 100 = 50000 条记录,sales 中 1 条记录对应 discount_cards 中 2.5 条记录,所以对每条 sales 记录,读取匹配记录平均需要读写磁盘 2.5 次,共 2.5 × 20000 = 50000 次 I/O 操作。因此,算法的开销在 100 + 24000 + 20000 = 44100 到 100 + 24000 + 50000 = 74100 次 I/O 操作之间。

2. 归并连接(排序归并连接)

归并连接可用于计算自然连接和等值连接。它的基本思想是在连接属性域上对两个关系排序,然后通过与归并排序算法中归并阶段类似的处理过程来寻找匹配的记录。由于关系已排好序,在连接属性上有相同值的记录是连续存放的,所以已排序的每一记录只需读一次,因而每一块也只需读一次。由于两个文件都是只需读一遍,可知归并连接算法是高效的。

如果输入关系未按连接属性排序,那么在使用归并连接算法之前可以先对其排序。排序后,对其进行归并。首先扫描关系 *R* 和 *S*,查找匹配记录。扫描从两个关系的第一个记录开始。只要当前的 *R* 记录的连接属性小于当前的 *S* 记录的连接属性,就一直扫描关系 *R*。类似地,只要当前的 *S* 记录的连接属性小于当前 *R* 记录的连接属性,就一直扫描关系 *S*。这样轮流扫描两个关系,直到找到关系 *R* 的记录 *r* 和 *S* 的记录 *s* 满足 $r_i = s_j$。输出连接的结果后,从当前记录开始,继续扫描关系 *R* 和 *S*。排序归并算法的描述如图 10 - 9 所示。

```
输入:关系 R 和 S
  输出:满足连接条件 ri = sj 的记录集
  过程:
        if  R 在属性 i 上无序 then
              对关系 R 在属性 i 上进行排序;
        if  R 在属性 j 上无序 then
              对关系 R 在属性 j 上进行排序;

        Tr = 关系 R 中的第一条记录;
        Ts = 关系 S 中的第一条记录;
        Gs = 关系 S 中的第一条记录;
        While Tr≠eof and Ts≠eof do{
          While Tri < Gsj do
                Tr = 关系 S 中 Tr 后的下一条记录;
          While Tri < Gsj do
                Gs = 关系 S 中 Ts 后的下一条记录;
          Ts = Gs;
          While Tri = Gsj do{
                Ts = Gs;
                While Tri = Tsj do{
                  将 <Tr, Ts> 添加到连接结果;
                  Ts = 关系 S 中 Ts 后的下一条记录;
                }
                Ts = 关系 R 中 Tr 后的下一条记录;
          }
```

图 10 - 9　排序归并连接算法描述

我们以关系 sales 和 discount_cards 为实例来解释排序归并连接算法的执行过程。为了清楚明了,我们只给出连接属性列 sales_id。如图 10-10 所示。两个关系在属性 sales_id 上都是有序的。我们从关系 R 和 S 的第一条记录开始扫描,扫描过程如图 10-10 所示。

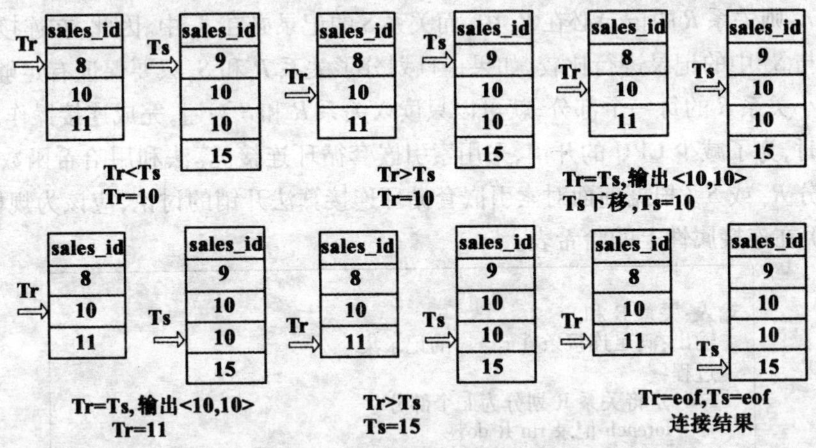

图 10-10 排序归并连接算法实例

上面的示例是一个"主键—外键"的连接,第一个关系 sales 的连接属性值没有重复的,所以关系 discount_cards 只需扫描一次。如果不是"主键—外键"的连接,第一个关系中的记录有重复的,那么第二个关系中对应部分的记录要重复扫描多次了。

现在,我们来讨论排序归并算法的开销。算法可分为两步。首先,第一步对关系 R 和 S 排序,可采用 N 路归并排序,如果有 B 个可用缓冲区页,关系 R 排序的开销为 $2 \times M \times ([\log_{B-1}[M/B]] + 1)$,关系 S 排序的开销为 $2 \times N \times ([\log_{B-1}[N/B]] + 1)$;第二步进行归并连接,如果是"主键—外键"的连接,那么开销是 $M + N$。如果不是"主键—外键"的连接,算法的开销与第一个关系中重复的记录数目有关。如果数目很小,重复扫描的过程中,在缓冲池中找到这个部分的可能性很高,算法的 I/O 开销与扫描一次的开销差不多;如果数目很大,当我们进行第二次(或更多次)扫描时,数据页可能已经不在缓存池中,要重新读一次。最坏情况下,I/O 操作的数目有可能达到 $M \times N$ 次(当两个关系的所有记录在连接属性上都是等值的,这几乎是不可能的)。假设算法的排序开销为 W,那么此算法的总开销在 $W + M + N$ 到 $W + M \times N$ 之间。

下面以关系 sales 和 discount_cards 为例。假设有 10 个缓冲区页,对 sales 排序开销为 $2 \times 100 \times ([\log_9[100/10]] + 1) = 600$ 次 I/O 操作,对 discount_cards 排序的开销为 $2 \times 500 \times ([\log_9[500/10]] + 1) = 3000$ 次 I/O 操作;归并连接的开销为 $100 + 500 = 600$ 次 I/O 开销;算法总的开销为 $600 + 3000 + 600 = 4200$ 次 I/O 操作。

3. 使用哈希索引连接

哈希索引连接算法可用于实现自然连接和等值连接。算法首先在划分阶段利用哈希函数对关系 R 和 S 进行划分,在随后的连接阶段中,比较 R 部分的记录和关系 S 相应部分的记录,进行连接。

为了便于在后面的内容中阐述,我们假设:

h 是将 R 和 S 的连接属性映射到 $\{0,1,\cdots,k\}$ 的哈希函数。

$R_1, R_2, \cdots, R_k$ 表示关系 R 被分为 k 部分,开始为空,每个记录 r 被放入 R_n 中,$n = h(r_i)$。

$S_1, S_2, \cdots, S_k$ 表示关系 S 被分为 k 部分。开始为空,每个记录 s 被放入 S_n 中,$n = h(s_j)$。

该算法的思想是对两个关系的连接属性应用同一个哈希函数 h。如果关系 R 的一条记录和关系 S 的一条记录满足连接条件，那么它们在连接属性上有相同的值。若该值经哈希函数映射为 n，则关系 R 的记录必在 R_n 中，而关系 S 的记录必在 S_n 中。因此，在连接时，R_n 中的记录只需与 S_n 中的记录进行比较。如果一旦划分了关系 R 和 S，只要保证有足够的内存，能够容纳较小关系 R 的每一个部分，就可以只读入关系 R 和 S 一遍，完成连接操作。在 R_n 与 S_n 进行连接时，为了减少 CPU 的开销，采用索引嵌套循环连接。算法利用哈希函数 h_2，在内存中创建部分 R_n 或 S_n（根据前面对索引嵌套循环连接算法开销的讨论，应该为规模小的关系建立索引）在连接属性上的哈希表。

```
输入:关系 R 和 S
  输出:满足连接条件 ri = sj 的记录集
  过程:
    //将关系 R 划分为 k 个部分
    foreach 记录 rin R do{
      n = h(ri)
        将 ri 添加到缓冲区 Rn 中;
    }
    //将关系 S 划分为 k 个部分
    foreach 记录 sin S do{
      n = h(si)
        将 si 添加到缓冲区 sn 中;
    }
    //连接阶段
    for n = 1,…,k do{
      读 Sn,在内存中建立起哈希索引;
      foreach 记录 rin Rn do{
        检索 Sn 的哈希索引,定位所有满足 ri = sj 的记录;
        foreach 匹配的记录 sin Sn do{
          把 <r,s> 加到结果中;
        }
      }
    }
```

图 10-11　哈希索引连接算法描述

下面看看哈希连接代价的估计。两个关系 R 和 S 的划分需要对这两个关系分别进行一次完整的读入和写出，该操作需要 $2 \times (M + N)$ 次块存取，在连接阶段，需要 $M + N$ 次块存取。从而哈希连接的代价估计是：$3 \times (M + N)$。

在哈希连接中，k 值的选择应该足够大，从而减少部分的大小。如果部分的哈希表大于缓冲区页大小，那么会出现部分溢出等现象，严重影响算法的性能。现在，我们看看算法对内存的要求情况。首先，在划分阶段，要把关系 $R(S)$ 划分成 k 个部分，至少需要 k 个输出缓冲区和一个输入缓冲区。如果给定 B 个缓冲区页，则 k 最大等于 $B-1$。假设部分的尺寸相等，则每个 R 部分为 $M/(B-1)$ 个数据页长。其次，在连接阶段，为关系 R 的每个部分 $M/(B-1)$ 页数据创建哈希表，此时长度大于 $M/(B-1)$ 页。除了 R 部分的哈希表，我们还需要一个缓冲区页扫描 S 的部分，以及一个输出缓冲区。所以 $B > M/(B-1) + 2$，近似为 $B > \sqrt{M}$。为了保证算法的良好性能，缓存区页的数目应该大于$\sqrt{M}$。

但是，当关系R在连接属性上具有相同值的记录数很多，或所选哈希函数没有随机性和均匀性时，还是可能出现部分溢出的现象。在这两种情况下，某些部分所含记录数比平均数多，而另外一些部分所含记录数比平均数少。这种划分是有偏斜的。对少量的偏斜可以增加部分的个数，使得每个部分的容量（包括哈希索引）小于缓存区页的容量。如果增加部分的数量后仍然溢出，可以通过溢出分解或溢出避免的方法来进行处理。所谓溢出分解就是对溢出的R部分和对应的S部分，反复应用哈希函数，把关系R和S的部分划分成子部分，然后对子部分进行连接。所谓溢出避免就是对划分进行细致的考虑，保证没有部分溢出发生。首先将关系R划分成许多小的部分，然后把某些部分组合在一起，确保每个组合部分都能被内存容纳。

哈希索引连接算法需要的缓存区页的最小数目为$\sqrt{M}$。如果内存相对较大，我们可以采用混合哈希连接算法来提高内存的利用率，获取更好的性能。在划分阶段，需要$k+1$个内存。如果$B > k+1$，那么就有$B-(k+1)$个缓存区页没有利用。如果剩余的缓存区足够为R的第一部分创建哈希表，我们可以用剩余的缓存区页对它进行缓冲，从而避免了将其写出后再读入。混合哈希连接算法的基本思想是在划分阶段为关系R的第一部分创建哈希表，而不需要将该部分写回磁盘。同样，在划分关系S时，直接查找R的第一部分的哈希表，从而输出连接结果。而不用将S的第一部分写回磁盘。这样，在划分阶段结束时，我们不但将关系R和S划分成多个部分，而且还完成了第一个部分的连接。

下面以关系 sales 和 discount_cards 为例，来比较哈希连接和混合哈希连接算法的开销。假设有 50 个缓冲区页，分成 4 个部分。对哈希索引连接算法的开销为$3\times(100+500)=1800$次 I/O 操作；而对混合连接算法而言，减少了关系 sales 和 discount_cards 的第一部分的一次写出和一次读入的开销，所以算法共需要$3\times(75+375)+25+125=1500$次 I/O 操作。

10.1.5 其他操作

1. 复杂消重操作

对于重复的记录，我们可以采用排序方法或者哈希索引方法来消除重复。

(1)使用外部归并排序来消重

用排序方法可以很容易地消除重复。排序时等值记录相互邻近，删除其他副本只留一个记录副本即可。对于外部排序归并而言，归并段创建时就可以发现的重复记录可在归并段写回磁盘之前去除，从而减少块传送次数。剩余的重复记录可在归并时去除，最后经排序的归并段将没有重复记录。

(2)使用哈希索引来消重

用与哈希索引连接算法相似的哈希索引方法也是消除重复的一个方法。首先，对整个关系用基于整个记录上的一个哈希函数进行划分。接下来每个部分被读入内存，建立内存哈希索引。在创建哈希索引时，只有不在索引中的记录才补以插入；否则，记录就被抛弃。当部分中的所有记录处理完后，哈希索引中的记录被写到结果中。

2. 投影操作

一般投影操作可以分为两步。第一步：对每个记录作投影，清除不需要的属性值；第二步：如果所得结果关系中有重复记录，删除重复记录。第一步操作扫描整个关系，去掉不需要的属性域，很容易实现。投影操作的代价主要在于第二步的消重操作，可以采用排序方法或者哈希索引方法。若投影属性列表中含有键，则结果中不会有重复记录，因此不需要重复的消除。投影操作的代价为对每个记录进行投影操作的代价和消重代价的总和。

3. 集合操作

集合操作 $R \cup S$、$R \cap S$、$R - S$ 的实现有两种算法：一种基于排序；另外一种基于哈希函数。现在我们来分别讨论每个操作的过程。

(1) $R \cup S$

如果采用基于排序的方法，首先对两个关系进行排序，然后并行扫描 R 和 S，进行归并，消除重复记录。如果采用基于哈希函数的方法，首先利用哈希函数 h 将 R 和 S 划分成 $R_1, R_2, \cdots, R_k$ 和 $S_1, S_2, \cdots, S_k$，然后对 $i = 0,1,\cdots,k$ 的每一个分区作以下处理：

① 在内存中利用哈希函数 h_2 创建 R_i 的哈希表；

② 把 S_i 中的记录添加到以上哈希表中，条件是该记录不在哈希表中；

③ 输出哈希表中的记录，并添加到结果中。

(2) $R \cap S$

如果采用基于排序的方法，首先对两个关系进行排序，然后并行扫描 R 和 S，找出同时出现在两个关系中的记录。如果采用基于哈希函数的方法，首先利用哈希函数 h 将 R 和 S 划分成 $R_1, R_2, \cdots, R_k$ 和 $S_1, S_2, \cdots, S_k$，然后对 $i = 0,1,\cdots,k$ 的每一个分区作以下处理：

① 在内存中利用哈希函数 h_2 创建 R_i 的哈希表；

② 对于 S_i 中的记录，如果该记录出现在以上的哈希表中，将它写到结果中去。

(3) $R - S$

如果采用基于排序的方法，首先对两个关系进行排序，然后并行扫描 R 和 S，找出同时出现在两个关系中的记录，从关系 R 中清除。如果采用基于哈希函数的方法，首先利用哈希函数 h 将 R 和 S 划分成 $R_1, R_2, \cdots, R_k$ 和 $S_1, S_2, \cdots, S_k$，然后对 $i = 0,1,\cdots,k$ 的每一个分区作以下处理：

① 在内存中利用哈希函数 h_2 创建 R_i 的哈希表；

② 对于 S_i 中的记录，如果该记录出现在以上的哈希表中，把它从哈希表中删除；

③ 把哈希表中剩余的记录写入结果中。

4. 外连接操作

外连接操作可分为三种：左外连接、右外连接和全外连接。实现外连接有两种策略：第一种是计算匹配的记录，然后把其他记录并入外连接的结果中；第二种是对连接算法进行适当的修改。下面我们分别阐述这两种方法：

(1) 计算相应的连接，然后将适当的记录加入到连接结果中以得到外连接结果。例如：要进行右外连接运算可以用与左外连接类似的方法实现。要实现全外连接运算，可以先做自然连接运算然后加入左、右外连接的额外记录。

(2) 对连接算法进行修改。自然外连接与具有等值连接条件的外连接可以通过扩展归并连接算法与散列连接算法来实现。对归并连接加以扩展，可以用来计算完全外连接。过程如下：当两个关系的归并完成后，将两个关系中不与另一个关系的任何记录相匹配的记录在填充空值后写到结果中。

10.2 查询优化

关系查询语言的优点之一是灵活,用户可以用多种方式来表达查询,查询可以用若干个操作组成,而对查询的求解,选择这些操作算法的不同组合可以有多种完成的方法,系统也可以以多种策略来执行查询。查询优化(Query Optimization)就是从这许多种策略中找出最有效的查询执行计划的一种处理过程。一个有效的优化与不优化或错误优化之间的差别,甚至可以使程序执行速度差别几十倍甚至几百倍。因此,即使查询只执行一次,系统在处理查询时花费一定的时间选择一个好的策略是完全值得的。

10.2.1 查询优化概述

1. 系统目录信息

一个操作的代价依赖于它的输入的大小和其他一些统计信息。这些统计信息存储在数据库目录表(Catalog Tables)中。目录表也被称为数据字典(Data Dictionary)、系统目录(System Catalog)或简称目录(Catalog)。

DBMS 的系统目录中存储的部分信息如下:

(1)对于每一个表

①表名、文件名以及文件存储的文件结构;

②表中每一个属性的属性名和类型;

③表上每一个索引的索引名;

④表上的完整性约束。

(2)对于每一个索引

①索引的名称和结构;

②搜索键所含的属性。

(3)对于每一个视图

视图的名称和定义。

(4) 对于表和索引的统计信息

① 基数:每个关系 R 的记录个数 N_R;

② 块数:每个关系 R 的磁盘块数 B_R;

③ 字节数:关系 R 中每个记录的字节数 L_R;

④ 块因子:关系 R 的每个块能容纳 R 中记录的个数 F_R;

⑤$V(A,R)$:关系 R 中属性 A 中出现的非重复值的个数;

⑥ 索引的基数:每个索引 I 中不同键值的个数 $NKey(I)$;

⑦ 索引的大小:每个索引 I 的页数 $INPage(I)$;

⑧ 索引的高度:每个树索引 I 中非叶子层的层数 $IHeight(I)$;

⑨ 索引的范围:每个索引 I 的最小码值 $ILow(I)$ 和最大码值 $IHigh(I)$。

每当关系修改时,必须更新这些统计信息。这样的更新导致了一定数量的额外开销。因此,许多系统并不是每次修改都更新统计信息而是在系统处于轻负载时进行更新。所以,这些统计信息可能并不完全精确。

2. 表达式计算

当一个查询包括多个关系运算时，一种方法是以适当的顺序每次执行一个操作，每次计算的结果被实体化(Materialized)到一个临时关系中以备后用。这一方法的缺点是需要构造临时关系，这些临时关系除非很小，否则必须写回到磁盘。另一种方法是在流水线(Pipeline)上同时计算多个运算，通过管道将操作的运算结果传递给下一个操作，而不需要将查询执行的中间结果保存在临时的关系中。

(1)实体化计算

如果采用实体化方法，我们从表达式的最底层运算开始。在这一层，运算的输入是数据库中的关系。我们用前面研究过的算法执行这些运算，并将结果存储在临时关系中。在下一层运算中，我们使用这些临时关系来进行计算，这时的输入要么是临时关系，要么是来自数据库的关系。通过重复这一过程，我们最终可以计算最后一层运算，得到表达式的最终结果。

上述计算方法被称为实体化计算(Materialized Evaluation)，因为每个中间运算的结果被实体化，然后用于下一层的运算。

实体化计算的代价不仅仅是那些所涉及的运算代价的总和，还包括把中间结果写回磁盘的代价。关于中间结果代价的估算，我们将在10.2.2节给出详细的介绍。

(2)流水线运算

通过减少查询执行中产生的临时文件数，我们可以提高查询执行的效率。减少临时文件数是通过将多个关系运算组合成一个运算的流水线来实现的，即将一个运算的结果传送到下一个运算。这样的运算叫做流水线运算(Pipelined Evaluation)。采用流水线技术在操作之间传递数据，避免了将操作的中间结果写回磁盘，再读取出来的开销，所以节省的开销是相当可观的。因为采用流水线技术的查询求解比实体化方法的开销要小，所以如果关系操作的算法允许的话，通常采用这种方法。

下面我们以形如($A\infty B\infty C$)的查询为例，更进一步了解流水线运算的过程。其树形表示如图10－12。采用循环嵌套算法可以对两个连接应用流水线技术。查询求解过程由根节点开始，当接收到根节点的请求后，连接关系A和B的节点生成中间记录。根节点从其左子节点(外关系)读入一个数据页的记录，接着读取所有相匹配的内关系记录。与相应外关系记录进行连接；然后废弃当前的外关系数据，再向左子节点请求下一个数据页，重复上面的处理过程。流水线运算的突出好处是在求解过程中每次生成、处理、然后丢弃一个数据页的中间数据，因此无需把连接的终结结果写入临时文件。

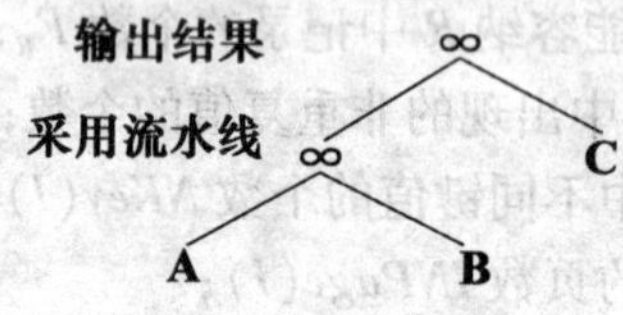

图10－12　流水线示例

查询优化的优点不仅在于用户不必考虑如何最好地表达查询以获得较好的效率，而且在于系统可以比用户程序的优化做得更好，因为优化器可以从数据字典中得到许多有用信息，如当前的数据情况，而用户程序得不到；优化器可以对各种策略进行比较，而用户程序做不到。

3. 查询优化的两个基本步骤

在上一节，我们介绍了在进行数据查询时，查询分析器首先必须把用户输入的 SQL 等查询语句分析和翻译成系统内部的表示形式——关系代数表达式。查询优化的主要功能是为关系代数表达式产生一个查询执行计划，该计划能获得与给定关系表达式相同的结果，并且得到结果集的执行代价最小。查询优化的两个基本步骤是：

(1) 枚举求解表达式的各个执行计划。因为所有可能的执行计划的数目是非常大的，所以通常情况下，优化器只考虑所有可能的执行计划中的一部分。

查询执行计划的产生有两步：第一，通过等价规则产生逻辑上与给定表达式等价的表达式；第二，对所产生的表达式作不同方式的注释，产生候选查询执行计划。

如果查询的 FROM 语句中只包含一个关系，那么所涉及的操作只可能有选择、投影、分组和聚集操作。如果查询中包含多个操作，还必须考虑读取关系的存取路径，排序的开销等。如果关系中存在合适的索引，优化器使用多种方式对所产生的表达式作不同方式的注释，产生多个查询执行计划。

如果涉及两个或多个关系的查询，需要使用连接操作。由于连接操作的开销较大，因此为这类查询选择合适的执行计划是非常重要的。如果关系连接的顺序不同，那么生成的中间连接结果就会变化很大，因而生成不同开销的查询执行计划。

首先，让我们了解一下左深树执行计划。考虑形如 $A \infty B \infty C \infty D$ 的查询，即 4 个关系的自然连接。图 10－13 是与这个查询等价的关系操作符树，它代表的查询计划是先将 A 和 B 连接，然后将其结果与 C 连接，然后再与 D 连接。这就是左深树执行计划，它容许我们生成所有的流水线计划。与此相似的还有 23 种其他的左深计划，仅仅是其表的连接顺序互不相同。

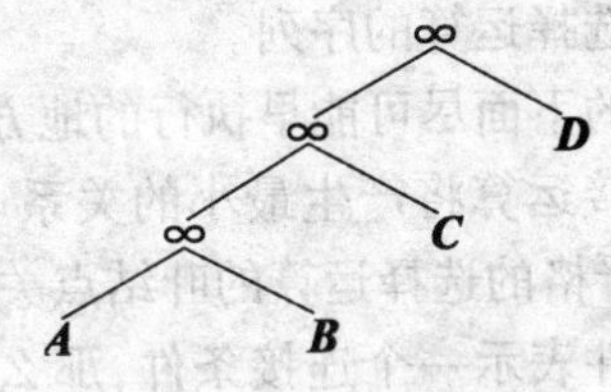

图 10－13　左深树示例

当前的关系系统只使用左深树执行计划。下面我们来讨论如何使用动态程序有效地搜索这类执行计划。执行计划的列举可以理解成一个需要进行多遍处理的算法。

第一遍处理：首先，对 FROM 语句中的关系，列出所有的单关系执行计划。

第二遍处理：我们把第一遍处理生成的单关系执行计划作为连接的外关系，其他关系为内关系，生成所有两个关系的执行计划。

第三遍处理：生成所有三个关系的执行计划。

其他处理：重复上述处理，直到生成包含查询中所有关系的查询计划。

(2) 估算每个枚举的执行计划的开销，选取其中最小开销的执行计划。

对于不同的查询计划，优化器并没有实际计算这些查询计划的代价，而是通过使用这些查询计划中的统计信息，例如：关系的大小、索引深度来对查询计划进行代价估算。

关于 I/O 的代价分成三个部分：读输入表；写中间过程；可能会对最后结果排序。

如果在选择一个全流水线计划的情况下，不用写中间结果表，那么查询计划的代价主要取决于第一部分。这部分代价很大程度上依赖于用于读输入表的访问路径，以及在一个连接算法中为获取匹配记录而使用的访问路径。

对于非全流水线的计划，实体化临时表的代价可能是很重要的。实体化一个中间结果的代价依赖于其数据量大小。

4. 减少查询计划的启发式

基于代价的优化穷举了所有的查询计划，并估算所有的查询计划的代价，选择代价最小的一个。对于一个复杂的查询，等价于给定查询计划的不同查询计划可能很多。如果有 n 个关系，那么就会有 $(2(n-1))!/(n-1)!$ 个不同的连接顺序。当 n 很大时，该数目是无法接受的。所以，实际上还使用其他方法减少搜索计划的数量。比如说，在检查一个表达式的计划时，如果检查了该表达式的某部分后发现这一部分的最小代价已经比先前检查过的整个表达式的最小代价还要大，则可以终止对这个表达式的检查。对于包含这个表达式的所有查询计划，都没有必要进行估计。这些可以显著减少查询优化的开销。

基于代价的优化的另一个缺点就是优化本身的代价。虽然查询处理的代价可以通过各种优化技术来减少，但基于代价的优化开销仍然很大。因此，许多系统中引进了启发式优化方法来减少在基于代价的方法中可选择的执行计划。

启发式优化的思想就是：首先执行那些能够减少中间结果的操作。

通用的启发式规则有：

(1) 为了减少记录的数目尽可能早地执行选择操作。

(2) 为了减少属性的数目尽可能早地执行投影操作。

启发式优化方法就是根据启发式规则、等价规则，将初始查询树转换为等价的、执行效率更高的优化查询树，再把查询树转换成查询执行计划。这个过程如下：

(1) 将合取选择分解为单个选择运算的序列。

(2) 把选择运算移到查询树的下面尽可能早执行的地方。

(3) 确定哪些选择运算与连接运算将产生最小的关系。通过连接运算的结合律，重新组织查询树，使得具有限制比较严格的选择运算的叶结点关系首先执行。

(4) 如果选择操作的选择条件表示一个连接条件，那么就可以把笛卡尔积操作和紧随其后的选择操作合并成一个连接操作。

(5) 将投影属性加以分解并在查询树上尽可能往下移。

(6) 标识出可用一个单独算法执行的、代表操作组合的子树。

通过以上的步骤，重新组织初始查询树，让可以减少中间结果的运算首先执行，这样可以产生一个优化的查询树。接着为这棵优化的查询树产生一系列的候选执行计划，为每个运算选择最有效的策略。

10.2.2 各种操作代价估算

对每个列举出的执行计划，需要估算其开销。查询块执行计划的开销包括以下两部分：

(1) 对查询树的每个结点，估算执行对应操作的开销。采用流水线技术还是创建临时关系在操作之间传递中间记录，对操作的开销影响很大。

(2) 对查询树的每个结点，估算操作结果的规模，以及结果是否有序。操作的结果记录是父结点操作的输入，操作结果的规模和结果是否有序会影响对父结点的操作结果的规模、顺序和开销的估算。

10.1 节中我们讨论了关系操作实现算法的开销,本节我们将讨论如何估算结果关系的大小。与 10.1 节一样,为了简单起见,我们只考虑 I/O 操作的数目。

1. 选择操作结果的代价估算

对不同种类的选择操作的结果集大小进行估算。

(1)选择条件为单条件

a. $\sigma_{A=\alpha}(R)$:假设取值是均匀分布的且关系 R 的一些记录的属性 A 的取值为 α,关系 R 中属性 A 出现的非重复值个数为 $V(A,R)$,N_R 为关系 R 的记录数。则可估计选择结果有 $N_R/V(A,R)$ 个记录。这时假设选择中的值 α 在一些记录中出现通常是成立的,但每个值以同样的概率出现是不现实的。

b. $\sigma_{A\leq v}$:在进行代价估计时用在比较中的实际值 v 可做更精确的估计。属性 A 的最小值 $\min(A,R)$ 和最大值 $\max(A,R)$ 在存储目录中。假设值是平均分布的,我们可以对满足条件 $A\leqslant v$ 的记录进行下列估计:若 $v<\min(A,R)$,则为0;若 $v\geqslant\max(A,R)$,则为 N_R;否则为 $N_R\times\frac{v-\min(A,R)}{\max(A,R)-\min(A,R)}$。在某些情况下,例如查询是存储过程的一部分时,查询优化时无法得到 v 的值,这个估计可能非常地不精确。

(2)选择条件为复杂条件

a. 合取:合取选择如下形式:$\sigma_{\theta_1\wedge\theta_2\wedge\cdots\wedge\theta_n}(R)$。对每个 θ_i 来估计选择 $\sigma_{\theta_i}(R)$ 的大小,记为 S_i。关系中的一个记录满足选择条件 θ_i 的概率为 S_i/N_R。假设选择条件相互独立,则某个记录满足全部条件的概率是所有概率的乘积,因此可以估计满足全部选择条件的记录数量为 $N_R\times\frac{S_1\cdot S_2\cdot\cdots\cdot S_n}{N_R^n}$。

b. 析取:析取选择形式如下 $\sigma_{\theta_1\vee\theta_2\vee\cdots\vee\theta_n}(R)$,所有满足单个条件 θ_i 的记录的并满足析取条件。S_i/N_R 代表某记录满足条件 θ_i 的概率。记录满足整个析取式的概率为 1 减去记录不满足任何一个条件的概率,即:$1-(1-\frac{S_1}{N_R})(1-\frac{S_2}{N_R})\cdots\cdots(1-\frac{S_n}{N_R})$,把此值乘以 N_R 就得到满足该选择条件的记录数据数的估计。

c. 取反:选择 $\sigma_{\neg\theta}(R)$ 的结果就是不在 $\sigma_\theta(R)$ 中的关系 R 的记录集。因此 $\sigma_{\neg\theta}(R)$ 的记录数估计为 $N_R-\sigma_\theta(R)$。

2. 连接操作结果集大小的估算

因为连接操作一般比较复杂,我们可以分三种情况来估算结果:

(1) 如果关系 R 和 S 之间没有共同属性,则 R 和 S 的连接等于它们的笛卡尔积。

(2) 如果关系 R 和 S 之间的共同属性是主键或者它们的外键,则结果集中记录的个数不大于 R 或者 S 中记录的个数。

(3) 如果 R 和 S 的共同属性既不是 R 也不是 S 的主键则有三种情况来进行计算。分析过程比较复杂,暂不详述。

3. 其他操作结果集大小的估算

(1) 对投影操作结果集大小的估算

形如 $\pi_A(R)$ 的投影的结果集大小为 $V(A,R)$,因为投影去除了重复记录。

(2) 对聚集操作结果集大小的估算

聚集产生的结果集大小为$V(A,R)$，因为对A的任意一个不同取值在聚集结果中有一个记录与其对应。

(3) 对集合操作结果集大小的估算

若一个集合运算的两个输入是对同一个关系的选择，可以将该运算重写成析取、合取或取反。即：把交集写成合取式，差集写成取反式，并集写成析取式。这样就可以用合取、析取、取反操作的选择的估计值做集合操作结果集大小的估算。

(4) 对外连接操作结果集大小的估算

两关系R、S的左外连接大小估计为两关系的自然连接加上关系R的大小；两关系R、S的右外连接大小估计为两关系的自然连接加上关系S的大小；两关系R、S的全外连接大小估计为两关系的自然连接加上关系R和关系S的大小。

10.2.3 产生等价关系表达式

如果两个关系表达式在任一种有效数据库实例中都会产生相同的记录集，则这两个关系表达式是等价的。记录顺序可以不同，但只要记录集是一致的它们就是等价的。等价的表达式在形式上可以互相替换。下面列出部分通用的等价规则：

(1) 级联选择

可以把合取选择条件分解成单个选择运算的级联（即序列），$\sigma_{\theta_1\wedge\theta_2\wedge\cdots\wedge\theta_n}(R)=\sigma_{\theta_1}(\sigma_{\theta_2}(\cdots\sigma_{\theta_n}(R)\cdots))$。

(2) 交换选择

选择运算满足交换律$\sigma_{\theta_1}(\sigma_{\theta_2}(R))=\sigma_{\theta_2}(\sigma_{\theta_1}(R))$。

(3) 级联投影

在投影操作的序列中只有最后一个运算是需要的，其余可省略。$\pi_{L_1}(\pi_{L_2}\cdots\pi_{L_n}(R)\cdots)=\pi_{L_1}(R)$。

(4) 交换选择和投影

如果选择条件θ只涉及投影列表$L_1,L_2,\cdots,L_n$中的属性，那么就可以交换选择和投影运算。$\pi_{L_1,L_2,\cdots,L_n}(\sigma_\theta(R))=\sigma_\theta(\pi_{L_1,L_2,\cdots,L_n}(R))$。

(5) 交换连接、交换笛卡尔积

连接运算符合交换律，笛卡尔积运算也符合交换律。$E_1\infty_\theta E_2=E_2\infty_\theta E_1$，$E_1\times E_2=E_2\times E_1$。

(6) 选择运算在下面两个条件下对连接运算具有分配律

a. 当选择条件θ_0的所有属性只涉及参与连接运算的表达式之一（E_1或E_2）时，满足分配律。$\sigma_{\theta_0}(E_1\infty_\theta E_2)=\sigma_{\theta_0}(E_1))\infty_\theta(E_2)$。

b. 当选择条件θ_1只涉及E_1的属性，选择条件θ_2只涉及E_2的属性时，满足分配律。$\sigma_{\theta_1\wedge\theta_2}(E_1\infty_\theta E_2)=(\sigma_{\theta_1}(E_1))\infty_\theta(\sigma_{\theta_2}E_2)$。

(7) ∞、×、∪ 和 ∩ 的结合律

这四种操作各自满足结合律。也就是说，如果用θ表示其中的一种运算，则：$(E_1\theta E_2)\theta E_3=E_1\theta(E_2\theta E_3)$。

(8) 选择运算对 ∪、∩ 和 − 运算具有分配律

如果用 θ 表示其中的一种运算，则：$\sigma_A(E_1\theta E_2) = \sigma_A(E_1)\theta\sigma_A(E_2)$。

(9) 投影运算对 ∪ 运算具有分配律

$\pi_L(E_1 \cup E_2) = (\pi_L(E_1)) \cup (\pi_L(E_2))$。

(10) 集合的 ∪ 与 ∩ 满足交换律

$E_1 \cup E_2 = E_2 \cup E_1, E_1 \cap E_2 = E_2 \cap E_1$。

(11) 选择运算可与笛卡尔积以及连接 θ 相结合

a. $\sigma_\theta(E_1 \times E_2) = E_1 \infty_\theta E_2$；

b. $\sigma_{\theta_1}(E_1 \infty_{\theta_2} E_2) = E_1 \infty_{\theta_1 \wedge \theta_2} E_2$。

(12) 投影运算在下面两个条件下对 θ 连接运算具有分配律

a. 令 L_1、L_2 分别是 E_1、E_2 的属性。假设连接条件 θ 只涉及 $L_1 \cup L_2$ 中的属性，则

$\pi_{L_1 \cup L_2}(E_1 \infty_\theta E_2) = \pi_{L_1}(E_1) \infty_\theta \pi_{L_2}(E_2)$。

b. 考虑连接 $E_1 \infty E_2$。令 L_1、L_2 分别是 E_1、E_2 的属性，令 L_3 是 E_1 中出现在连接条件 θ 中但是不在 $L_1 \cup L_2$ 中的属性，令 L_4 是 E_2 中出现在连接条件 θ 中但是不在 $L_1 \cup L_2$ 中的属性，则 $\pi_{L_1 \cup L_2}(E_1 \infty_\theta E_2) = \pi_{L_1 \cup L_2}(\pi_{L_3}(E_1) \infty_\theta \pi_{L_4}(E_2))$。

查询优化器使用等价规则系统地产生与给定表达式等价的表达式。在概念上，处理过程如下：给定一个表达式，只要其中有任何子表达式与等价规则的某一边相匹配就产生一个新的表达式，其中子表达式被替换成与它相匹配的规则的另一边；该处理过程不断进行下去，直到不再有新的表达式产生为止。

10.2.4 查询优化实例

下面举例说明整个查询优化的过程。在这里，我们使用启发式优化和基于代价优化相结合的方法选择具有最小代价的执行计划。使用网上书店这个例子，具体过程如下：

首先给出三个关系，模式如下：

store(store_id, store_name, store_add, store_locity, store_lopro)

book(book_id, book_name, book_type, publisher_id, price, describe, pub_date, first_author, second_author, other_authors)

stockpile(store_id, book_id, date, quantity)

(1)输入查询的 SQL 语句

我们举例查询在北京的商店中库存大于 50 本的书名及商店名。SQL 表示如下：

```
SELECT S. store_id, S. store_name, B. book_id, B. book_name
FROM stores S, books B, stockpile ST
WHERE S. store_id = ST. store_id
                    AND B. book_id = ST. book_id
AND ST. quantity >50
AND S. store_locity = 'beijing'
```

(2)经过语法分析，生成最初的关系代数表达式和查询树，如图 10-14 所示：

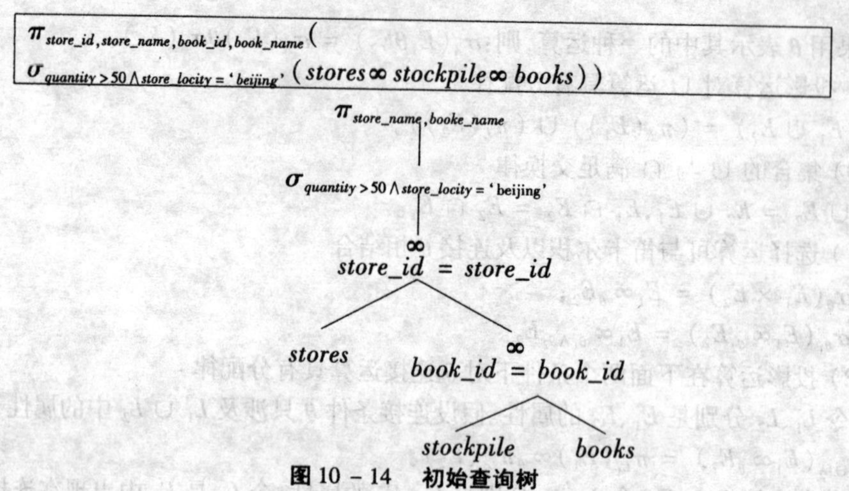

图 10－14　初始查询树

(3) 产生逻辑上与给定表达式等价的表达式

可以采用 10.2.3 中的等价规则对最初的关系代数表达式进行多次等价代换，产生逻辑上与给定表达式等价的表达式。在这个例子中，我们采用启发式优化的方法。首先，采用规则 $\sigma_{\theta_1 \wedge \theta_2}(R) = \sigma_{\theta_1}(\sigma_{\theta_2}(R))$ 把选择条件分成两个条件，得到以下的表达式：

$\pi_{store\_id,\ store\_name,\ book\_id,\ book\_name}($

$\sigma_{quantity>50}(\sigma_{store\_locity='beijing'}(stockpile \infty stores)) \infty books)$

其次，使用尽早执行选择的规则，进行等价变换，得到以下的表达式：

$\pi_{store\_id,\ store\_name,\ book\_id,\ book\_name}($

$\sigma_{quantity>50}(stockpile) \infty \sigma store\_locity = 'beijing'(stores) books)$

然后，根据首先执行具有比较严格限制的选择运算的规则，首先执行 $\sigma store\_locity =$ 'beijing'，得到以下的表达式：

$\pi_{store\_id,\ store\_name\ ,\ book\_id,\ book\_name}($

$\sigma_{store\_locity='beijing'}(stores) \infty \sigma quantity > 50(stockpile) \infty books)$

最后，适用尽可能早地执行投影操作的规则，在连接操作执行之前，先执行投影操作，得到以下的表达式：

$\pi_{store\_id,\ store\_name}(\sigma_{store\_locity='beijing'}(stores) \infty \sigma\ quantity > 50(stockpile))$

$\infty\ \pi_{book\_id,\ book\_name}(books)$

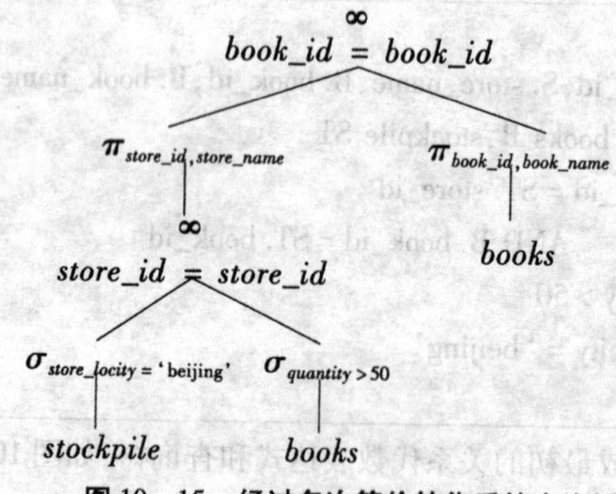

图 10－15　经过多次等价转化后的查询树

(4)枚举求解表达式的各个执行计划

由于表达式中的每个运算可以使用不同的算法实现。所以,每个表达式就有多个执行计划。每个执行计划不但需要准确定义每个运算使用什么算法,而且需要协调各运算间的执行。图 10-16 和图 10-17 就表示了图 10-15 中的两个不同的执行计划。两个执行计划的不同在于一些运算的算法实现不同,还有在图 10-17 所示的执行计划中,我们运用了流水线技术。

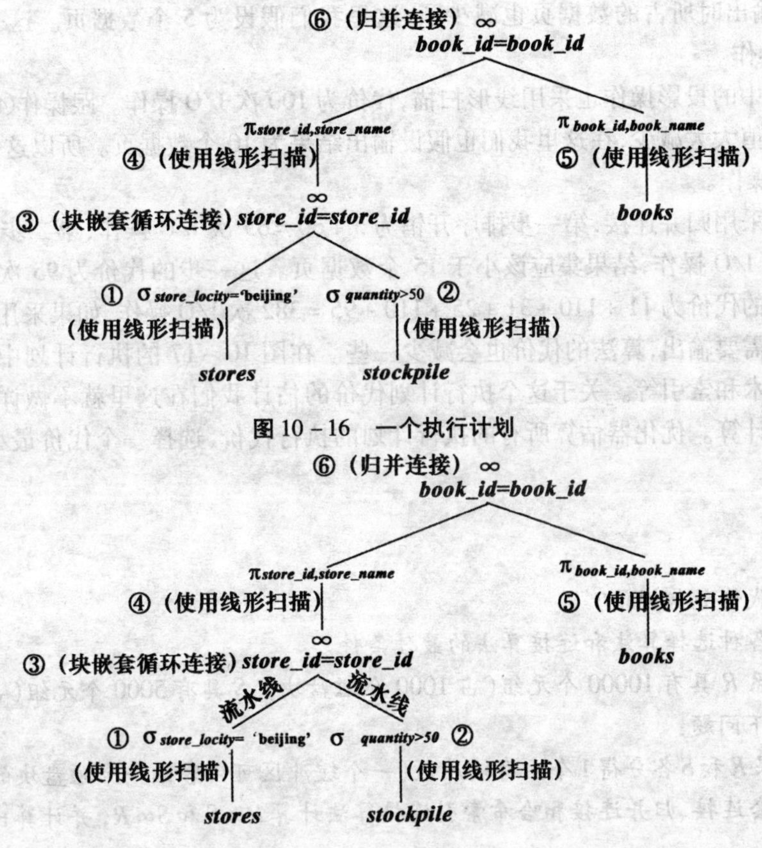

图 10-16 一个执行计划

图 10-17 另一个执行计划

(5)估算每个枚举的执行计划的开销,选取其中最小开销的执行计划

在上一步中,产生了一系列的候选执行计划。我们要选择最有效的策略,选取较优的执行计划。为了举例说明,我们给出下面的数据:

假设内存有 $B=10$ 个缓存页

store $Bs = 10$ $Ns = 5000$ $Fs = 500$ $V(store\_locity,s) = 100$

stockpile $Bst = 100$ $Nst = 50000$ $Fst = 500$ $\max(quantity,st) = 500$ $\min(quantity,st) = 0$

books $Bb = 100$ $Nb = 20000$ $Fb = 200$

对于 10-16 中的执行计划:

操作①使用线形扫描法,I/O 代价估计为 $Bs = 10$,产生的结果集大小为 $N_5/V(store\_locity,s) = 50$ 条记录,占 $M = 1$ 个数据页,所以这一步的代价为 11 次 I/O 操作。

操作②也使用线形扫描法,代价估计为 $Bst = 100$ 次 I/O 操作,结果集的大小为 $N_{st} \times \dfrac{v - \min(quantity,st)}{\max(quantity,st) - \min(quantity,st)} = 500$ 条记录,占 $N = 10$ 个数据页,这一步的代价为

110 次 I/O 操作。

操作③的连接中采用块嵌套循环连接，代价为 $M+N\times[M/(B-2)]=11$ 次 I/O 操作，因为连接属性是它们的公共属性并且是 store 的主键，所以结果集应该小于 5000 条记录，占 20 个数据页，这一步的代价为 31 次 I/O 操作。

操作④中采用线形扫描，代价为 20 次 I/O 操作。输出结果集中的属性值比输入时大大减少，所以输出时所占的数据页也减少了，这里我们假设为 5 个数据页。这一步的代价为 25 次 I/O 操作。

操作⑤中的投影操作也采用线形扫描，代价为 100 次 I/O 操作。跟操作④一样，输出结果集中属性值大大减少，在这里我们也假设输出结果为 10 个数据页。所以这一步的代价为 110 次 I/O 操作。

操作⑥采用归并连接，第一步排序开销为 5+60=65 次 I/O 操作，第二步归并开销为 5+10=15 次 I/O 操作，结果集应该小于 15 个数据页。这一步的代价为 95 次 I/O 操作，整个执行计划的代价为 11+110+31+25+110+95=382 次 I/O 操作，如果采用流水线技术，中间结果不需要输出，算法的代价也会减少一些。在图 10-17 的执行计划中，我们就采用了流水线技术和索引等。关于这个执行计划代价的估计我们在这里就不做详细的讲解，希望读者自己计算。优化器估算所有的执行计划的执行代价，选择一个代价最小的作为最终的执行计划。

习题

1. 查询代价如何评估？

2. 试述各种选择算法和连接算法的最佳条件。

3. 设关系 R 具有 10000 个元组（占 1000 个磁盘块），S 具有 5000 个元组（占 500 个磁盘块）。求解以下问题：

(1) 如果 R 和 S 各分得 1 个主存缓冲区（一个缓冲区可以容纳一个磁盘块的数据），分别使用循环嵌套连接、归并连接和哈希索引连接算法计算 $R\infty S$ 和 $S\infty R$，并计算出最小磁盘 I/O 次数。

(2) 如果 R 和 S 各分得 10 个主存缓冲区（一个缓冲区可以容纳一个磁盘块的数据），分别使用循环嵌套连接、归并连接和哈希索引连接算法计算 $R\infty S$ 和 $S\infty R$，并计算出最小磁盘 I/O 次数。

4. DBMS 的数据字典中需要存储哪些信息？

5. 为什么要对关系代数表达式进行优化？

6. 在教学数据库 S、SC、C 中，用户有一查询语句：检索女同学选修课程的课程名和任课教师名。

(1)试写出该查询的关系代数表达式；

(2)试写出查询优化的关系代数表达式。

7. 对于第 6 题中的查询语句，画出该查询初始的关系代数表达式的语法树。

8. 对于第 7 题中的查询语句，枚举几种查询执行计划。

9. 对于第 8 题中的查询计划，估计执行计划开销。给出优化的执行计划。

第11章 安全性

只有可信状态下建立起来的数据库才是真正有用的数据库，包含非法数据、错误数据的数据库没有任何应用价值，因此，数据库安全性至关重要，为此，本章将要学习数据库安全性方面的知识。主要内容包括：数据库安全访问控制，防止非法用户访问数据或合法用户越权访问数据库；数据备份与恢复技术，防止由于人为或者灾难因素造成数据丢失；数据库的完整性约束，防止非法数据的进入；最后简单介绍数据库安全新技术。

11.1 计算机安全性概论

数据库的安全性是指保护数据，防止不合法的使用所造成的数据泄露、更改或破坏。

安全性问题不是数据库系统所独有的，所有计算机系统都有这个问题。但是，数据库系统中存放了大量数据集，是企事业单位最大的数据资源，而且为许多最终用户直接共享，从而使安全性问题变得尤为突出。系统安全保护措施是否有效是数据库系统的主要技术指标之一。

数据库安全性和计算机系统的安全性（包括操作系统、网络系统的安全性）是紧密联系、相互支持的，因此在讨论数据库的安全性之前首先讨论计算机系统安全性的一般问题。

11.1.1 计算机系统的三类安全性问题

所谓计算机系统安全性，是指为计算机系统建立和采取的各种安全保护措施，以保护计算机系统中的硬件、软件及数据资源，防止因偶然或恶意的原因使系统遭到破坏，数据被更改或泄露等。计算机安全不仅涉及计算机系统本身的技术问题、管理问题，还涉及法学、犯罪学、心理学的问题。其内容包括了计算机安全理论与策略、计算机安全技术、安全管理、安全评价、安全产品以及计算机犯罪与侦察、计算机安全法律、安全监察等。概括起来，计算机系统的安全性问题可分为三大类，即技术安全类、管理安全类和政策法律类。

技术安全是指计算机系统中采用具有一定安全性的硬件、软件来实现对计算机系统及其所存储数据的安全保护，当计算机系统受到无意或恶意的攻击时仍能保证系统正常运行，保证系统内的数据不增加、不丢失、不更改、不泄露。

技术安全之外的，诸如软件意外故障、场地的意外事故、管理不善导致的计算机设备和数据介质的物理破坏、丢失等安全问题，视为管理安全。

政策法律类则指政府部门建立的有关计算机犯罪、数据安全保密的法律道德准则和政策法规、法令。

11.1.2 可信计算机系统评测标准

随着计算机资源共享和网络技术的应用日益广泛和深入，特别是 Internet 技术的发展，计算机安全性问题越来越得到人们的重视。对各种计算机及其相关产品、信息系统的安全性要求越来越高。为此,在计算机安全技术方面逐步发展建立了一套可信计算机系统的概念和标准。只有建立了完善的可信或安全标准,才能规范和指导安全计算机系统部件的生产,比较准确地测定产品的安全性能指标,满足民用和国防的需要。

为降低进而消除对系统的安全攻击,尤其是弥补原有系统在安全保护方面的缺陷,在计算机安全技术方面逐步建立了一套可信标准。在目前各国所引用或制定的一系列安全标准中,最重要的当推1985年美国国防部(DOD)正式颁布的《DOD可信计算机系统评估标准》(Trusted Computer System Evaluation Criteria,简称TCSEC或DOD85)。

根据计算机系统对各项指标的支持情况,TCSEC将系统划分为四组七个等级,依次是D;C(C1,C2);B(B1,B2,B3);A(A1),按系统可靠性或可信程度逐渐增高。

在TCSEC中建立的安全级别之间具有一种偏序向下兼容的关系,即较高安全性级别提供的安全保护要包含较低级别的所有保护要求,同时提供更多或更完善的保护能力。

表11-1 TCSEC/TDI安全级别划分

安全级别	定义
A1	验证设计(Verified Design)
B3	安全域(Security Domains)
B2	机构化保护(Structural Protection)
B1	标记安全保护(Labled Security Protection)
C2	受控的存取保护(Controlled Access Protection)
C1	自主安全保护(Discretionary Security Protection)
D	最小保护(Minimal Protection)

下面,简略地对各个等级作一介绍。

(1)D级

D级是最低级别安全等级。保留D级的目的是为了将一切不符合更高标准的系统,统统归于D级。如DOS就是操作系统中安全标准为D的典型例子。它具有操作系统的基本功能,如文件系统、进程调度等,但在安全方面几乎没有什么专门的机制来保障。

(2)C1级

只提供了非常初级的自主安全保护。能够实现对用户和数据的分离,进行自主存取控制(DAC),保护或限制用户权限的传播。现有的商业系统往往稍作改进即可满足要求。

(3)C2级

实际是安全产品的最低档次,提供受控制的存取保护,即将C1级的DAC进一步细化,以个人身份注册负责,并实施审计和资源隔离。很多商业产品已得到该级别的认证。达到C2的产品在其名称中往往不突出"安全"这一特色,如操作系统中Microsoft的Windows 3.5,数字设备公司的Open Vax 6.0和6.1。数据库产品有Oracle公司的Oracle 7,Sybase公司的SQL Server 11.0.6等。

(4)B1级

标记安全保护。对系统的数据加以标记,并对标记的主体和客体实施强制存取控制(MAC)以及审计等安全机制。B1级能够较好地满足大型企事业单位或一般政府部门对于数据安全的需求,这一级别的产品才被认为是真正意义上的安全产品。满足此级别的产品前一般多冠以“安全”或“可信的”字样，作为区别于普通产品的安全产品出售。例如，操作系统方面，典型的有数字设备公司的 Sevms Vax Version 6.0，惠普公司的 HP - UXBLS Releas 9.0.9 +。数据库方面则有 Oracle 公司的 Trusted Oracle 7，Sybase 公司的 Secure SQL Sever Version 11.0.6，Informix 公司的 Incorporated Informix - Online/Secure 5.0 等。

(5)B2 级

结构化保护。建立形式化的安全策略模型并对系统内的所有主体和客体实施 DAC 和 MAC。从互联网上的最新资料看，经过认证的 B2 级以上的安全系统非常稀少。例如，符合 B2 标准的操作系统只有 Trusesinformation Systems 公司的 Trused Xenix 一种产品，符合 B2 标准的网络产品只有 Cryptek Secure Communications 公司的 LLC VSLAN 一种产品，而数据库方面则没有符合 B2 标准的产品。

(6)B3 级

安全域。该级的 TCB 必须满足访问监控器的要求，审计跟踪能力更强，并提供系统恢复过程。

(7)A1 级

验证设计，即提供 B3 级保护的同时给出系统的形式化设计说明和验证以确信和安全保护真正实现。

B2 级以上的系统标准更多地还处于研究阶段，产品以及商品化的程度都不高，其应用也多限于一些特殊的部门，如军队等。但美国正在大力发展安全产品，试图将目前仅限少数领域应用的 B2 级安全级别或更高安全级别下放到商业应用中来，并逐步成为新的商业标准。

有关各安全等级对安全策略、责任、保证及文档四个方面安全指标的支持情况这里不详细展开了。可以看出，支持自主存取控制的 DBMS 大致属于 C 级，而支持强制存取控制的 DBMS 则可以达到 B1 级。当然，存取控制仅是安全性标准的一个重要方面，而不是全部。为了使 DBMS 达到一定的安全级别，还需要在其他三个方面提供相应的支持。例如审计功能就是 DBMS 达到 C2 以上安全级别必不可少的一项指标。

在数据库相关技术中，与安全相关的机制包括：安全访问控制、视图、审计、数据加密以及统计数据库安全性。

11.2 数据库安全访问控制机制

一般的数据库系统中，安全措施涉及多个层次，需要多种软件或系统相互协调，是一级一级层层设置的。例如，可以有如下的模型：在图 11 - 1 所示的安全模型中，用户要登录计算机系统访问数据库时，系统首先根据输入的用户标识进行用户身份鉴定，只有合法的用户才准许进入计算机系统。对已进入系统的用户，连接/访问数据库请求可以以加密的形式在网上传输，同时 DBMS 还要进行存取控制限制，只允许用户执行合法操作。

用户标识和鉴别　网络加密传输　数据库安全保护　操作系统安全保护　数据密文存储

图 11 - 1　数据库系统的安全访问模型

操作系统一级也会有自己的保护措施。数据最后还可以以密文形式存储到数据库中。

操作系统一级的安全保护措施可参考操作系统的有关书籍,这里不再详述。另外,为了防止强力逼迫透露口令、盗窃物理存储设备等行为而采取的安保等管理措施,例如出入机房登记、加锁等,也不在讨论之列。这里只讨论与数据库有关的用户标识和鉴定、存取控制、视图和密码存储等安全技术。

11.2.1 用户标识和鉴别

用户标识和鉴别(Identification & Authentication)是系统提供的第一层安全保护措施。其基本思想是:用户向系统出示能够唯一标识其身份的用户标识,并提供能够鉴别其身份的信息(如口令、生物信息等),之后计算机系统进行鉴别,只有通过鉴别的用户,才被认为是合法用户,才有权力使用计算机系统,即获取了上机权。获得上机权的用户若要使用数据库,数据库管理系统还要进行数据库的用户标识和鉴定。

用户标识和鉴定的方法有很多种,而且在一个系统中往往是多种方法并举,以获得更强的安全性。常用的方法有:

(1)用户标识(User Identification)

用一个用户名(User Name)或者用户标识号(UID)来标明用户身份。系统内部记录着所有合法用户的标识,系统鉴别此用户是否为合法用户,若是,则可以进入下一步的核实;若不是,则不能使用系统。

(2)口令(Password)

为了进一步核实用户的身份,系统常常要求用户输入口令。为保密起见,用户在终端上输入的口令不显示在屏幕上。系统核对口令以鉴别用户身份。

通过用户名和口令来鉴定用户的方法简单易行,但用户名与口令容易被人窃取,因此还可以用更复杂的方法。例如每个用户都预先约定好一个计算过程或者函数,鉴别用户身份时,系统提供一个随机数,用户根据自己预先约定的计算过程或者函数进行计算,系统根据用户计算结果是否正确进一步鉴定用户身份。用户可以约定比较简单的计算过程或函数,以便计算起来方便;也可以约定比较复杂的计算过程或函数,以便使安全性更好。

当前主流的操作系统与 DBMS 都提供基于用户名/口令(账户名/密码)的用户身份鉴别机制。

11.2.2 存取控制

存取控制是 DBMS 对用户访问数据的限制,其目标是:确保只有授权用户(合法用户)有资格访问数据,非法用户无法访问;同时合法用户也不能越权访问。存取控制机制主要包括两部分:

1. 定义用户权限,并将用户权限登记到数据字典中

用户对某一数据对象的操作权力称为权限。某个用户应该具有何种权限是个管理问题和政策问题而不是技术问题。DBMS 的功能是保证这些决定的执行,为此 DBMS 系统必须提供适当的语言来定义用户权限,这些定义经过编译后存放在数据字典中,称为安全规则或授权规则。

2. 合法权限检查

每当用户发出存取数据的操作请求后(请求一般应包括操作类型、操作对象和操作用

户等信息),DBMS 查找数据字典,根据安全规则进行合法权限检查,若用户的操作请求超出了定义的权限,系统将拒绝执行此操作。

用户权限定义和合法权限检查机制一起组成了 DBMS 的安全子系统。

前面已经讲到,当前大型的 DBMS 一般都支持 C2 级中的自主存取控制(Discretionary Access Controll,简记为 DAC),有些 DBMS 同时还支持 B1 级中的强制存取控制(Mandatory Access Control,简记为 MAC)。这两类方法的简单定义是:

(1)在自主存取控制方法中,用户对于不同的数据库对象有不同的存取权限,不同的用户对同一对象也有不同的权限,而且用户还可将其拥有的存取权限转授给其他用户。因此自主存取控制非常灵活。

(2)在强制存取控制方法中,每一个数据库对象被标以一定的密级,每一个用户也被授予某一个级别的许可证。对于任意一个对象,只有具有合法许可证的用户才可以存取。强制存取控制因此相对比较严格。

11.2.3 自主存取控制方法

大型数据库管理系统几乎都支持自主存取控制(DAC),目前的 SQL 标准也对自主存取控制提供支持,这主要通过 SQL 的 GRANT 语句和 REVOKE 语句来实现。

用户权限是由两个要素组成的:数据库对象和操作类型。定义一个用户的存取权限就是要定义这个用户可以在哪些数据库对象上进行哪些类型的操作。在数据库系统中,定义存取权限称为授权(Authorization)。

关系数据库系统存取控制权限分为两大类:系统权限和对象权限。对象权限是指对数据库对象(表、视图、存储过程、函数等)的操作访问权限,其他权限都称为系统权限,表 11-2 列出了主要的存取权限。

表 11-2 关系数据库系统中的基本存取控制权限

类 别	对 象	权 限
对象权限	表	SELECT INSERT UPDATE DELETE REFERENCE
	视图	SELECT UPDATE INSERT DELETE
	存储过程	EXECUTE
	列	SELECT UPDATE
系统权限	数据库	CONNECT CREATE BACKUP
	表	CREATE DROP
	视图	CREATE DROP
	存储过程	CREATE DROP
	规则	CREATE
	缺省值	CREATE
	日志	BACKUP

11.2.4 授权与回收

某个用户对某类数据库对象具有何种操作权力是个管理问题而不是技术问题，但是要在数据库设计的需求分析时，根据业务规则确定。数据库管理系统的功能是保证这些授权规则得以执行。

下面首先讲解 SQL 中的 GRANT 语句和 REVOKE 语句。GRANT 语句向用户授予权限，REVOKE 语句收回授予的权限。

1. GRANT

①GRANT 语句的一般格式为：

GRANT < 权限 >[，< 权限 >]…
ON < 对象类型 > < 对象名 >[，< 对象类型 > < 对象名 >]…
TO < 用户 >，< 用户 >]…
[WITH GRANT OPTION]；

其语义为：将对指定操作对象的指定操作权限授予指定的用户。发出该 GRANT 语句的可以是 DBA，也可以是该数据库对象创建者（即属主 Owner），也可以是已经拥有该权限的用户。接受权限的用户可以是一个或多个具体用户，也可以是 Public，即全体用户。

如果指定了 WITH GRANT OPTION 子句，则获得某种权限的用户还可以把这种权限再授予其他的用户。如果没有指定 WITH GRANT OPTION 子句，则获得某种权限的用户只能拥有该权限，而不能传播该权限。SQL 标准允许具有 WITH GRANT OPTION 的用户把相应权限或其子集传递授予其他用户，但不允许循环授权，即被授权者不能把权限再授回给授权者或其祖先，如图 11.3 所示，用户 *A* 可以将某个权限授予用户 *B*，用户 *B* 可以一直继续将该权限授予用户 *N*，但是不允许用户 *N* 再将该权限回授给用户 *A*。

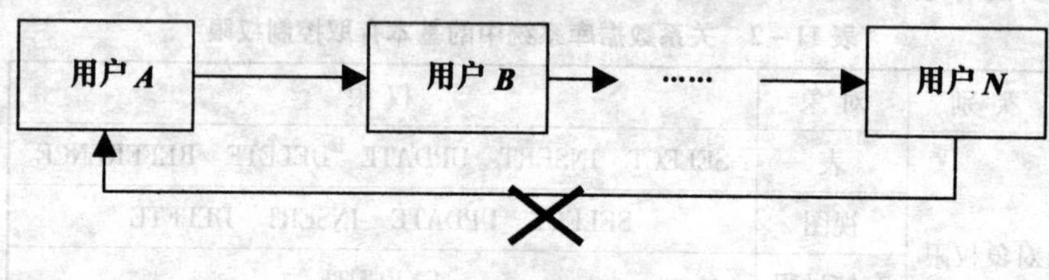

图 11.3 不允许循环授权

例 11.1 把查询 Employees 表的权限授给用户 U1。

```
GRANT SELECT
ON TABLE Employees
TO Ul;
```

例 11.2 把对表 Books 的查询权限授予所有用户。

```
GRANT SELECT
ON TABLE Books
TO PUBLIC;
```

例 11.3 把对 Employees 表和 Job_info 表的所有操作授予 U2 和 U3。

```
GRANT ALL PRIVILEGES
ON TABLE Employees, Job_info
```

TO U2,U3;

例 11.4 把查询 Employees 表和修改员工号的权限授予用户 U4。

```
GRANT UPDATE(employee_id), SELECT
ON TABLE Employees
TO U4;
```

这里实际上要授予 U4 用户的是对基本表 Employees 的 SELECT 权限和对属性列 employee_id的 UPDATE 权限。对属性列的授权时必须明确指出相应属性列名。

例 11.5 把对表 Books 的 INSERT 权限授予 U5 用户,并允许 U5 将此权限再授予其他用户。

```
GRANT INSERT
ON TABLE Books
TO U5
WITH GRANT OPTION;
```

执行此 SQL 语句后,U5 不仅拥有了对表 Books 的 INSERT 权限,还可以传播此权限,即由 U5 用户发上述 GHANT 命令给其他用户。例如 U5 可以将此权限授予 U6(如例 11.6):

例 11.6

```
GRANT INSERT
ON TABLE Books
TO U6
WITH GRANT OPTION;
```

同样,U6 还可以将此权限授予 U7(如例 11-7):

例 11.7

```
GRANT INSERT
ON TABLE Books
TO U7;
```

因为 U6 未给 U7 传播的权限,因此 U7 不能再传播此权限。

由上面的例子可以看到,GRANT 语句可以一次向一个用户授权,如例 11.1 所示,这是最简单的一种授权操作;也可以一次向多个用户授权,如例 11.2、例 11.3 等所示;还可以一次传播多个同类对象的权限,如例 11.2 所示;甚至一次可以完成对基本表和属性列这些不同对象的授权,如例 11.4 所示。

2. REVOKE

授予的权限可以由 DBA 或其他授权者用 REVOKE 语句收回,REVOKE 语句的一般格式为:

```
REVOKE <权限>[,<权限>]…
ON <对象类型> <对象名>[,<对象类型> <对象名>]…
FROM <用户>[,<用户>]…[ CASCADE | RESTRICT ];
```

例 11.8 把用户 U4 修改员工号的权限收回。

```
REVOKE UPDATE(employee_id)
ON TABLE Employees
```

FROM U4;

例 11.9 收回所有用户对表 Books 的查询权限。

```
REVOKE SELECT
ON TABLE Books
FROM PUBLIC;
```

例 11.10 把用户 U5 对 Books 表的 INSERT 权限收回。

```
REVOKE INSERT
ON TABLE Books
FROM U5 CASCADE;
```

将用户 U5 的 INSERT 权限收回的时候必须级联(CASCADE)收回,不然系统将拒绝(RESTRICT)执行该命令。因为在例 11.6 中,U5 将对 Books 表的 INSERT 权限授予了 U6,而 U6 又授予了 U7。如果 U6 或 U7 还从其他用户处获得对 Books 表的 INSERT 权限,则他们仍具有此权限,系统只收回直接或间接从 U5 处获得的权限。

SQL 提供了非常灵活的授权机制。DBA 拥有对数据库中所有对象的所有权限,并可以根据实际情况将不同的权限授予不同的用户。

用户对自己建立的基本表和视图拥有全部的操作权限,并且可以用 GRANT 语句把其中某些权限授予其他用户,被授权的用户如果有"继续授权"的许可,还可以把获得的权限再授予其他用户。所有授予用户的权限在必要时又都可以用 REVOKE 语句收回。

可见,用户可以"自主"地决定将数据的存取权限授予别人,决定是否也将"授权"的权限授予别人,因此我们称这样的存取控制是自主存取控制。

3. 创建数据库模式的权限

对数据库模式的授权由 DBA 在创建用户时实现。CREATE USER 语句一般格式如下:

```
CREATE USER <username>
[WITH DBA | RESOURCE | CONNECT];
```

对 CREATE USER 语句的说明如下:

(1)只有系统的超级用户才有权创建一个新的数据库用户。

(2)新创建的数据库用户有三种权限:CONNECT、RESOURCE 和 DBA。

(3)CREATE USER 命令中如果没有指定创建的新用户的权限,默认该用户拥有 CONNECT权限。拥有 CONNECT 权限的用户不能创建新用户,不能创建模式,也不能创建基本表,只能登录数据库。然后由 DBA 或其他用户授予他应有的权限,根据获得的授权情况他可以对数据库对象进行权限范围内的操作。

(1)拥有 RESOURCE 权限的用户能创建基本表和视图,成为所创建对象的属主。但是不能创建模式,不能创建新的用户。数据库对象的属主可以使用 GRANT 语句把该对象上的存取权限授予其他用户。

(2)拥有 DBA 权限的用户是系统中的超级用户,可以创建新的用户、创建模式、创建基本表和视图等;DBA 拥有对所有数据库对象的存取权限,还可以把这些权限授予一般用户。

11.2.5 数据库角色

数据库角色是被命名的一组与数据库操作相关的权限集合,即角色是权限的集合。因此,可以为一组具有相同权限的用户创建一个角色,使用角色来管理数据库权限可以简化授权的过程。

在 SQL 中首先用 CREATE ROLE 语句创建角色,然后用 GRANT 语句给角色授权。

1. 角色的创建

创建角色的 SQL 语句格式是:CREATE ROLE <角色名>

刚刚创建的角色是空的,没有任何权限。可以用 GRANT 为角色授权。

2. 给角色授权

给一个角色授权与给用户授权一致,其语句格式为:

GRANT <权限>[<权限>]…

ON <对象类型> 对象名

TO <角色>[,<角色>]… ;

DBA 和用户可以利用 GRANT 语句将权限授予某一个或多个角色。

3. 将一个角色授予其他的角色或用户

GRANT <角色1>[,<角色2>]…

TO <角色3>[,<用户1>]…

[WITH ADMIN OPTION];

该语句把角色授予某用户,或授予另一个角色。这样,一个角色(例如角色3)所拥有的权限就是授予他的全部角色(例如角色1和角色2)所包含的权限的总和。

授予者或者是角色的创建者,或者拥有在这个角色上的 ADMIN OPTION。

如果指定了 WITH ADMIN OPTION 子句,则获得某种权限的角色或用户还可以把这种权限再授予其他的角色。

一个角色包含的权限包括直接授予这个角色的全部权限加上其他角色授予这个角色的全部权限。

4. 角色权限的收回

REVOKE <权限>[,<权限>]…

ON <对象类型> <对象名>

FROM <角色>[,<角色>]…;

用户可以收回角色的权限,从而修改角色拥有的权限。

REVOKE 操作的执行者或者是角色的创建者,或者拥有在这个(些)角色上的 ADMIN OPTION。

例 11.11 通过角色来实现将一组权限授予一个用户。步骤如下:

(1)首先创建一个角色 buyer

CREATE ROLE buyer;

(2)然后使用 GRANT 语句,使角色 buyer 拥有 Employees 表的 SELECT、UPDATE、INSERT权限:

GRANT SELECT ON table books TO buyer;

GRANT SELECT ON table publishers TO buyer;

GRANT EXECUTE ON table bookinfoquery TO buyer;

(3)将这个角色授予张三、李四、王五。使他们具有角色 buyer 所包含的全部权限

```
GRANT buyer
TO 张三,李四,王五;
```

(4)也可以一次性地通过 buyer 来收回张三的这 3 个权限

```
REVOKE buyer
FROM 张三;
```

例 11.12 增加角色权限

```
GRANT DELETE
ON TABLE books
TO buyer;
```

例 11.13 减少角色权限

```
REVOKE delete
ON TABLE books
FROM buyer;
```

由此可见,使用角色可以灵活和方便地执行自主授权。

11.3 视图机制

由于视图在创建过程中可以重命名、行筛选、列筛选等,在一定程度上隐藏了基本表的信息,所以只要将视图的访问权限授予用户,而不授予基本表的任何权限,就可以阻止用户对基本表的访问。

进行存取权限控制时,还可以为不同的用户定义不同的视图,把数据对象限制在一定的范围内,也就是说,通过视图机制把要保密的数据对无权存取的用户隐藏起来,从而自动地对数据提供一定程度的安全保护。

视图机制间接地实现支持存取谓词的用户权限定义。例如,在某书店数据库中创建图书信息视图,并把所有权限授予李四。

例 11.14 建立视图,把对该视图的所有操作权限授予李四。

```
CREATE VIEW bookinfo_view
AS
SELECT b. book_name, p. publisher_name, b. first_author, b. second_author, b. price, b.
book_type
FROM books b, publishers p
WHERE b. publisher_id = p. publisher_id; /* 建立视图 */
GRANT all priviliges
ON bookinfo_view
TO 李四;
```

11.4 审计

前面讲的用户标识与鉴别、存取控制仅是数据安全性的一个重要方面,为了使 DBMS 达到一定的安全级别，还需要在其他方面提供相应的支持。例如按照 TDI/TCSEC 标准中安全策略的要求，审计(Audit)功能就是 DBMS 达到 C2 以上安全级别必不可少的一项指标。

由于任何系统的安全保护措施都不是完美无缺的，蓄意盗窃、破坏数据的人总是想方设法打破控制。审计功能把用户对数据库的所有操作自动记录下来放入审计日志(Audit Log)中。之后，DBA 可以利用审计跟踪的信息，重现导致数据库现有状况的一系列事件，找出非法存取数据的人、时间和内容等。

审计通常是很费时间和空间的，所以 DBMS 往往都将其作为可选特征，允许 DBA 根据应用对安全性的要求，灵活地打开或关闭审计功能。审计功能一般主要用于安全性要求较高的部门。

审计一般可以分为用户级审计和系统级审计。用户级审计是任何用户可设置的审计，主要是用户针对自己创建的数据库表或视图进行审计，记录所有用户对这些表或视图的一切成功与不成功的访问要求以及各种类型的 SQL 操作。

系统级审计只能由 DBA 设置，用以监测成功或失败的登录要求、监测 GRANT 和 REVOKE操作以及其他数据库级权限下的操作。AUDIT 语句用来设置审计功能，NOAUDIT 语句取消审计功能。

例 11.15 对修改 Books 表的表结构和数据的操作进行审计。

```
AUDIT ALTER, UPDATE
ON Books;
```

例 11.16 取消修改 Books 表的表结构和数据的操作进行审计。

```
NOAUDIT ALTER, UPDATE
ON Books;
```

审计设置和审计内容一般都存放在数据字典中。必须把审计开关打开(即把系统参数 audit_trail 设为 true)，才可以在系统表(SYS_AUDITTRAIL)中查看审计信息。

11.5 数据加密

对于高度敏感性的数据，例如财务数据、军事数据、国家机密等，除前面介绍的安全性措施之外，还可以采用数据加密技术。

数据加密是防止数据库中数据在存储和传输中被窃取的有效手段。加密的基本思想是根据一定的加密算法将原始数据(即明文，Plain Text)变换为不可直接识别的形式(即密文，Cipher Text)，从而使得不知道解密算法或解密密钥的人无法获知数据的内容。加密/解密原理如图 11-4 所示。

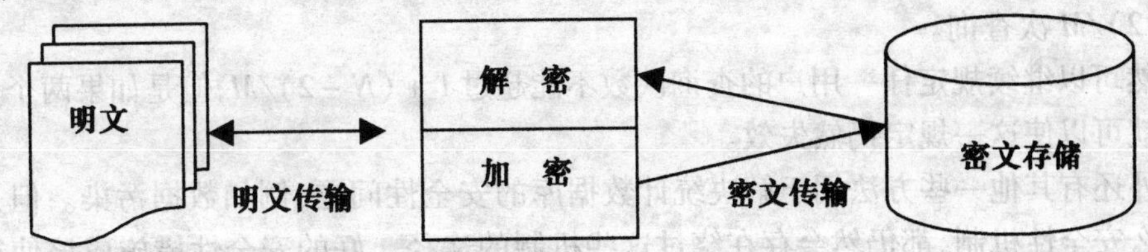

图 11-4 数据加密传输与存储的基本原理

加密方法主要有两类：一类是替换方法，该方法使用密钥(Encryption Key)将明文中的每一个字符转换为密文中的一个字符;另一类是置换方法,该方法仅将明文的字符按不同的顺序重新排列。单独使用这两种方法的任意一种都是不够安全的。但是将这两种方法结合起来就能提供相当高的安全程度。采用多种方法相结合的例子是美国 1977 年制定的官方加密标准——数据加密标准(Data Encryption Standard,简称 DES)。有关 DES 密钥加密技术及密钥管理问题等已超出本书范围,这里不再讨论。

目前有些数据库产品提供了数据加密例行程序,可根据用户的要求自动对存储和传输的数据进行加密处理。另一些数据库产品虽然本身未提供加密程序,但提供了接口,允许用户用其他厂商的加密程序对数据加密。

由于数据加密与解密也是比较耗时的操作,而且数据加密与解密程序会占用大量系统资源,因此数据加密功能通常也作为可选特征,允许用户自由选择,只对高度机密的数据加密。

11.6 统计数据库安全性

一般地,统计数据库允许用户查询聚集类型的信息(例如合计、平均值等),但是不允许查询单个记录信息。例如,查询“学校里学生成绩平均是多少”是合法的,但是查询“某个学生各门课程的具体成绩是多少”就是不允许的。在统计数据库中存在着特殊的安全性问题,即可能存在着隐蔽的信息通道,使得从合法的查询中推导出不合法的信息。

例如,下面两个查询都是合法的:

1. 学校有多少学生?

2. 学生成绩总分是多少?

如果第 1 个查询的结果是“1”,那么第 2 个查询的结果显然就是这个学生的成绩。这样统计数据库的安全性机制就失效了。为了解决这类问题,可以规定任何查询至少要涉及 N 个以上的记录(N 足够大)。但是即使这样,还是存在另外的泄密途径,例如:

某个用户 A 想知道另一用户 B 的分数。他可以通过两个合法查询获取:

1. 用户 A 和其他 N 个同学的总分是多少?

2. 用户 B 和其他 N 个同学的总分是多少?

假设第一个查询的结果是 x,第二个查询的结果是 y,由于他知道自己的成绩为 z,那么他可以计算出用户 B 的成绩——$y-(x-z)$。

这个例子的关键之处在于两个查询之间有很多重复的数据项(即其他 N 个学生的成绩)。因此可以再规定任意两个查询的相交数据项不能超过 M 个。这样使得获取他人的数据更加困难。可以证明,在上述两条规定下,如果想获得用户 B 的成绩,用户 A 至少需要进行 $1+(N-2)/M$ 次查询。

当然可以继续规定任一用户的查询次数不能超过 $1+(N-2)/M$,但是如果两个用户合作查询就可以使这一规定仍然失效。

另外还有其他一些方法用于解决统计数据库的安全性问题,例如数据污染。但是无论采用什么安全性机制,都仍然会存在绕过这些机制的途径。好的安全性措施应该使得那些试图破坏安全的人所花费的代价远远超过他们所得到的利益,这也是整个数据库安全机制设计的目标。

11.7 数据库的恢复

计算机系统与其他任何设备一样，也很容易发生故障。一旦发生故障，就可能会丢失信息。为此，数据库系统必须预先采取措施，以保证即使发生故障，也可以保证事务的原子性和持久性。数据恢复机制(Recovery Scheme)正是数据库系统满足该要求的技术，负责将数据库恢复到故障发生前的某个一致的状态。

11.7.1 故障种类

数据库系统在运行过程中可能发生各种各样的故障，大致可以分为以下几类：

1. 事务内部的故障

事务内部的故障有的是可以通过事务程序自身发现的，有的是非预期的、不能由事务程序处理的。

例如：银行转账事务，这个事务把一笔账务从账户甲转给账户乙，其伪码描述如下：

```
Begin transaction
读取账户甲的余额 balance;
Balance = balance - amount; (amount 为转账金额)
If (balance <0) then
    打印'金额不足，不能转账'；
    Rollback; (撤销该事务)
Else
    写回 balance;
    读取账户乙的余额 balance1;
    Balance1 = balance1 + amount;
    写回 balance1;
    Commit;
End
```

这个例子所包括的两个更新操作，要么全部完成要么全部不做。否则就会使数据库处于不一致状态，例如只把账户甲的余额减少了，而账户乙的余额没有增加。

在这段程序中若产生账户甲余额不足的情况，应用程序可以发现并让事务回滚，撤销已作的修改，恢复数据库到正确的状态。

事务内部更多的故障是非预期的，是不能由应用程序处理的。如运算溢出、并发事务发生死锁而被选中撤销该事务、违反了某些完整性限制等。在后面的叙述中，事务故障指这类非预期的故障。

事务故障意味着事务没有达到预期的终点(Commit 或者显式的 Rollback)，因此，数据库可能处于不正确状态。恢复机制要在不影响其他事务运行的情况下，强行回滚(Rollback)该事务，即撤销该事务已经做出的任何对数据库的修改，使得该事务好像根本没有启动一样，从而不会影响数据库中的数据，数据库仍然处于一致状态。这类恢复操作称为事务撤销(Undo)。

2. 系统故障

系统故障是指造成系统停止运行的任何事件,导致系统必须重新启动。例如,特定类型的硬件错误、操作系统故障、DBMS 代码错误、断电等。这类故障影响正在运行的所有事务,但不破坏数据库。这时主存内容,尤其是数据库缓冲区(在内存)中的内容都将丢失,所有运行事务都非正常终止。发生系统故障时,一些尚未完成的事务的结果可能已送入物理数据库,从而造成数据库可能处于不正确的状态。为保证数据一致性,需要清除这些事务对数据库的所有修改。恢复机制必须在系统重新启动时让所有非正常终止的事务回滚,强行撤销(Undo)所有未完成事务。

另一方面,系统发生故障时,有些已完成的事务可能有一部分甚至全部留在缓冲区,尚未写回到磁盘上的物理数据库(数据库文件)中,系统故障使得这些事务对数据库的修改部分或全部丢失,这也会使数据库处于不一致状态,因此应将这些事务已提交的结果重新写入数据库。所以系统重新启动后,恢复机制除需要撤销所有未完成事务外,还需要重做(Redo)所有已提交的事务,以将数据库真正恢复到一致状态。

3. 介质故障

系统故障常又称为软故障(Soft Crash),而介质故障称为硬故障(Hard Crash),主要为外存故障,如磁盘损坏、磁头碰撞、瞬时强磁场干扰等。这类故障将破坏整个数据库或部分数据,并影响正在存取这部分数据的所有事务。这类故障比前两类故障发生的可能性小得多,但破坏性最大。

4. 计算机病毒

计算机病毒是一种人为的故障或破坏,是一些恶作剧者研制的一种计算机程序。这种程序与其他程序不同,它像微生物学中的病毒一样可以传播,并造成对计算机系统(包括数据库)的危害。

病毒的种类很多,不同病毒有不同的特征。有的病毒传播很快,一旦入侵就马上摧毁系统;有的病毒有较长的潜伏期,机器在感染后数天或数月才开始发作;有的病毒感染系统所有的程序和数据;有的只把某些特定的程序和数据作为感染对象。

如今,计算机病毒已成为计算机系统的主要威胁,自然也是数据库系统的主要威胁。为此已研制了许多预防病毒的软件,但是,至今还没有一种使计算机终生免疫的“疫苗”。因此数据库一旦被破坏仍要用恢复技术把数据库恢复到一致状态。

总结各类故障,对数据库的影响有两种可能性:一是数据库自身受到破坏;二是数据库没有破坏,但数据可能不正确(事务非正常终止)。

恢复的基本原理十分简单,可以用一个词来概括:冗余。这就是说,数据库中任何一部分被破坏或不正确,数据可以根据存储在别处的冗余数据来重建。尽管恢复的基本原理很简单,但实现技术的细节却相当复杂,下面将简单介绍数据库恢复的实现技术。

11.7.2 数据库恢复实现技术

建立冗余数据最常用的技术是数据转储和登录日志文件,通常在一个数据库系统中这两种方法是一起使用的。

1. 数据转储

数据转储是数据库恢复中采用的基本技术,所谓转储,即 DBA 定期地将整个数据库复制到另一个磁盘上保存起来的过程,这些备用的数据称为后备副本或后援副本。

当数据库遭到破坏后可以将后备副本重新装入,但重装后备副本只能将数据库恢复到转储时的状态,要想恢复到故障发生时的状态,必须重新运行自转储以后的所有更新事务。转储可分为静态转储和动态转储。静态转储是在系统中无事务运行时进行的转储操作,即转储操作开始的时刻,数据库处于一致性状态,而转储期间不允许(或不存在)对数据库的任何存取、修改活动。显然,静态转储得到的一定是一个一致性的数据库副本。

静态转储简单,但转储必须等待正运行的用户事务结束后才能进行,同样,新的事务必须等待转储结束才能执行,显然,这会降低数据库的可用性。

动态转储是指转储期间允许对数据库进行存取或修改。即转储和用户事务可以并发执行。动态转储可以克服静态转储的缺点,它不用等待正在运行的用户事务结束,也不会影响新事务的运行。但是,转储结束时后援副本上的数据并不能保证正确有效。例如,在转储期间的某个时刻 $t1$,系统把数据 A(100) 转储到磁盘上,而在下一时刻 $t2$,某一事务将 A 改为 200。转储结束后,后备副本上的 A 已是过时的数据。为此,必须把转储期间各事务对数据库的修改活动登记下来,建立日志文件(Log File)。这样,后援副本加上日志文件就能把数据库恢复到某一时刻的正确状态。

转储还可以分为海量转储和增量转储两种方式。海量转储是指每次转储全部数据库,而增量转储则指每次只转储上一次转储后更新过的数据。从恢复角度看,使用海量转储得到的后备副本进行恢复一般来说会更方便些。但是如果数据库很大,事务处理又十分频繁,则增量转储方式更实用、更有效。

因此,数据转储方法可以分为四类:动态海量转储、动态增量转储、静态海量转储、静态增量转储。

2. 日志

日志是用来记录事务对数据库更新操作的文件,不同数据库系统采用的日志文件格式并不完全一样,概括起来日志文件主要有两种格式:以记录为单位的日志文件和以数据块为单位的日志文件。

对于以记录为单位的日志文件,需要登记的内容包括:各个事务的开始(Begin Transaction)标记;各个事务的结束(Commit 或 Rollback)标记;各个事务的所有更新操作。

这里每个事务开始的标记、每个事务结束的标记和每个更新操作均作为日志文件中的一条日志记录(Log Record)。每条日志记录的内容主要包括:事务标识(标明是哪个事务);操作的类型(插入、删除或修改);操作对象(对象内部标识);更新前数据的旧值(对插入操作,此项为空值);更新后数据的新值(对删除操作,此项为空值)。

对于以数据块为单位的日志文件,日志记录的内容包括事务标识和被更新的数据块。由于将更新前的整个块和更新后的整个块都放入日志文件中,操作的类型和操作对象等信息就不必放入日志记录中。

11.7.3 ARIES 恢复算法简介

ARIES 是一个非强制的并发控制方法相结合的恢复算法,使用该方法,系统崩溃后调用恢复管理器,重新启动时分三个阶段恢复数据库:

(1)分析:识别出缓冲池中的脏页(也就是说已进行了修改但还没有写入磁盘的数据

块)和崩溃时的当前事务;

(2)重做:从日志的某个合适点开始,重复所有操作,将数据库恢复到崩溃时所处的状态;

(3)反做:取消没有提交的事务操作,使数据库只反映已提交事务的操作结果。

图 11-5 给出了一个简单的事务执行过程。系统重新启动时,分析阶段识别出 *T*1 和 *T*3 是崩溃时的当前事务,因而需要反做其已完成的操作;*T*2 是已提交的事务,因此其所有更新操作的结果应写入磁盘;*P*1、*P*3、*P*5 可能是脏页。在重做阶段,所有更新操作(包括事务 *T*1 和 *T*3 的操作)按照原来的顺序重新执行。最后在反做阶段,取消 *T*1 和 *T*3 的所有操作,也就是说,*T*3 写的 *P*3 被取消,*T*3 写的 *P*1 被取消,*T*1 写的 *P*5 被取消。

ARIES 恢复算法工作有以下三个基本原则:

(1)写优先日志法:任何对数据库对象的修改首先写入日志;将更新的数据库对象写入磁盘前,日志中的记录必须先写入稳定的存储。

(2)重做时重复历史:在崩溃后进行重新启动时,ARIES 重新跟踪 DBMS 在崩溃前的所有操作,使系统恢复到崩溃时一样的状态。然后取消崩溃时还在执行的事务所做的操作。

(3)恢复修改的记录数据:在反做某些事务时,如果出现对数据库的改变,还需要在日志中记录这些改变。这样能够保障在重复进行重新启动时(由故障引起),不需要重复这些操作。

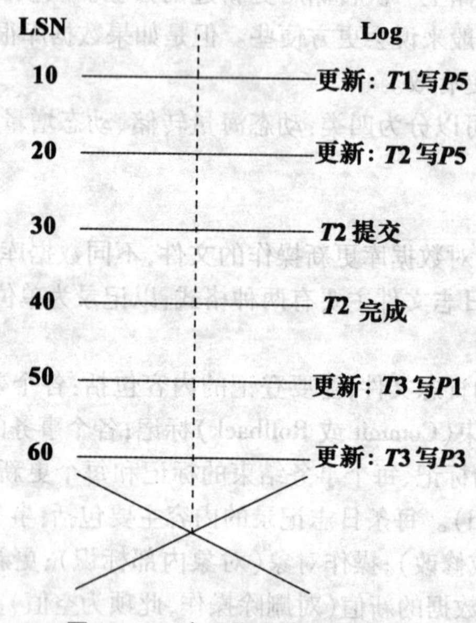

图 11-5 出现崩溃的执行过程

11.7.4 ARIES 算法中的日志

日志(有时也称为 Trail 或者 Journal)是 DBMS 对其所执行操作的历史记录。从物理上说,日志是保存在稳定存储上的记录文件,并且能在崩溃中幸免。通过在不同磁盘(也许在不同地点)维护日志的多个版本(副本),能够使事务获得持久性,因为日志的所有副本都丢失的概率非常小。

日志中距离当前最近的部分称为日志尾部,保存在主存中并且定期添加到稳定存储。

日志记录和数据记录以相同的粒度(页或者页集合)写入磁盘。

对于每个日志记录,给定一个唯一标识,称为日志顺序码(Log Sequence Number, LSN)。按照记录标识,就可以通过一个磁盘存取操作得到日志记录。LSN必须以单调增加的方式来生成。

为了能进行恢复,数据库中的每一页应该包含日志中对该页进行最后一次更新的记录的LSN。这个LSN称为pageLSN。

对于下面的每一个操作,需要写入一条日志记录:

(1)更新一页:修改某页后,一条类型为更新的记录被添加到日志尾。该页的pageLSN也被设成刚插入的更新日志记录的LSN(在这些操作执行时,该页必须被锁定在缓冲池中)。

(2)提交:当一个事务决定提交时,会强制写一个包含事务标识的类型为Commit的日志记录。强制写是指日志记录被添加到日志,并且将含有提交记录的日志尾写入稳定存储。事务一旦提交,提交日志记录就会被写入稳定存储。

(3)中止:当一个事务被中止时,包含事务标识的中止日志记录被添加到日志中,并且开始取消这个事务。

(4)结束:前面已经提出,在中止或者提交事务时,除写中止或者提交日志记录外,还需要进行其他一些操作。在所有这些操作完成后,包含事务标识的结束日志记录被添加到日志中。

(5)反做一个更新:当事务回滚时(因为事务被中止,或者从崩溃中恢复时),该事务已进行的更新需要被取消。当更新日志记录描述的操作被取消时,需要写入补偿日志记录CLR(Compensation Log Record)。

每条日志记录都具有下列一些字段:preLSN、transID和type。属于某个事务的所有日志记录集合构造成一个链表,通过preLSN字段可以快速获得前一条记录,当添加新的日志记录时需要更新此链表。transID字段存储的是生成日志记录的事务标识。type字段用来说明日志记录的类型。日志记录的其他字段与日志记录的类型有关。

1. 更新日志记录

图11-6给出了更新日志记录所含有的字段。pageID字段是被修改页的标识;length是以字节为单位的更新长度,offset是更新开始的偏移量,before-image是更新前的数据值,after-image是更新后的数据值。更新日志记录中同时包含before-image和after-image,可以用于系统恢复时重做或者取消更新操作。

preLSN	transID	type	pageID	length	offset	befor -image	after -image

所有日志记录都相同的字段 更新日志记录的附加字段

图11-6 更新日志记录的内容

2. 补偿日志记录

在根据更新日志记录U所记载的变化进行反做操作之前,需要写入补偿日志记录(CLR,在系统正常执行过程中,中止一个事务或者从崩溃中恢复,可能发生这样的反做操作),补偿日志记录C描述在进行反做相应操作时需要做的操作,并且与其他日志记录一样被添加到记录尾。补偿日志记录C包含一个称为undoNextLSN的字段,它是下一个需要反做操作的(生成 U 的事务的)日志记录的 LSN。C 的该字段设为 U 的 preLSN 字段的值。

考察一下图 11－7 给出的四条更新日志记录的示例。如果这个更新操作需要被反做,则应该写一个 CLR,并且 CLR 中的信息包含 transID、pageID、length、offset,以及来自更新记录的 before－image。注意,CLR 记录的是操作,这些操作把受到影响的字节改回到 before－image 的值。这个值(与受到影响的字节的地址一起)为 CLR 描述的重做提供了信息。字段 undoNextLSN 的值设为图中第一条记录的 LSN。

与其他更新日志记录不同,CLR 描述的是永远不会被反做的操作,也就是说,永远不会反做一个反做操作。原因很简单,更新日志记录描述的是事务正常执行时进行的更新,并且事务随后可能会被中止,而 CLR 描述的是已决定要取消的事务在回滚时进行的操作,这样的事务肯定要进行 CLR 所描述的取消操作。在反做时写入的 CLR 数目不会超过崩溃时当前事务的相应更新记录的数目,这一事实很有用,因为从崩溃中恢复时利用它可以决定所需要的日志空间大小。

有可能会发生 CLR 写入稳定存储之后,而其所描述的取消操作还没有写入磁盘时系统再次发生崩溃。在这种情况下,CLR 所描述的反做操作会在再次恢复的重做阶段再次执行。由于上述原因,CLR 需要包含重做更新的变化信息,而不是改变这一更新。

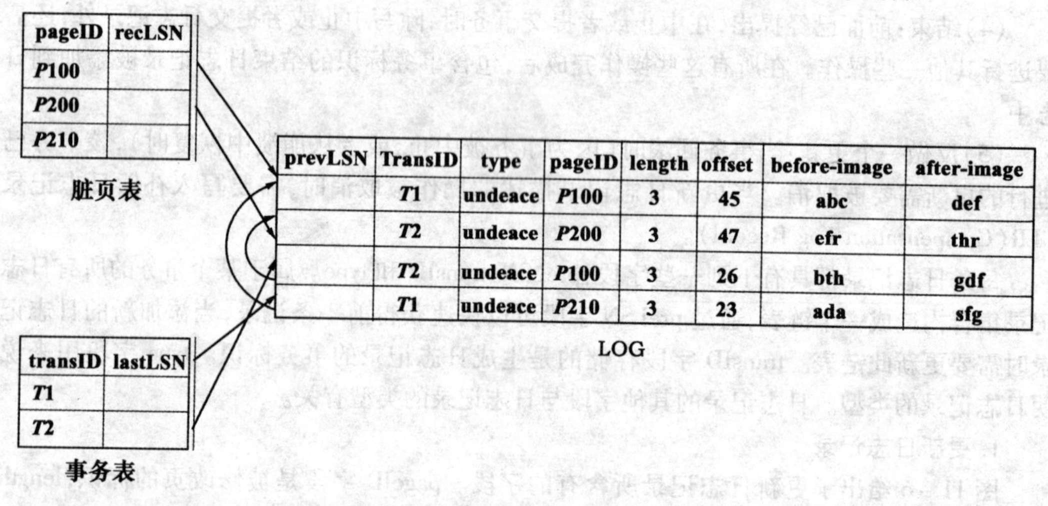

图 11－7 日志和事务表事例

11.7.5 恢复相关的其他数据结构

除日志外,下面两个数据结构也存储有与恢复相关的重要信息:事务表和脏页表。

(1)事务表

对于每一个当前事务,该表都包含有一个数据项,其内容包括事务标识、状态,以及事务最近的日志记录的 LSN,称为 lastLSN。一个事务的状态可以是正在运行、已提交或者中止(对于后两种情况,一旦清理工作完成,会从事务表中删除该事务)。

(2)脏页表

对于缓冲池中的每个脏页,该表都包含一个数据项。数据项的内容包括字段 recLSN,也就是引起该页变脏的第一个日志记录的 LSN。注意,该 LSN 给出的是从崩溃中恢复时,对于该页需要重做的最早日志记录。

正常操作时，这两个数据结构由事务管理器和缓冲管理器进行维护，在从崩溃中恢复时，这两个数据结构将在恢复的分析阶段重构。

例如，事务 *T*1 将 *P*100 页 的第 45 ~ 47 字节从“abc”改为“def”，事务 *T*2 将 *P*200 的“efr”改为“tht”，事务 *T*2 将 *P*100 的 26 ~ 28 字节从“bfh”改为“gdf”，然后事务 *T*1 将 *P*210 的“ada”改为“sfg”。图 11 – 7 给出了这个示例的脏页表、事务表和日志。日志是按照从上到下的顺序增加的，最旧的记录在最上面。尽管每个事务的记录通过 preLSN 字段连接到了一起，但整个日志作为一个整体具有顺序码还是很重要的。例如，*T*2 修改 *P*100 的操作在 *T*1 修改 *P*100 之后进行，这样，在发生崩溃以后进行恢复时，这些更新操作应该按照同样的顺序重做。

11.7.6 写优先日志协议

当把一页数据写入磁盘之前，描述对该页进行修改的更新日志记录必须强制地写入到稳定存储。这是采用以下方法实现的：在把该页数据写入磁盘前，将日志中所有记录（包括 LSN 和 pageLSN 相等的那条记录在内）强制地写入到稳定存储。

这里应该强调 WAL（Write – Ahead Log，写优先日志）协议的重要性。WAL 是确保系统从崩溃中进行恢复时所有更新日志记录都可用的主要规则。如果事务进行更新操作并提交，非强制方法意味着在随后某个时刻发生崩溃时某些更新结果还没有写入磁盘。如果没有存储更新记录，那也就没有办法保证已提交事务的更新数据可以在崩溃中幸免。注意已提交事务的定义中要求事务的日志记录（包括提交记录）都必须已经写入稳定存储。

因此当事务提交时，即使使用非强制方法，日志尾部也要强制写入稳定存储。与使用强制方法进行事务处理相比，这种方法还是值得的。如果使用强制方法，所有由事务更新过的页，而不单单是记载事务更新的日志记录的那部分，在事务提交时都必须强制写入磁盘。由于更新操作的日志记录的大小与修改操作的两倍差不多大，但却比数据页要小得多，所以更新页一般要比日志尾部大得多。特别是当日志是一个顺序文件时，向日志中写数据可以使用顺序写方式。因而强制写日志尾部的开销要比写所有更新过的页到磁盘设备小得多。

11.7.7 检查点

检查点是对 DBMS 状态的一个快照，通过定期设定检查点，DBMS 可以减少从崩溃中进行恢复时的工作量。

ARIES 方法设置检查点时分三个步骤：首先，写入表示检查点开始的 begin_checkpoint 记录；接着，构造 end_checkpoint 记录，包括事务表和脏页表的当前内容，并添加到日志中；第三步，在 end_checkpoint 记录写入稳定存储后开始，将特殊记录 master（它包含了 begin_checkpoint 日志记录的 LSN）写入稳定存储的某个固定位置。在构造 end_checkpoint 记录时，DBMS 继续执行事务，并写其他日志记录。唯一得到的保证是，事务表和脏页表内容保持的是在写 begin_checkpoint 记录时的内容。

这种检查点称为模糊检查点，并且由于不需要系统暂停或者写缓冲池中的页，使得设立检查点的代价不是很高。但另一方面，这种检查点的成效也受脏页表中最早页的 recLSN 限制，因为在恢复时必须从 LSN 和这个 recLSN 相等的页开始重做更新操作。通过后台进程定期地将脏页表写入磁盘可以解决这个问题。

当系统从崩溃中恢复时，重启的过程从最近的检查点记录开始处理。为了保持统一，系统开始正常执行时也需要设检查点，此时事务表和脏页表都为空。

11.7.8 从系统崩溃中恢复

当系统在崩溃后重新启动时，恢复管理器需要按图 11－8 给出的三个阶段进行处理：分析阶段检查离当前最近的 begin_checkpoint 记录（图中 LSN 标志 为 C 的记录），从该记录开始分析，直到最后一条日志记录结束。重做阶段紧接着分析阶段之后，它重做所有崩溃时使得某页变脏的更新操作。具体有哪些脏页，以及重做的开始点都在分析阶段确定。之后是反做阶段，它取消崩溃时正在执行的事务已处理完的所有更新操作（这些事务也是在分析阶段识别出来的）。注意，重做更新操作的顺序和最初执行时一样；反做更新操作则是以相反的顺序进行，从最后的更新操作开始。

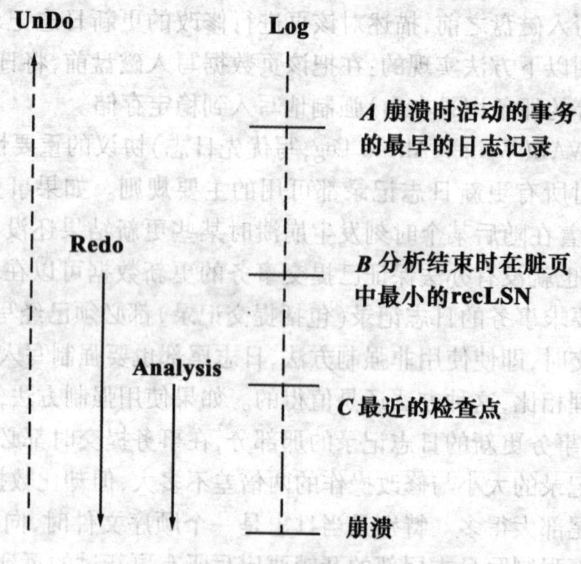

图 11－8　ARIES 算法恢复的三个阶段

注意，日志中 A、B、C 三 个点的相对顺序可能和图 11－8 给出的不同。在下面将会更加详细地叙述恢复的三个阶段。

1. 分析阶段

分析阶段执行以下三项任务：(1) 确定从日志中开始重做的起点；(2) 找出系统崩溃时缓冲池中的脏页（为了保险起见，找出这些脏页的超集）；(3) 确定出崩溃时正在执行，而现在必须取消的事务。

分析阶段开始时检查离当前最近的 begin_checkpoint 日志记录，并使用随后的 end_checkpoint 记录中复制的内容初始化脏页表和事务表。于是这两个表会初始化成设定检查点时的状态（如果在 begin_checkpoint 和 end_checkpoint 记录间还有其他日志记录，需要对事务表和脏页表进行调整，使之反映这些变化的信息）。分析工作正向扫描，直到日志的结尾。

如果事务 T 有一个“结束” 日志记录，则 T 不再处于运行状态，因此需要将 T 从事务表中删除。

如果遇到事务 T 的除了“结束”日志记录以外的其他日志记录，当事务表中不存在 T 的条目时需要将 T 的条目添加到事务表中。而后，对 T 的这个条目进行以下修改：(1)字段 lastLSN 的值设为这条日志记录的 LSN；(2)如果日志记录是 Commit 记录，将 Status 设为 C，否则设为 U(表明将要反做)；(3)如果遇到对于 P 页产生影响并且能够重做的日志记录，而 P 又不在脏页表中，则需要向脏页插入一项记录，其页标识为 P，recLSN 的值为能够重做日志记录的 LSN。这个 LSN 标识出影响页 P，但是或许还没有写入磁盘的最早期的更新操作。

在分析阶段的最后，事务表中的事务列表准确地包含了系统崩溃时的活动事务的一个列表，也就是具有状态 U 的事务集合。脏页表中包含崩溃时的所有脏页，但是也可能包含若干已经写入磁盘的页。

考虑图 11-7 举例说明的事务执行过程。假设 $T2$ 提交，随后 $T1$ 修改另一页 $P300$，并将更新记录添加到日志尾，但在更新日志记录写入稳定存储之前，系统发生崩溃。

由于崩溃，会丢失原来存储在内存中的事务表和脏页表。最近的检查点是开始执行时得到的，它的事务表和脏页表的内容为空。假设有检查点记录位于图中第一条记录前面，检查完这条记录，首先将事务表和脏页表初始化为空。然后开始正向扫描日志，$T1$ 添加到事务表中，$P100$ 添加到脏页表中，recLSN 值为显示的第一条记录的 LSN。同样，$T2$ 添加到事务表并且 $P200$ 添加到脏页表。第三条日志记录对事务表和脏页表都没有什么影响，第四条记录导致 $P210$ 添加到脏页表。然后会遇到 $T2$ 的提交记录，因此需要从事务表中删除 $T2$。

完成分析阶段以后，该例在系统崩溃时只有一个事务正在执行，其 lastLSN 的值和图 11-7 中第四条记录的 LSN 相等。分析阶段重构的脏页表将和图中给出的相同。修改 $P300$ 的更新日志在系统崩溃时丢失了，分析阶段也发现不了。但由于 WAL 协议，对页 $P300$ 的修改不可能写入磁盘，一切都很正常。

部分更新数据可能在崩溃前就已经写入磁盘了。具体来说，假如对 $P200$ 的修改在崩溃时已经写入了磁盘。这样 $P200$ 就不再是脏页，却还包含在脏页表中。但由于 $P200$ 的pageLSN 和图 11-7 中第三条更新日志记录的 LSN 相等，能够反映出这个写操作。

2. 重做阶段

在重做阶段，ARIES 重新执行所有事务的更新操作，包括已经提交的或者处于其他状态的事务。即使事务在崩溃前终止，并且由 CLR 所指出的更新操作也已经取消，也需要重新执行这样的更新操作。这种完全重复历史的方式是 ARIES 方法和其他基于 WAL 的恢复算法的主要区别，它导致数据库完全恢复到崩溃时的状态。

重做阶段首先找到具有分析时构造的脏页表中最小 recLSN 的记录，并从该日志记录开始，因为这条日志记录了崩溃时或许还没有写入磁盘的最旧的更新操作。进行重做时可以从这个记录开始，向前正向扫描日志到结尾。对于遇到的每一个可以重做的日志记录(更新或者 CLR)，系统都进行检查，除非下面的条件之一成立，否则需要重做该操作：(1)受影响的页未出现在脏页表中；(2)受影响的页在脏页表中，但是该数据项的 recLSN 比正在检查的日志记录的 LSN 要大；(3)对某个页面检索，获得它的 pageLSN，而这个 pageLSN 大于或等于正在检查日志记录的 LSN。

第一个条件明显地意味着这页的所有更新已经写入磁盘了。由于 recLSN 记录是第一个更新了此页但或许还没有写入磁盘的更新日志记录，所以满足第二个条件时，正在检查的更新操作应该已经写入磁盘了。最后检查(由于必须先获得该页数据,所以才最后检查)的第三个条件能够保证更新页已写入磁盘(前面已经假设写一页是原子操作,这个也非常重要)。

如果存在需要重做日志记录的操作,则:(1)重新执行日志记录的操作;(2)将被修改页的 pageLSN 改为重做日志记录的 LSN,这时不需要写另外的日志记录。

继续前面讨论过的示例,从图 11-7 的脏页表可以看出,最小的 recLSN 是第一条日志记录的 LSN。显然,第一条日志记录所记下的变化已经全部写入磁盘了(在该示例中碰巧没有变化发生)。现在,系统在重做时取到受影响的页为 $P100$,并将日志记录的 LSN 和该页的 pageLSN 比较,由于假设该页在系统崩溃前还没有写入磁盘,所以发现 pageLSN 的值比较小。需要重新执行更新操作,也就是将 45~47 字节改为 def,并且将 pageLSN 的值设为这条更新日志记录的 LSN。

随后系统检查第二条日志记录。在此取得受影响的页 $P200$,并将 pageLSN 和更新日志记录的 LSN 比较。由于假设 $P200$ 在崩溃前已经写入磁盘了,所以此时两者应相等,不再需要重做此更新操作。

剩下的日志记录也都可以同样处理,最终使得系统恢复到崩溃发生时的状态。注意,本示例中没有满足不需要重做更新的前两个条件的日志记录。当脏页表中包含很旧的 recLSN,并已经到了离当前最近的检查点之前时,可能会满足前两个条件。在这种情况下,系统使用 LSN 向前扫描日志记录,将会遇到在检查点前写该页的日志记录,并且它们不在检查点初始时的脏页表中。这些数据可能会在检查点之后又变脏,即使如此,在检查点之前的更新操作也不需要重做。单独使用第三个条件就足够判断更新操作是否需要重做,但它必须取到相应数据页才能进行判断。而前两种条件允许在不取到相应页情况下就能进行判断。

在重做阶段的最后,所有状态为 C 的事务从事务表中被删除,并且在日志中写入这些事务的最末记录。

3. 反做阶段

与前面两个阶段不同,反做阶段是从日志的最后向前扫描。该阶段的目标是取消崩溃时正在执行事务的所有更新操作。通过分析阶段构造的事务表能够识别出这些记录。

(1)反做算法

反做从分析阶段构造的事务表开始,通过该表我们能够识别出崩溃时正在执行的事务,并且该表中包含每个这类事务的最近日志记录的 LSN(字段 lastLSN)。这类事务也被称为失败事务(Loser Transaction)。失败事务的所有操作必须取消,并且必须按照日志出现的相反顺序来取消。

检查所有失败事务的 lastLSN 值集合,称之为 ToUndo。取消时反复从这个集合中选择最大的(即时间上最近的)LSN 值开始处理,直到 ToUndo 变空。对于每一条日志记录进行如下处理:

- 如果该记录是 CLR,并且 undoNextLSN 的值不为空,则将值 undoNextLSN 添加到集合 ToUndo。如果 undoNextLSN 为空,这表示反做工作已经完成。这时,在日志记录中写对应事务的最末记录,丢掉 CLR。
- 如果该事务为更新记录,写入 CLR 并反做相应的更新操作,并将更新日志记录的

preLSN 添加到集合 ToUndo。

· 当集合 ToUndo 为空集合时,反做阶段结束。这时,系统重启过程也就结束了,可以继续正常工作。

继续讨论之前的示例,系统崩溃时唯一正在执行的事务是 *T*1 。从事务表可以得到其最近日志记录的 LSN,即图 11 - 7 中的第四条记录。首先取消相应的更新操作,并写入 CLR,其 undoNextLSN 和图中第一条日志记录的 LSN 相等。对于事务 *T*1 ,下一个需要取消的记录是图中的第一条日志记录。取消完这个更新操作以后,最后写入 CLR 和 *T*1 的最末日志记录,取消阶段也就结束了。

在这个示例中,取消第一条日志记录相应的更新操作,会造成已提交事务写入的第三条日志记录对应的更新被重写,数据丢失。因为 *T*2 重写了正在执行的 *T*1 写入的数据。不过,如果使用严格的两段锁协议,就可以防止 *T*2 重写这个数据项。

(2)重新启动时的崩溃

理解之前给出的取消算法对于处理重复的系统崩溃是非常重要的。由于利用更新日志记录完成反做操作比较简单,因此接下来讨论当系统崩溃时使用执行历史来进行反做的处理。图 11 - 9 的示例说明中止了一个事务只是反做操作的一个特例,也说明 CLR 如何来保证对于更新日志记录只需要执行一次。

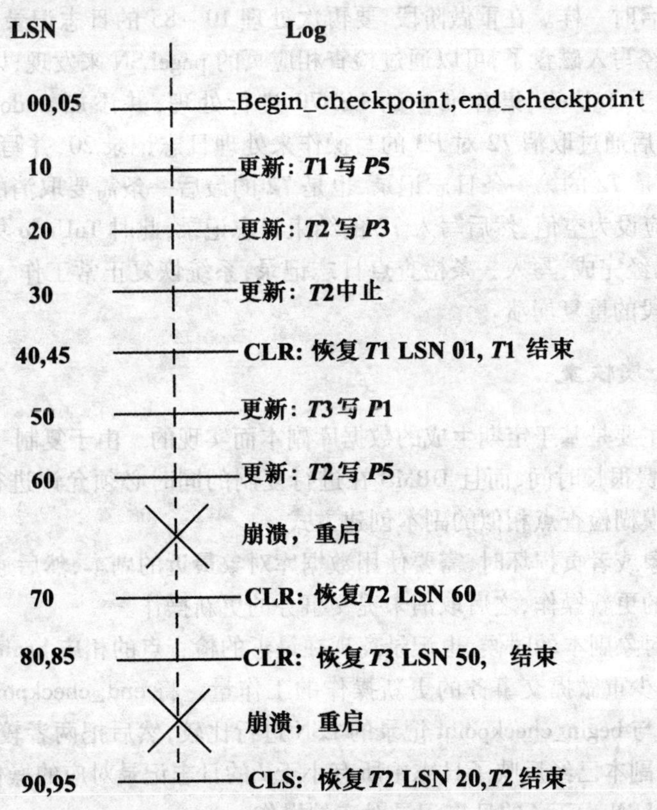

图 11 - 9　对于重复崩溃的反做示例

日志说明了 DBMS 执行各种操作的顺序,LSN 是升序排列,并且事务的每条日志记录具有 preLSN 用来指向该事务的前一条日志记录。当 preLSN 的值为空时,表明在这之前已经没有别的日志记录了。

日志记录(LSN 值)30 表明 *T*2 已经中止。该事务的所有操作应该以相反的顺序撤销,并且日志记录 10 描述的更新操作已经由 40 所表示的那样被取消了。

第一次崩溃以后,分析阶段识别出 *P*1(recLSN 为 50)、*P*3(recLSN 为 20)和 *P*5(recLSN为 10)是脏页。日志记录 45 表明 *T*1 是已完成的事务。这样,在系统崩溃时事务 *T*2(recLSN为 60)和 *T*3(recLSN 为 50)是正在执行的事务。重做阶段从脏页表中 recLSN 值最小的日志记录 10 开始重做所有操作,具体步骤参照之前给出的重做算法。

集合 ToUndo 包含 *T*2 的 LSN60 和 *T*3 的 LSN50。由于 60 是 ToUndo 集合中最大的 LSN,取消阶段从 LSN 为 60 的日志记录开始处理。取消其相应的更新,并向日志中写入 CLR(LSN 为 70)记录。这个 CLR 的 undoNextLSN 值和日志记录 60 的 preLSN 相等;20 是 *T*2 下一个需要取消的更新操作。现在,集合 ToUndo 中最大的值是 50。这样需要取消日志记录 50 相对应的写操作,并将描述这个取消操作的 CLR 写入日志。该 CLR 的 LSN 为 80,并且由于 50 是事务 *T*3 唯一的日志记录,CLR 的 undoNextLSN 字段为空。至此,*T*3 的所有操作已经被完全取消,需要写入一个结束日志记录。在第二次系统崩溃前日志记录 70、80 和 85 已经写入稳定存储,但是这些记录的变化可能还没有写入磁盘。

当系统在第二次崩溃后重启时,分析阶段确定崩溃时只有一个正在执行的事务 *T*2,脏页表和前一次重启时一样。在重做阶段,要再次处理 10 ~ 85 的日志记录,如果部分更新在前一次重做时已经写入磁盘了,可以通过检查相应页的 pageLSN 来发现,以避免再次写这些页。取消阶段对于 ToUndo 集合唯一的 LSN70 进行处理,并添加 undoNextLSN 值 20 到 ToUndo 集合。然后通过取消 *T*2 对 *P*3 的写操作来处理日志记录 20,并写入一条 CLR(LSN 为 90)。由于 20 是 *T*2 的第一条日志记录,也是 *T*2 的最后一条需要取消的记录,所以 CLR 的 undoNextLSN 应设为空值,然后写入 *T*2 的结束日志记录,此时 ToUndo 集合成为空集合。

这时,恢复已经完成,写入一条检查点日志记录,系统恢复正常工作。以上示例说明了如何处理反做阶段的重复崩溃。

11.7.9 介质恢复

对介质恢复主要是基于定期生成的数据库副本而实现的。由于复制一个大数据库对象(比如文件)会花费很长时间,而且 DBMS 在进行复制的同时必须允许进行其他操作,因此通常采用与设立模糊检查点相似的副本创建方式。

当数据库对象或者页损坏时,需要使用数据库对象最近的副本,然后通过日志识别并且重做已提交事务的更新操作,之后取消未提交事务的更新操作。

生成数据库对象副本的时候,也记录离现在最近的检查点的相应 begin_checkpoint 记录的 LSN,这样能减少重做提交事务的更新操作的工作量。将 end_checkpoint 记录的脏页表中最小的 recLSN 与 begin_checkpoint 记录的 LSN 进行比较,然后把两者较小的一个记作 *I*。注意,数据库对象副本已经反映了日志中所有小于 *I* 的日志记录对应的操作。这样只需要基于副本重复 执行 LSN 大于 *I* 的日志记录对应的操作。

最后,对于介质恢复时未完成的事务或者模糊复制后已中止事务的更新操作,需要进行取消,以保证数据只反映已提交事务的操作。

11.7.10 其他恢复算法

IBM 的 System R 系统中采用的是另一种恢复算法，与 ARIES 算法类似，也是通过 WAL 协议来维护数据库操作的日志。它们的主要区别在于：ARIES 重做所有事务的操作，而不仅是重做非失败事务。

IBM 的 System R 中使用的是一种早期恢复算法，该方法没有使用日志，它把数据库看成页的集合，并通过将页标识影射到磁盘的页表来访问。当事务修改某个数据页时，生成该页的一个副本，称为该页的影子，并修改这个影子页。事务复制页表中的相应部分，修改更新页对应的数据项使之指向影子页，而其他事务在这个事务提交之前，继续使用原来的页表和更新前的页。所以可以通过丢弃页表和数据页的影子页来中止一个事务。提交一个事务的过程是把事务本身的页表变成公共页表并且丢弃更新前的数据页。

这样的方法会遇到许多问题：首先，使用影子页（位置远离原来的页）替代原来的页，会使数据产生碎片；其次，这种方法不能够得到高度的并发性；第三，使用影子也会增加存储开销；第四，中止一个事务会导致死锁的发生。所以，基于 WAL 的恢复技术最终替代了影子页技术。

11.7.11 远程备份系统

传统的数据库系统是集中式或客户/服务器模式的系统，这样的系统容易受自然灾害等突发因素的损害。所以，要求数据库系统应具有很高的可用性，能够在发生系统故障和自然灾害后很快地恢复，变得尤为重要。可以用以下方法提高可用性：在一个站点（称为主站点，Primary Site）执行事务处理，在一个远程备份（Remote Backup）站点，复制所有主站点的数据。这个远程备份站点，应该在现实地理位置上与主站点不同。远程备份站点有时也被称为从站点（Secondary Site），随着主站点上的更新，远程站点必须保持与主站点同步，即通过发送所有主站点的日志记录到远程备份站点来达到同步。

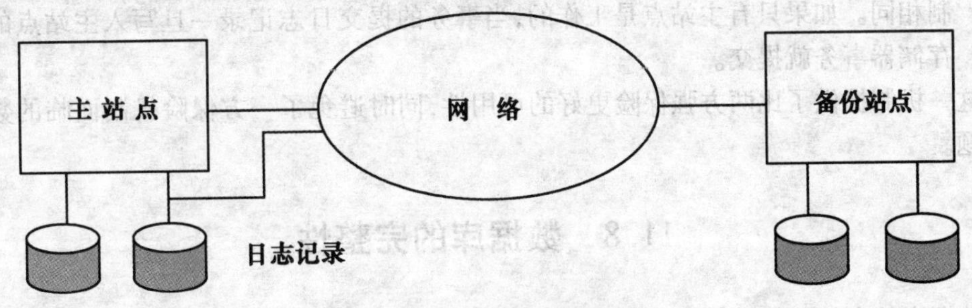

图 11-10 主从站点示意图

当主站点发生故障或遭到自然灾害损害的时候，远程备份站点就接管处理。但它首先使用源于主站点的数据副本（也许已经过时）以及收到的来自主站点的日志记录进行恢复。实际上，在远程备份站点执行的恢复操作就是重做主站点上的事务操作。一旦恢复执行完成，远程备份站点就开始处理事务请求，成为主站点。

使用这种技术，即使主站点的数据全部丢失，系统也能恢复。这相对于单站点系统来说，大大提高了数据库的可用性。

在设计一个远程备份系统时有几个问题必须考虑：

(1)故障检查。对于远程备份系统而言，检测主站点发生故障的时间是很重要的。如果不考虑这个问题，那么一般的通讯线路故障就会使远程站点误认为主站点已经发生故障。为了避免这个问题，可以在主站点和远程站点之间维持几条相互独立的通讯连接。比如，除了网线连接外，还可以使用通过电话线的连接。

(2)控制权移交。主站点发生故障后，远程站点接管处理并成为新的主站点。当这个站点再发生故障时，原主站点可以再次接管而成为主站点。在任一情况下，原主站点必须收到一份在它故障期间远程站点上执行的更新日志。移交控制权最简单的方法是原主站点从原备份站点收到 redo 日志，并通过本地执行来更新日志。

(3)恢复时间。如果远程备份站点的日志增长到很大，恢复会花很长时间。远程备份站点能够周期性地处理它收到的 redo 日志，并执行一个检查点，以便该检查点之前的日志部分可以被删除。因此，远程备份站点接管前的延迟就被大大减少。

(4)提交时间。为保证已提交事务的更新是持久的，只有在其日志记录到达备份站点才能称该事务已提交，该延迟会导致等待事务提交的时间也相应增长，因此某些系统允许较低程度的持久性，持久性的程度可以分类如下：

· 一方保险(One-safe)。事务的提交日志记录一旦写入主站点的稳定存储器事务就提交。

这种机制的问题是，当备份接管处理时，已提交事务的更新可能在远程站点还没有做，这样，该更新就好像被丢失了。因此，可能需要人工干预来使数据库回到某个一致状态。

· 两方强保险。事务的提交日志记录一旦写入主站点和远程站点的稳定存储器事务就提交。

这种机制的问题是，如果主站点或远程站点中的一个停工，事务处理就无法执行。因此，虽然丢失数据的可能性很小，但可用性实际比单站点的情况还低。

· 两方保险(Two-safe)。如果主站点和备份站点都是工作的，该机制与两方强保险机制相同。如果只有主站点是工作的，当事务的提交日志记录一旦写入主站点的稳定存储器事务就提交。

这一机制提供了比两方强保险更好的可用性，同时避免了一方保险机制面临的数据丢失问题。

11.8 数据库的完整性

数据库的完整性是指数据的正确性和相容性，本节利用一个学校的学籍管理数据库进行说明(包括学生表 student、成绩表 sc、课程表 course、院系表 dept)。该系统中，学生的学号必须唯一；性别只能是男或女；本科学生年龄的取值范围为 14 ~ 50 的整数；学生所选的课程必须是学校开设的课程；学生所在的院系必须是学校已成立的院系等。这些都是实际业务处理过程中必须满足的业务规则。

数据的完整性和安全性是两个不同的概念。数据的完整性是为了防止数据库中存在不符合语义的数据，也就是防止数据库中存在不正确的数据。数据的安全性则是保护数据库防止被恶意破坏和非法存取。因此，完整性检查和控制的对象是不合语义的、不正确的数据,防止它们进入数据库。安全性控制的防范对象是非法用户和非法操作,防止它们对数据库数据的非法存取。为维护数据库的完整性,DBMS 必须能够:

1. 提供定义完整性约束条件的机制

完整性约束条件也称为完整性规则,是数据库中的数据必须满足的语义约束条件。SQL 标准使用了一系列概念来描述完整性,包括关系模型的实体完整性、参照完整性和用户定义完整性。这些完整性一般由 SQL 的 DDL 语句来实现。它们作为数据库模式的一部分存入数据字典中。

2. 提供完整性检查的方法

DBMS 中检查数据是否满足完整性约束条件的机制称为完整性检查。一般在 INSERT、UPDATE、DELETE 语句执行后开始检查,也可以在事务提交时检查。检查这些操作执行后数据库中的数据是否违背了完整性约束条件。

3. 违约处理

DBMS 若发现用户的操作违背了完整性约束条件,就采取一定的动作,如拒绝(NO ACTION)执行该操作,或级联(CASCADE)执行其他操作,进行违约处理以保证数据的完整性。

目前商用的 DBMS 产品都支持完整性控制,即完整性定义和检查控制由 DBMS 实现,不必由应用程序来完成,从而减轻了应用程序员的负担。更重要的是完整性控制已成为 DBMS 核心支持的功能,从而能够为所有的用户和所有的应用提供一致的数据库完整性。因为由应用程序来实现完整性控制往往不够全面,有的应用程序定义的完整性约束条件可能被其他应用程序破坏,数据库数据的正确性仍然无法保障。前面章节已经讲解了关系数据库三类完整性约束的基本概念,下面讲解 SQL 中实现这些完整性控制功能的方法。

11.8.1 实体完整性

1. 实体完整性定义

关系模型的实体完整性在 CREATE TABLE 中用 PRIMARY KEY 定义。对单个属性构成的码有两种说明方法:一种是定义为列级约束条件;另一种是定义为表级约束条件。对于多个属性构成的码只有一种说明方法,即定义为表级约束条件。

例 11.17 将学生表 student 中的学号 sno 属性定义为码。

```
CREATE TABLE student(
    sno CHAR(9) PRIMARY KEY,                    ——在列级定义主键
    ……
    );
```

或者

```
CREATE TABLE student(
    ……
    PRIMARY KEY(sno)                            ——在表级定义主键
);
```

例 11.18 将成绩表 sc 中的学号 sno,课程号 cno 属性组定义为码

```
CREATE TABLE sc(
```

```
sno VARCHAR(9) NOT NULL
cno VARCHAR(9) NOT NULL
PRIMARY KEY (sno,cno)                    ——只能在表级定义主键
);
```

2. 实体完整性检查和违约处理

用 PRIMARY KEY 短语定义了关系的主键后，每当用户程序对基本表插入一条记录或者对主键列进行更新操作时，DBMS 将自动进行检查。包括：

(1)检查主键值是否唯一，如果不唯一则拒绝插入或修改。

(2)检查主键的各个属性是否为空，只要有一个为空就拒绝插入或修改。

这样以来，不符合实体完整性约束的记录不进入到数据库，从而保证了实体完整性。检查记录中主键值是否唯一的一种方法是进行全表扫描。依次判断表中每一条记录的主键值与将插入记录上的主键值(或者修改的新主键值)是否相同。

全表扫描是十分耗时的。为了避免对基本表进行全表扫描，DBMS 核心一般都在主键上自动建立一个索引，如图 11-11 的 B^+ 树索引。通过索引查找基本表中是否已经存在新的主键值，大大提高了效率。例如，如果新插入记录的主键值是 25，通过主键索引，从 B^+ 树的根结点开始查找，只要读取 3 个结点就可以知道该主键值已经存在，所以不能插入这条记录。这 3 个结点是根结点(51)、中间结点(12 30)、叶结点(15 20 25)。如果新插入记录的主键值是 86，也只要查找 3 个结点就可以知道该主键值不存在，所以可以插入该记录。

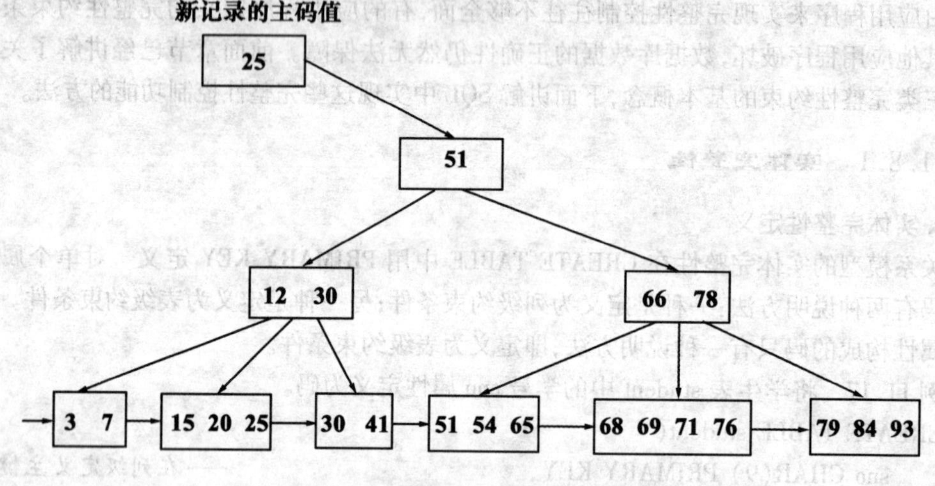

图 11-11　使用索引检查主键唯一性

11.8.2　参照完整性

1. 参照完整性定义

关系模型的参照完整性在 CREATE TABLE 中用 FOREIGN KEY 子句定义哪些列为外码，用 REFERENCES 短语指明这些外码参照哪些表的主键。

例如，表 sc 中一条记录表示一个学生选修的某门课程的成绩，(sno,cno)是主键。sno、cno 分别参照引用学生表 student 的主键和课程表 course 的主键。

例 11.19　定义 sc 中参照完整性

```
CREATR TABLE sc(
  sno VARCHAR(9) NOT NULL,
  Cno VARCHAR(4) NOT NULL,
  PRIMARY KEY (sno,cno),                                   ——在表级定义实体完整性
  FOREIGN KEY (sno) REFERENCES student(sno),               ——在表级定义参照完整性
  FOREIGN KEY (cno) REFERENCES course(cno)                 ——在表级定义参照完整性
  );
```

2. 参照完整性检查和违约处理

一个参照完整性将两个表中的相应元组联系起来了,因此,对被参照表和参照表进行增、删、改操作时有可能破坏参照完整性,必须进行检查。

例如,对表 sc 和 student 有四种可能破坏参照完整性的情况,如表 11-3 所示。

(1) sc 表中增加一个元组,该元组的 sno 属性的值在表 student 中找不到对应的元组(其 sno 属性的值相等)。

(2) 修改 sc 表中的一个元组,修改后该元组的 sno 属性的值在表 student 中找不到对应的元组(其 sno 属性的值相等)。

(3) 从 student 表中删除一个元组,造成 sc 表中某些元组的 sno 属性的值在表 student 中找不到对应的元组(其 sno 属性的值相等)。

(4) 修改 student 表中一个元组的 sno 属性,造成 sc 表中某些元组的 sno 属性的值在表 student 中找不到对应的元组(其 sno 属性的值相等)。

表 11-3 参照完整性实例

被参照表(例如 student)	参照表(例如 sc)	违约处理
可能破坏参照完整性	←— 插入元组	拒绝
可能破坏参照完整性	←— 修改外码值	拒绝
删除元组 —→	可能破坏参照完整性	拒绝/级联删除/设置为空值
修改主码值 —→	可能破坏参照完整性	拒绝/级联修改/设置为空值

当上述任意不一致情况发生时,系统可以采用以下的策略加以处理:

(1) 拒绝(NO ACTION)执行,不允许该操作执行。该策略一般设置为默认策略。

(2) 级联(CASCADE)操作,当删除或修改被参照表(student)的一个元组时造成了与参照表(sc)的不一致,则删除或修改参照表中的所有造成不一致的元组。

例如,删除 student 表中的元组,sno 值为 200215121,则要从 sc 表中级联删除 sc. sno = '200215121'的所有元组。

(3) 设置为空值(SET NULL),当删除或修改被参照表的一个元组时造成了不一致,则将参照表中的所有造成不一致的元组的对应属性设置为空值。例如,有下面 2 个关系:

学生(学号,姓名,性别,专业号,年龄)

专业(专业号,专业名)

学生关系的"专业号"是外码,因为专业号是专业关系的主键。

假设专业表中某个元组被删除(例如专业号为 12),按照设置为空值的策略,就要把学

生表中专业号 =12 的所有元组的专业号设置为空值。这对应了这样的语义:某个专业删除了,该专业的所有学生专业未定,等待重新分配专业。

需要注意外码能否接受空值的问题。例如,这里的学生表中,“专业号”是外码,按照应用的实际情况可以取空值,表示这个学生的专业尚未确定。但在学生—选课数据库中,student 关系为被参照关系,其主键为 sno。sc 为参照关系,sno 为外码。若 sc 的 sno 为空值,则表明尚不存在的某个学生,或者某个不知学号的学生,选修了某门课程,其成绩记录在 grade 列中。这与学校的应用环境是不相符的,因此 sc 的 sno 列不能取空值。同样,sc 的 cno 列不能取空值。

因此对于参照完整性,除了应该定义外码,还应定义外码列是行允许空值。一般地,当对参照表和被参照表的操作违反了参照完整性时,系统选用默认策略,即拒绝执行。如果想让系统采用其他的策略则必须在创建表的时候显式地加以说明。

例 11.20　显式说明参照完整性的违约处理示例

```
CREATE TABLE sc(
  sno VARCHAR(9) NOT NULL,
  Cno VARCHAR(4) NOT NULL.
  PRIMARY KEY(sno,cno),                                  ——在表级定义实体完整性
  FOREIGN KEY (sno) REFERENCES STUDENT(sno)              ——在表级定义参照完整性
    ON DELETE CASCADE        ——当删除 student 中元组时,级联删除 sc 中相应元组
    ON UPDATE CASCADE,       ——当更新 student 中 sno 时,级联更新 sc 中相应元组
  FOREIGN KEY (cno) REFERENECS COURSE(cno)               ——在表级定义参照完整性
    ON DELETE NO ACTION      ——当删除 course 中元组造成 sc 中不一致时拒绝删除
    ON UPDATE CASCADE        ——当更新 course 中 cno 时,级联更新 sc 中相应元组
);
```

可以对 DELETE 和 UPDATE 采用不同的策略。例如例 11.20 中当删除被参照表 course 表中的元组,造成了与参照表(sc 表)不一致时,拒绝删除被参照表的元组;对更新操作则采取级联更新的策略。

通过上面的讨论,可以看到 DBMS 在实现参照完整性时,除了要提供定义主键、外码的机制外,还需要提供不同的策略供用户选择,具体选择哪种策略,要根据应用环境的要求而确定。

11.8.3　用户定义完整性

用户定义的完整性就是针对某一具体应用的数据必须满足的语义要求。当前,DBMS 都提供了定义和检验这类完整性的机制,使用了和实体完整性、参照完整性相同的技术和方法来处理它们,而不必由应用程序承担。

1. 属性上的约束条件定义,在 CREATE TABLE 中定义属性的同时可以根据应用要求,定义属性上的约束条件,即属性值限制,包括:

(1)列值非空(NOT NULL);

(2)列值唯一(UNIQUE);

(3)检查列值是否满足一个布尔表达式(CHECK);

(4)缺省值定义(DEFAULT)。

例 11.21 在定义 sc 表时,说明 sno、cno 属性不允许取空值。

```
CREATE TABLE sc(
    sno VARCHAR(9) NOT NULL,              ——不允许 sno 属性取空值
    cno VARCHAR(4) NOT NULL,              ——不允许 cno 属性取空值
    PRIMARY KEY (sno,cno)       ——如果在表级定义实体完整性,隐含了
                                  sno,cno 不允许取空值,则在级联不允
                                  许取空值的定义就不必写了
);
```

例 11.22 建立院系表 DEPT,要求专业名称 Dname 列取值唯一,院系编号 Deptno 列为主键。

```
CREATE TABLE DEPT(
    Deptno NUMERIC(2),
    Dname VARCHAR(9) UNIQUE,              ——要求 Dname 列值唯一
    PRIMARY KEY(Deptno)
);
```

例 11.23 student 表的 ssex 只允许取"男"和"女"。

```
CREATE TABLE STUDENT(
    sno CHAH (9) PRIMARY KEY,             ——在列级定义主键
    sname CHAR(8) NOT NULL,               ——sname 属性不允许为空
    ssex CHAR(2) CHECK( ssex IN('男','女') )  ——ssex 属性只允许取男或女
);
```

例 11.24 sc 表的 grade 的值应该在 0 和 100 之间。

```
CREATE TABLE sc (
    sno CHAR(9) NOT NULL,
    cno CHAR(4) NOT NULL,
    grade SMALLINT CHECK ( grade >= 0 AND grade <= 100),
    PRIMARY KEY(sno,cno),
    FOREIGH KEY(sno) REFERENCES student(sno),
    FOREIGN KEY(cno) REFERENCES course(cno)
    );
```

2. 属性上的约束条件检查和违约处理

当向表中插入元组或修改属性的值时,DBMS 就检查属性上的约束条件是否满足,如果不满足则操作被拒绝执行。

3. 元组上的约束条件的定义

与属性上约束条件的定义类似,在 CREATE TABLE 语句中可以用 CHECK 子句定义元组上的约束条件,即元组级的限制。同属性值限制相比,元组级的限制可以设置不同属性之间取值的相互约束条件。

例 11.25 当学生的性别是"男"时,其名字不能以 Ms 开头。

```
CREATE TABLE student (
    sno CHAR(9),
    sname CHAR(8) NOT NULL,
    ssex CHAR(2),
    sage SMALLINT,
    sdept CHAR(20),
    PRIMARY KEY(Sno),
    CHECK(ssex = '女' OR Sname NOT LIKE 'Ms%')
                ——定义了元组中 sname 和 ssex 两个属性值之间的条件
);
```

性别是女性的元组都能通过该项检查，因为 ssex = '女' 成立；当性别是男性时，要求通过检查，名字一定不能以 Ms 打头，因为 ssex = '男' 时，条件要想为真值，sname NOT LIKE 'Ms%' 必须为真值。

11.8.4 完整性约束命名字句

除了在 CREATE TABLE 语句中定义完整性约束条件之外，SQL 还在 CREATE TABLE 语句中提供了完整性约束命名子句 CONSTRAINT，用来对完整性约束条件命名。从而可以灵活地增加、删除一个完整性约束条件。

1. 完整性约束命名字句，语法为

CONSTRAINT < 完整性约束条件名 > [PRIMARY KEY 子句 | FOREIGN KEY 子句 | CHECK 子句]

例 11.26 建立学生登记表 student，要求学号在 90000 ~ 99999 之间，姓名不能取空值，年龄小于 30，性别只能是"男"和"女"。

```
CREATE TABLE student(
    sno NUMERIC(6)
    CONSTRAINT C1 CHECK (SNO BETWEEN 90000 AND 99999),
    sname CHAR(20)
    CONSTRAINT C2 NOT NULL,
    sage NUMERIC(3)
    CONSTRAINT C3 CHECK ( sage < 30),
    ssex CHAR(2)
    CONSTRAINT C4 CHECK ( ssex IN ('男','女')),
    CONSTRAINT StudentKey PRIMARY KEY (sno)
);
```

该例在 student 表上建立了 5 个约束条件，包括主键约束（命名为 StudenrKey）以及 C1、C2、C3、C4 四个列级约束。

例 11.27 建立教师表 TEACHER，要求每个教师的应发工资不低于 3000 元。应发工资实际上就是实发工资列 Sal 与扣除项 Deduct 之和。

```
CREATE TABLE TEACHER (
    Tno NUMERIC(4) PRIMARY KEY,/ * 在列级定义主键 * /
    Tname CHAR(10),
    Sal NUMERIC(7,2),
    Deduct NUMERIC(7,2),
    CONSTRAINT C1 CHECK (Sal + Deduct > = 3000)
);
```

2. 修改表的完整性定义

可以使用 ALTER TABLE 语句修改表的完整性限制。

例 11.28 去掉 student 表中对性别的限制。

```
ALTER TABLE student
    DROP CONSTRAINT C4;
```

例 11.29 修改表 student 中的约束条件,要求学号改为在 900000 ~ 999999 之间,年龄由小于 30 改为小于 40。可以先删除原来的约束条件,再增加新的约束条件。

```
ALTER TABLE student
    DROP CONSTRAINT C1,
ALTER TABLE student
    ADD CONSTRAINT C1 CHECK (sno BETWEEN 900000 AND 999999),
ALTER TABLE student
    DROP CONSTRAINT C3,
ALTER TABLE student
    ADD CONSTRAINT C3 CHECK (sage < 40);
```

11.8.5 域的完整性约束限制

SQL 支持域的概念,并可以用 CREATE DOMAIN 语句建立一个域以及该域应该满足的完整件约束条件。

例 11.30 建立一个性别域,并声明性别域的取值范固。

```
CREATE DOMAIN GenderDomain CHAR(2)
    CHECK ( VALUE IN ('男','女'));
```

这样前例中对 ssex 的说明可以改写为:ssex GenderDomain

例 11.31 建立一个性别域 GenderDomain,并对其中的限制命名。

```
CREATE DOMAIN GenderDomain CHAR(2)
    CONSTRAINT GD CHECK ( VALUE IN ('男','女'));
```

例 11.32 删除域 CenderDomain 的限制条件 GD。

```
ALTER DOMAIM GenderDomain
    DROP CONSTRAINT GD;
```

例 11.33 在域 GenderDomain 上增加限制条件 GDD。

```
ALTER DOMAIN GenderDomain
    ADD CONSTRAINT GDD CHECK ( VALUE IN ('1','0') );
```

这样，通过这两个例子，就把性别的取值范围由（'男'，'女'）改为（'1'，'0'）。

11.9 数据库安全新技术

11.9.1 现有数据库文件安全技术

现有数据库文件安全主要通过以下三个途径来实现：

(1)依靠操作系统的访问控制功能实现。现在主流操作系统都有完善的用户认证机制，每个登录系统的用户通过自己的权限(即访问控制表 ACL)来访问系统资源。这样数据库拥有者或管理者可以通过设置用户权限来控制他人对数据库文件的读取、写入、复制及删除。

(2)采用用户身份认证实现。一般的身份认证都是在用户试图打开数据库时要求用户输入用户密码。这种安全技术的实现思想是，数据库管理软件打开文件时校验用户输入密码是否与数据库文件中保存的密码数据一致，如果不一致则拒绝打开数据库文件。

(3)通过对数据库加密来实现，这一安全设计思想是，采用用户的密码对数据库文件中的二进制数据流进行移位变换等处理来实现安全。

11.9.2 现有数据库文件安全技术的局限性

一般来说，现有数据库文件存在以下三种在安全性上的不足：

第一种安全技术的不足之处是：首先，数据库文件的安全完全依赖于操作系统，当系统配置不当时，安全根本得不到保证；其次，当数据库文件在目录或计算机间移动时，这种保护不复存在。所以，这种安全技术的弊病在于要靠外部环境实现安全，一旦外部环境发生变化，安全性便无法保障。

第二种安全技术的主要不足是：数据库文件的安全完全依赖于基于密码校验的身份认证。如果用户以正常方式(采用数据库管理软件)去打开数据库文件时，身份认证无疑是个不错的安全措施，但用户以二进制文件方式打开文件时，身份认证过程会被轻易跳过。所以，这种安全技术的弊病在于要靠数据库管理软件实现安全，一旦非法用户采用别的方法察看数据库文件内容时，安全性就无法保障。

第三种安全技术的局限也很明显：数据库文件一般都很大，因此，采用这种技术进行加密和解密的时间代价很大。如果用户每次打开和关闭数据库时，数据库文件要花几分钟来解密和加密，数据库用户是无法接受的。因此，这种技术安全性很高，但实现的代价太大，在实际中较少使用。

11.9.3 数据库安全新策略

正因为上述的安全性不足，新的数据库文件安全技术应具有以下的特点：

(1)安全性不受操作系统平台影响

即数据库文件无论被移动到什么计算机或什么目录，它的安全防护依然存在。即无论何时何地，数据库文件都有足够的安全性。

(2)加密内容的适量

对于有大量数据的数据库文件进行完全加密是不必要的。可行的办法是加密数据库文件中的文件特征说明部分和数据库字段说明部分,这样即使非法用户获得了数据库文件,也很难从中找到有用的内容。

(3)采用先进的加密技术

采用DES、密码反馈等先进的加密技术来提高安全性是很有必要的。在对数据库文件密码、数据库字段说明部分加密时要把它们作为一个整体加密。

(4)加密和数据压缩结合

数据压缩本身有数据隐蔽的功能,而且能够减少数据库占用的存储空间。

(5)身份认证陷阱

非法用户常用枚举密码的办法取得密码,身份认证陷阱能使有这一行为的非法用户付出很大的时间代价也无法获得用户密码。

(6)数据库文件反复制的能力

复制功能是操作系统提供的,真正的"反复制"需要操作系统的功能支持。这里的"反复制"是指除非数据库文件拥有者明确告诉数据库管理系统要复制一个数据库文件副本,否则非法用户即使使用操作系统提供的复制功能获得了一个副本,并且有数据库密码,数据库也无法正确打开。这一功能要靠数据库管理系统实现,它能在数据库打开和关闭时对数据库文件进行特殊处理。

习 题

1. 实现数据库安全性的技术措施有哪些?

2. 什么是数据库的完整性?

3. 数据库的安全性与完整性有什么区别与联系?

4. 数据库的完整性分为哪几类?分别有哪些实现技术?

5. 为什么需要数据恢复?有哪几种数据恢复策略?

6. 在一个实际的数据库系统中,安全访问控制往往是通过角色管理用户权限的,采取角色方法有什么优点?

7. 假设有如下两个关系:学生(学号,姓名,性别,年龄,民族,宿舍,联系电话,班级标识),班级(班级标识,班级名称,入学时间,班主任),其中学号、班级标识分别为主键。用SQL定义这两个关系,并实现如下完整性约束条件:性别只能取M(Male)、F(Female);定义实体完整性;定义参照完整性;年龄在15~40之间;学号取值范围是1000000000~9999999999。

8. 在数据操作的过程中,如果DBMS遇到违反数据完整性约束,一般有哪几种处理方法?

9. 在什么情况下使用DBMS的审计功能?

10. 视图是如何保护数据的?

11. 什么是数据库的安全性?

12. 统计数据库中的安全性存在什么特殊问题?

13. 数据库恢复的实现技术有哪些?

第12章 数据库新技术

数据库技术作为计算机科学的一个重要分支，无论是在学术研究上还是在商业应用上都取得了巨大的成就。随着数据库技术的发展和应用的深入，出现了新的数据模型、新的技术内容、新的应用领域。本章介绍数据库的一些新技术和高级特性，包括数据自动化管理、分布式数据管理、B/S与C/S结构、中间件技术、XML技术、ETL工具、联机分析处理、数据仓库和数据挖掘等。

12.1 数据自动化管理

Microsoft SQL Server 2005 提供了数据自动化管理的功能。自动化管理的核心是 SQL Server Agent 服务(也称为代理)，其使用作业、计划、警报和操作员这四个组件来定义要执行的任务、执行任务的时间以及报告任务成功或失败的方式。SQL Server 代理运行作业、监视 SQL Server 并处理警报。

为了部署自动化管理，一般遵循三个基本的步骤：

(1)确定哪些管理任务或服务器事件定期执行以及这些任务或事件是否可以通过编程方式进行管理。如果任务涉及一系列可预见的步骤并且在特定时间或响应特定事件时执行，则该任务非常适合自动化。

(2)使用 SQL Server Management Studio、Transact - SQL 脚本或 SQL 管理对象(SMO)定义一组作业、计划、警报和操作员。

(3)运行已定义的 SQL Server 代理作业。

12.1.1 作业

作业(Job)是 SQL Server 代理执行的一系列指定操作，每个操作都是一个“作业步骤”，作业步骤可以运行 Transact - SQL 语句、执行 SSIS(Microsoft SQL Server 2005 Integration Services)包或向 Analysis Services 服务器发出命令。使用作业可以定义一个能执行一次或多次的管理任务，并能监视执行结果是成功还是失败。作业可以在一个本地服务器上运行，也可以在多个远程服务器上运行。运行作业的基本方式包括：根据一个或多个计划；响应一个或多个警报；通过执行 sp_start_job 存储过程。

12.1.2 计划

“计划”(Schedule)指定了作业运行的时间。多个作业可以根据一个计划运行，多个计划也可以应用到一个作业。计划可以为作业运行的时间定义下列条件：每当 SQL Server 代理启动时；每当计算机的 CPU 使用率处于定义的空闲状态水平时；在特定日期和时间运行一次；按重复执行的计划运行。

12.1.3 警报

警报(Alert)是对特定事件的自动响应。事件由 Microsoft SQL Server 生成并被输入到 Microsoft Windows 应用程序日志中。SQL Server 代理读取应用程序日志,并将写入的事件与定义的警报比较。当 SQL Server 代理找到匹配项时,它将发出自动响应事件的警报。

定义一个警报通常包括三部分:警报的名称;触发警报的事件或性能条件;SQL Server 代理响应事件或性能条件所执行的操作。每个警报都必须有一个名称,警报名称在 SQL Server 实例内必须唯一。一个警报响应一种特定的事件,警报响应的事件类型包括:SQL Server 事件;SQL Server 性能条件;运行 SQL Server 代理的计算机上的 Microsoft Windows Management Instrumentation(WMI)事件。警报可以执行下列操作:通知一个或多个操作员;运行作业。

12.1.4 操作员

操作员(Operator)的定义是负责维护一个或多个 SQL Server 实例的个人的联系信息。操作员的主要属性包括操作员名称和联系信息。每个操作员都必须有一个名称,在 SQL Server 实例中,操作员的名称必须是唯一的。操作员的联系信息决定了通知该操作员的方式,可以通过电子邮件、寻呼或 Net Send 命令通知操作员。当向指定操作员发送的所有寻呼通知失败后,防故障操作员将收到警报通知。

SQL Server 代理所在的计算机必须启动 Windows Messenger 服务,才能使用"网络发送"发送通知。若要使用电子邮件或寻呼程序向操作员发送通知,必须将 SQL Server 代理配置为使用数据库邮件或 SQL Mail。

这 4 个构件合作完成自动化管理。下面是它们如何合作的一个具体例子:

(1)用户定义一个作业,并规定该作业在计划指定的时间运行。

(2)当该作业运行失败时,它将一条错误消息写到 Windows 事件日志中。

(3)当 SQL Server Agent 服务读取 Windows 事件日志时,该代理发现了失败的作业所写入的错误消息,并将其与 MSDB 数据库中的 sysalerts 表做比较。

(4)当代理找到一个匹配项目时,激活一个警报。

(5)该警报在激活时就会发送电子邮件、寻呼消息或 Net Send 消息给操作员。该警报也可以配置成运行另外一个作业,用于修复产生该警报的具体问题。

12.2 分布式数据管理

Microsoft SQL Server 2005 通过复制技术实现了分布式数据管理。复制(Replication)是一组技术,它将数据和数据库对象从一个数据库复制和分发到另一个数据库,然后在数据库间进行同步,以维持一致性。使用复制,可以在局域网和广域网、拨号连接、无线连接和 Internet上将数据分发到不同位置以及分发给远程或移动用户。

12.2.1 复制发布模型概述

复制使用出版业术语表示复制拓扑中的组件,其中有发布服务器、分发服务器、订阅服务务器、发布、项目和订阅。可借助杂志的概念来帮助理解复制：杂志出版商(发布服务器)生产一种或多种刊物(发布)；刊物(发布)包含文章(项目)；杂志出版商(发布服务器)可以直接发行(分发)杂志，也可以使用发行商(分发服务器)发行杂志；订阅者(订阅服务器)接收订阅的刊物(发布)。

发布服务器是一种数据库实例，它通过复制向其他位置提供数据。发布服务器可以有一个或多个发布，每个发布定义一组要复制的具有逻辑关系的对象和数据。

分发服务器也是一种数据库实例，它起着存储区的作用，用于复制与一个或多个发布服务器相关联的特定数据。

订阅服务器是接收复制数据的数据库实例。一个订阅服务器可以从多个发布服务器接收数据。根据所选复制的类型，订阅服务器还可以将数据更改传递回发布服务器或者将数据重新发布到其他订阅服务器。项目用于识别发布中包含的数据库对象。一个发布可以包含不同类型的项目，包括表、视图、存储过程和其他对象。

发布是来自一个数据库的一个或多个项目的集合。

订阅是把发布副本传递到订阅服务器的请求。配置订阅就是定义订阅将接收的发布和接收的时间、地点。

12.2.2 复制代理

复制使用许多称为代理的独立程序执行与跟踪更改和分发数据相关联的任务。默认情况下，复制代理作为 SQL Server 代理安排的作业运行，必须运行 SQL Server 代理，这些作业才能运行。

复制代理通常通过使用 5 个代理来实现数据从发送方转移到订阅方，它们分别是：

(1)日志读取器代理(Log Reader Agent)。该代理与事务性复制一起使用，它将发布服务器上的事务日志中标记为复制的事务移至分发数据库中。使用事务性复制发布的每个数据库都有自己的日志读取器代理，该代理运行于分发服务器上并与发布服务器连接(分发服务器与发布服务器可以是同一台计算机)。

(2)分发代理(Distribution Agent)。该代理与快照复制和事务性复制一起使用，它将初始快照应用于订阅服务器，并将分发数据库中保存的事务移至订阅服务器。

(3)合并代理(Merge Agent)。该代理与合并复制一起使用，它将初始快照应用于订阅服务器，并移动和协调所发生的增量数据更改。每个合并订阅都有自己的合并代理，该代理同时连接到发布服务器和订阅服务器并对它们进行更新。

(4)快照代理(Snapshot Agent)。该代理通常与各种类型的复制一起使用。快照代理准备已发布表的架构和初始数据文件以及其他对象、存储快照文件并记录分发数据库中的同步信息。快照代理在分发服务器上运行。

(5)队列读取器代理(Queue Reader Agent)。该代理运行于分发服务器，并将订阅服务器上所做更改移回至发布服务器。与分发代理和合并代理不同，只有一个队列读取器代理的实例为给定分发数据库的所有发布服务器提供服务。

12.2.3 基于复制应用环境的复制分类

根据复制的应用环境，可以将复制分为两大类：一类是在服务器对服务器环境中复制数据;另一类是在服务器和客户端之间复制数据。

在服务器对服务器环境中复制数据,主要是支持以下应用程序和要求:

(1)提高可伸缩性和可用性。通过维护不断更新的数据副本,允许将读取活动扩展到跨多个服务器。维护同一数据的多个副本产生的冗余在计划和未计划停用期间也是有用的。如果某个服务器不可用,可以将请求路由到具有相同数据的其他服务器,直到原始服务器(或替换服务器)重新连接。

(2)数据仓库和报表。数据仓库和报表服务器通常使用联机事务处理(OLTP)服务器中的数据。使用复制在 OLTP 服务器和报表与决策支持系统之间移动数据。

(3)集成多个站点中的数据。数据通常从远程办事处"汇总"并在总部进行合并。同样,数据也可以从总部复制到远程办事处。

(4)集成异类数据。某些应用程序依赖于来自非 SQL Server 数据库的数据,使用复制集成来自非 SQL Server 数据库的数据。

(5)卸载批处理。批处理操作由于通常会占用过多资源而无法在 OLTP 服务器上运行,使用复制将批处理任务卸载到专用批处理服务器上。

在服务器和客户端(包括工作站、PDA 等)之间复制数据,主要是支持以下应用:

(1)与移动用户交互数据。许多应用程序要求数据可用于远程用户,包括销售人员、送货司机等。这些应用程序包括客户关系管理(CRM)应用程序、销售自动化(SFA)应用程序等。

(2)消费者销售点(POS)应用程序。POS 应用程序(如结算终端和 ATM 机)要求将数据从远程站点复制到中心站点。

(3)集成来自多个站点的数据。应用程序通常集成来自多个站点的数据。

12.2.4 复制类型

Microsoft SQL Server 2005 提供了 3 种可在分布式应用程序中使用的复制类型,分别是:事务性复制、合并复制和快照复制。

事务性复制通常从发布数据库对象和数据的快照开始。创建了初始快照后,接着在发布服务器上所做的数据更改和架构修改通常在修改发生时(几乎实时)便传递给订阅服务器。数据更改将按照其在发布服务器上发生的顺序和事务边界,应用于订阅服务器,因此,在发布内部可以保证事务的一致性。

合并复制通常也是从发布数据库对象和数据的快照开始,并且用触发器跟踪在发布服务器和订阅服务器上所做的后续数据更改和架构修改。订阅服务器在连接到网络时将与发布服务器进行同步,并交换自上次同步以来发布服务器和订阅服务器之间发生更改的所有行。合并复制允许不同站点自主工作,并在以后将更新合并成一个统一的结果。由于更新是在多个节点上进行的,同一数据可能由发布服务器和多个订阅服务器进行了更新。因此,在合并更新时可能会产生冲突,合并复制提供了多种处理冲突的方法。

快照复制将数据以特定时刻的瞬时状态分发,而不监视对数据的更新。发生同步时,将生成完整的快照并将其发送到订阅服务器。发布服务器上快照复制的连续开销低于事务性复制的开销,因为不用跟踪增量更改。但是,如果要复制的数据集非常大,那么若要生成和应用快照,将需要使用大量资源。评估是否使用快照复制时,需要考虑整个数据集的大小以及数据的更改频率。

12.2.5 事务性复制应用示例

下面,将详细地介绍如何使用 Microsoft SQL Server 2005 数据库的复制功能来实现事务性复制。在该实例中,将使用事务性复制来实现默认的 SQL Server 实例的 AdventureWorks 数据库的 Sales. Currency 表与命名的 SQL Server 实例 LZU - IBMLAB - 01 \ CLIENT 的 ClientDB数据库的 Sales. Currency 表实现同步。

1. 事务性复制运行环境介绍

所谓“实例”,就是一个 SQL Server 数据库引擎。SQL Server 2005 支持单个服务器上的多个 SQL Server 实例,但只有一个实例可以是默认实例,所有其他实例都必须是命名实例。一台计算机可同时运行多个 SQL Server 实例,每个实例独立于其他实例运行。默认情况下,第一次在计算机上安装 SQL Server 2005 时,安装程序将安装指定为默认实例;命名实例可以随时安装。客户端连接命名实例时,必须使用计算机名称与命名实例的实例名组合的格式,即 computer_name\instance_name。

在该示例中,我们创建两个 SQL Server 实例,一个是 SQL Server 的默认实例,另外一个是命名实例 LZU - IBMLAB - 01\CLIENT,如图 12 - 1 所示。

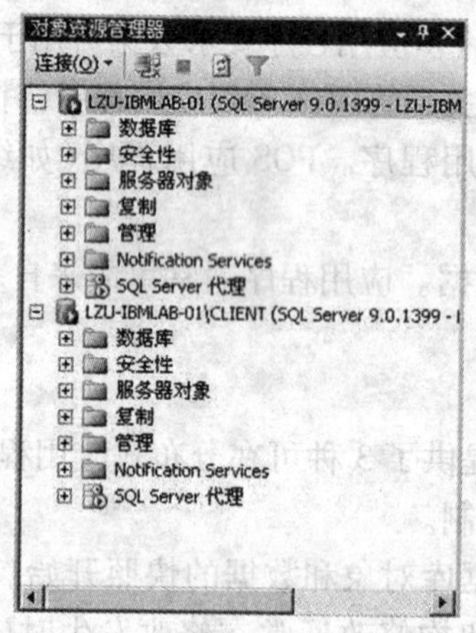

图 12 - 1 “对象资源管理器”窗口

2. 配置分发服务器

配置分发服务器可以使用新建发布向导或配置分发向导。本例中,将介绍根据配置分发向导配置分发服务器。

根据配置分发向导配置分发服务器的具体步骤如下:

(1)在 Microsoft SQL Server Management Studio 中,连接到将要作为分发服务器的服务器(本例中分发服务器和发布服务器都是默认的 SQL Server 实例),然后展开服务器节点。

(2)右键单击“复制”文件夹,然后单击【配置分发】,启动“配置分发向导”,单击【下一步】。

(3)接下来,随着配置分发向导将执行下列操作:

①选择分发服务器。本示例使用本地分发服务器,因此选择“‘LZU - IBMLAB - 01’将充当自己的分发服务器;SQL Server 将创建分发数据库和日志”选项。

②指定根快照文件夹(适用于本地分发服务器)。快照文件夹只是指定发布服务器共

享的目录。对此文件夹执行读写操作的代理必须对其具有足够的访问权限。每个使用此分发服务器的发布服务器都在根文件夹下创建一个文件夹，而每个发布则在发布服务器文件夹下创建用于存储快照文件的文件夹。

③指定分发数据库（适用于本地分发服务器）。分发数据库存储了事务性复制的所有复制和事务类型的元数据和历史记录数据。

④启用发布服务器。如果其他发布服务器能够使用分发服务器，则必须在“分发服务器密码”页上输入从这些发布服务器连接到分发服务器的密码。

3. 启用数据库的复制特性

为了能在数据库上创建发布，必须首先让 sysadmin 固定服务器角色中的用户启用数据库的复制特性。启用数据库并不会发布该数据库，而是允许该数据库的 db_owner 固定数据库角色中的任何用户在该数据库中创建一个或多个发布。

启用数据库的复制特性的基本步骤如下：

（1）启动“SQL Server Management Studio”程序。

（2）连接到默认的 SQL Server 实例，然后在对象资源管理器中右键单击“复制”文件夹，选择【发布服务器属性】菜单命令，打开“发布服务器属性 - LZU - IBMLAB - 01”对话框。

（3）在该对话框中单击左窗格中的“发布数据库”选项，打开一个新窗口，其中列出了发布服务器上可用的数据库以及两个名字为“事务性”和“合并”的复选框。

（4）根据应用需求在需要复制的数据库上选择“事务性”和（或）“合并”复选框。在本例中，启用样本数据库 AdventureWorks 的事务性复制和合并复制，如图 12 - 2 所示。

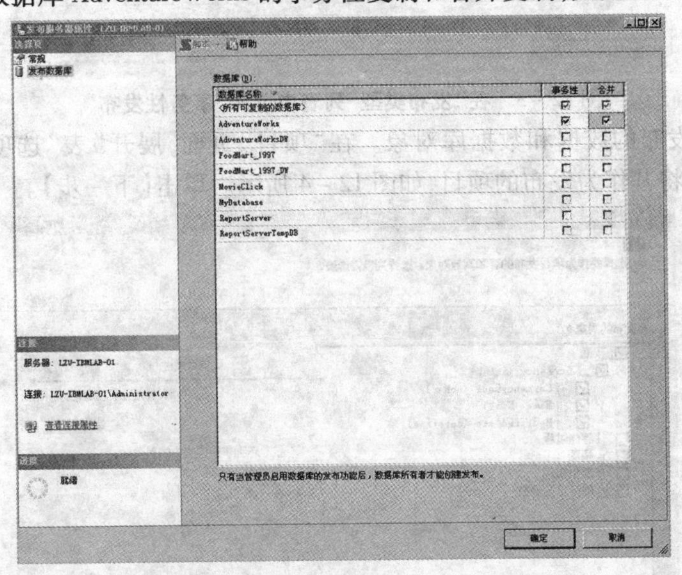

图 12 - 2　选择“事务性”和“合并”复选框

4. 创建事务性发布

在该任务中，将在发布服务器（默认的 SQL Server 实例）的 AdventureWorks 数据库上创建一个事务性发布。可以使用新建发布向导创建发布和定义项目。

创建事务性发布的基本步骤如下：

（1）在 Microsoft SQL Server Management Studio 中连接到发布服务器（该实例中为默认的

SQL Server 实例)，然后展开服务器节点。

(2)展开“复制”文件夹，再右键单击“本地发布”文件夹，单击【新建发布】菜单命令打开“新建发布向导”对话框，单击【下一步】。

(3)选择发布数据库。在“发布数据库”页面上显示了发布服务器上所有的数据库列表，选择数据库 AdventureWorks，单击【下一步】。

(4)选择发布类型。在“发布类型”页面的“发布类型”列表中显示了 SQL Server 2005 支持的 4 种发布类型。选择“事务性发布”，如图 12－3 所示。单击【下一步】。

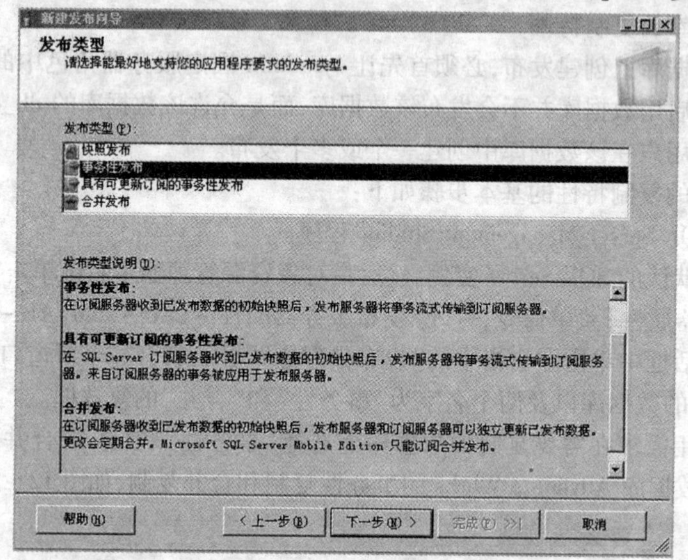

图 12－3　在“发布类型”列表中选择“事务性发布”

(5)指定要发布的数据和数据库对象。在“项目”页面，展开“表”选项，选中 Currency 旁边的复选框以将其作为发布的项目，如图 12－4 所示。单击【下一步】。

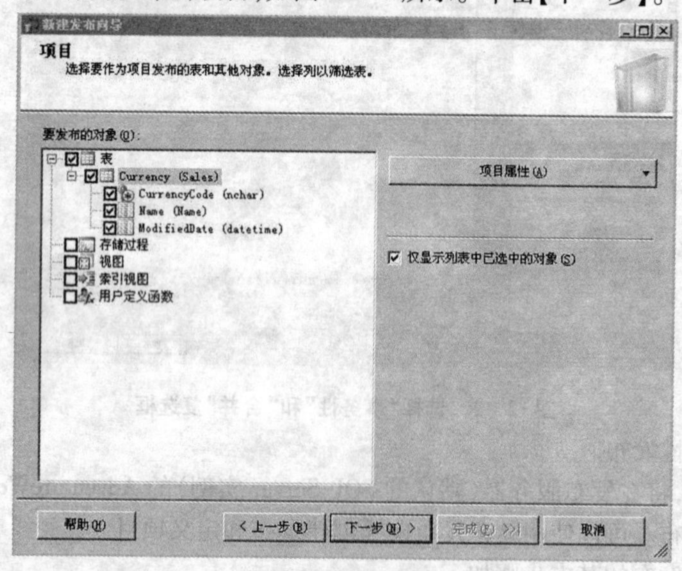

图 12－4　创建发布成功提示信息

(6)选择筛选来自表项目的行。在“筛选表行”页面，可以通过单击【添加】按钮来添加筛选器以筛选发布中项目的数据。单击【下一步】。

(7)设置快照代理。在“快照代理”页面可以设置快照代理的运行方式，分别是立即运行和指定时间运行。如果需要修改快照属性，不应该立即运行“快照代理”，而是在修改了发布属性之后再启动它。选择“立即创建快照并使快照保持可用状态，以初始化订阅”，单击【下一步】。

(8)指定运行快照代理和日志读取器代理以及进行连接的凭证。在“代理安全性”页面，单击【安全设置】，打开“快照代理安全性”窗口，选择“在 SQL Server 代理服务账户下运行”单选按钮。单击【确定】→【下一步】。

(9)编写发布脚本(可选)。在“向导操作”页面，选择“创建发布”复选框，单击【下一步】。

(10)指定发布的名称。在“完成该向导”页面，在“发布名称”框中，输入 TransactionalPublication。单击【完成】。

(11)“正在创建发布”页面打开，在发布建成之后，向导将发出发布创建成功的消息，如图 12－5 所示。单击【关闭】按钮结束创建发布向导。

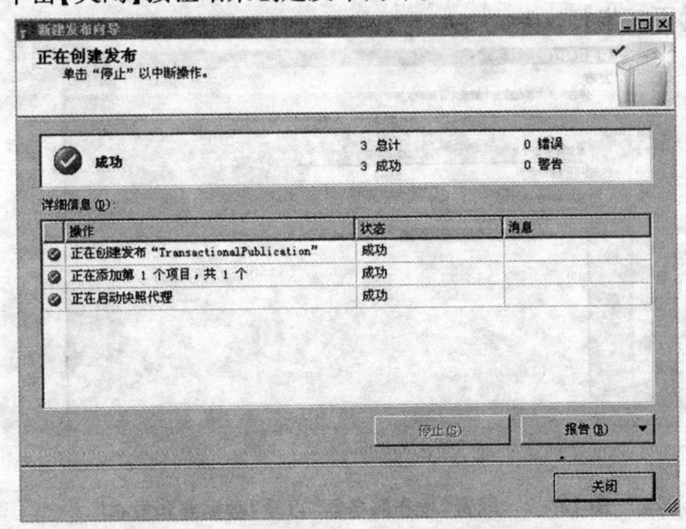

图 12－5　选择表 Currency 作为发布的项目

此时，已经成功地创建了一个事务性发布。在 Microsoft SQL Server Management Studio 窗口的“对象资源管理器”窗格中，刚才创建的事务性发布已经出现在“复制”文件夹下面的“本地发布”文件夹中，如图 12－6 所示。

5. 创建事务性订阅

使用新建订阅向导，可以在发布服务器或订阅服务器上创建事务性订阅。在该任务中，将在发布服务器上创建一个推送订阅。

创建事务性推送订阅的基本步骤如下：

(1)在 Microsoft SQL Server Management Studio 中连接到发布服务器(本例中为默认的 SQL Server 实例)，展开“复制”文件夹，右键单击“本地订阅”文件夹，然后单击【新建订阅】，打开“新建订阅向导”，单击【下一步】。

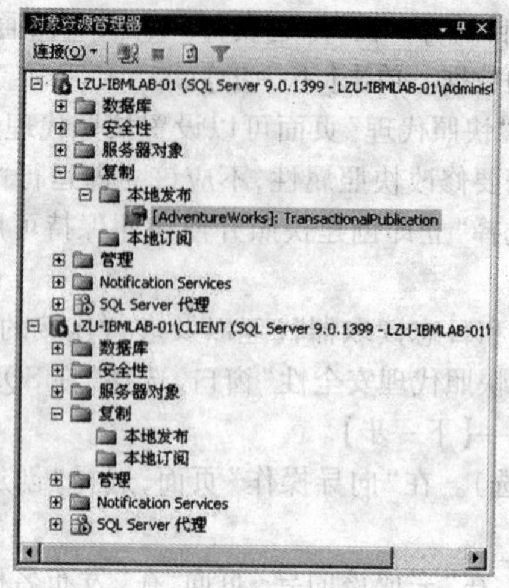

图 12-6　在"本地发布"文件夹

(2)指定发布服务器和发布。在"发布"页面,"发布服务器"框中选择 LZU-IBMLAB-01,"数据库和发布"选择 AdventureWorks 数据库的 TransactionalPublication 发布,如图 12-7 所示。单击【下一步】。

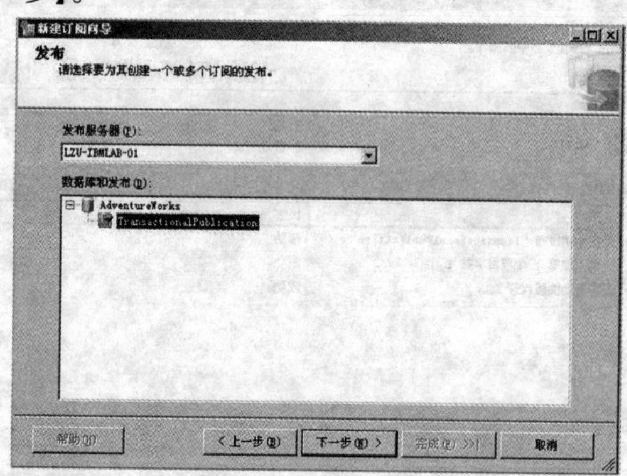

图 12-7　配置"发布服务器"以及"数据库和发布"

(3)选择运行分发代理的位置。对于推送订阅,选择"在分发服务器 LZU-IBMLAB-01 上运行所有代理(推送订阅)"。单击【下一步】。

(4)指定订阅服务器和订阅数据库。单击【添加订阅服务器】→【添加 SQL Server 订阅服务器】,连接到 LZU-IBMLAB-01\CLIENT 服务器。复选 LZU-IBMLAB-01\CLIENT 复选框,并在"订阅数据库"列的下拉列表中选择 ClientDB 数据库,如图 12-8 所示。单击【下一步】。

(5)指定分发代理建立连接所用的用户名和密码。在"分发代理安全性"页面上,单击【…】按钮,打开"分发代理安全性"对话框,选择"在 SQL Server 代理服务账户下运行"单选按钮。单击【确定】→【下一步】。

(6)指定同步计划。在"同步计划"页面,在"代理计划"列可以选择"连续运行"和"仅按需运行"。默认的"连续运行"选项表示每当发布服务器发布发生变化时,订阅服务器将立即检查数据更新并更新本地。选择"连续运行",单击【下一步】。

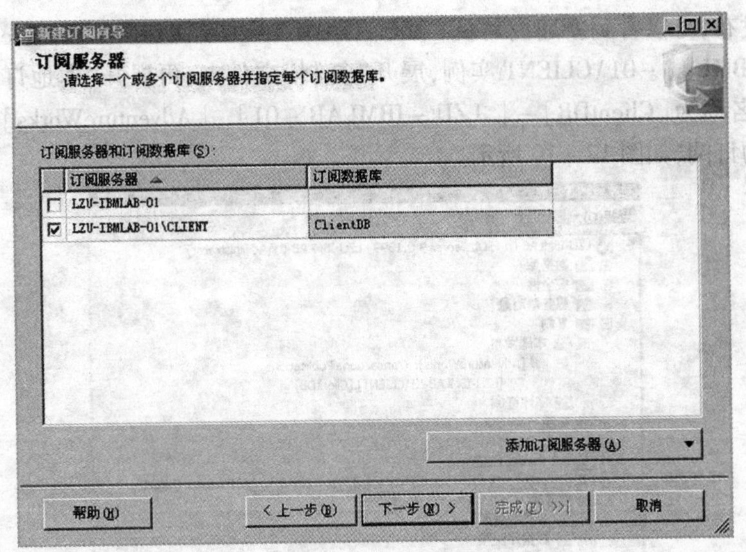

图 12-8　选择订阅服务器和订阅数据库

(7)指定初始化订阅服务器的时间。在“初始化订阅”页面的“初始化时间”列选择立即,单击【下一步】。

(8)编写订阅脚本(可选)。在“向导操作”页面,选择“创建订阅”复选框,单击【下一步】。

(9)在“完成该向导”页面以摘要形式列出在向导中选择的各个操作。验证正确后,单击【完成】。

(10)向导创建该订阅,并启动同步代理。在创建结束时,创建成功的消息出现在页面中,如图 12-9 所示。单击【关闭】按钮退出订阅向导。

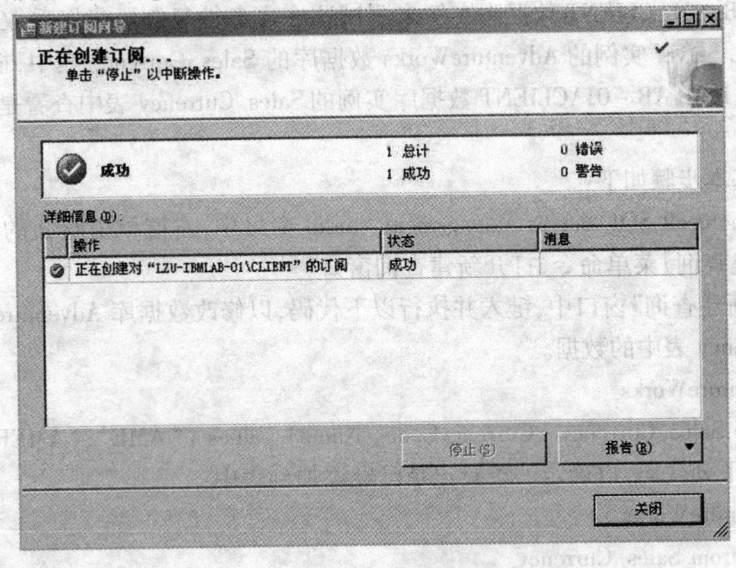

图 12-9　创建订阅成功提示信息

此时,在 Microsoft SQL Server Management Studio 窗口的“对象资源管理器”窗格中,在默认的 SQL Server 实例下,展开“本地发布”文件夹,并展开[AdventureWorks]:Transactional-

Publication 发布,可以看到新建的订阅[LZU - IBMLAB - 01\CLIENT].[ClientDB]。同时,打开 LZU - IBMLAB - 01\CLIENT 实例,展开"复制"文件夹,再展开"本地订阅"文件夹,可以看到一个名称为[ClientDB] - [LZU - IBMLAB - 01]. [AdventureWorks]:TransactionalPublication 的订阅,如图 12 - 10 所示。

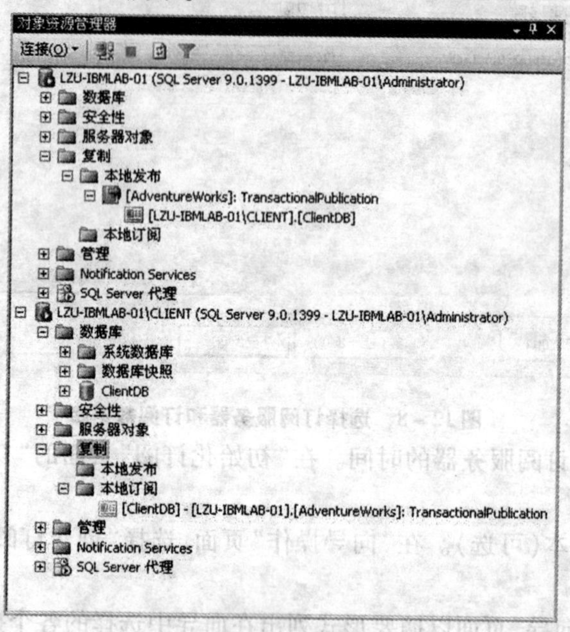

图 12 - 10 "对象资源管理器"窗格

6. 测试事务性复制

至此,已经创建了一个事务性发布和一个事务性推送订阅,下面就通过将该订阅推送给 LZU - IBMLAB - 01\CLIENT 数据库实例来测试这个事务性复制。我们采取的测试方法是在默认的 SQL Server 实例的 AdventureWorks 数据库的 Sales. Currency 表中,插入一条记录,然后在 LZU - IBMLAB - 01\CLIENT 数据库实例的 Sales. Currency 表中查看是否其也增加了一条记录。

测试的基本步骤如下:

(1)在 Microsoft SQL Server Management Studio 窗口中,右键单击默认的 SQL Server 实例,选择【新建查询】菜单命令,打开新建查询窗口。

(2)在"新建查询"窗口中,键入并执行以下代码,以修改数据库 AdventureWorks 数据库的 Sales. Currency 表中的数据。

```
use AdventureWorks
insert into Sales. Currency (CurrencyCode, Name) values ('AME','AMERICA')
```

(3)执行下列代码,以确定一条新记录已经添加到表中:

```
use AdventureWorks
select * from Sales. Currency
```

(4)右键单击 LZU - IBMLAB - 01\CLIENT 数据库实例,选择【新建查询】菜单命令,打开新建查询窗口。

(5)在查询窗口中,键入并执行以下代码:

```
use ClientDB
select * from Sales.Currency
```

(6)查看 Sales. Currency 表,可以看到刚才添加的记录,如图 12-11 所示。这是由于前面已经将订阅的同步时间计划设置为"连续运行",所以这个推送订阅会立即发生。

结果 | 消息

	CurrencyCode	Name	ModifiedDate
1	123	people	2008-12-10 20:11:01.390
2	AED	Emirati Dirham	1998-06-01 00:00:00.000
3	AFA	Afghani	1998-06-01 00:00:00.000
4	ALL	Lek	1998-06-01 00:00:00.000
5	AMD	Armenian Dram	1998-06-01 00:00:00.000
6	AME	AMERICA	2008-12-10 22:39:03.717
7	ANG	Netherlands Antillian Guilder	1998-06-01 00:00:00.000
8	AOA	Kwanza	1998-06-01 00:00:00.000
9	ARS	Argentine Peso	1998-06-01 00:00:00.000
10	ATS	Shilling	1998-06-01 00:00:00.000
11	AUD	Australian Dollar	1998-06-01 00:00:00.000
12	AWG	Aruban Guilder	1998-06-01 00:00:00.000

图 12-11 ClientDB 数据库 Sales. Currency

12.3 C/S 结构与 B/S 结构

最初的数据库系统应用结构采用的是集中式结构或文件服务器结构,这种结构的不足表现在:数据集中处理,造成通信开销大,过分依赖主机,造成系统可靠性低,另外系统的可扩充性也较差。随着计算机网络技术的飞速发展和应用范围的不断扩大,人们不断对数据库系统应用结构进行研究,形成了目前流行的客户机/服务器结构和浏览器/服务器结构。网络数据库系统可以按照客户机/服务器模式(C/S)或浏览器/服务器模式(B/S)建立。但无论采用哪种计算模式,数据库都驻留在后台服务器上,通过网络通信,为前端用户提供数据库服务。

在 C/S 结构和 B/S 结构中,广泛使用中间件技术解决数据库之间相互访问、接口兼容等许多问题。

12.3.1 C/S 结构

1. C/S 结构简介

C/S 结构的数据库应用被逻辑地划分为两个部分:客户机端和服务器端。客户机端运行客户应用程序,服务器端运行数据库服务器程序,二者可分别称为前台程序和后台程序。一旦服务器程序被启动,就随时等待响应客户程序发来的请求;客户应用程序运行在用户自己的电脑上,当需要对数据库中的数据进行任何操作时,客户应用程序就自动地寻找服务器程序,并向其发出请求,服务器程序根据预定的规则做出应答,送回结果。C/S 结构是一种灵活的、基于消息的、模块化、分布式的基础结构。与传统的集中式主机分时计算方式相比,软件系统的可用性、灵活性、协同工作能力和可伸缩性都得到了提高。

2. C/S 主要技术特征

(1)按功能划分。服务器是服务的提供者,客户机是服务的消费者。实际上,C/S 根据服务的观点对功能进行了明确的划分。

(2)共享资源。一个服务器可以在同一时刻为多个客户机提供服务,并且服务器具有并发控制、封锁等能力协调多用户对于共享资源的访问。

(3)不对称协议。在客户机与服务器之间存在着一种多对一的主从关系。即客户机通过请求与服务器主动对话,而服务器则是被动地等待客户机请求。

(4)定位透明性。C/S 系统应该向客户提供服务器位置透明性服务。"定位透明性"是指用户不必知道服务器的位置,就可以请求服务器的服务。

(5)基于消息的交换。客户机和服务器是一对耦合的系统,它们对消息传递机制互相协作。消息是服务请求与服务响应的媒介。

(6)可扩展性。C/S 系统可以水平或垂直地扩展。水平扩展是指添加或移去客户工作站对系统性能影响很小。垂直扩展是指移植到更大的或者更快的服务器或多服务器。

C/S 结构的缺点是:(1)高昂的维护成本且投资大。采用 C/S 结构,使分布于不同地方的数据要建立"实时"同步,就必须在两地间建立实时的通讯连接,保持两地的数据库服务器在线运行,网络管理工作人员同时要对服务器和客户端进行维护和管理,维护成本高,任务量大。(2)需要专门的客户机端安装程序,分布功能弱,不能够实现快速部署安装和配置。(3)开发成本高,需要具有一定专业水准的技术人员才能完成。

C/S 模式的运用主要是基于行业的数据库应用,如股票接收系统、邮局汇款系统等。

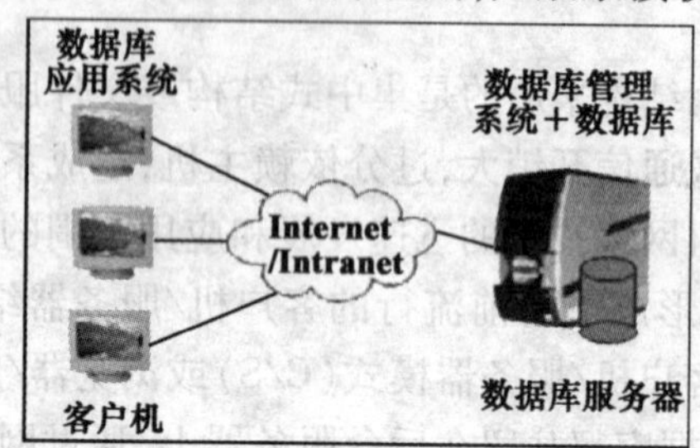

图 12-12　C/S 结构模式

12.3.2　B/S 结构

随着 Internet 技术和 Web 技术的广泛应用,C/S 结构已无法满足人们的需要。于是基于浏览器/服务器(Browser/Server)结构的系统应运而生。

浏览器/服务器(Browser/Server,简称 B/S)模式,是一种三层结构模式,其原理如图 12-13 所示。B/S 是 Web 兴起后的一种网络结构模式,Web 浏览器是客户机端最主要的应用软件。B/S 模式下的客户机只需安装浏览器软件,服务器只需安装 Oracle、Sybase、Informix

图 12-13　B/S 结构模式

或 SQL Server 等数据库管理系统。浏览器通过 Web Service 同数据库进行数据交互,而无须开发前端应用程序。中间层的 Web 应用服务器,如 Microsoft 公司的 IIS 等是连接前端客户机和后台数据库服务器的桥梁,主要的数据计算和应用都在此完成,因此对中间层服务器的要求较高,开发中间层的技术人员需要具备一定的编程基础。后台数据库服务器主要完成数据的管理。这种模式统一了客户端,将系统功能实现的核心部分集中到服务器上,简化了系统的开发、维护和使用。典型的例子是互联网上订票、购物等使用的数据库系统,这也是目前电子商务应用的常用模式。

1. B/S 工作模式的优点

(1)减轻了客户端的压力;

(2)将用户交互、应用业务处理和数据管理三者相互彻底分解;

(3)在表示层对数据的输入进行分析检查,可以尽早消除错误输入,减少网上传输的数据量,加快响应速度。

2. B/S 模式的缺点

应用服务器运行数据负荷较重,所有的数据处理功能均在服务器端实现,一旦发生服务器"崩溃"现象,后果将不堪设想;同时,B/S 模式对网络依赖性很强,其所有的工作只有在网络条件健全的情况下才能完成。

12.3.3 ODBC 技术

ODBC(Open Database Connectivity,开放数据库互联)是由 Microsoft 公司倡导并得到广泛运用的一种数据库连接技术,通过该技术用户可以使用一组通用的接口与各种数据库进行连接。ODBC 使得应用程序可以访问任何具有 ODBC 驱动程序的数据源的数据。也就是说,ODBC 是访问数据库的一个统一接口标准,它可以让开发人员通过相同的 API 来访问多种不同类型的数据源,如 Oracle、SQL Server、Access、Sybase、MySQL、Excel、平面文件等。

ODBC 技术的工作原理如图 12-14 所示。首先,应用程序通过使用 ODBC API 与驱动管理器进行通信,ODBC API 由一组 ODBC 函数调用组成,通过 API 调用 ODBC 函数提交 SQL 请求;然后,驱动管理器通过分析 ODBC 函数,判定应用程序要连接的数据源类型为其装载或卸载正确的驱动器,并把 ODBC 函数调用传递给驱动器;最后,驱动器负责处理ODBC 函数调用,把 SQL 请求发送给数据源,并把执行结果返回给驱动管理器,管理器再把结果传送给应用程序。

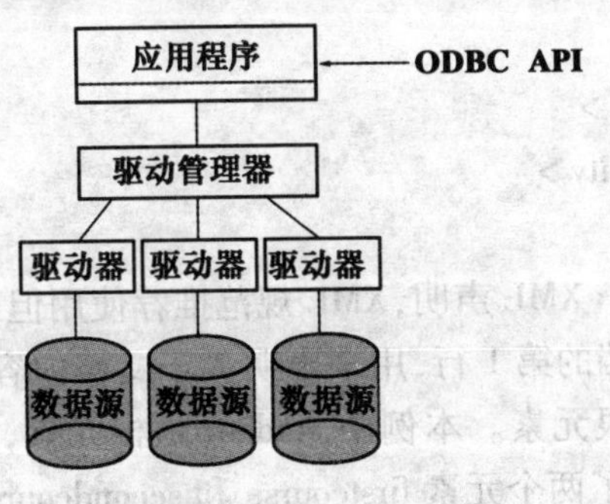

图 12-14 ODBC 原理

12.4 XML 技术

XML(eXtensible Markup Language,可扩展标记语言)是一种专门在 Web 上构建和交换数据的语言。XML 是 SGML 的子集,其目标是允许普通的 SGML 在 Web 上以目前 HTML 的方式被服务、接收和处理。XML 被设计成易于实现的语言,且可在 SGML 和 HTML 之间互相操作。

自从 Web 出现以来,HTML(超文本标记语言)成为了创建 Web 页面的标准语言。像 HTML 一样,XML 是一种专门在 Web 上传递信息的语言。不同的是,HTML 只关注数据在网页上的显示,而 XML 还可用来提供数据特定组成部分的结构和含义的信息。而且 XML 数据的各种存储和查询技术日趋成熟,绝大多数数据库管理系统中增加了对 XML 数据处理的模块,还出现了专门针对 XML 数据的存储系统,XML 数据库发展迅速。

12.4.1 XML、DTD 与 XML 模式

XML 采用树形分层结构,引入两个主要的结构化概念:元素和属性。与 HTML 类似,XML 中也是由开始标记 <…> 和结束标记 </…> 来确定元素的边界。元素可以嵌套在另一个元素中。XML 文档的第一个或最上方标记被称为文档元素或根元素,根元素包含了所有其他元素。元素可能具有一组属性,属性提供了所描述的元素的附加信息,它只能出现在起始标记和空元素标记中,而不能出现在终止标记中。属性规范包括属性名及对应的属性值。

XML 的定义由框架语法组成。当创建一个 XML 文档时,不必使用有限的预定义元素集,而是创建自己所需要的元素,并赋予任意的名称,这便是可扩展标记语言中"扩展"的含义。

例 12.1 XML 文档示例。

```
<? xml version = "1.0"? >
<! - - File Name: student. xml - - >
< student grade = "2008" >
< age > 20 </ age >
< course >
< firstcourse > AI </firstcourse >
< secondcourse > Computing </secondcourse >
</ course >
< id > 123456 </ id >
< city > beijing </ city >
</ student >
```

例 12.1 的第 1 行是一个 XML 声明,XML 规范推荐使用但未作强制。如果存在这样的声明,那么它必须出现在文档的第 1 行,用来声明关于文档内容的某些事实,它不是处理指令。每个 XML 文档都需要根元素。本例中 student 是根元素,包含了四个元素 age、name、id、city。元素 course 又包含了两个元素 firstcourse 和 secondcourse。XML 元素还可以包含用某种方式修改元素的属性,在本例中,student 包含一个 grade 属性,在 grade = "2008" 中,grade 是属性名,2008 是属性值。

一个 XML 应用通常通过创建文档类型定义(Document Type Definition,简称 DTD)来定义,DTD 是 XML 文档的可选组件。它定义和命名了可以在文档中使用的元素、元素显示的顺序、可用的元素属性以及其他文档特性。DTD 可看做对 XML 文档所作的规范和约定,可以把 DTD 看做编写某类 XML 文档的一个模板。应用程序设计人员根据 DTD 就能够知道对应 XML 文档的逻辑结构,从而编写出相应的处理应用程序。

例 12.2　例 12.1 所示的 XML 文档的 DTD 文件。

```
<! ELEMENT student (age,course * ,id,city) >
<! ARRLIST student grade CDATA #REQUIRED >
<! ELEMENT age(#PCDATA) >
<! ELEMENT course(firstcourse,secondcourse) >
<! ELEMENT firstcourse (#PCDATA) >
<! ELEMENT secondcourse(#PCDATA) >
<! ELEMENT id(#PCDATA) >
<! ELEMENT city(#PCDATA) >
```

可见 DTD 包含了对 XML 文档所使用的元素、元素间的关系、元素可用的属性、可使用的实体等的定义规则。本例中 course * 说明 student 元素可以有多个课程。这里有两门课程:firstcourse 和 secondcourse。#REQUIRED 表示在相应的 XML 文档中该元素的这个属性是必需的,并必须给出一个属性值。

DTD 的描述能力比较有限,它不是 XML 而且不能为每一个元素指定数据类型。这些推动了 XML 模式的开发。XML 模式允许使用标准 XML 语法为 XML 文档编写详细的概要信息,成为指定 XML 文档结构和元素的更通用的一种语言,它提供了一种更强大的方法来代替编写 DTD。

XML 模式又被称为 XML 架构,用来定义和描述 XML 文档的结构、内容和语义。XML 模式声明了 XML 文档中允许的数据和结构,具体规定了 XML 文档中包含的元素,并规定了各个元素出现的顺序以及它们的数据类型。

例 12.3　例 12.1 所示的 XML 文档的 XML 模式。

```
<? xml version = "1.0"? >
<schema attributeFormDefault = "unqualified" elementFormDefault
xmlns = "http://www. w3. org/2001/XMLSchema" >
<element name = "student" >
<complexType >
<sequence >
<element name = "age" type = "string"/ >
<element name = "course" minOccurs = "0" maxOccures = "unbounded"/ >
<complexType >
<sequence >
<element name = "firstcourse" type = "string"/ >
<element name = "secondcourse" type = "string"/ >
</sequence >
```

```
</complexType>
</element>
<element name="id" type="string"/>
<element name="city" type="string"/>
</sequence>
<attribute name="grade" type="positiveInteger"/>
</complexType>
</element>
</schema>
```

在一个 XML 模式文档的开头,必须声明一个且只能声明一个名为 schema 的根元素。一个 XML 模式文档可用来定义和描述相应的 XML 文档,它提供了这个 XML 文档的内容模型细节。同时,一个 XML 模式文档也可用来验证相应 XML 文档实例的正确性,用来判断某个 XML 文档实例是否符合所规定的所有约束和所需要的所有格式等。schema 表示这是文档的根元素,xmlns 是用来声明名称空间的专用关键词。

12.4.2 XML 与数据库

XML 数据的涌现,对大量 XML 数据有效的存储、管理、查询的需求推动了 XML 数据库的发展。对 XML 数据库的研究主要有两种方向:纯(Native)XML 数据库系统和 XML 使能(XML-enabled)数据库系统。前者是为 XML 数据量身定做的数据库。它的优点是充分考虑了 XML 数据的特点,以一种自然的方式处理 XML 数据,能够从各个方面较好地支持 XML 的存储和查询,但是这种方法没有经过时间的考验,不够成熟。后者是在已有的关系数据库系统或面向对象数据库系统的基础上扩充相应的功能,使其能够胜任 XML 数据的处理。

目前,XML 使能数据库的研究主要基于关系数据库。这种方法的优点是可以充分利用已有的非常成熟的关系数据库技术,集成现有的大量存储在关系数据库中的数据。在 XML 数据和关系数据库之间有两个问题:一个问题是如何将存储于关系数据库中的数据用 XML 的形式表达出来,即 XML 的发布问题;另一个问题是如何将 XML 数据存储于关系数据库中,并能提供基于 XML 查询语言的查询。

XML 的发布,有两种情况:基于模板驱动的映射和基于模型驱动的映射。第一种方法的原理是首先定义一个模板,然后在模板中嵌入对数据库访问的命令,这些命令将交给数据库关系系统进行执行。第二种是数据从数据库到 XML 文档的传送用一个具体的模型,包括表格模型和数据专用的对象模型,而不是用户定义的模型实现的。

基于关系数据库,将 XML 文档映射为关系模式,主要有模型映射和结构映射两种方法。模型映射,是将 XML 文档模式映射为关系模式,用来表示 XML 文档模型的构造,每个 XML 文档都有固定的关系模式,这种映射是 XML 模式(或 DTD)无关的。结构映射,是将 XML 模式(或 DTD)映射为关系模式,用来表示目标 XML 文档的逻辑结构(即 DTD 或者 XML 模式),这种映射是 XML 模式(或 DTD)相关的。

12.4.3 XML 查询语言

XML 查询语言有两个标准被采用,它们是 XPath 和 XQuery。XPath 是由 W3C 创建的,因为采用了类似 URL 的路径表示法，在一个 XML 文档的层次结构中进行导航而得名。它在 XML 文档的抽象逻辑结构上操作，而不是在它的表面语法上。XQuery 是 W3C 提出的一种更加通用的查询语言，这里主要介绍 XQuery。

XQuery 不仅采用 XPath 表达式，还包含其他的构造。它将要查询的信息包含在一个或多个表达式中，允许各个表达式互相嵌套。XQuery 可以用 XML 表现查询结果，在查询结果中可制定结点、属性、注释等；根据查询的不同可以用各种不同的语句表达式。它允许在一个或多个 XML 文档上指定更一般的查询。在 XQuery 中，一个典型的表达规则是 FLWR 表达式。FLWR 是 For - Let - Where - Return 的首字母缩略词，这些子句都允许使用在这些表达式的任何一个中。FLWR 表达式可以完成很多任务。每个 FLWR 表达式都有一个或多个 For 子句、一个或多个 Let 子句、一个可选的 Where 子句以及一个 Return 子句。下面是一个 XQuery 查询的例子。

例 12.4 使用 XQuery 查询选了多于三门课的学生名字。

```
<results>
{
let $inDoc := document("students.xml")
for $student in ($inDoc//student)
let $cb := count($student/course)
where ($cb >= 3)
return
<student> $student/@name </student>
}
</results>
```

它可以对下面这个 XML 文档进行查询。

```
<studentList>
<student name="Jeff">
<course>Distribute Computing</course>
<course>XML Databases</course>
<course>Modern Algebra</course>
</student>
<student name="Lucy">
<course>AI</course>
<course>Physics</course>
</student>
</studentList>
```

返回的结果是：

```
<results>
<student>Jeff</student>
</results>
```

在这个例子中查询采用的是用来表示 4 个主要子句的 FLWR 表达式。此外，XQuery 还包含条件表达式、字符表达式、排序表达式等其他规则,可以根据不同的查询要求选择不同的语句表达式。

此外,XQuery 特别适合于那些同时包含叙述性文本和量化数据的文档。这种文档不适合存储在关系型数据库中,而 XQuery 却能有效地处理这种情况,它能直接从该 XML 文档中抽取出量化信息。

12.5 数据抽取、转换和加载工具

ETL(Extraction、Transformation、Loading,抽取、转换和加载)是将业务系统的数据经过抽取、转换之后加载到数据仓库的过程,目的是将企业中分散、零乱、标准不统一的数据整合到一起,为企业的决策提供分析依据。

ETL 的实现有多种方法,常用的有三种:第一种是借助 ETL 工具如 Oracle 的 OWB (Oracle Warehouse Builder)、SQL Server 2000 的 DTS(Data Transformation Services)、SQL Server 2005 的 SSIS 服务(SQL Server Integration Services)等实现;第二种是 SQL 方式实现;第三种是 ETL 工具和 SQL 相结合。

本节将结合具体实例详细地介绍如何在 Microsoft SQL Server 2005 Integration Services (SSIS)中创建 SSIS 包以实现数据的提取、转换和加载操作。

12.5.1 SSIS 介绍

Microsoft SQL Server 2005 Integration Services(SSIS)是生成高性能数据集成解决方案的平台。借助该平台,可以创建 SSIS 解决方案来使用 ETL 和商业智能解决复杂的业务问题,管理 SQL Server 数据库以及在 SQL Server 实例之间复制 SQL Server 对象。

Integration Services 包括生成并调试包的图形工具和向导;执行如 FTP 操作、SQL 语句执行和电子邮件消息传递等工作流功能的任务;用于提取和加载数据的数据源和目标;用于清理、聚合、合并和复制数据的转换;管理服务,即用于管理 Integration Services 包的 Integration Services 服务;以及用于对 Integration Services 对象模型编程的应用程序接口。

SSIS 为生成 Integration Services 包提供了以下对象:包,即包括检索、执行和保存的工作单元,是最重要的 Integration Services 对象;控制流元素(任务和容器),用于在包中生成控制流;数据流组件(源、转换和目标),用于在包中生成提取、转换和加载数据的数据流,路径将数据流组件按照一定的顺序组成一个有序的数据流;连接管理器,连接到不同数据类型的数据源提取或加载数据。

12.5.2 创建 SSIS 包实例

本实例将在 Microsoft SQL Server 2005 Integration Services 环境中创建一个 SSIS 包,该包可以从单个平面文件源提取数据,然后通过一个数据流“查找”转换组件对该数据进行转换,最后将数据写入 FoodMart_1997 数据仓库的 sales_fact_1997 事实表。

1. 了解源数据和目标数据

在本实例中,源数据是一组包含在平面文件 sales_fact_1997. txt 中的食品销售数据。源数据共包含 8 列数据,分别是:product_id(产品编号),customer_id(顾客编号),promotion_id

(促销编号),store_id(商店编号),store_sales(商品销售价格),store_cost(商品成本),unit_sales(销售数量),the_date(销售日期)。源数据示例如下:

337	6280	0	2	1.50	0.51	2	1997-1-5
1270	9305	1	3	2.69	1.05	1	1997-1-28

目标数据是 SQL Server 2005 中 FoodMart_1997 数据仓库的 sales_fact_1997 事实表,其结构如图 12-15 所示。sales_fact_1997 事实表共有 8 列,并且与 5 个维表有关系。

表 - dbo.sales_fact_1997　摘要

列名	数据类型	允许空
product_id	int	☐
time_id	int	☐
customer_id	bigint	☐
store_id	smallint	☐
promotion_id	int	☐
store_sales	money	☐
store_cost	money	☐
unit_sales	int	☐

12-15　sales_fact_1977 表基本结构

通过对源数据和目标数据的比较可以看出,要将源数据成功地导入到目标表中,必须将源数据中 the_date 列的值转换成其对应的 time_id,因此需要在维度表 time_by_day 中查找 the_date 所对应的 time_id。

2. 创建新的 Integration Services 项目

在 SSIS 中创建 SSIS 包的第一步就是创建一个 Integration Services 项目。

创建新的 Integration Services 项目基本步骤如下:

(1)启动"SQL Server Business Intelligence Development Studio"程序。

(2)选择菜单命令【文件】→【新建】→【项目】,打开"新建项目"对话框,如图 12-16 所示。在该对话框的"模板"窗格中,选择"Integration Services 项目"。在"名称"文本框中将默认名称更改为 SSIS_sales。单击【确定】。

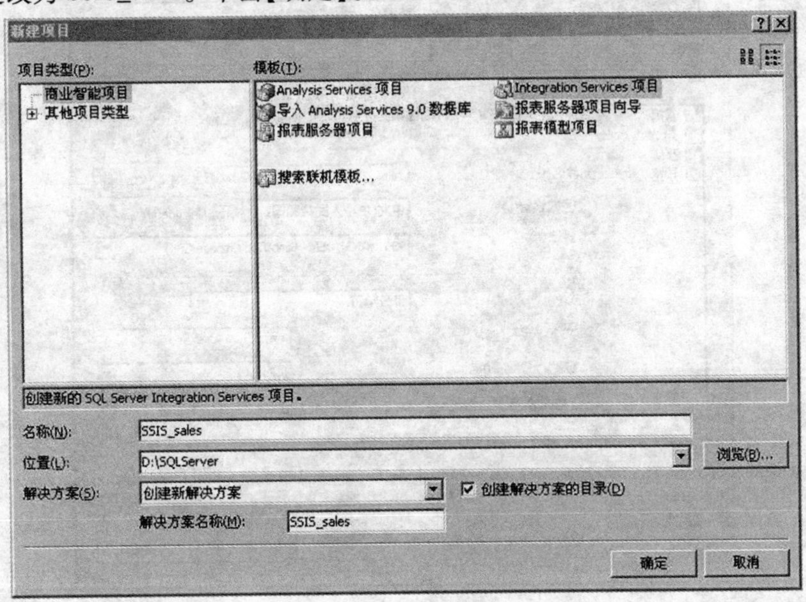

图 12-16　"新建项目"对话框

默认情况下,系统将创建一个名为 Package. dtsx 的空包,并将该包添加到项目中,如图 12－17 所示。

2－17 SSIS_sales 项目"解决方案资源管理器"

3. 添加和配置平面文件连接管理器

平面文件连接管理器可以实现从平面文件中提取数据。在平面文件连接管理器中,可以指定包从平面文件中提取数据时要应用的文件的名称与位置、区域设置与代码页以及文件格式,其中文件格式包括文本限定符和标题行分隔符等。另外,还可以为各个列手动指定数据类型;也可以使用"提供列类型建议"对话框,自动将提取出来的数据列映射到 Integration Services 数据类型。

在该任务中,将在刚创建的包中添加一个平面文件连接管理器 sales_fact_1997_link_manager,以实现从平面文件 sales_fact_1997. txt 中提取数据。

添加和配置平面文件连接管理器的基本步骤如下:

(1)添加平面文件连接管理器。右键单击"连接管理器"区域中的任意位置,再单击【新建平面文件连接】,打开"平面文件连接管理器编辑器"对话框,如图 12－18 所示。在该对话框的"连接管理器名称"字段中,键入 sales_fact_1997_link_manager。单击【浏览】按钮,在"打开"对话框中,打开 sales_fact_1997. txt 文件。

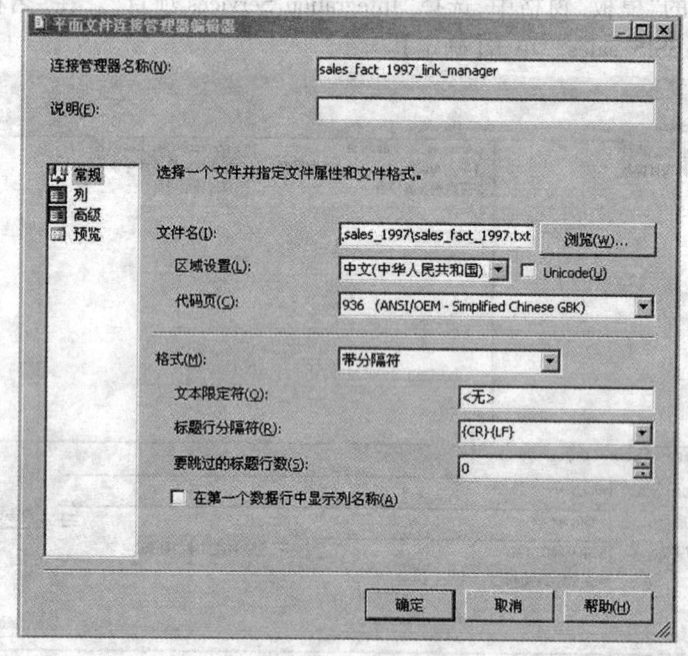

图 12－18 "平面文件连接管理器编辑器"对话框

(2)配置平面文件连接管理器中各列的属性。在“平面文件连接管理器编辑器”对话框中，单击【高级】。在该视图中，可以在“杂项”窗格中配置各列的名称以及数据类型等信息。通常情况下，当平面文件没有指定列名称时，此时，列名称将以 Column0、Column1、Column2、Column3……的形式显示，应根据具体应用需求对其进行名称更改。此外，还应重新映射列的数据类型以适应数据流目标的数据类型，更改列的类型通常有两种方法：一种是手动修改；另外一种是在“平面文件连接管理器编辑器”对话框中，单击【建议类型】，Integration Services 将根据前 100 行数据自动建议数据类型，但也可以更改建议选项来增加或减少取样数据。

4. 添加和配置 OLE DB 连接管理器

在该任务中，将添加和配置一个连接到本地 Microsoft SQL Server 2005 数据库 FoodMart_1997 的 OLE DB 连接管理器。通过该连接管理器，数据流“OLE DB 目标”组件可以访问数据库 FoodMart_1997 中的表，以存储从平面文件 sales_fact_1997. txt 中提取和转换后的数据。

添加和配置 OLE DB 连接管理器的基本步骤如下：

(1)添加 OLE DB 连接管理器。右键单击“连接管理器”区域中的任意位置，再单击【新建 OLE DB 连接】。

(2)配置 OLE DB 连接管理器。在“配置 OLE DB 连接管理器”对话框中，单击【新建】按钮，打开“连接管理器”对话框，如图 12－19 所示。在“服务器名”框中，输入 localhost。将 localhost 指定为服务器名称时，连接管理器将连接到本地计算机上 Microsoft SQL Server 2005 的默认实例。若要使用 SQL Server 2005 的远程实例，需将 localhost 替换为要连接到的服务器的名称。在“登录到服务器”组中，选择“使用 Windows 身份验证”。在“连接到一个数据库”组的“选择或输入一个数据库名”文本框中，键入或选择 FoodMart_1997。此时，可以通过单击【测试连接】按钮来验证指定的连接设置的有效性。最后单击【确定】。

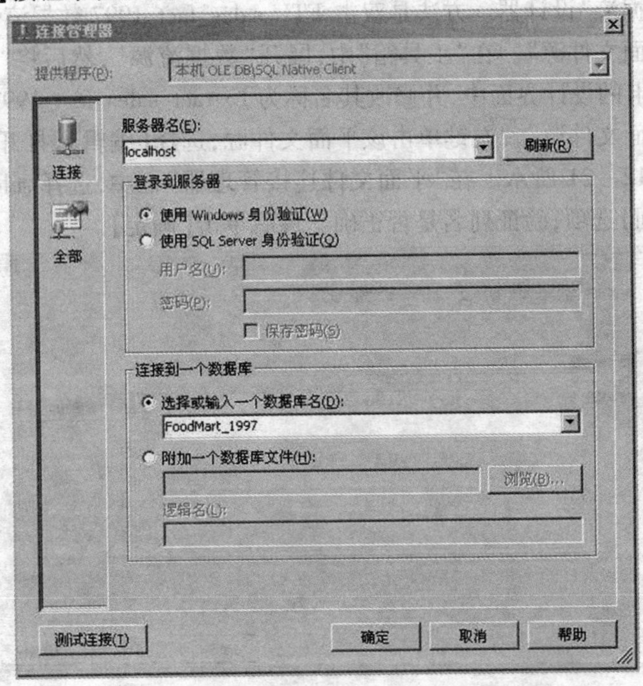

图 12－19 “连接管理器”对话框

5. 在 SSIS 包中添加数据流任务

为源数据和目标数据创建了连接管理器后，接下来将在包中添加一个“数据流任务”。数据流也称为流水线，数据流通常以数据流源开始，以数据流目标结束，在二者之间，封装了多个应用到该数据上的数据流转换。大部分的数据提取、转换和加载(ETL)任务均在数据流任务中完成。

创建数据流任务的基本步骤如下：

(1)创建数据流任务。单击“控制流”选项卡，在工具箱中展开“控制流项”节点，并将一个“数据流任务”控件拖到“控制流”选项卡的设计界面上。

(2)修改数据流任务名称。通过右键单击新添加的“数据流任务”，选择【重命名】，将其名称修改为 ETL_sales_fact_1997，如图 12－20 所示。

图 12－20　在 SSIS 包中添加“数据流任务”ETL_sales_fact_1977

6. 添加和配置平面文件源

在该任务中，将向数据流任务中添加一个“数据流源”组件“平面文件源”，该组件通过前面创建的平面文件连接管理器 sales_fact_1997_link_manager 来从平面文件源 sales_fact_1997. txt 中提取数据。

添加和配置平面文件源的基本步骤如下：

(1)打开“数据流”设计器。方法是双击 ETL_sales_fact_1997 数据流任务。

(2)添加“平面文件源”。在“工具箱”中，展开“数据流源”，然后将“平面文件源”拖动到“数据流”选项卡的设计界面中，并修改其名称为 Extract_sales_fact_1997。

(3)配置“平面文件源”。右键单击该平面文件源，选择【编辑】，打开“平面文件源编辑器”对话框，如图 12－21 所示。在“平面文件连接管理器”框中，选择 sales_fact_1997_link_manager。单击【列】选项，验证列名是否正确。最后单击【确定】。

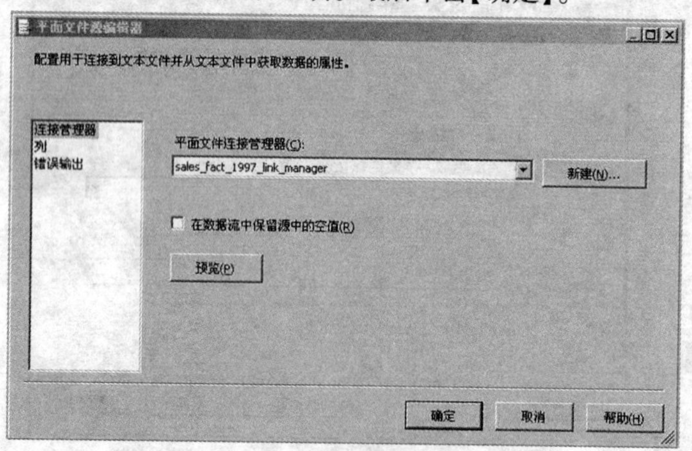

图 12－21　“平面文件源编辑器”对话框

7. 添加并配置查找转换

在添加并配置了从平面文件获取数据的平面文件源之后，接下来定义获取 time_id 的值所需的查找转换，该转换是根据平面文件 sales_fact_1997. txt 中匹配的 the_date 列值对 time_by_day 维度表的 time_id 列中的值执行查找。查找转换通过连接输入列中的数据和引用数据集中的列来执行查找。引用数据集可以是现有的表或视图，也可以是新表或 SQL 语句的结果。查找转换使用 OLE DB 连接管理器连接到包含引用数据集的源数据的数据库。

添加并配置查找转换的基本步骤如下：

(1)添加"查找"转换组件。在"工具箱"中，展开"数据流转换"项，拖动"查找"转换组件到"数据流"设计器界面中，并修改其名称为 Transform_lookup_time_id。单击"平面文件源"Extract_sales_fact_1997，并拖动绿色箭头到"查找"转换组件上，以连接这两个组件。

(2)配置"查找"转换组件。双击"查找"转换组件 Transform_lookup_time_id，打开"查找转换编辑器"对话框。在"OLE DB 连接管理器"框中，选择 localhost. FoodMart_1997。在"使用表或视图"框中，选择[dbo].[time_by_day]，如图 12－22 所示。单击【列】选项卡，在"可用输入列"面板中，将 the_date 拖放到"可用查找列"面板的 the_date 上，并选中"可用查找列"面板中 time_id 属性前面的复选框，如图 12－23 所示。单击【确定】。

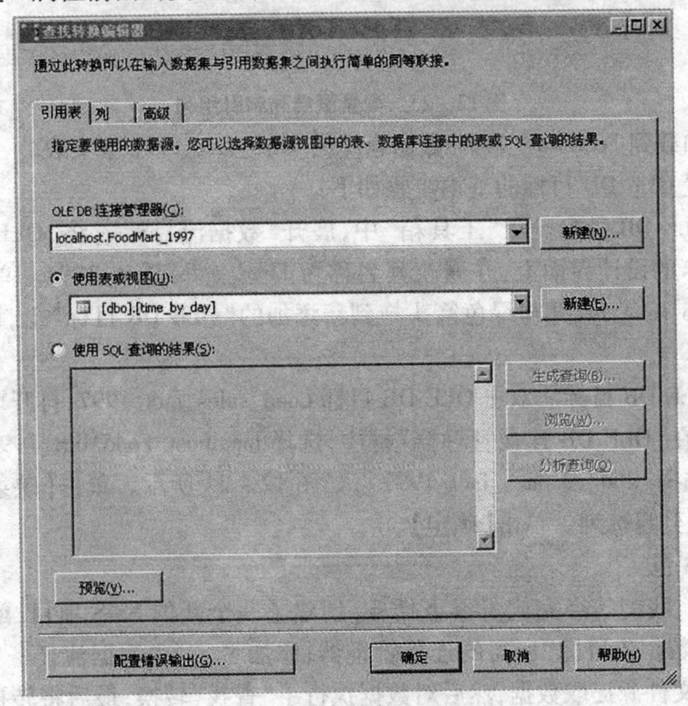

图 12－22 **"查找转换编辑器"对话框**

8. 添加和配置 OLE DB 目标

现在包可以从平面文件源提取数据，并将数据转换为与目标兼容的格式，下一个任务是将已转换的数据实际地加载到"数据流目标"。Integration Services 提供了不同的目标，用于将数据加载到不同类型的数据存储区。通过使用 Integration Services"数据流目标"，可以将数据加载到平面文件、处理分析对象以及为其他进程提供数据。

该任务将在数据流设计器中，添加一个 OLE DB 目标，其使用前面创建的 OLE DB 连接

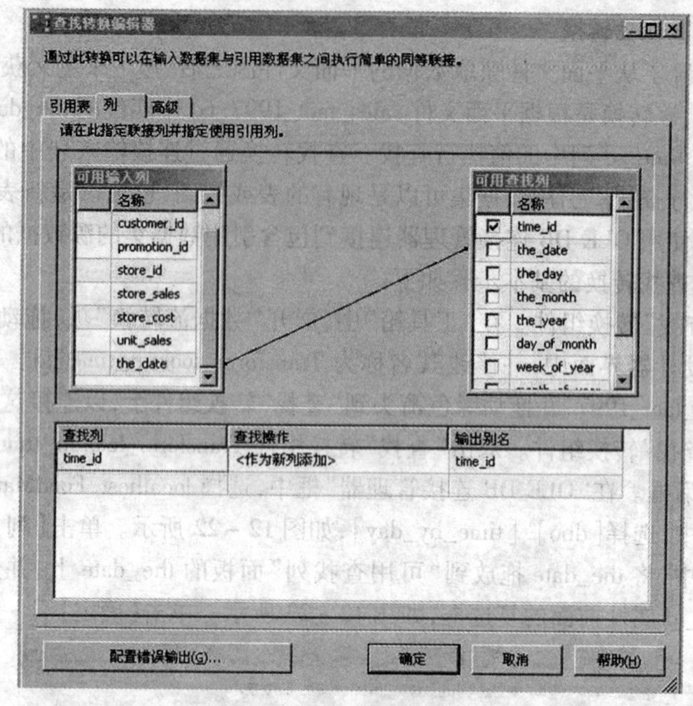

图 12－23　配置联结列和引用列

管理器将数据加载到 FoodMart_1997 数据仓库的 sales_fact_1997 事实表。

添加和配置 OLE DB 目标的基本步骤如下：

(1)添加 OLE DB 目标。在"工具箱"中，展开"数据流目标"，将"OLE DB 目标"拖到"数据流"选项卡的设计界面上，并修改其名称为 Load_sales_fact_1997。单击"查找"转换 Transform_lookup_time_id，并将绿色箭头拖到新添加的"OLE DB 目标"上，以便将两个组件连接在一起。

(2)配置 OLE DB 目标。双击 OLE DB 目标 Load_sales_fact_1997，打开"OLE DB 目标编辑器"对话框。在"OLE DB 连接管理器"框中，选择 localhost. FoodMart_1997；在"表或视图的名称"框中，选择[dbo].[sales_fact_1997]，如图 12－24 所示。单击【映射】列表项，确认输入列正确映射到目标列。单击【确定】。

9. 测试 SSIS 包

到目前为止，我们已经完成了以下任务：创建了一个新的 SSIS 项目；配置了包连接到"数据流源"和"数据流目标"所需的连接管理器；添加了一个"数据流任务"，该"数据流任务"首先从平面文件源提取数据，然后对数据执行了"查找"转换，最后将转换后的数据加载到"数据流目标"。此时，数据流设计器界面，如图 12－25 所示。在该任务中，将对该包进行测试。

测试 SSIS 包的基本步骤如下：

(1)选择菜单命令【调试】→【启动调试】。在运行包时，SSIS 设计器用指示状态的颜色显示每个数据流组件，以此在"数据流"选项卡设计界面上描绘进度。当每个组件开始执行其工作时，颜色由无色变为黄色，而在成功完成后，则变为绿色。红色指示组件执行失败。

(2)当包执行完毕后，选择菜单命令【调试】→【停止调试】。

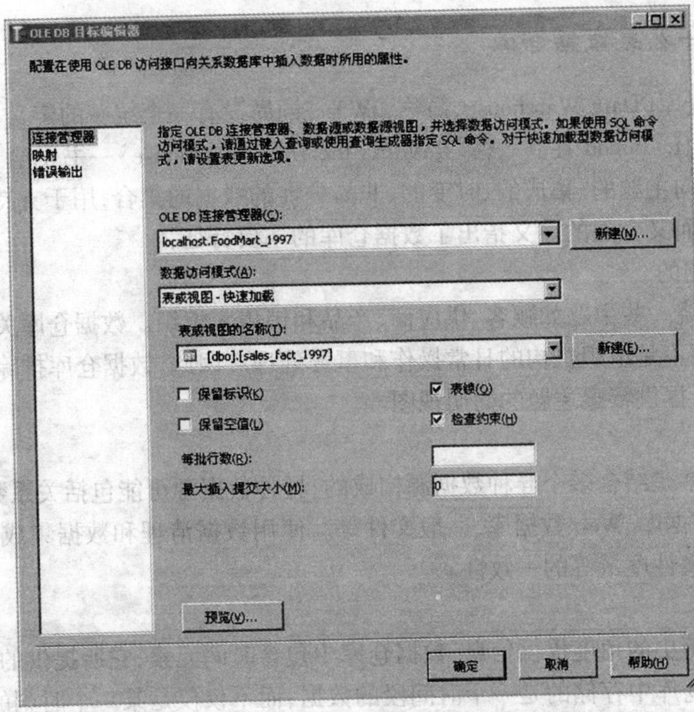

图 12-24 “OLE DB 目标编辑器”对话框

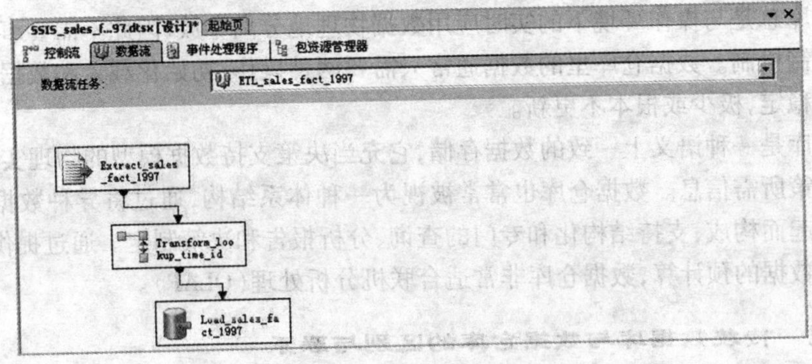

图 12-25 数据流设计器设计界面

12.6 数据仓库

传统数据库系统主要用于企业的日常事务处理工作,而难于实现对数据分析处理要求,已经无法满足数据处理多样化的要求。数据仓库技术是为了有效地把操作型数据集成到统一的环境中以提供决策型数据访问的各种技术和模块的总称。数据仓库是一个过程而不是一个项目;数据仓库是一个环境,而不是一件产品。数据仓库提供用户用于决策支持的当前和历史数据,这些数据在传统的操作型数据库中很难或不能得到。数据仓库所做的一切都是为了让用户更快、更方便地查询所需要的信息,提供决策支持。

12.6.1 什么是数据仓库

目前,数据仓库(Data Warehouse,简称 DW)一词尚没有一个统一的定义,著名的数据仓库专家 William. H. Inmon 在其著作《Building the Data Warehouse》一书中给予如下描述:数据仓库是一个面向主题的、集成的、时变的、非易失性的数据的集合,用于支持决策层的决策过程。这个简短而又全面的定义指出了数据仓库的主要特征:

(1)面向主题的

数据仓库围绕一些主题如顾客、供应商、产品和销售来组织。数据仓库关注决策者的数据建模与分析,而不是组织机构的日常操作和事务处理。因此,数据仓库排除对于决策支持过程无用的数据,提供特定主题的简明视图。

(2)集成的

数据仓库通常是结合多个异种数据源构成的,异种数据源可能包括关系数据库、面向对象数据库、文本数据库、Web 数据库、一般文件等。使用数据清理和数据集成技术确保命名约定、编码结构、属性度量等的一致性。

(3)时变的

数据储存从历史的角度提供信息,数据仓库中包含时间元素,它所提供的信息总是跟时间相关的。数掘仓库中存储的是一个时间段的数据,而不仅仅是某一个时刻的数据。

(4)非易失性的

数据仓库总是与操作环境下的实时应用数据物理地分离存放,因此不需要事务处理、恢复和并发控制机制。数据仓库里的数据通常只需要两种操作:初始化载入和数据访问,因此其数据相对稳定,极少或根本不更新。

数据仓库是一种语义上一致的数据存储,它充当决策支持数据模型的物理实现,并存放企业战略决策所需信息。数据仓库也常常被视为一种体系结构,通过将异种数据源中的数据集成在一起而构成,支持结构化和专门的查询、分析报告和决策制定。通过提供多维数据视图和汇总数据的预计算,数据仓库非常适合联机分析处理(OLAP)。

12.6.2 传统数据库与数据仓库的区别与联系

传统操作型数据库是为已知的任务和负载设计的,如使用主键索引和散列,检索特定的记录和优化定制的查询。数据仓库的查询往往是复杂的、涉及大量数据组在汇总级的计算,可能需要特殊的基于多维视图的数据组织、存放方法和实现方法。

传统的关系型数据库遵循一致的关系型模型,其中的数据以表格的方式存储,并且能用统一的 SQL 进行数据查询,因此它的应用常被称为联机事务处理(OLTP),其重点在于完成业务处理,及时给予客户响应。关系型数据库能够处理大型数据库,但不能将其简单地堆砌就直接作为数据仓库来使用。数据仓库主要工作的对象为多维数据,因此又称为多维数据库。多维数据库的数据以数组方式存储,既没有统一的规律可循,也没有统一的多维模型可循,它只能按其所属类别进行归类。以应用而言,多维数据库应该具备极强的查询能力,多维数据库中存储的信息既多又广,但由于其完成的是一种联机分析处理(OLAP),因此并不追求瞬时的响应时间,在有限的时间中给予响应即被认可。

此外,操作型数据库支持多事务的并发处理,需要加锁和日志等并发控制和恢复机制,以确保一致性和事务的鲁棒性。而 OLAP 查询只需要对汇总和聚集数据记录进行只读访问。

最后，这两种系统中的数据的结构、内容和用法都不相同。决策支持需要历史数据，而操作数据库一般不维护历史数据。决策支持需要来自异种数据源的数据统一（如聚集和汇总），产生高质量的、纯净的、集成的数据。而操作型数据库只维护详尽的原始数据，这些数据在进行分析之前需要统一。

12.6.3 数据仓库系统结构

整个数据仓库系统的体系结构可以划分为数据源、数据的存储与管理、OLAP 服务器、前端工具等四个层次，如图 12－26 所示。

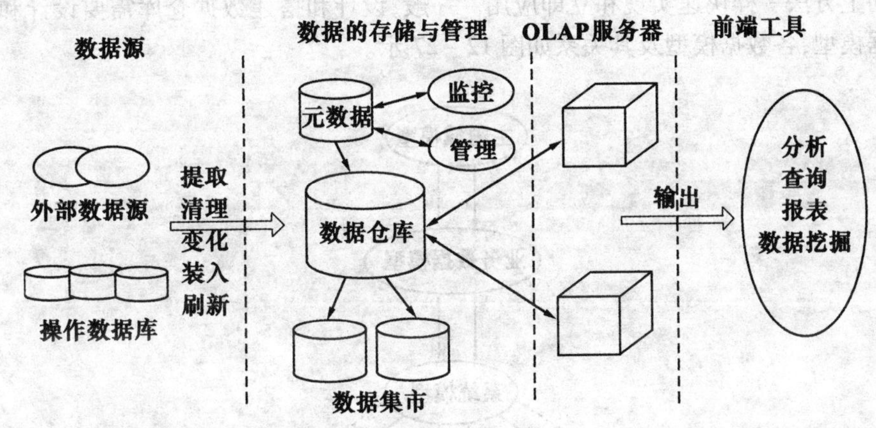

图 12－26 数据仓库系统结构

数据源层：其中包括各种操作数据库以及外部数据源。这一层是数据仓库系统的基础，是整个系统的数据来源。操作数据库包括存放于关系数据库系统中的各种业务处理数据和各类文档数据。外部数据源包括各类法律法规、市场信息和竞争对手的信息等等。

数据的存储与管理层：是整个数据仓库系统的核心。数据仓库的真正关键是数据的存储和管理。数据仓库的组织管理方式决定了它有别于传统数据库，同时也决定了其对外部数据的表现形式。要决定采用什么产品和技术来建立数据仓库的核心，则需要从数据仓库的技术特点着手分析。针对现有各业务系统的数据，进行提取、清理，并有效集成，按照主题进行组织。数据仓库按照数据的覆盖范围可以分为企业级数据仓库和部门级数据仓库（通常称为数据集市）。

OLAP 服务器层：对分析需要的数据进行有效集成，按多维模型予以组织，以便进行多角度、多层次的分析，并发现趋势。

前端工具层：主要包括各种报表工具、查询工具、数据分析工具、数据挖掘工具以及各种基于数据仓库或数据集市的应用开发工具。其中数据分析工具主要针对 OLAP 服务器，报表工具、数据挖掘工具主要针对数据仓库。

12.6.4 数据仓库的设计和搭建

设计和搭建数据仓库是一项长期的、复杂的工作，它需要商务技巧、技术技巧和计划管理技巧。所谓商务技巧指建立数据仓库涉及理解这样的系统如何存储和管理数据，理解它所包含的数据的含义，以及理解商务需求。技术技巧指数据分析者需要理解如何由定量信息做出估价，以及如何根据数据仓库的历史信息得到基于推论的事实。计划管理技巧涉及需要与许多技术人员、经销商和最终用户交往，以便提供用户需要的面向主题的数据仓库。

数据仓库的设计，即数据仓库的数据模型的设计。数据仓库的设计可以使用自顶向下方法、自底向上方法、或二者结合的混合方法建立。自顶向下方法由总体的规划和设计开始，逐步细化。这种方法适用于技术成熟且已经掌握，对必须解决的商务问题清楚并且已经很好地理解的情况。自底向上方法以实验和原型开始。这种方法通常用于商务建模和技术开发的早期阶段，其优点是可以以相当低的代价前进，在做出重要决定之前评估技术带来的利益。混合方式结合了两者的优点，既能利用自顶向下方法的规划性和战略性的特点，又能像自底向上方法一样快速实现和立即应用。一般，设计和搭建数据仓库需要设计和开发以下的数据模型，各数据模型及其关系如图 12－27 示。

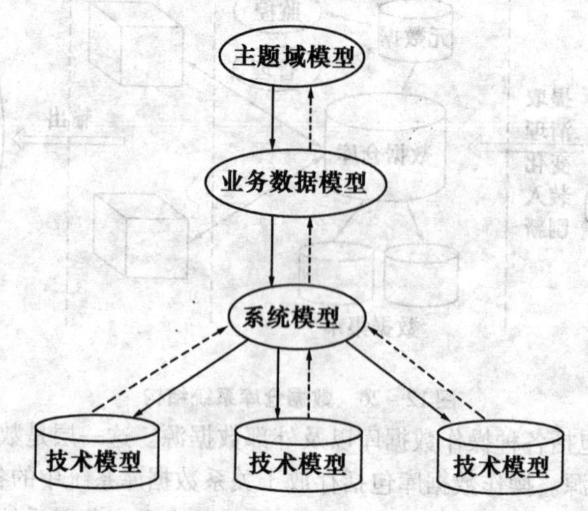

图 12－27　数据模型及其关系

1. 主题域模型

主题域是与企业相关的事物的主要分组，这些事物最终表示为实体。主体与模型是数据仓库的基础中固有的，因为数据仓库本身就是“面向主题的”。它提供了一个组织业务模型的好方法。一般企业具有 10～25 个主题域，它确定了对公司重要的 10～25 个主要的分组，每个都是相互排斥的。

2. 业务数据模型

业务数据模型是指导操作型系统和数据仓库开发的详细的模型，通过开发业务数据模型，有助于实现数据仓库的主要通用目标之一——数据一致性。业务数据模型是给定业务环境内的数据的抽象和表示，提供了任何模型均具有的优点。它有助于人们预见业务中的信息是如何相关联的。模型为数据仓库提供了元数据，有助于人们理解如何应用最终产品。业务数据模型确保所有实现的系统都能正确地反映业务环境，从而减少开发风险。当业务数据模型用于指导开发工作时，为确认开发者对业务信息联系的理解提供了基础，以保证主要投资商具有共同的期望。在数据仓库开发的初期，数据仓库建模师应该只建立模型的一些用于支持现有业务问题的部分，而不是开发一个完整的业务数据模型。随着企业对数据仓库的使用和维护，最终得到完整的业务数据模型，这将是一个长期积累的过程。

3. 系统模型

系统模型是特定系统或功能（如数据仓库或数据集市）处理的信息的集合。它由业务数据模型发展而来，在默认情况下，它必须与业务数据模型一致。

在业务数据模型的基础上，通过采用以下八个步骤的转换过程，形成数据仓库系统模型。其中，前四个步骤着眼于确保数据仓库模型满足业务需求，主要处理与业务相关的问题；而后四个步骤则集中考虑了影响数据仓库性能的折中因素。

(1)选择感兴趣的数据

决定在模型中要包含的数据元素和考虑存档其他将来可能使用的数据。

(2)在键中增加时间

在键中增加时间成分，并解决因模型从"时间点"变换到"时间段"引起的关系中的结果变化。

(3)增加派生数据

计算和存储经常使用的或要求一致性算法的数据，保证业务一致性和改善数据交付性能。

(4)确定粒度级别

决定期望的细节级，平衡业务需求、性能和隐含的代价，确保数据仓库在正确的细节级上。

(5)汇总数据

根据数据集市中的使用来汇总数据，从而简化数据交付。

(6)合并实体

如果经常使用的数据有相同的键和共有的插入模式，则将它们合并到一个实体中。合并实体可以改进数据交付性能。

(7)建立数据

在满足适当的条件下，在属性实体领域创建数组来改进数据交付能力。

(8)分离数据

决定插入模式，并且如果查询性能不会显著降低则分离数据。通过实体分离，平衡数据获取性能和数据交付性能。

4. 技术模型

技术模型是特定系统处理和在特定平台实现的特定信息的集合。在这里，所有被应用的、与该数据库相关的技术都将被考虑。例如硬件、数据库管理系统等。技术模型必须与管理的系统模型一致，即继承系统模型的基本需求。同样，在技术模型实现中发现的基本实体、属性和联系的任何变化必须在与其相关的所有模型中反映出来。

12.6.5 数据仓库的应用

如今，数据仓库和数据集市已经被广泛应用于数据分析和战略决策。通常，数据仓库会在其应用当中逐渐被完善，由刚开始产生报告和回答预定义的查询到后来复杂的分析和汇总详细数据，并以报表和图表的形式提供结果。最后，数据仓库可以进行多维分析和复杂的切片、切块等操作发现隐藏的知识，并使用数据挖掘工具进行战略决策。

数据仓库的建立给用户提供了一个统一、一致的分析环境。可以从数据仓库中进行利润增长分析、了解产品和服务间的关系、利润、产品线等,有利于指导决策,提高效益。将企业保存的信息与统计数据相结合,能更好地了解顾客,包括购买方式、产品包装、服务经验等,市场计划可分割成能带来大量利润并能吸引顾客的形式。执行决策的效果可以通过快速反馈到数据仓库集的历史数据中而得到加强,造成一种可行的、更新更快的方式,以便更精确、更全面地满足顾客的需求,从而加强顾客与企业的关系,使得与对手的竞争变得更加容易。

然而,数据仓库的数据量可从几十 GB 到几百 TB,而且还在不断增长,如此庞大的数据量更有可能淹没其中的有用信息。必须为企业提供高效的决策支持工具,让更多的公司管理者能方便、有效地使用数据仓库这一决策环境。

决策支持工具可以按验证和发现两种方式使用。在验证模式中,用户提出一种假设,然后试图通过存取数据仓库中的数据来证明此假设。这类工具包括查询工具、报表系统、多维分析工具。在发现模式中,工具试图发现隐藏在数据中的某种模式,而这种模式用户预先并不知道。数据挖掘工具就是发现模式的一个典型代表。

12.7 联机分析处理

联机分析处理(On-Line Analytical Processing,简称 OLAP)是使分析人员、管理人员或执行人员能够从多角度对信息进行快速、一致、交互地存取,从而获得对数据的更深入了解的一类软件技术。OLAP 的目标是满足决策支持或者满足在多维环境下特定的查询和报表需求。OLAP 中通过一个重要概念“维”来搭建一个动态查询的平台(或技术),供用户自己去决定需要知道什么信息。

12.7.1 多维数据模型

OLAP 技术基于多维数据模型。多维数据模型将数据看做数据立方体形式。数据立方体允许从多维对数据建模和观察,它由维和事实定义。

维:关于一个组织想要保存记录的透视图或实体。每个维都有一个表与之相关联,称为维表,用于进一步描述相应的维。维表可以由用户或专家指定,或者根据数据分布自动产生和调整。

事实:多维数据模型围绕中心主题组织,主题就用事实表表示。事实是数值度量的,这样可以根据它们分析维之间的关系。事实表包括事实的名称或度量,以及每个相关维表的码。

一个 n 维的数据的立方体叫做基本方体。给定一个维的集合,可以构造一个方体的格。每个格都在不同的汇总级别或不同的数据子集显示数据,方体的格称为数据立方体。0 维方体存放最高层汇总,称作顶点方体,顶点方体通常用 all 标记。存放最底层汇总的方体则称为基本方体。图 12-28 出了一个关于产品(item)、供应商(supplier)和经销商(dealer)的数据立方体。

多维数据模型主要包括星形模式、雪花形模式和事实星座模式。

星形模式:最常见的多维数据模型是星形模式。其中包括一个包含大量数据且不包含冗余信息的事实表;一组小的附属维表,每维一个。

雪花形模式:雪花形模式是星形模式的变种,其中某些维表是规范化的,因而把数据进

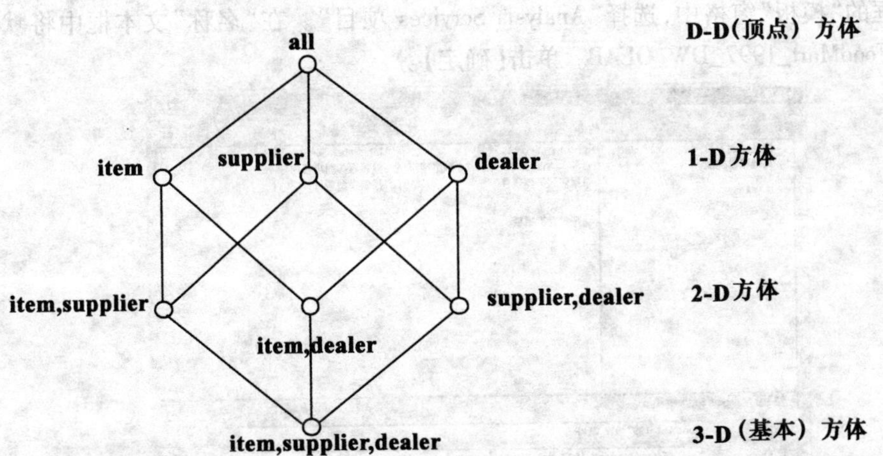

图 12-28　方体格,形成 item、supplier 和 dealer 维的 3-D 数据立方体

一步分解到附加的表中。模式图形呈类似雪花的形状。雪花形模式的维表可能是规范化形式,以便减少冗余。

事实星座模式:复杂的应用可能需要多个事实表共享维表。这种模式可以看做星形模式的集合,称为事实星座模式。

对于数据仓库通常使用事实星座模式;而对于数据集市,它作为数据仓库的一个部门子集,通常使用星形或雪花形模式。

12.7.2　多维数据模型中的 OLAP 操作

多维数据模型为 OLAP 操作提供了从不同角度进行灵活操作的便利。这些操作包括:

切片和切块:在多维数据结构中,按二维进行切片(Slice),按三维(或更多维)进行切块(Dice),可得到所需要的数据。

钻取:钻取包含下钻(Drill-down)和上卷(Roll-up)操作,钻取的深度与维所划分的层次相对应。上卷操作通过沿一个维的概念分层向上攀升或者通过维规约,对数据立方体进行聚集。下钻操作是上卷操作的逆过程,它由不太详细的数据得到更详细的数据。

旋转(转轴):通过旋转(Pivot)可以得到不同视角的数据。

12.7.3　创建 SSAS 实例

联机分析处理(OLAP)允许以一种称为多维数据集的多维结构访问来自商业数据源(如数据仓库)的经过聚合和组织整理的数据。Microsoft SQL Server 2005 Analysis Services (SSAS)提供 OLAP 工具和功能,可用于设计、部署和维护多维数据集以及其他支持对象。

本节将介绍使用 SSAS 执行数据分析的主要步骤。在本实例中,将使用样本数据仓库 FoodMart_1997_DW。

1. 创建分析服务项目

创建分析服务项目的基本步骤如下:

(1)启动"SQL Server Business Intelligence Development Studio"程序。

(2)选择菜单命令【文件】→【新建】→【项目】,打开"新建项目"对话框,如图 12-29。

在该对话框的“模板”窗格中，选择“Analysis Services 项目”。在“名称”文本框中将默认名称更改为 FoodMart_1997_DW_OLAP。单击【确定】。

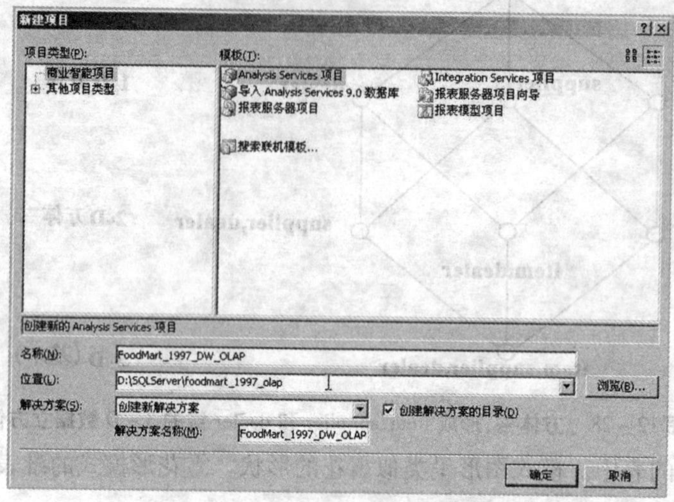

图 12－29 “新建项目”对话框

2. 定义提取数据和元数据的数据源

创建 SSAS 项目后，通常通过定义此项目将要使用的一个或多个数据源来开始使用此项目。定义数据源时，将定义要用于连接此数据源的连接字符串信息。

在该任务中，将把 FoodMart_1997_DW 数据仓库定义为 FoodMart_1997_DW_OLAP 项目的数据源。

定义 Analysis Services 项目数据源的基本步骤如下：

(1)在解决方案资源管理器中，右键单击“数据源”文件夹，然后单击【新建数据源】，将打开数据源向导。

(2)在“欢迎使用数据源向导”页上，单击【下一步】。

(3)在“选择如何定义连接”页上，单击【新建】。在该页上，可以基于新连接、现有连接或以前定义的数据源对象来定义数据源。

(4)在“连接管理器”对话框中可以定义数据源的连接属性。在“提供程序”列表框中，选择“本机 OLE DB\Microsoft OLE DB Provider for SQL Server”。在“服务器名”列表框中，输入 localhost。然后选中“使用 Windows 身份验证”单选框。在“选择或输入一个数据库名”列表框中，选择数据库 FoodMart_1997_DW。图 12－30 显示了到目前为止已定义设置的“连接管理器”。单击【确定】。

(5)单击【下一步】按钮转到“模拟信息”页面。在该向导的此页上，可以定义 Analysis Services 用于连接数据源的安全凭据。在本实例中，可以选择“使用服务账户”，该账户具有访问 FoodMart_1997_DW 数据库所需的权限。

(6)单击【下一步】转到“完成向导”页面。在该页上，修改数据源名称为 Food Mart 1997 DW DataSource，如图 12－31 所示。在“完成向导”页上，单击【完成】以创建名为 Food Mart 1997 DW DataSource 的新数据源。此时，该新数据源出现在 FoodMart_1997_DW_OLAP 项目的“数据源”文件夹中。

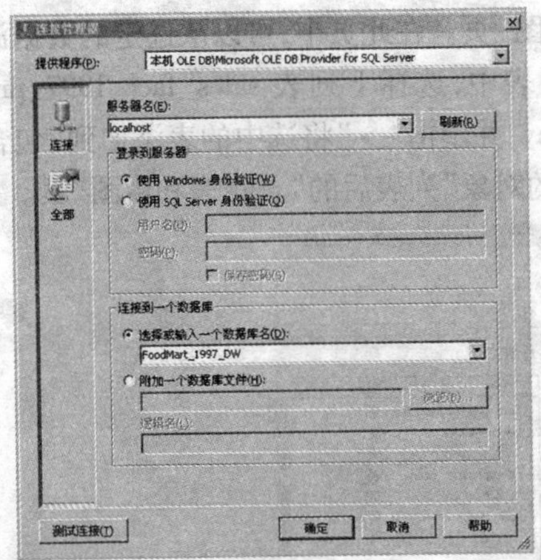

图 12－30　配置“连接管理器”对话框基本设置

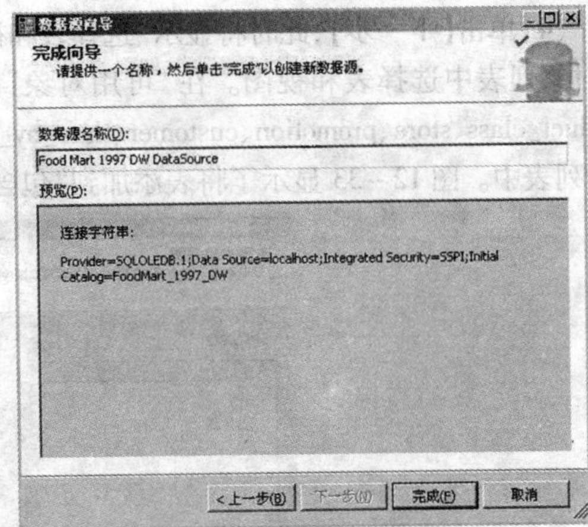

图 12－31　“完成向导”页面

3. 定义一个新的数据源视图

定义了将在 SSAS 项目中使用的数据源后，下一步将定义项目的数据源视图。数据源视图是一个元数据的单一统一视图，该元数据来自指定的表以及数据源在项目中定义的视图。

在该任务中，将定义一个数据源视图，其中包括来自 Food Mart 1997 DW DataSource 数据源的 7 个表。定义新的数据源视图的基本步骤如下：

(1) 在解决方案资源管理器中，右键单击“数据源视图”文件夹，然后选择【新建数据源视图】菜单命令启动“数据源视图向导”。

(2) 在“欢迎使用数据源视图向导”页中，单击【下一步】。

(3) 在“选择数据源”页面上，选择关系数据源 Food Mart 1997 DW DataSource，如图 12－32 所示。注意，此时也可以在该页面上单击【新建数据源】按钮启动“数据源向导”。

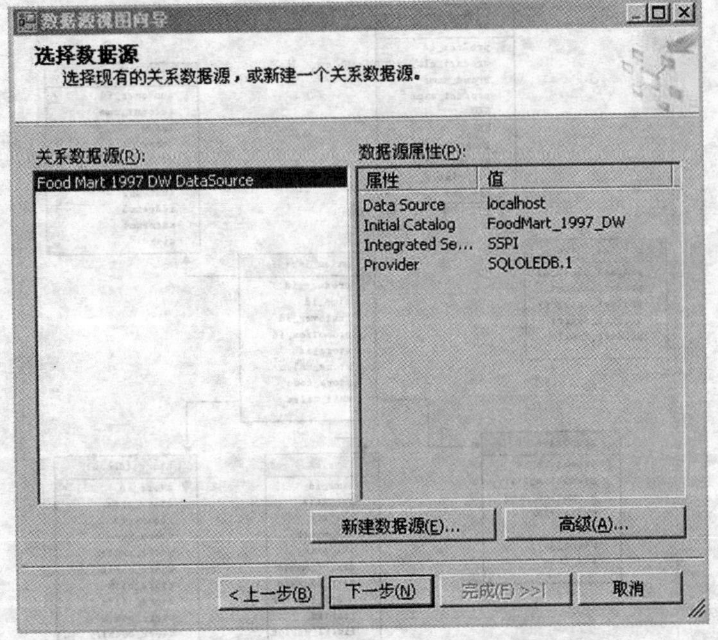

图 12－32　“选择数据源”页面

(4)单击【下一步】,此时将显示“选择表和视图”页。在此页中,可以从选定的数据源提供的对象列表中选择表和视图。在“可用对象”列表中,选择下列表 sales_fact_1997、product、product_class、store、promotion、customer、time_by_day,并单击“ > ”将选中的表添加到“包含的对象”列表中。图 12 - 33 显示了将表添加到“包含的对象”列表后的“选择表和视图”页。

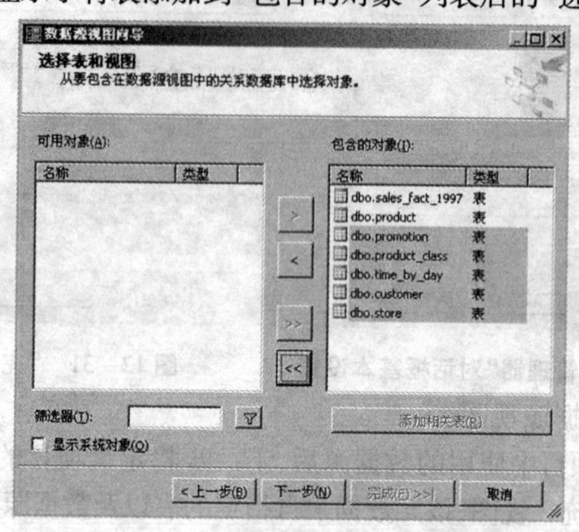

图 12 - 33 “选择表和视图”页面

(5)单击【下一步】,在“完成向导”页面上,可以为这个数据源视图提供一个名称并检查其他选择。修改数据源视图名称为 Food Mart 1997 DW DataSourceView。单击【完成】。

此时,数据源视图 Food Mart 1997 DW DataSourceView 将在解决方案资源管理器的“数据源视图”文件夹中显示。同时,数据源视图的内容也将在 Business Intelligence Development Studio 的数据源视图设计器中显示,如图 12 - 34 所示。此设计器包含以下元素:“关系图”窗格,其中将以图形方式显示各个表及其相互关系;“表”窗格,其中将以树的形式显示各个表及其构

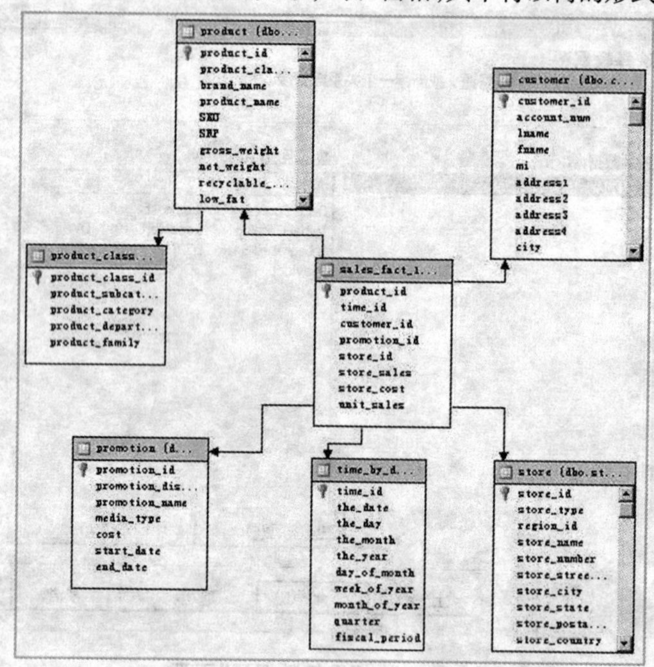

图 12 - 34 “数据源视图”设计器设计界面内容

架元素;“关系图组织顺序”窗格,可在其中创建子关系图,用于查看数据源视图的子集。

至此,已经成功创建了 Food Mart 1997 DW DataSourceView 数据源视图,该视图包括来自 Food Mart 1997 DW DataSource 数据源的 7 个表的元数据。

4. 定义多维数据集

在 SSAS 对象中定义了数据源和数据源视图后,就可以定义一个基于数据源视图的 Analysis Services 多维数据集。在本任务中,将基于上面创建的多维数据集视图,利用多维数据集向导生成一个多维数据集。定义多维数据集的基本步骤如下:

(1)在解决方案资源管理器中,右键单击“多维数据集”文件夹,然后单击【新建多维数据集】,将打开“多维数据集向导”。

(2)单击【下一步】按钮打开“选择生成方法”页面。在该页上,选中“使用数据源生成多维数据集”选项和“自动生成”选项。然后单击【下一步】。

(3)在选择“数据源视图”页上,选中 Food Mart 1997 DW DataSourceView 数据源视图,然后单击【下一步】。该向导扫描在数据源视图对象中定义的数据库中的表,以标识事实数据表和维度表。事实数据表包含相关的度量值,而维度表包含有关这些度量值的信息。

(4)在向导标识完事实数据表和维度表后,在“检测事实数据表和维度表”页上单击【下一步】。

(5)在“标识事实数据表和维度表”页中显示了该向导所标识的事实数据表和维度表,如图 12－35 所示。

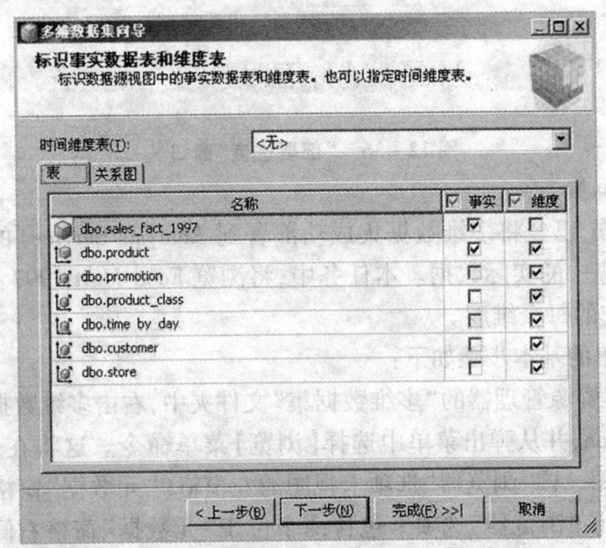

图 12－35 “标识事实数据表和维度表”对话框

(6)单击【下一步】将会出现“选择度量值”页,其中显示了该向导所选择的度量值。该向导选择事实数据表中未链接到维度的所有数值列作为度量值。

(7)单击【下一步】,在该向导完成对维度的扫描和对层次结构的检测后,在“检测层次结构”页上单击【下一步】。

(8)在“查看新维度”页上,显示了已检测到的维度的数据结构。可以通过展开维度节点来显示属性与层次节点。如果必要,可以通过展开这些节点并清除相应复选框来删除维度中的列。

(9)单击【下一步】按钮转到“完成向导”页面。在该页上，将多维数据集的名称更改为 Food Mart 1997 MultiDimDataCollection。单击【完成】按钮以完成向导。

现在，在解决方案资源管理器 FoodMart_1997_DW_OLAP 项目中，Food Mart 1997 MultiDimDataCollection 多维数据集显示在“多维数据集”文件夹中，而 6 个相关的维度则显示在“维度”文件夹中。此外，多维数据集设计器在开发环境的中央显示 Food Mart 1997 MultiDimDataCollection 多维数据集。

5. 部署多维数据集

若要查看位于多维数据集中的数据，必须将该项目部署到 Analysis Services 的指定实例，然后处理该多维数据集及其维度。部署多维数据集的基本方法为：在解决方案资源管理器中，右击 FoodMart_1997_DW_OLAP 项目，在弹出的菜单中选择【部署】菜单命令。“输出”窗口会被打开并显示指令，而“部署进度”窗口提供该部署的详细说明，如图 12－36 所示。

图 12－36 “部署进度”窗口

6. 浏览多维数据集

通过上面的操作，已经将多维数据集成功部署到 Analysis Services 的本地实例，现在便可以浏览多维数据集中的实际数据。本任务中，将浏览 Food Mart 1997 MultiDimDataCollection 多维数据集和它的每个维度。

浏览多维数据集的基本步骤如下：

(1)在解决方案资源管理器的“多维数据集”文件夹中，右击多维数据集 Food Mart 1997 MultiDimDataCollection，并从弹出菜单中选择【浏览】菜单命令。这将在多维数据集设计器中打开“浏览器”视图。该“浏览器”选项卡视图的左窗格(“元数据”窗格)显示了多维数据集的元数据。此外，该“浏览器”选项卡包含两个位于“元数据”窗格右侧的窗格：上面的窗格是“筛选器”窗格；下面的窗格是“数据”窗格。

(2)在“元数据”窗格中，展开 Measures(度量值)文件夹，再展开 Sales Fact 1997 文件夹。然后，将 Store Cost 度量值拖放到“数据”窗格的“将汇总或明细字段拖至此处”区域。

(3)在“元数据”窗格中，单击 Product Class 维度将其展开，选取 Product Family 并将它拖放到“数据”窗格的“将列字段拖至此处”区域。然后，展开 Store 维度，选取 Store Name 并将它拖放到“数据”窗格的“将行字段拖至此处”区域。此时，“浏览器”选项卡视图的“数据”窗格的内容如图 12－37 所示。

通过该多维数据集，“数据”窗格显示了按商店名称和商品类别确定维度的商品的购置成本。多维数据浏览器非常灵活,这种灵活性又展现了多维数据集本身的灵活性。

维度	层次结构	运算符	筛选表达式
〈选择维度〉			

将筛选字段拖至此处

	Product Family				
	Drink	Food	Non-Consumable	Unknown	总计
Store Name	Store Cost	Store Cost	Store Cost	Store Cost	Store Cost
HQ					
Store 1					
Store 10					
Store 11	1880.5936	15800.7877	4267.5627		21948.944
Store 12					
Store 13	2955.7606	25166.6622	6701.1338		34823.5566
Store 14	146.3396	1315.2696	317.3067		1778.9159
Store 15	1746.7411	15278.2868	3931.7746		20956.8025
Store 16	1709.7945	14354.7202	3730.9763		19795.491
Store 17	2412.3488	21646.0995	5900.833		29959.2813
Store 18					
Store 19					
Store 2	167.1025	1343.7661	385.7488		1896.6174
Store 20					
Store 21					
Store 22	143.276	1406.5456	330.518		1880.3396
Store 23	939.2914	6922.0495	1852.4721		9713.813
Store 24	2014.6698	15677.9078	4020.9552		21713.5328
Store 3	1860.0525	15371.4555	3890.4551		21121.9631
Store 4					
Store 5					
Store 6	1547.7112	13397.9883	3320.7409		18266.4404
Store 7	1953.553	15589.1847	4228.7983		21771.536
Store 8					
Store 9					
Unknown					
总计	19477.2346	163270.7235	42879.2755000002		225627.2336

图 12-37 “浏览器”选项卡视图的“数据”窗格的内容

12.8 数据挖掘

随着计算机硬件和软件的飞速发展,尤其是数据库技术与应用的日益普及,人们面临着数据的爆炸性增长,如何有效利用海量的数据为人类服务,业已成为广大信息技术工作者所重点关注的焦点之一。数据挖掘技术是人们长期对数据库技术进行研究和开发的结果。数据挖掘使数据库技术进入了一个更高级的阶段,它不仅能对过去的数据进行查询和遍历,并且能够找出过去数据之间的潜在联系,从而促进信息的传递。

12.8.1 什么是数据挖掘

数据挖掘(Data Mining,简称 DM)是在大型数据库中,提取或发现知识的过程,是统计学、数据库技术和人工智能技术的综合。数据挖掘的定义经过好几次变动,有多种不同的定义方式。现在为大家广泛采用的是由 Usama M. Fayyad 等给出的。

数据挖掘:数据挖掘是从大量的数据中挖掘出隐含的、未知的、用户可能感兴趣的和对决策有潜在价值的知识和规则。这些规则蕴含了数据库中一组对象之间的特定关系,揭示出一些有用的信息,可以为经验决策、市场策划和金融预测等方面提供依据。

数据挖掘技术用来探查大型数据库,发现先前未知的有用模式。同时,数据挖掘还具有预测未来观测结果的能力。通过数据挖掘,有价值的知识、规则或高层次的信息就可以从数据库的相关数据集合中抽取出来,并从不同角度显示,从而使大型数据库作为一个丰富可靠的资源,为决策服务。

数据挖掘是一个交叉学科领域,受多个学科影响,包括数据库系统、统计学、机器学习、可视化和信息科学。这些学科中多数技术和方法都可以直接应用在数据挖掘的过程中。同时,依赖于所挖掘的数据类型或给定的数据挖掘的应用,数据挖掘系统也可能集成空间数据分析、信息检索、模式识别、图像分析、气象学、生物信息学、Web 技术、信号处理、经济学、心理学、社会学领域的技术。

12.8.2 数据挖掘的主要方法

1. 概念描述

概念描述是一种数据泛化形式。概念描述产生数据的特征化和比较描述。给定大量数据,以简洁的形式在一般的抽象层描述数据是很有用的。用户考察数据的一般性质时,需要对数据在多个抽象层进行泛化。例如,某个超市的经理,他会考察某一类商品的销售情况,而不是某个商品的销售情况。

1989 年提出概念描述的面向属性的归纳方法。面向属性归纳的一般思想是:首先使用数据库查询收集任务相关的数据;然后,通过考察任务相关数据集中每个属性的不同值的个数进行泛化。聚集通过合并相等的广义元组,并累计它们对应的计数值。概念特征化可以使用数据立方体(基于 OLAP)的方法和面向属性的归纳方法实现。这些都是基于属性或基于维泛化的方法。面向属性归纳的方法包含以下技术:数据聚焦、通过属性删除或属性泛化对数据泛化、计数和聚集值累计、属性泛化控制和泛化数据可视化。有时,用户会希望将一个类(或概念)与其他可比较的类(或概念)相互比较,这时就需要概念比较,概念比较(也称作区分)提供两个或多个数据集的比较描述。概念比较可以用类似于概念特征化的方式,使用面向属性归纳或数据立方体方法进行。可以量化地比较和对比从目标类和对比类泛化的元组。特征和比较描述可以在同一个广义关系、交叉表或量化规则中表示,尽管它们以不同的兴趣度度量显示。这些度量包括 t 权(元组的典型性) 和 d 权 (元组的可判别性)。

2. 关联分析

数据关联是数据库中存在的一类重要的可被发现的知识。若两个或多个变量的取值之间存在某种规律性,就称为关联。关联可分为简单关联、时序关联、因果关联。关联分析的目的是找出数据库中隐藏的关联网。有时并不知道数据库中数据的关联函数,即使知道也是不确定的,因此关联分析生成的规则带有可信度。关联规则挖掘发现大量数据中项集之间有趣的关联或相互联系。Agrawal 等于 1993 年首先提出了挖掘顾客交易数据库中项集间的关联规则问题,以后诸多的研究人员对关联规则的挖掘问题进行了大量的研究。他们的工作包括对原有的算法进行优化,如引入随机采样、并行的思想等,以提高算法挖掘规则的效率;对关联规则的应用进行推广。关联规则挖掘在数据挖掘中是一个重要的课题,最近几年已被业界所广泛研究。关联规则挖掘过程主要包含两个阶段:第一阶段必须先从资料集合中找出所有的频繁项集(Frequent Itemsets);第二阶段再由这些频繁项集产生关联规则(Association Rules)。

3. 分类和预测

数据分类(Classification)是查找数据库中一组对象的相同属性,根据分类模型将它们分为不同类别的过程。分类模型基于对训练数据集的分析。模型可以用多种形式表示,如分类(IF - THEN)规则、决策树、数学公式、神经网络和支持向量机(SVM)等。决策树是一种类似于流程图的树结构,其中每个结点代表在一个属性值上的测试,每个分枝代表测试的一个输出,而树叶代表类或类分布。决策树和分类规则之间可以相互转化。神经网络是一组类似于神经元的处理单元,单元之间加权连接。支持向量机是一种专门的小样本理论,它避免了人工神经网络等方法的网络结构难于确定、过学习和欠学习以及局部极小等问题,被认为是目前针对小样本的分类、回归等问题的最佳理论。当分类的工作偏向于预测数据分类或发展趋势时,此时称为预测。通常说的预测主要指数值预测,用来预测空缺的或不知道的数值数据。回归分析是一种最常使用的数值预测的统计学方法。

4. 聚类分析

聚类按被处理对象的特征分类,有相同特征的对象被归为一类。它与分类的区别在于分类是面向训练数据的,而聚类是直接对数据进行处理。在聚类过程中,不需要事先定义好该如何分类,同时也不需要训练样本数据,数据是依靠本身的相似性聚集在一起的。从实际应用的角度看,聚类分析是数据挖掘的主要任务之一。就数据挖掘功能而言,聚类能够作为一个独立的工具获得数据的分布状况,观察每一簇数据的特征,集中对特定的聚簇集合作进一步的分析。聚类分析还可以作为其他数据挖掘任务(如分类、关联规则)的预处理步骤。

常用的聚类算法可以被分为划分方法、层次方法、基于密度方法、基于网格方法和基于模型方法等。聚类分析中,经常会遇到这样一些数据对象,它们与数据的一般行为或模型不一致。我们把这样的数据对象称为离群点。在很多数据挖掘的实际应用中,会在预处理阶段,将离群点视为噪声而丢弃它们。事实上,离群点的产生有多种原因,可能是由测量或执行误差引起的,也可能是固有的数据可变性的结果,也可能是一种异常。而这种异常有可能是某种信号,也就是说,离群点本身可能是特别令人感兴趣的。所以,就产生了离群点检测和分析的数据挖掘任务,称为离群点挖掘。离群点挖掘具有广泛的应用。如,信用卡欺诈检测、医疗分析中发现对各种医疗处置的不寻常的反应、网络入侵检测等等。

常用的离群点分析的方法可以分成五类:统计学方法、基于距离的方法、基于密度的方法、基于密度的局部离群点方法和基于偏差的方法等。

5. 时间序列分析

在很多应用中,数据通常是在相等的时间间隔(例如,每小时、每天、每周)里测量的,如气象数据观测,股票市场分析,经济和销售预测,收益预测等。这类应用的数据库称为时间序列数据,它是由不同时间重复测量得到的值或事件的序列组成的。

时间序列分析是根据系统观测得到的时间序列数据,通过曲线拟合和参数估计来建立数学模型的理论和方法。时间序列分析的目标有两个,分别是时间序列建模和时间序列预测。时间序列建模归结为将时间序列分解为趋势、周期性、季节性和无规则运动这四种基本运动。时间序列变量可由这四个变量的乘积或求和来表示。挖掘序列模式是挖掘频繁出现的有序事件或子序列。序列模式的一个例子是“购买了数码照相机的顾客很可能在一个月内购买彩色打印机”。序列模式在促销方面和货架布置方面是非常有用的。其他领域,如气象领域、Web 访问模式分析、网络入侵检测等,都可以使用序列模式来进行分析。

序列模式挖掘主要使用的方法是 GSP、SPADE 和 PrefixSpan 算法。这三种方法都是基于 Apriori 性质(序列模式的每个非空子序列都是序列模式)的。使用 Apriori 性质检测搜索空间,可以使序列模式的发现更有效。

6. 图挖掘

随着包括化学情报学、生物信息学、计算机视觉、视频索引、文本检索以及 Web 分析在内的广泛应用,图作为一种一般数据结构在复杂结构和它们之间相互作用建模中变得越来越重要。于是,图挖掘成为数据挖掘中一个活跃和重要的课题。图代表一种比集合、序列、格和树更一般的结构类。图挖掘用于挖掘大型图数据集的频繁图模式,并进行特征化、区分、分类和聚类分析。图挖掘具有广泛的应用领域,包括化学信息学、生物信息学、计算机视觉、视频索引、文本检测和 Web 分析。例如,将图挖掘应用到化学领域,把频繁结构作为特征对化合物分类,利用频繁图挖掘技术研究蛋白质结构族,在新陈代谢网络中发现相当大的频繁子路径等等。

挖掘频繁子图的基本方法是基于 Apriori 方法和模式增长方法。最近提出的基于 Apriori的频繁子结构挖掘算法包括 AGM、FSG 和路径连接方法等。基于 Apriori 的方法必须使用宽度优先搜索(BFS)策略。相反,模式增长方法在搜索方式上更加灵活。它可以使用宽度优先搜索策略,也可以使用深度优先搜索(DFS)策略,后者占用内存较少。

社会网络是异构和多关系数据集,用图表示,通常非常大,结点对应于对象,边(或链)对应于对象之间的联系。社会网络展示了某些特征:随着时间的增长,网络变得日益稠密;有效直径经常随着网络的扩张而减少;结点的出度和入度典型地遵循重尾分布。社会网络挖掘的实例,一般就是链接预测,挖掘传销顾客网络,使用网络挖掘新闻组,以及多关系网络的社区挖掘等。

7. 空间、多媒体、文本和 Web 数据挖掘

在很多(例如图像处理、资源勘探、空间测绘、土地管理等)领域,往往需要处理几何的、地理的数据,所有这些数据都和空间结构有关,而传统的关系数据库理论模型仅仅支持有限的数据类型(数字、字符、日期等),不能很好地处理空间对象,空间数据库系统就是在此背景下产生、发展起来的。空间数据库系统中存储的信息包含两部分:一部分是和空间有关的信息,如点、线、矩形等占有空间的对象,表示为空间数据类型,包含空间的拓扑结构、距离信息等;另一部分是与空间数据有关的各个属性,表示为非空间数据类型、模式等。

空间数据挖掘是数据挖掘的分支,处理的数据库为空间数据库。空间数据挖掘就是从空间数据库系统中抽取人们感兴趣的隐含的空间模式和特征、空间数据与非空间数据之间关系的过程。空间数据挖掘预期在地理信息系统、土地交易、遥感、图像数据库探测、医学图像处理、导航、交通控制、环境研究和许多使用空间数据的领域中有广泛的应用。由于空间数据的大数据量、空间数据类型和空间访问方法的复杂性,空间数据挖掘面临的主要挑战是探索有效的空间数据挖掘技术。基于空间自相关概念,空间统计建模方法得以成功地发展。空间数据挖掘将进一步发展空间统计分析方法,并扩展到大量空间数据,更强调有效性、可伸缩性、与数据库和数据仓库系统协同操作以及新的知识类型的发现。在空间数据挖掘中,也可以构造空间数据立方体和空间 OLAP,也可以挖掘空间关联和并置模式,可以进行空间聚类、分类和趋势分析。多媒体数据库系统存储和管理大量多媒体数据集合,如音频、视频、图像、图形、声音、文本、文档和超文本数据。大量存在的多媒体数据使得多媒体数据挖掘方法也非常重要。对多媒体数据进行相似性搜索、多媒体数据的多维分析、多媒体数据的分类和预测分析、挖掘多媒体数据中的关联以及音频和视频数据挖掘都已经成为数据挖掘的一个重要研究领域。对于多媒体数据的挖掘,有很多挖掘方法有待改进。现实世界中有很多文档数据库,数据由文档组成,如新闻文章、研究论文、书籍、数字图书馆、电子邮件消息和 Web 页面。存放在大部分文本数据库中的数据是半结构化数据,它们既不是完全非结构化

的，也不是完全结构化的。在近期数据库研究中，已有大量有关半结构化数据的建模和实现方面的研究。此外，已经开发了用来处理非结构化文档的信息检索技术，如文本索引方法。传统的信息检索技术已经不适应日益增加的、大量文本数据处理的需要，用户需要工具来比较不同的文档，确定文档的重要性和相关性，或找出多个文档的模式和趋势。因此，文档挖掘已经成为数据挖掘中一个日益流行而且重要的研究课题。一般的文本挖掘方法有：基于关键词的方法、标记方法、信息提取方法三种。各种文本挖掘任务可以对提取的关键词、标记或者语义信息进行，这包括文本聚类、分类、信息提取、关联分析和趋势分析。

WWW 是巨大的、分布的、异构的、半结构化的、动态的及基于超链接的超媒体文档构成的数据库。Web 数据挖掘是指在 WWW 上挖掘有趣的、潜在的、蕴藏的信息及有用的模式。一般分为三类：Web 内容挖掘、Web 使用模式挖掘和 Web 结构挖掘。Web 数据挖掘是指从 Web 的内容、数据和文档中发现有用信息。当前 Web 的迅速发展要求系统能从各种类型的资源中自动抽取关键信息形成摘要，从而减少或避免手工编码。Web 结构挖掘是从 WWW 的组织结构、Web 文档结构及其链接关系中推导知识。Web 使用模式的挖掘主要有两个方面：用户访问模式挖掘和个性化挖掘。用户访问模式挖掘通过分析 Web 使用记录来了解用户的访问模式和倾向，从而帮助销售商确定相对固定的客户，设计商品的促销方案。个性化挖掘则倾向于分析单个用户的偏好，其目的是根据不同用户的访问模式，动态地为用户定制观看的内容或提供浏览建议，使网站更生动独特。挖掘 Web 结构的目的是发现 Web 的结构和页面的结构及其蕴含在这些结构中的有用模式；对页面及其链接进行分类和聚类，找出权威页面；发现 Web 自身的结构，这种结构挖掘能更有助于用户的浏览，也利用对网页进行比较和系统化。对 Web 进行结构挖掘，可以得到同一网站里不同网页链接的频率、同一网站里同一网页内部链接的频率以及不同网站间链接的频率。

12.8.3 数据挖掘工具介绍

目前有许多研究机构、公司和学术组织从事数据挖掘工具的研究和开发。这些工具主要采用人工智能和统计技术，包括决策树、规则归纳、神经网络、回归分析、模糊建模及聚类等。下面简单介绍目前主要的数据挖掘工具。

1. Enterprise Miner

Enterprise Miner 是由 SAS 公司开发的通用数据挖掘工具，也是目前市场占有率较高的数据挖掘产品。Enterprise Miner 的一个显著的特点是实现了数据挖掘系统的可视化，包括模式可视化、过程可视化和数据可视化。

2. DBMiner

DBMiner 由加拿大 Simon Fraser 大学韩家玮教授的研究组开发。DBMiner 实现了与关系数据库的平滑集成。

3. Clementine

Clementine 是由 SPSS 公司开发的。Clementine 具有开放的数据库接口、交互式可视化的用户界面，提供 CEMI 技术以及多种数据挖掘方法，具有强大的功能。

4. Intelligent Miner

Intelligent Miner 是由 IBM 公司开发的实用挖掘工具。它提供了专门在大型数据库上进行各种挖掘的功能。Intelligent Miner 主要有 Intelligent Miner for Data 和 Intelligent Miner for

Text 两种。

5. MineSet

MineSet 是由 SGI 公司和美国斯坦福大学联合开发的多任务数据挖掘系统。该系统支持多种关系数据库，集成了多种数据挖掘方法，同时具有可视化工具。系统操作简单，支持国际字符。

12.8.4 数据挖掘的主要应用和趋势

1. 数据挖掘的主要应用

(1) 商业应用

需要强调的是，数据挖掘技术从一开始就是面向应用的。目前，数据挖掘技术已经在很多领域都实现了成功的应用，尤其是在银行、电信、保险、交通、零售（如超级市场）等商业领域。数据挖掘所能解决的典型商业问题包括：数据库营销、客户群体划分、背景分析、交叉销售等市场分析行为，以及客户流失性分析、客户信用记分、欺诈发现等等。

(2) 医学应用

近年来，随着电子信息技术的迅速发展，医院信息系统和数字医疗设备的广泛应用，医院数据库的信息容量不断膨胀。如何充分利用这些宝贵的医学信息资源来为疾病的诊断和治疗提供科学的决策，促进医学研究，已成为人们关注的焦点。将数据挖掘技术应用到医学信息数据库中，可以发现其中的医学诊断规则和模式，从而辅助医生进行疾病诊断。

(3) 工程应用

随着数据库技术在工程领域中的广泛应用，对工程数据的后期分析和处理具有广泛的应用前景。数理统计、关联规则挖掘和支持向量机等各类数据挖掘算法在工业过程控制、水轮机调速智能监控、物流配送车辆路径优化等工程领域也有着广泛的实际应用。

(4) 军事应用

空间数据挖掘是在数据挖掘的基础之上结合空间信息处理等相关领域而形成的一个新兴学科分支。首先，军事问题，尤其是作战问题大多会与军事行动所展开的战场环境发生关系。其次，作战指挥等军事决策行为又要以情报（大多与空间信息有关）的分析处理为前提，并在此基础上对战场态势进行推测和估计，然后才能确定下一步需要采取的军事行动。所有这些无一不与空间信息有着千丝万缕的联系。空间数据挖掘在战场环境表示、情报处理、战场态势评估等方面将具有很大的应用前景。

(5) 其他应用

数据挖掘还可以用于体育界、天文学领域、交通运输领域、土地覆盖情况分析、气象领域等等。体育界的数据挖掘，如 NBA 的球员个人技术数据分析；天文学领域的数据挖掘，如天文图像分析；交通运输领域的数据挖掘，如优化航班路线及人员配备；土地覆盖情况分析，如利用空间数据库和空间数据挖掘分析土地的覆盖情况；气象领域的数据挖掘，如使用时间序列分析天气状况。

2 数据挖掘技术未来的发展方向

(1) 新的专门用于知识发现的类似 SQL 那样的形式化和标准化的数据挖掘语言将会出现。

(2) 可视化的数据挖掘过程，用户易于理解挖掘且能操作它，它可使数据挖掘过程成为用户业务流程的一部分。包括数据用户化呈现与交互操作两部分。

(3) Web 下的网络挖掘的应用技术的发展，数据挖掘服务器与数据库服务器配合，实现数据挖掘。届时可在因特网上建立强大的数据挖掘引擎与数据挖掘服务市场。融合各种异构数据的挖掘技术。从而既可以在数据外的文本、图形、多媒体上又可以在数据库外的信息、新闻、广播市场上实施挖掘。

习 题

1. 简述 SQL Server 2005 的数据自动化管理的概念。
2. 简述 SQL Server 2005 的分布式数据管理的概念。
3. 简述 SQL Server 2005 中的复制操作。
4. 简述 C/S 结构与 B/S 结构的区别。
5. 简述 XML 技术。
6. 什么是 ETL? 介绍 ETL 工具 SSIS。
7. 简述 SQL Server 2005 中的 ETL 操作。
8. 什么是数据仓库? 数据仓库与数据库有什么区别?
9. 介绍数据仓库的系统结构。
10. 简述 SQL Server 2005 中的 OLAP 操作。
11. 什么是数据挖掘? 数据挖掘的主要方法有哪些?
12. 了解主要的数据挖掘工具。

参考文献

1. 施伯乐,丁宝康, 汪卫. 数据库系统教程. 第2版. 北京: 高等教育出版社,2003.

2. A. Silberschatz 等著. 数据库系统概念. 杨冬青等译. 北京:机械工业出版社, 2008.

3. 萨师煊, 王珊. 数据库系统概论. 北京:高等教育出版社, 2000.

4. Chen, P. P. – S. The entity – relationship model: toward a unified view of data. ACM Transactions on Database Systems (TODS) 1976(1), 9 – 36.

5. Codd, E. F. A Relational Model of Data for Large Shared Data Banks. Communications of the ACM 1970(13),377 – 387.

6. Connolly, T. , and Begg, C. Database Systems: A Practical Approach to Design, Implementation, and Management. Third Edition (English Language Reprint Edition)/Ed. 北京:电子工业出版社, 2003.

7. Eric J. Naiburg, R. A. M. UML for Database Design. South Melbourne: Addison Wesley, 2001.

8. Powell, G. Beginning Database Design. Indiana: Wiley Publishing,2006.

9. Toby J. Teorey, D. Y. , James P. Fry. A logical design methodology for relational databases using the extended entity – relationship model. ACM Computing Surveys (CSUR) 1986 (18), 197 – 222.

10. 林杰斌, 刘明德, 陈湘. 数据挖掘与 OLAP 理论与实务. 北京:清华大学出版社, 2003.

11. C. Imhoff 等著. 数据仓库设计. 于戈等译. 北京:机械工业出版社, 2004.

12. Jiawei Han 等著. 数据挖掘概念与技术. 第2版. 范明, 孟小峰译. 北京:机械工业出版社, 2007.

13. 万常选. XML 数据库技术. 北京:清华大学出版社, 2005.